城 市 生 态 学

（第四版）

杨小波　吴庆书　等　编著

科学出版社

北　京

内 容 简 介

　　城市生态学是生态学的重要分支，是研究城市居民与城市环境相互关系的科学。本书广泛吸收了国内外有关城市生态学各分支领域、各学派的最新成果，特别是重点概括了我国城市生态学最近二十多年来的研究成果，较紧密地结合了中国的研究案例，具有中国特色。全书共 9 章，主要内容有生态系统基础理论、城市生态系统组成结构与功能、城市人口、城市环境、城市灾害及其防治、城市景观生态、城市环境质量评价与可持续发展、城市与社区的发展。

　　本书可作为高等院校生态学各相关专业本科生的参考书，也可供从事相关工作的科研人员参考。

图书在版编目（CIP）数据

城市生态学 / 杨小波等编著. -- 4 版. -- 北京：科学出版社，2025.3
ISBN 978-7-03-077587-0

Ⅰ. ①城… Ⅱ. ①杨… Ⅲ. ①城市环境-环境生态学-高等学校-教材
Ⅳ. ①X21

中国国家版本馆 CIP 数据核字(2024)第 017141 号

责任编辑：韩学哲　孙　青／责任校对：严　娜
责任印制：肖　兴／封面设计：无极书装

科学出版社 出版
北京东黄城根北街 16 号
邮政编码：100717
http://www.sciencep.com

北京九州迅驰传媒文化有限公司印刷
科学出版社发行　各地新华书店经销
*
2000 年 8 月第 一 版　开本：720×1000　1/16
2025 年 3 月第 四 版　印张：20 3/4
2025 年 8 月第二次印刷　字数：418 000

定价：68.00 元
（如有印装质量问题，我社负责调换）

《城市生态学》（第四版）全体作者

杨小波　吴庆书　邹　伟　罗长英　郭　涛

林帼贞　李东海　邓　勤　罗召美　汪小平

何　禾　杨　帆

序

　　城市生态学是城市科学体系中的一门学科，也是人类学、生态学的学科分支，它以生态学为基础，以人为主体，研究城市居民与城市环境之间的相互关系。城市生态学作为一门独立学科，已有三十多年的发展历史，在 20 世纪 90 年代，该学科作为多学科共同研究的热点领域，得以迅速发展，研究内容日新月异，涉及范围广泛深入。

　　杨小波博士与其同事在多年从事"城市生态学"、"生态学"的科研与教学工作中，广泛收集国内外在该领域的相关资料，集 20 世纪 90 年代国内外的最新研究成果和经典案例，在此基础上，结合多年的科研成果和教学经验，编著完成了这部《城市生态学》。该书在简洁阐明生态学理论的基础上，采取理论与案例分析相结合的方式，深入浅出地从城市生态系统的组成形态与功能、城市人口、生态环境、城市灾害及防范、城市景观生态、城市与区域持续发展和城市生态学原理的社会应用等方面，全面论述城市生态学的基本理论、研究方法及其重要意义，具有资料新颖、案例典型、内容广泛、结构严谨等突出特点，实为一部多学科适用，且易于普及的科教用书。

　　人类进入 21 世纪，环境与发展成为国际社会更加关注的重大问题，如何保护生态环境，实现可持续发展是全人类面临的紧迫而艰巨的任务。本书的第八、九章内容，作者从可持续发展的内涵出发，对城市环境质量评价、城市规划和城市的可持续发展，以及城市与周边区域系统的协调发展等问题进行深入探讨，为读者提供了更广阔的"城市生态"空间，也使城市生态学的内容进一步拓展和深入。

　　书中第五章的"城市植被"一节极有特色，引入了"城市植被"这一新概念，并从这一概念出发，系统地分析了城市植被的类型、分布和功能特点。字里行间也体现了作者丰富的植被生态学知识。

　　目前，现代化建设极大地加速城市化进程，在此过程中，人类必须树立社会经济发展与生态环境建设协调互进的意识，要以城市生态学理论为指导，将其切实体现在城市规划和城市建设中，合理调控人与环境的关系，为城市居民创造清洁、优美、舒适、安全的生态环境，从而真正实现城市生态系统动态平衡的目的。该书的出版，无疑在这方面会起到积极推动作用，同时对于普及城市生态学，提高全民的生态意识和环境意识，提高生态规划的实践性和可操作性以及生态城市建设等方面，必将作出应有的贡献。

王伯荪

2000 年 6 月于广州市

第四版前言

随着生态文明的理念不断深入人心，城市生态环境的修复与重建，使城市生活更加美好，近几年来城市生态学的理论和实践都得到了发展。《城市生态学》（第四版）在前一版的基础上，经何禾和杨帆两位老师详细收集、筛选近几年城市生态学发展的前沿论著和案例后，结合自己授课的教案修订完成初稿，由杨小波最后修改完成。其中城市植被修改较有特色，作者结合多年从事海南植被的研究工作和已出版的《海南植被志》的内容，把人工植被按功能划分为生态防护植被、生态景观植被和农业生态植被。城市植被主要属于生态景观植被，有部分生态防护植被和小部分农业生态植被。在这三大类植被的基础上，再依据立地条件、植物形态和组成细分。本书适宜从事城市、郊区（含新农村）和景区生态环境建设，以及园林、规划等专业的人员参考。封面照片由吴少影和陈益健选点策划，张光途拍摄，封底照片由罗长英提供，特此致谢。由于水平有限，书中不足之处在所难免，敬请读者批评指正。

编著者

2024 年 9 月

第三版前言

　　随着城市化的发展及城乡建设速度的加快，人类对城市生态环境要求越来越高，同时对城市生态环境及生物多样性保护的意识也越来越强。为了向读者介绍近年来城市生态学的研究进展，我们在《城市生态学》第二版的基础上，结合国内外相关领域的专家及本课题组成员的研究成果《城市植物多样性》（中国农业出版社，2009）、《农村生态学》（中国农业出版社，2008）等，增补了新的内容。同样为了配合本科生的教学工作，第三版的《城市生态学》也控制在 50 学时左右讲授完。《城市生态学》第三版主要由新的作者李东海、邓勤、罗召美和汪小平收集资料，完成初稿，由杨小波修改完成。但由于水平有限，书中错误在所难免，敬请读者批评指正。

编　者

2014 年 1 月

第二版前言

城市生态学近几年发展速度较快，为了向读者介绍这些年城市生态学的研究成果，我们在《城市生态学》第一版的基础上，结合近几年城市生态学研究的动态和成果进行修改，基本把握我国进入 21 世纪后，城市生态学研究的各个方向，并结合本学科教学的特点，在尽可能不增加篇幅的前提下，增补新的内容。为了配合本科生的教学工作，我们将在近期出版《城市生态学经典案例和实验指导》。本书包含的内容有城市人口与环境建设、城市环境评价、城市植被等多个方面，希望能与本书相互补充，达到理论与实验相结合。

由于水平有限，书中错误在所难免，敬请读者批评指正。

编　者

第一版前言

　　《城市生态学》是由海南大学组织和资助编写的，本书主要以 20 世纪 90 年代国内外城市生态学研究的新进展为基础编写而成。本书的读者对象较为广泛，可作为教师参考书，也可作为大学生的教学用书，以及其他生态学工作者的参考书。

　　本书共分 9 章，依次为：绪论、生态系统基础理论、城市生态系统、城市人口、城市环境、城市灾害及其防治、城市景观生态、城市环境质量评价与可持续发展和城市与社区的发展。其中杨小波执笔第一、二、三、四、七、九章和第五章的第七、八节，并对全书进行统稿；吴庆书执笔第六章和第五章的第一、三、四、五、六和九节，及书中插图的绘制工作；邹伟执笔第八章和第五章的第二节；罗长英参与本书的资料整理工作。

　　全书编写工作，自始至终是在海南大学领导的关心、支持和勉励下进行的，在此表示感谢。

　　由于编者水平有限，编写时间紧迫，书中难免会有缺点和错误，谨请读者多提宝贵意见，以使今后进一步修改和提高。

编　者

目　　录

第一章 绪 论

第一节 城市生态学的概念

一、城市与城市生态学的定义

绝大多数的城市（city）都是从农村或集镇发展而来的。因此，一般词典都把城市定义为人口集中、工商业发达、居民以非从事农业的人口为主的地区，通常是周围地区的政治、经济和文化中心。但是为了更明确区分城市与农村，可科学地把城市定义为，城市是经过人类创造性劳动而拥有更高价值的人类物质、精神和财富的密集集合体，是更符合人类自身需要的社会活动的场所和人类进步的合理的区域，是一类以人类占绝对优势的新型的生态系统（ecosystem）。

但是城市发展在为人们带来许多益处的同时，也产生一系列严重的生态环境问题，对自然生态系统和人民健康产生影响。这些问题主要表现在三个方面：一是城市的气候变化（如热岛效应）和环境污染，包括水、空气、噪声和固体废弃物污染等；二是自然资源的耗竭与短缺，特别是淡水、化石燃料、耕地的过度利用和生物多样性的减少；三是城市人口的增加导致大量的社会问题，如住房紧张、交通拥挤、绿地减少、教育与卫生滞后等。因此，世界各国都开始重视城市的生态建设问题。从 1992 年的联合国环境与发展会议后，人居环境问题成为实现可持续发展的重要因素。生态学也在这样的要求下进一步发展，一门新的分支学科——城市生态学由此诞生。如今城市的发展正在摆脱过去传统的以建筑和视觉为中心的发展模式，全球变化日益剧烈的大背景下城市发展也有了新的挑战，特别是在中国努力实现碳达峰和碳中和的目标背景下，中国城市对生态学提出了新的更高的要求，城市生态学也一样有了更丰富的内涵。

城市生态学（urban ecology）是以生态学（ecology）的概念、理论和方法研究城市的结构、功能和动态调控的一门学科，既是一门重要的生态学分支学科，又是城市科学（urban science）的一个重要分支学科。城市生态学以整体的观点，把城市看成一个生态系统，除了研究它的形态结构，更多地把注意力放在全面阐明它的组分之间的关系以及其组分之间的能量流动、物质代谢、信息流通和人的活动所形成的格局和过程。城市生态学采用系统思维方式，并试图用整体、综合有机体等观点去研究和解决城市生态环境问题。由于城市人口与城市环境（其他生物因素和非生物因素）相互作用形成复杂的网络系统，因而使城市体系的中心问题仍然是生物（人）与环境的问题，因此，从生态学角度又可把城市系统称为城市生态系统。早在1925年，R.D.麦肯齐（R.D. Mckenzie）就把城市生态学定义为"城市生态学是对人们的空间关系和时间关系如何受城市环境影响这一问题的研究"，这一定义比较侧重于社会生态学的内容。自那时起，随着城市生态学研究的发展，对城市生态学概念的理解也日益深化。如今，一般把城市生态学定义为"城市生态学是研究城市人类活动与城市环境之间关系的一门学科，城市生态学将城市视为一个以人为中心的人工生态系统，在理论上着重研究其发生和发展的动因，组合和分布的规律，结构和功能的关系，调节和控制的机制；在应用上旨在运用生态学原理规划、建设和管理城市，提高资源利用率，改善城市系统关系，增加城市活力"。或更简捷地定义为"城市生态学是研究城市及其群体的发生、发展与自然、资源、环境之间相互作用的过程和规律的科学"，能与生态学学科相呼应，与生态学的发展现状相吻合，反映了城市生态学的研究历史和现状，符合未来城市生态学的发展趋势。

城市生态学主要的研究对象是城市生态系统。研究城市生态系统间的内容，属于城市景观生态学，可视为城市生态学的组成部分，也可视为独立的学科内容。城市生态学利用生态学和城市科学的原理方法、观点去研究城市的结构、功能、演变动力和空间组合规律，研究城市生态系统的自我调节与人工控制对策。其研究目的是通过对系统结构、功能、动力的研究，最终对城市生态系统的发展、调控、管理及人类的其他活动提供建设性的决策依据，使城市生态系统沿着有利于人类利益的方向发展。

二、城市生态学的研究内容和分支学科

城市生态学是生态学的一个分支，这就决定了城市生态学的研究对象是城市生态系统，重点研究城市发展过程中，城市居民与城市环境之间的关系。城市生态学的基本内容可归纳为城市生态系统的组成形态与功能、城市人口、城市生态环境、城市灾害及防范、城市景观生态、城市与区域可持续发展和城市生态学原理的社会应用七个方面。城市生态系统的组成形态与功能研究城市生态系统的组成与组成之间的相互关系及其功能的内在变化规律；城市人口研究城市的人口动态、分布与类别等内容；城市生态环境研究城市居民与自然环境系统和社会环境系统之间的相互作用规律，研究城市的形成、发展和演变与环境之间的规律；城市灾害及防范研究城市灾害类型、发生的规律和防范措施等内容；城市景观生态是研究城市景观及其空间的类型、演变及规划的科学；城市与区域可持续发展研究城市的可持续发展及城市与其所在区域可持续发展等内容；城市生态学原理的社会应用主要研究如何把城市生态学原理应用于城市规划、建设和处理城市生态环境问题等。其中城市生态系统的组成形态与功能和城市生态环境是城市生态学

的重点内容，即城市生态学的研究重点是城市代谢过程以及人流、物流、能流的转化、利用效率等内容。但应指出，城市生态学的基本内容的划分，或多或少是人为的，但对城市生态学的教育、科研和社会实践是必要的。

如果从城市生态系统的组成、结构和动态的角度出发，可按如下5个方面进行概括。

（1）研究城市生态系统的组成和结构：城市生态系统的组成和结构是研究城市生态系统的基础，主要研究社会、经济、自然生态系统各组成要素的基本特征，如城市人口、城市气候、土壤、城市生物、商业、工业等的基本特征，以及各要素的相互关系和相互作用及效应。这些单项的基础研究是构建城市总体系统模型的基础。

（2）研究城市生态系统的功能：研究城市生态系统的生产、生活、还原再生功能，它们是既相互区别又密切联系的统一体，并且这些功能与其结构有一定的对应关系。例如，要供给一定质量的生态环境，就需要使城市生态环境具有较强的可代谢各种废物的能力。

（3）研究城市生态系统的动力学机制和调控方法：城市生态系统的功能是靠其中连续的物流、能流、信息流、货币流及人流来维持的。它们将城市的生产与生活、资源与环境、时间与空间、结构与功能，以人为中心串联起来。弄清了这些流的动力学机制和调控方法，就能基本掌握城市生态系统中复杂的生态关系。

（4）研究城市生态系统的演替过程：不仅要研究城市生态系统的发生发展历史，以找出其已有的动态变化规律和特征，还要对城市生态系统的现状作出评价，对其未来发展变化趋势作出预测，从而有针对性地对其进行调节和控制，以期发挥城市生态系统的最佳功能。

（5）研究城市生态系统的管理和调节控制：包括城市生态系统评价、预测、区划、规划、优化模型的研究。一般在综合调查分析的基础上，用动态系统论方法、数学模拟等进行研究，以确定城市生态系统的开发方向。通过实施有效的管理来协调城市中人类的社会经济活动与环境的关系，改善城市的生态结构。

根据研究对象和内容的不同，城市生态学可分为城市自然生态学（urban natural ecology）、城市景观生态学（urban landscape ecology）、城市经济生态学（urban economic ecology）和城市社会生态学（urban socioecology）四个分支学科。

城市自然生态学着重研究城市的人类活动对所在地域自然生态系统的积极和消极的影响，以及地域自然要素对人类活动的影响，即人的城市活动与地域的自然生态系统要素之间的相互关系。

城市景观生态学着重从景观尺度研究城市不同空间、不同生态系统之间的布局规律、代谢过程和物流、能流和信息流的转化、利用效率等问题。城市经济生态学着重从经济学角度重点研究城市代谢过程和物流、能流及信息流的转化、利用效率等问题。

城市社会生态学的研究重点是城市人工环境对人的生理和心理的影响、效应及人在建设城市、改造自然过程中所遇到的城市问题，如人口、交通、能源等问题。城市社会生态学的研究起源于20世纪20年代美国芝加哥学派及德国学者的城市演替研究。前者着重于城市系统的功能，后者强调城市的影响，目前这两个学派趋于结合，形成了西方较为流行的结构功能学说。

三、城市生态学研究的社会意义

城市是人类文明的载体和集中体现，是一个时代的经济、政治、社会、科学、文化、生态环境发展和变化的焦点和结晶体。城市中存在着各种各样的社会矛盾和人类社会发展与自然界的矛盾。城市及其区域的经济发展和生态环境变化的对立和统一，是促进城市发展的基本矛盾之一。

一方面，城市化的迅速发展对提高经济效益、发展国民经济有着重要的意义。城市化的迅速发展，促进了城市数量的增长、人口的增长和城市工业化水平的提高，这些都对城市的经济发展乃至区域经济、国民经济的快速发展有着积极的作用。这是因为城市的虹吸作用将工业、人口、市场、文化和科学技术集中起来，有利于生产的专业化、协作化和新型高精尖技术的密集化发展，同时也有利于人口、物质的畅通流动，使两者能够更好地发挥其效用。另一方面，过量集中和过大密度也成为城市化进程中的绊脚石，城市经济发展和城市生态环境保护之间的矛盾日益尖锐。在城市化发展较好的地区，每时每刻都有数量庞大的资源利用、物质变化、能量流动、产品消费等活动，自然资源被大量耗用，各种生产、生活废料大量产出，这往往造成区域性的城市问题。此外，城市化发展较好地区和不太好的地区的不协调性日益凸显，城乡不协调性、区域不协调性逐渐成为国民经济进一步发展的一大障碍。矛盾的解决，不协调性的平衡，必须依赖全面的、系统的观点和理念，从整体出发，以平衡为宗旨，进行综合性的顶层设计，采取有效的合理措施。

城市生态学不仅可以合理、有效地为城市综合措施提供理论基础，还能解决城市生态环境与经济发展的矛盾，对实现城市生态环境与经济的协调发展、促进人类社会健康发展具有重要社会意义。

现如今，以尊重和维护自然为前提，以人与人、人与自然、人与社会和谐共生为宗旨的生态文明成为人类社会发展的必然。生态文明是社会文明高度发展的结果，是一种以生产和生活方式的改变为核心的社会形态之变革，是人类文明发展的一个新的阶段；生态文明是人类遵循人、自然、社会和谐发展这一客观规律而取得的物质与精神成果的总和。生态文明理念下的生态城市及其规划设计的哲学、科学和艺术也应运而生。这是一种将人与自然和谐共生的理念和工业文明的科学观深度融合的优秀成果，推动着城市规划与城市生态学深度融合和进一步发展。

第二节　城市生态学的发展简史

科学来自人类的社会生产实践，是人类认识事物客观规律的总结，城市生态学的形成与发展也是与人类社会生产实践和对客观事物的认识密切相关的。

一、城市生态学的形成与发展

尽管城市生态学在生态学领域的各个分支中比较年轻，但城市生态学的思想自城市问题一出现就有了。在 20 世纪前的城市改建中，无处不体现着城市生态学思想，但是由于当时尚未形成较大的影响，故将 20 世纪以前的发展时期称为萌芽阶段。

例如，中国古代的土地合理布局和农业与非农业劳动力合理比例的思想，巴黎的改建与田园城市规划理论等。特别是欧洲工业革命的兴起，使工业在城市地区内集中起来，城市也越来越大，城市中出现了大片的工厂和其他功能区，完全改变了封建时代城市功能单一的状况。由于资本主义生产的盲目性和财产的私人占有，近代城市中许多矛盾也随之出现，并不断加剧。例如，布局混乱、工业污染、房荒严重、交通堵塞，这些情况严重阻碍了城市的正常发展，逐渐地引起了各国统治者的注意，并试图找出一些办法，着手对这些充满矛盾的城市进行改造。

（一）中国古代的城市生态学思想简述

中国古代的城市生态思想反映在人口、人和土地、人和食物的关系上。公元前 360 年，商鞅提出了具有城市生态思想的观点，主要有：①在一个地区的土地组成上，城镇道路要占 10%，才较为合理；②主张增加农业人口，提出农业人口与非农业人口的比例为 100∶1，最低不小于 10∶1，并采取一系列政策鼓励人们从事农业生产，其中还规定了不准开设旅店和不准擅自迁居。随后荀子则提出减少工商业人口，国家才能强盛的主张。公元 170 年，崔姓学者第一个提出人口的合理布局思想，到 1885 年，包世臣提出了农业与非农业劳动力比例关系应为 5∶1，限制非农业人口的发展。这些思想在一定程度上影响了我国城市的发展。

（二）巴黎的改建

17 世纪以来，巴黎一直按照古典美学原则进行建设，城市的道路和广场构成美丽的图案，推崇圆广场放射线型的路，讲究轴线、构图。工业革命后，大工业在巴黎郊区发展起来，城市建设中出现了混乱，自发形成许多工人住宅区，道路弯曲、房屋拥挤。从 1852 年开始进行了巴黎的改建，除了要解决城市中的混乱外，还要把工人住宅区移出中心地带并美化首都；主要的改建是对城市干道作了重新规划，在市中心形成一个大的十字交叉，东段是繁华的商业街，西段是著名的香榭丽舍大街，连接着卢浮宫和凡尔赛宫，南北向为林荫大道。为了解决交通的问题，修建内环线和外环线，再沿塞纳河修一条弧形道以补充两环。城市中修建了许多笔直的大道，在街道的交汇点建广场。例如，著名的民族广场和明星广场等就是在街道交汇点修建起来的广场。

巴黎的改建使城市的交通有了明显的改善，适应了当时马车快速行驶的要求，以及后来出现的机动车交通。在改建中，在重点地段加强了街道绿化，建了许多街心花园，并在主要道路两侧，规定了建筑高度，彻底改变了欧洲封建城堡原来闭塞、狭隘的面貌，造就了开阔、宏伟的城市景观，体现出原初的城市生态学思想。这对欧洲及世界各国的大城市建设有很大的影响，成为许多城市仿效的楷模。但是改建并没有很好地解决工业化所产生的问题，仅着重在形式外表上下功夫，付出了很高的代价，这也反映了当时理论的局限性和资本主义上升时期炫耀财富的心理。

（三）田园城市规划理论

近代城市的发展产生了许多矛盾，城市改建的社会实践引起了许多人对城市规划理论的研究与探讨，其中最有影响的是 1898 年英国人 E. 霍华德（E. Howard）提出的田园城市理论。他经过广泛和深入的社会调查，认识到了资本主义城市的种种现象，他认为城市灾难的根本问题是城市无限制地发展、土地私有和土地投机买卖等。他提出城市的土地不但要统一管理，而且城市要与乡村相结合，并提出了一整套的田园城市设想方案（图 1-1）。他设想，每个城市规模不宜过大，约3.2 万人，包括周围 2000 公顷土地的农田和绿地森林，城市中心是花园，工业区设在城市的边缘，有便利的交通，整个城市像一座大花园，居民生活在布局合理、优美舒适的环境之中。而这样的城市建设必须统一开发、经营和管理才能实现。在他的倡导下，英国曾有过试验，如伦敦附近的列契华斯城。但是由于田园城市理论与社会现实差距较大，该理论在实践中并未取得成功，然而这种城市生态思想对城市规划理论的研究和发展起了很大的作用，后来的卫星城镇就是这种思想发展的产物。

二、现代城市生态学的产生与发展

（一）芝加哥学派与芝加哥城

20 世纪以来，资本主义国家生产迅猛发展，使城市问题更加严重。资本的垄断，造成了大城市的畸形发展，中心城市衰落，城市问题尖锐。例如，19 世纪巴黎人口从 270 万人猛增至 850 万人；日本东京人口从 100 万人剧增至 1000 多万人。

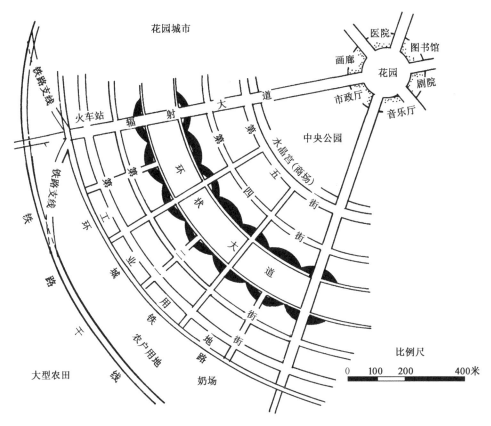

图 1-1　霍华德的田园城市图

（引自阮仪三，1992）

这些大城市的工业、金融及科技教育在全国占很大的比例。资产阶级为了追求高额利润，不注意环境，造成了建筑密集，高楼林立，交通混乱，环境进一步恶化。自霍华德提出田园城市理论后，城市建设和改建的合理化需求更加强烈。一批科学工作者将生态学思想运用于城市问题的研究中。例如，英国生物学家格迪斯（Geddes）在《进化中的城市》（Geddes，1915）中就试图将生态学原理运用于城市的环境、卫生、规划、市政等综合研究中。1916 年，美国芝加哥大学学者 R.E. 帕克（R.E. Park）发表题为《城市：关于城市环境中人类行为研究的几点意见》的著名论文，对城市的调查与研究工作提出了纲领性的结论意见，特别是他将生物群落学的原理和观点用于研究城市社会并取得了可喜的成果，奠定了城市生态学的理论基础，并在后来的社会实践中得到发展。无疑，如今美如画、类似花园的芝加哥城的建设深受其影响（图 1-2）。

图 1-2　芝加哥城市概貌

　　20 世纪初，美国芝加哥大学一批社会学家开展了人与环境关系的研究，试图用生态学中的生物学概念研究人类，建立类似的生物学理论，一般称之为人类生态学（human ecology）。研究的较多内容集中于城市问题和城市生态环境与人的关系方面。其代表人物帕克强调人类生态学主要关心的是有形的（生物的）群体，而社会的或文化属性则属于社会心理学范畴，即按照人类活动的不同水平可分为有形的和精神的两种范畴。研究有形的群体时可忽略社会因素，在有形的范畴里，群体与个体的行为受竞争作用的支配。

　　芝加哥学派的主要理论认为城市土地价值变化与植物对空间的竞争相似，土地的利用价值反映了人们对最有意愿和最有价值地点的竞争。这种竞争作用导致经济上的分离，按土地价值支付能力分化出不同阶层。例如，美国许多城市的内城地区通常为少数民族居住区。帕克的追随者还应用植物优势概念解释了有形群体的发展形式，土地价值决定市民各种活动水平和形式的优势。此外还将类似植物的侵入演替概念应用于有形群体，特别是研究特殊的种族和商业活动逐渐进入居住区附近的情况。这些概念促使伯吉斯（Burgess）在 1925 年提出了城市的同心圆增长理论，该理论认为城市的自然发展将形成 5—6 个同心圆形式，它是竞争优势及侵入演替的自然生态的结果（图 1-3）。

　　在图 1-3a 中，1 区被定义为中心商业区（central business district，CBD），土地价值最高。2 区为过渡区，围绕闹市区，在许多城市中这一区中居住条件恶化，由移民居住。当 CBD 区向外扩大时该区的土地价值增高，对土地价值的竞争逐渐使该区发展了较密的多层住宅。3 区为独立的工人住宅区,这些工人已远离中心,但仍愿意生活于工厂附近,这一区的许多居民大都为第二代,因而解释了上述演替理论,该区的住宅价格低廉。4 区为较好的住宅区。5 区为郊区或卫星城镇,为高收入者住宅区,到市中心的距离估计最大不超过 1 小时的汽车路程。

根据美国许多城市的实际情况,著名的土地经济学家 H. 霍伊特(H. Hoyt)于 1933 年提出了扇形理论(图 1-3b)。他认为城市从 CBD 区沿主要交通干道向外发展形成星形城市,总的仍是圆形,从中心向外形成各种扇形辐射区,各扇形向外扩展时仍保持了居住区特点,其中有较多住宅出租的扇形区是城市发展的最重要因素,因为它影响和吸引整个城市沿着该方向发展。这一理论与美国和加拿大当前许多城市的空间形式较一致。

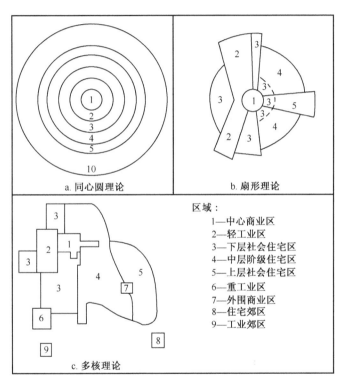

图 1-3 芝加哥学派的城市模型图

(引自沈清基,1998)

以后哈里斯(Harris)和厄曼(Uiman)考虑了汽车的重要影响而提出了多核理论(图 1-3c)。他们指出许多北美城市的土地利用形式并不围绕一个中心,而是围绕离散的几个中心发展,虽然市区有的核心不明显,有的核心是在迁移等因素下形成的,这最可能是由于汽车增多,成为上下班的主要交通工具所致。

（二）卫星城与发展新城市

卫星城的出现是受霍华德田园城市理论的启发，在恶性膨胀的大城市周围，建立一些小城镇，并通过这些小城镇的合理建设规模、布局等，使之创造良好的生活环境以疏散大城市的人口，缓解大城市的矛盾。它的发展经历了三个阶段：最初只是附属于大城市的近郊居住城，仅供居住。工作及公共建筑集中在母城，所以也被称为卧城。在第二次世界大战前，英国人和法国人分别在伦敦和巴黎周围建了一些卫星城。以后又出现了半独立的卫星城。例如，在瑞典的斯德哥尔摩城周围建立了一批卫星城，著名的有威林比等，它有一批工业和服务设施，部分可以就地工作。进入 20 世纪 60 年代，产生了完全独立的卫星城，它距母城较远，有自己的工业，有全套的服务设施，可以不依赖母城而独立存在，再加以行政与财政的鼓励措施，吸引了许多人，达到了真正疏散大城市人口的目的。

（三）新建的大城市

第二次世界大战后，一些国家政府由于财富集中，有能力建设新城，在建设时吸取了新的理论与技术，并在建设中发展了城市生态学理论。较为著名的有印度的昌迪加尔、巴西的巴西利亚以及 20 世纪 80 年代中国南方兴建的深圳与珠海等。

巴西利亚是巴西的新首都，于 1956 年在全世界征求方案，丹麦考斯塔的方案被选中，1956 年按他的方案实施，规划人口 50 万，城市中一条长 8 千米的纵轴和 3 千米的横轴，构成了像弓箭形的布局。弓的中部，东西交叉处为全市商业文化中心。其端部为火车站、体育场和旅馆中心。箭头部分为三角形的三权广场，即立法、司法和行政大厦。弓背为划成方格的居住区，按邻区单位组织街坊，有宽阔的人工湖，布置大面积的城市植被。整个城市交通组织合理，主要道路交叉口全为立体化等。

（四）城市生态学的蓬勃发展阶段

城市生态学的大规模发展是在 20 世纪的 60 年代末和 70 年代初，联合国教育、科学及文化组织的"人与生物圈"（MAB）国际计划提出了从生态学角度研究城市居住区的项目，指出城市是一个以人类活动为中心的人类生态系统（human ecosystem），开始将城市作为一个生态系统来研究。其主要目的是促进人们理顺人类与其城市生态环境之间的复杂关系，如城市工业发展与城市生态环境之间的关系、城市居住区及其农副产品供应之间的相互关系、城市人口规模与城市用地规模之间的关系等，以便为合理地规划人类居住区和促进城市健康发展打下基础。此后，城市生态学研究进入了一个大规模的发展阶段。例如，在 1975 年巴黎"人类居住地综合生态研究"工作会议和 1977 年波兰的第 11 课题"城市系统的生态学研究"协调会议上，正式确认"用综合生态方法研究城市系统及其他人类居住地"。1975年正式列入"人与生物圈"国际计划的"关于人类聚居地的生态综合研究"专题是该计划的重点研究内容,并有《城市生态学》杂志(*Urban Ecology*)出版。1980年在柏林召开了第二届欧洲生态学会议,一些会议论文涉及了在城市生态学领域中广泛存在的新问题:城市系统的特征、人类活动对城市生境和生物群落的影响及生态学在城市规划和土地管理中的应用。

在此之后,城市生态学成为热点学科之一,研究成果、文献浩瀚,研究实例相当丰富。例如,德国法兰克福将城市与郊区视为一个生态系统,用生物指标显示大气污染的情况,建立了该市的敏感度系统模型,应用这个模型可以从城市某些组成部分的变化中,预测城市的发展方向,并通过调控使城市向最优化方向发展;意大利历史名城罗马,开展了17个亚课题的研究,包括从历史面貌到航空测量,从对城市的定性认识到建立数学模型的定量认识,涉及的内容有交通、能源、城市扩展、污染、动植物区系和土壤环境条件等多个方面,其特点是科学家、城市规划师、城市管理人员以及普通居民之间密切配合,罗马市政当局对这项工作也很感兴趣,建立了城市问题研究中心,协调各方面的工作;澳大利亚国立大学在香港大学和香港中文大学的协助下,于1972年开始对中国香港城市生态进行研究,他们从城市的能量流动、营养物和水循环、人口动态、人们的生活状况、健康状况以及这些因素之间的相互关系等多方面进行了研究,其研究成果于1981年出版;日本的城市生态研究可分为四个阶段:第一阶段为1971—1974年,研究城市环境影响下的动植物、微生物群落的动态以及城市环境的特征,第二阶段为1975—1977年,以动植物为中心的多学科综合研究,第三阶段为1978—1980年,是以人为中心的多学科综合研究,包括大气、土壤、水文、植被、动物、人类行为、土地利用、人口统计学与健康和城市规划等多个方面,第四阶段为1980年后的研究,在此期间,他们主要围绕着水资源及其循环,以及城市生态系统结构与功能等进行综合研究。

1996年由世界资源研究所、联合国环境规划署、联合国开发计划署和世界银行联合编写的《世界资源报告(1996—1997)》,高度概括了这一阶段城市环境、资源及居民健康等研究成果,同时指明了今后城市环境、资源等问题的工作方向。目前城市生态学研究内容涉及社会、经济、文化、自然环境等各个方面,在实践过程中将城市生态学理论的探讨推向了一个新的高度。概括起来,对城市生态系统的研究主要有以下四个方面。

(1)以城市人口为研究中心,侧重于城市社会系统,并以社会生活质量为标志,以人口为基本变量,探讨城市人口生物学特征、行为特征和社会特征在城市化过程中的地位和作用。

(2)以城市能流、物流和信息流为主线,侧重于城市生态经济系统以及以城市为中心的区域生态经济系统的功能方面的研究。

(3)以城市动物与植物及非生物环境的演变过程为主线,侧重于城市的自然生态系统研究和城市动植物与城市居民、城市生态环境的相互关系研究。

（4）将城市视为社会-经济-自然复合生态系统，以复合生态系统的概念、理论为主流，研究城市生态系统中物质、能量的利用，社会和自然的协调，以及系统动态的自身调节等。

中国的城市生态学起步较晚，1984 年 12 月中国生态学会在上海举行了"首届全国城市生态科学讨论会"，到会的有来自全国 17 个省市的 55 名代表，会议共收到论文 41 篇。会议探讨了城市生态学的目的、任务、研究对象和方法，以及在实际工作中的作用。会上成立了"中国生态学会城市生态学专业委员会"，选举了以周纪伦教授为代表的 11 名专业委员。这是我国出现的以城市地区生态学研究为主要目的的第一个组织，它标志着中国城市生态研究工作的开始。

1985 年城市生态学专业委员会分别在北京、天津、上海等地组织了多次小规模的地区性学术讨论会、报告会和工作座谈会。1986 年 6 月，在天津举行的第二届全国城市生态科学讨论会，有 21 个省市的 84 名代表到会。提交大会论文 52 篇，讨论会的中心论题是"如何加强城市生态理论研究及其在城市规划、建设和管理中的实际应用"。

1987 年 8 月在安徽省屯溪市召开的"长江流域城镇发展的生态对策研讨会"，有来自长江流域各省市及北京、天津等地的 60 位研究者参加。会议收到论文 41 篇。1987 年 10 月，在北京召开城市与城市生态研究及其在规划和发展中的应用国际学术讨论会，15 个国家的 90 多名代表出席了会议。会后，部分外国著名城市生态学专家，被邀请在北京一些科研单位和高校作了专题学术报告，介绍国外城市生态学研究的进展并进行经验交流。自此之后，全国性的学术会议也逐渐从讨论城市生态问题转移到讨论软硬结合、宏微结合、研究人员和管理决策人员结合的可行性及对策的探讨上。同时，相关著作开始逐渐丰富，基础理论研究逐渐深入。

1988 年春，由天津市环保局和中国生态学会联合主办的《城市环境与城市生态》期刊在天津出版发行，有力地推动了我国城市生态学的发展。1989 年马传栋编写了《城市生态经济学》，1992 年于志熙编写了《城市生态学》，1996 年杨士弘编写了《城市生态环境学》，1993 年董雅文编写了《城市景观生态》，1998 年沈清基编写了《城市生态与城市环境》等。进入 21 世纪，王祥荣、温国胜等依据不同的结构，编写了不同版本的《城市生态学》，戴天兴等于 2013 年编写了《城市环境生态学》。这些论著的出版，不仅总结了中国城市生态学的前期研究成果，而且推动了中国城市生态学的科学研究、教学及城市规划建设的社会实践等。

中国学者就城市生态学的各个专题研究不足的问题，开展了较系统的研究，取得了丰硕的成果，不论在研究范围还是在深度方面都有了长足的进步，与国际先进水平的差距在逐渐缩小。特别是在中国一些大中城市，如北京、天津、上海、常州、苏州、广州和新疆的石河子等城市都进行了城市生态研究工作，取得的成绩较为显著。

例如，天津市开展了"天津市城市生态系统与污染综合防治的研究"，这一研究系统地揭示了该市生态系统的现状及其规律，揭示了系统中经济发展、资源利用、工业与生活污染三个方面的相互关系，为天津市的城市经济与生态环境发展规划提供了科学的决策依据，同时发展了一系列的环境管理技术和多项整治技术，也在生态学理论和环境科学理论与方法的研究方面取得了很大的进展。后来的学者从城市生态系统概念出发，选择活力、组织结构、恢复力、生态系统功能的维持、人群健康状况 5 个要素对城市生态系统健康进行综合性评价，结果表明：影响天津市生态系统健康状况的不利因素主要在于城市生态系统的活力和组织结构。

北京市开展的"北京市城市生态系统的研究"可详细分为 8 个子课题：①北京城市生态系统总体模拟分析及预测研究；②北京城市水资源系统的基本特征及其对城市发展影响的预测分析；③北京城市生态系统能源结构研究；④北京工业结构、布局与环境质量关系的分析；⑤北京城市生态系统空间结构及其特征分析研究；⑥北京城市郊区环境污染空间分布特征分析；⑦北京城市绿色空间分布特征及其在城市生态系统中的作用；⑧城市环境污染因素对居民健康的影响。这一研究的结论为：①由于北京的人口、经济发展、资源需求、土地利用都在增长，北京市的生态系统属于增长型、发展型；②从生态系统的角度看，北京市内部的生态结构与外部的输入功能都比较脆弱；③北京市经济发展与城市生态环境保护目标的矛盾相当突出。因此，该研究在大量的调查研究工作基础上，建立了描述北京市人口、经济、社会、资源与生态环境相互关系的动态模型——北京城市生态系统仿真模型。

又如，上海市的城市生态研究亦较有特色，主要从下面几个方面开展城市生态研究：①上海典型街区和卫星工业城镇的生态研究，具体的研究内容有能量利用和能量流动格局研究、水和其他物质利用和循环利用的研究、居民生活环境的研究和典型区域或城镇的生态研究；②上海郊区乡镇的生态研究，具体的内容有近郊乡镇的生态区划和发展规划的研究、农工商复合的农村系统优化模式的开发研究、城乡生态系统评价指标体系、预测技术和数学模型的研究；③上海农牧渔副业复合生态经济系统的环境工程研究等。

（五）城市生态学的发展趋势

第一，城市与自然、资源、环境相互作用机制方面的研究都在全面深入地展开，这是因为城市是人类高强度活动的区域，活动方式的表现特征众多。从经济上看，有经济结构、经济效益、经济总量、单位面积的经济强度等；从人口方面看，有人口多少、人口密度、人口结构、空间分布等；从土地的利用上看，有面积大小、用地比例、空间布局等。城市人类活动的这些不同特征，导致城市与自然、资源、环境相互作用方式、强度等的不同。自然、资源、环境方面又有众多的因子。自然方面有地质、地貌、气候、土地、动物、植物等；资源方面有资源的种类、数量、可利用性等；环境方面有环境容量、自净能力等。它们对城市发生、发展的作用方式不同，反过来，调控下的城市结构对这些自然因子的效应也千差万别。例如，地貌对城市大小、用地比例、空间布局、人口分布、城市灾害、经济布局等有明显的作用，反过来城市规划和城市人口活动对地貌也有不同的适应和改造方式，引起地貌形态或多或少的变化。再如，城市的自然、资源、环境等背景对城市的布局有着显著的支配性，而城市空间布局对地区小气候、城市局部水文特征、城市动植物种类和分布、区域环境质量、粮食和能源供应等产生明显的作用。城市特征的多项性和自然资源环境的多因子性，形成了一个相互作用网，产生了诸多节点，这些节点正是协调城市与自然、资源、环境相互关系的具体操作点，城市生态学的研究在这些节点上尚有许多空白，组织多方面的专家在个案上深入分析，在理论上概括研究是非常必要的，也是城市生态学发展必不可少的基础。

第二，城市可视为一个自然-经济-社会复合生态系统，这就需要在具体机制研究的基础上，对系统及系统内部进行更为精确的阐述。城市生态系统从组成系统的组分来看，以人为中心组成；从组分特征来看，绝大部分被人类活动所改造；从物质循环来看，以物质形态的改变为主；从能量流动来看，以化石能源的消耗为主；从输入输出来看，必须依靠外部系统供给物质和能源，同时其产品和废物也必须靠外部系统来转化和处理。由此可见城市生态系统与自然生态系统有相当大的差别，其结构和功能形式也具有自己的特殊性，城市生态学的研究需要根据城市系统的特殊性而与生态学研究有所区分。综合分析，以下方面的研究是城市生态学工作者所应该关注的。结构和功能方面有：城市生态系统的能量、物质链及其等级序列，不同类型能量之间的转换效率及其提高途径，物质循环的时空结构、模式及其有效性提高，以及由此而引起的货币流的格局与方式，物质、能量、货币之间的相互影响等；系统的总体特征方面有：城市生态系统的稳定性特征，动态演化特征，调控和优化基础，对干扰的响应方式，控制和建设的操作方式等。

在系统科学的启发下，将城市视为一个生态系统，研究其结构、功能和调控机制方面，尚有许多空白之处，需要深入研究，同时也富有极大的挑战性。数据收集方面、资料整理方面、数学物理方法方面均具有不少困难，研究结果常常具有很强的或然性和在实践方面难以操作，这也是城市生态学从系统角度深入研究所面临的巨大障碍，但是，从系统角度研究所得出的具有战略性的指导对策具有非常强的实际意义。

第三，城市生态学的应用研究与现代生态学的聚焦点紧密相连，城市生态学应参与现代生态学最关心的研究领域。现代生态学最关心的三个研究领域是可持续的生态系统、生物多样性保护、全球变化。

（1）可持续的生态系统方面，城市生态学应该从城市这一人口聚居生活方式出发，研究城市的生产生活与城市支持生态系统的可持续性，探讨城市系统对支持生态系统的胁迫和支持生态系统对城市的服务功能，开展风险分析与评估的研究，确定系统的最适持续生产能力、承受能力，探讨城市生态系统和城市支持生态系统的演替和衰退规律，提出建设的指导原则和技术方法。可以说，城市区域是一个典型的自然-社会-经济复合生态系统，探讨可持续发展的机制和综合调控途径是可持续生态系统研究不可缺少的重要一环。

（2）生物多样性保护方面，应该从城市的发生和发展、城市的布局、城市居民生活质量的提高等方面探讨城市对生物多样性的影响，特别是对城市发展对支持生态系统的胁迫导致生物多样性丧失的机制和过程等方面，应加以分析，从城市发生和发展的角度提出保护生物多样性的对策和措施。

（3）全球变化方面，城市是全球变化的敏感区，城市生态学应参与到全球变化的研究中，研究城市的生产生活对大气、土壤、淡水、海洋等的物理过程和化学过程的影响，研究城市化过程引起的土地利用变化、水文变化、生物变化等的生态后果，探讨气候变化、海平面上升等对城市区域的影响，提出应对措施。

城市生态学参与现代生态学最关心领域的研究是生态学发展的需要，也是社会发展的需要，反过来也会促进城市生态学的发展，丰富城市生态学的研究领域，提高城市生态学的研究水平，提高城市生态学解决实际问题的能力。

第四，将城市生态学应用在城市的发展和促进生态城市建设的研究方面也有很大进展。随着"绿水青山就是金山银山"的理念深入人心，我们对"生态城市"的渴望愈加强烈。生态城市是一种理想城模式，是技术与自然充分融合，是生产力得到最大限度的发挥和利用，能让居民的身心健康和环境质量得到充分的平衡与保护。建设高效、和谐的城市生态系统，是人类生存与发展的必然需求，而要把一个现代的城市恢复为生态服务功能健全的生态城市则是一个漫长的过程。建设可持续发展的和谐世界，城市生态学还有很长的路要走，以服务人类社会为宗旨的现代生态学正在变得积极而富有建设性，同样令人期待。城市生态学研究从复合生态系统的视角审视城市的结构、功能和演替，城市的生态规划和生态工程设计方法是城市走向可持续发展的必由之路。作为生态学与城市科学（城市规划、市政工程、工业设计等）的系统科学结合，理念上的革新、方法上的再创造，必将为现代城市的发展进程注入新动力。

第五，中国城市生态学未来的工作重点。①紧跟世界研究前沿，重视城市生态学理论的探索，特别是不同规模、不同性质的城市结构与功能的研究；②进一步以复合生态系统理论为指导，扩大城市生态科学研究的范围，对城乡复合生态系统的研究，包括半城市化地区的研究和乡村工业化与城市群的研究，重点侧重城市发展与农村保护的和谐关系；③发展与生态城市建设相适应的技术体系和指标体系，促进技术进步，更有效地帮助、指导与评价生态城市建设的实践；④建立相应的政策、法令和奖惩制度，促进生态城市的发展；⑤加强教育、培训和生态城市的能力建设，增强生态意识；⑥加强国际、城市和社区之间的合作与交流。

第三节　城市生态学的学科基础与研究方法

与城市生态学有关系的学科很多，但最重要的有：在城市生态学形成之前发展起来的"生态学"，与城市生态学同步发展的"人类生态学"和"城市学"，以及后来发展和形成的"景观生态学"等。

一、城市生态学的学科基础

（一）生　态　学

生态学（ecology）是由德国生物学家赫克尔（Ernst Heinrich Haeckel）于1869年首次提出的，并于1886年创立了生态学这门学科。ecology来自希腊语"oikos"与"logy"。前者意为居住地、隐蔽所、家庭等，后者意为科学研究。自从生态学创立以来，这门学科的基本研究对象是相当明确的，即生态学研究的基本对象是两个方面的关系：其一为生物与生物之间的相互关系，其二为生物与环境之间的相互关系。因此，生态学是研究生物之间、生物与环境之间的相互关系的学科。从研究的对象来看，城市生态学仅是生态学的一个分支学科，生态学的许多一般规律与原理对城市生态学的发展均有着深刻的影响。例如，物种间、生物与环境各要素之间的相互依存和相互制约规律、环境资源的有限性规律、生态系统动态平衡规律、微观与宏观协调发展规律等，这些自然生态系统的基本规律亦是城市生态系统的基本规律。生态系统中的物质循环与能量流动原理、生物生存和竞争的生态位原理、多样性导致系统稳定性提高的原理、系统整体功能最优原理、最小因子原理和环境承载力原理等自然生态系统的基本原理亦是城市生态系统的基本原理。因此，生态学作为城市生态学的最基本学科基础，是不言而喻的。

（二）城　市　学

城市学（urbanology）一词最早见于日本几村英一于1975年出版的《城市学》。城市学是以城市为研究对象，从不同角度、不同层次观察、剖析、认识、改造城市的各种学科的总称。它是一个学科群，而不是一门学科。城市学研究内容的丰富程度是伴随着城市的不断发展以及人类认识的不断深化这一过程的。早期由于社会经济发展水平低下，故城市结构简单、功能单一，人们对城市的认识也较肤浅，因而最早的城市学是依附于建筑学之中的，其独立性并不突出。工业革命后，城市增多，城市规模增大，城市结构和功能也趋于复杂化，并且出现了各种城市问题，于是社会学家参加了城市的研究，城市学也相应将社会学的内容包括其中。随后，城市地理学、城市管理学、城市经济学等相继被纳入城市学的范畴之中，加上原有的城市规划学的内容，城市学成为一个相对综合性较强、包容性较广的学科。

城市生态学作为一种理论，属于城市学及城市科学的一个基础分支；作为一种方法，与城市研究的其他学科理论相结合，则有其巨大的应用价值和理论潜力。

城市生态学广泛利用其他城市学科的研究成果，再加上其独特的基本概念和基本原理，为解决当代城市问题提供新的思维方式和途径。城市学作为城市生态学的学科基础之一，既为城市学研究领域的拓展、研究思路的更新提供了条件，也为城市生态学的"成长壮大"提供了充足的养分。

（三）人类生态学

人类生态学是研究人与周围环境之间相互关系及其规律的学科，即研究当代人口、资源、环境与发展的关系，研究人类生态系统中各要素之间能量、物质和信息的交换关系。其研究方法是把人口、资源、环境视为一个巨大的生态系统进行综合研究。

自从人类出现以来，人类就在生存斗争的过程中不断地积累其与环境相互关系的经验和知识。不过，生态学早期更多的是研究其他生物与环境的相互关系，人类生态学真正成为一个独立的分支不过是五六十年的历史，美国芝加哥学派的代表人物帕克首先提出了这个科学术语。他的《城市》一文是人类生态学形成的一个初始的促因，而以生态学方法研究城市问题的最早尝试亦始于1921年芝加哥学派的城市社会学及人类生态学理论。

人类生态学的产生和发展，是与人们对面临的生存危机的本质的认识及环境意识的提高分不开的。当今人类面临五大危机的挑战，其核心问题是"人口爆炸"，因此人类生态学也就自然成为生态学中最引人瞩目的分支之一。随着"生态冲击"的日益突出，有关人类生态学的研究和论著与日俱增，特别是1972年联合国在斯德哥尔摩召开了"人类环境会议"，会上提出了"只有一个地球"的口号，通过了《人类环境宣言》，它标志着人类环境意识有了重大的变化，强有力地推动着人类生态学的发展。

人类生态学具有异源性、综合性和实用性的特点。这是因为它是自然科学和社会科学的桥梁，吸引着不同学科的科学工作者的关注。生物学家、人类学家、心理学家、经济学家、地理学家和环境学家等都从各自不同的角度研究和发展人类生态学。

从研究范围看，人类生态学要比城市生态学的范围宽、广。城市作为人类聚居形态的一种，建立在其上的学科研究范围要比人类生态学小些。人类生态学注重分析人与其空间场所的相互关系，而城市生态学则更关注这种关系在城市中的表现。这也正是人类生态学与城市生态学在这一领域研究的重要区别。

从其发展历史看，传统人类生态学研究大致可以概括为三种不同类型。第一种是借鉴生态学的某些概念和原理，从竞争、演替及生态优势的角度研究和分析人类社会系统的状况，此方面的代表人物除帕克斯之外，还有 R.D. 麦肯齐（R.D. Mckenzie）；第二种主要是以佐尔博（Zorbaugh）和沃斯（Wirth）为代表的对诸如社会区位、经济区位和居住区位等某些特定区域外部形态特征的分析；第三种主要是对城市犯罪、心理失调等社会问题的探讨，如肖（Shaw）、法里斯（Faris）和邓纳姆（Dunham）。

此外，一些观点认为，城市地理学也是城市生态学的学科基础之一，两者在解决城市矛盾的诸多方面存在着相似之处，许多重要的概念相互交叠。例如，当代城市生态学家所着重分析的一个关键问题，即人类聚居地究竟是如何组织形成并不断变迁以适应环境的变化？而同样地，现代城市地理学家也在试图解释城市的环境如何影响人们在环境中的场所及空间行为，这就表明生态学家与地理学家有着类似的基本概念，并由此而导致许多课题的研究在方法上也出现交叠的现象。例如，对大城市的区域研究，都建立在对行为区域和社会区域这两个方面研究的基础之上。

二、城市生态学研究的基本原理与思路

（一）城市生态学研究的基本原理

1. 生态位

生态位（niche）是指物种在群落中的时间、空间和营养关系方面所占的地位。一般说，生态位的宽度依据该种的适应性而改变，适应性较大的物种占据较宽广的生态位，而城市生态位（urban ecological niche）是一个城市给人们生存和活动所提供的生态位，是城市提供给人们的或可被人们利用的各种生态因子（如水、食物、能源、土地、气候、建筑、交通等）和生态关系（如生产力水平、环境容量、生活质量、与外部系统的关系等）的集合。它反映了一个城市（或者其他人类生境）的现状对于人类各种经济活动和生活活动的适宜程度，反映了一个城市的性质、功能、地位、作用及其人口、资源、环境的优劣势，从而决定了它对不同类型的经济以及不同职业、年龄人群的吸引力和离心力。城市生态位大致可分为两大类：一类是资源利用、生产条件生态位；另一类是环境质量、生活水平生态位，简称生活生态位。其中生产条件生态位，简称生产生态位，包括了城市的经济水平（物质和信息生产及流通水平）、资源丰盛度（如水、能源、原材料、资金、智力、土地、基础设施等）；生活生态位包括社会环境（如物质生活和精神生活水平及社会服务水平等）及自然环境（物理环境质量、生物多样性、景观适宜度等）。

总之,城市生态位是指城市满足人类生存发展所提供的各种条件的完备程度。一个城市既有整体意义上的生态位,如一个城市相对于其外部地域的吸引力与辐射力；也有城市空间各组成部分因质量层次不同所体现的生态位的差异。例如,有学者认为,城市市中心的生态位在城市各个空间组成部分是最优越的（在特定的条件下和特定的城市发展阶段）。对城市居民个体而言,在城市发展过程中,不断寻找良好的生态位是人们生理和心理的本能。人们向往生态位高的城市地区的行为,从某种意义上说,是城市发展的动力与客观规律之一。

2. 多样性导致稳定性原理

大量事实证明,生物群落与环境之间保持动态平衡的稳定状态的能力,是同生态系统物种及结构的多样、复杂性呈正相关的。也就是说,生态系统的结构越多样、复杂,则其抗干扰的能力越强,因而也易于保持其动态平衡的稳定状态。这是因为在结构复杂的生态系统中,当食物链（网）上的某一环节发生异常变化,造成能量、物质流动的障碍时,可以由不同生物种群间的代偿作用给予克服。例如,在物种十分丰富多样的热带雨林中,某些物种的缺失就会因这种代偿作用而不致对整个生态系统的功能造成大的影响。反之,在仅有地衣、苔藓的北极苔原,则这种植被一旦受到破坏,就立即会使以地衣为食的驯鹿以及靠捕食驯鹿为生的食肉兽无法生存,因为结构过于简单的苔原生态系统是无法发挥物种间的代偿作用的。多样、复杂的生态系统受到了较为严重的干扰,也总是会自发地通过群落演替,恢复原先的稳定性状态,重建失去了的生态平衡,只是所需的时间,要比受较轻微干扰的生态系统长。

在城市生态系统中,各种人力资源保证了城市各项事业的发展对人才的需求；各种城市用地具有的多种属性（自然的或人工整地形成的）保证了城市各类活动的开展；多种城市功能的复合作用与多种交通方式使城市具有远比单一功能与单一交通方式的城市大得多的吸引力与辐射力；城市各部门行业和产业结构的多样性和复杂性保障了城市经济的稳定性和整体性,从而使城市经济效益提高等,这些都是多样性导致稳定性原理在城市生态系统中的应用和体现。

3. 食物链（网）原理

在普通生态学里,食物链（food chain）是指通过能量和营养物质形成的各种生物之间的联系。食物网（food web）则指一个生物群落中许多食物链彼此相互交错连接而成的复杂营养关系。

广义的食物链（网）原理应用于城市生态系统中时,首先是指以产品或废料、下脚料为轴线,以利润为动力将城市生态系统中的生产者与企业相互联系在一起。城市各企业之间的生产原料,是互相提供的。某一企业的产品是另一企业生产的原料,某些企业生产的"废品"也可能是另一些企业的原料。可以根据需要进行城市食物网"加链"和"减链"。除掉或控制那些影响食物网传递效益,利润低、污染重的链环,即"减链";增加新的生产环节,将不能直接利用的物质、资源转化为价值高的产品,即"加链"。其次,城市食物链(网)原理反映了城市生态系统具有的这一特点,即城市的各个组分、各个元素、各个部分之间既有着直接、显性的联系,也有着间接、隐性的联系。各组分之间是互相依赖、互相制约的关系,牵一发而动全身。

此外,城市生态学的食物链(网)原理还表明:人类居于食物链的顶端,人类依赖于其他生产者及各营养级的"供养"而维持其生存;人类对其生存环境污染的后果最终会通过食物链的作用(即污染物的富集作用)而归结于人类自身。

4. 系统整体功能最优原理

各个子系统功能的发挥影响了系统整体功能的发挥;同时,各子系统功能的状态也取决于系统整体功能的状态;城市各个子系统具有自身的目标与发展趋势,作为个体存在,它们都有无限制地满足自身发展的需要,而不顾其他个体的潜势存在。所以,城市各组分之间的关系并非总是协调一致的,而是呈现出相生与相克的关系状态。因此,理顺城市生态系统结构,改善系统运行状态,要以提高整个系统的整体功能和综合效益为目标,局部功能与效应当服从于整体功能和效益。

5. 环境承载力原理

所谓环境承载力(environmental carrying capacity)是指某一环境状态和结构在不发生对人类生存发展有害变化的前提下,所能承受的人类社会作用,具体体现在规模、强度和速度上。其三者的限制,是环境本身具有的有限性自我调节能力的量度。

环境承载力最主要的特点是客观性和主观性的结合。客观性体现在一定环境状态下其环境承载力是客观存在的,是可以衡量和把握的;主观性表现在环境承载力的指标及其数值将因人类社会行为内容的不同而不同,而且人类可以通过自身行为,特别是社会经济行为来改变环境承载力的大小,控制其变化方向。环境承载力的另一特点是具有明显的区域性和时间性,地区不同或时间范围不同,环境承载力也可以不同。环境承载力包括以下几部分。

(1)资源承载力:含自然资源条件,如淡水、土地、矿藏、生物等,也包含社会资源条件,如劳动力资源、交通工具与道路系统、市场因子、经济发展实力等。

按资源发挥作用的程度来划分,资源承载力又可分为现实的和潜在的两种类型。

现实的资源承载力:指在现有技术条件下,某一区域范围内的资源承载力。

潜在的资源承载力:指技术进步、资源利用程度提高或外部条件改善促进经济腹地资源的输入,从而提高本区的资源承载力。

（2）技术承载力：主要指劳动力素质、文化程度与技术水平所能承受的人类社会作用强度，它同样也包括现实的与潜在的两种类型。

（3）污染承载力：是反映本地自然环境的自净能力大小的指标。

环境承载力原理的具体内容有如下几个。①环境承载力会随城市外部环境条件的变化而变化。②环境承载力的改变会引起城市生态系统结构和功能的变化，从而推动城市生态系统的正向演替或逆向演替。③城市生态演替是一种更新过程，它是城市适应外部环境变化及内部自我调节的结果。城市生态系统向结构复杂、能量最优利用、生产力最高的方向的演化称为正向演替；反之称为逆向演替。④城市生态系统的演替方向是与城市生态系统中人类活动强度是否与城市环境承载力相协调密切相关的。当城市活动强度小于环境承载力时，城市生态系统可表现为正向演替；反之，则为逆向演替。

（二）城市生态学研究的基本思路

1. 系统思想

系统（system）是相互联系、相互依存、相互制约、相互作用的诸事物和完整过程所形成的统一体，而体现这种整体性和相互联系性的思想，就是系统思想。系统思想的产生，是人们在各种系统实践中，特别是在生产实践中，自觉或不自觉地逐步形成的。例如，我国劳动人民在长期的农业生产实践中，摸索出的农业生产要因地制宜、因时制宜的经验所反映的就是一种安排农业生产的系统思想。又如，《孙子兵法》，从道、天、地、将、法五个方面来分析战争全局，指出"凡此五者，将莫不闻，知之者胜，不知之者不胜"。所谓五者中的道，指政治，天即天时，地即地利，将即将士，可泛指用兵，法是法制。就是说，指挥战争的人，必须以此五者为根据，来全面分析比较敌我双方的优劣条件，扬长避短地攻克敌人。知道这样去做的，就能打胜仗，不知者就不能获得战争的胜利。

总之，系统思想要求全面地，而不是局部地看问题；连贯地，而不是孤立地看问题；灵活地，而不是呆板地看问题。系统思想作为一种进行分析与综合的辩证思维工具，在城市生态学学习和研究中，必须始终用系统思想作指导，才能取得预期效果。

系统的概念来源于人们的社会实践，朴素的系统概念可以追溯到古代的朴素哲学思想，但系统的概念运用到工程技术还是近半个世纪的事，目前几乎遍及所有的学科领域。在讨论系统的概念之前，先简单了解一下系统的特征。

2. 系统的特征

（1）整体性或称集合性：系统是由许多元素按一定方式组合起来的，这些元素虽然各具不同的性能，但它们是根据逻辑统一性的要求构成的整体。一部电视机有 10 个元件，一架喷气式飞机有 10 个零件，一个城市有 10 个单位。

（2）关联性：系统各个组成部分之间互相联系、互相制约、有机地结合在一起。

（3）目的性：系统具有一定的功能，达到一定的目的。

（4）环境适应性：任何一个系统都处在一个特定的环境之中，系统与环境不断进行能量、物质与信息的交换，系统必须适应它的环境。

（5）反馈机制：所有的系统都是信息反馈系统，系统内部都有反馈机制。

3. 系统的定义和概念

至少有十几种关于系统的不同定义。美国著名的系统论创始人 L.V. 贝塔朗菲（L.V. Bertalanffy）下的定义为，系统是相互作用的诸要素的综合体。我国《辞海》第七版对系统的定义：①自成体系的组织；相同或相类的事物按一定的秩序和内部联系组合而成具有某种特性或功能的整体。②始终一贯的条理；有条不紊的顺序。我国著名学者钱学森对系统的定义是，由相互作用和相互依赖的若干组成部分结合而成的具有特定功能的整体，而且这个"系统"本身又是它所从属的一个更大系统的组成部分。

综合各种定义，所谓系统，就是在一定边界范围内，由相互作用和相互依赖的若干组成部分按一定规律结合成的，具有特定功能，朝着特定目标运动发展的有机整体（集合）。

4. 系统研究思路

系统作为一个统一的整体，在系统边界确定以后，所有跨越边界进入系统的流动都是系统的输入；跨越边界离开系统的流动都是系统的输出。图 1-4 是通过把植物看成一个完整的系统，说明物质在系统中的输入与输出。这里的植物可看成是植物个体，亦可看成植物群体或植物群落等。人们在认识系统的实践中，常常会遇到各种各样的系统。其中有的系统，人们对其输入与输出比较容易了解，而对其内部组分及组分间相互联系和相互作用的认识，则存在不同程度的困难。

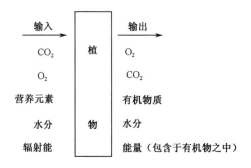

图 1-4　植物系统输入与输出

（引自邹冬生和余铁桥，1995）

相反，人们对有的系统的内部组分及其组分间相互联系和相互作用关系比较容易了解，而对其输出与输入则难以确定。因此，对于不同的系统，应采取不同的研究思路。我们把各种研究系统的思路，统称为系统研究思路，一般可分为"黑箱"、"白箱"和"灰箱"三种。

（1）黑箱研究思路：黑箱研究思路是完全忽略系统内部结构，只通过输入和输出的信息来研究系统的转化特性和反应特征的系统研究思路。一般来说，当人们由于技术原因对系统内部难以了解，或研究者仅对系统整体功能感兴趣时，都会采用黑箱这种研究思路。中医通过"望、闻、问、切"进行疾病诊断，就是典型的例子。黑箱研究思路除了可以了解系统的转换功能外，有时还可以对系统的内部结构作出相当准确的推断。

（2）白箱研究思路：白箱研究思路建立在对系统的组分构成及其相互联系有透彻了解的基础上，通过揭示系统内部的结构和功能来认识包括系统输入与输出在内的整体特性。例如，生物的形态解剖研究、各种电器设计等常采用白箱研究思路。

（3）灰箱研究思路：灰箱研究思路是同时兼用黑箱和白箱的研究思路而派生出来的一种系统分析思路。在认识系统的实践过程中，人们常遇到这样的情况，即研究者对系统内部结构与功能只有部分已知，而其余部分则是未知的。在这种情况下，采用灰箱研究思路来认识分析系统，往往能收到事半功倍的效果。例如，许多有关生物行为、生态系统结构与功能的研究，大多采用灰箱研究思路展开。有的系统其内部结构、参数、特征是确知的、明白的。有许多非技术系统，如人类的大脑，其内部结构、参数与特征是一无所知的，只能从系统外部表象来研究。也有介于黑与白之间的情况，系统内部的情况不甚了解，也不全知。邓聚龙教授在1982年首创"灰色系统"理论，将部分信息已知、部分信息未知的系统定义为灰色系统。

当然在城市生态学研究过程中，要解决的问题是多种多样的。不同的问题可采用不同的思路和方法来解决，系统思路是最基本的思路和方法。

第二章　生态系统基础理论

自 1935 年英国学者 A.G. 坦斯利（A.G. Tansley）在根据前人和他本人对森林动态的研究基础上，特别是在美国学者克莱门茨（Clements）的森林演替的单元顶极理论（monoclimax theory）与他本人提出的森林演替的多元顶极理论（polyclimax theory）的基础上提出了生态系统（ecosystem）的概念以来，经过 1942 年美国学者 R.L. 林德曼（R.L. Lindeman）和能量学专家 E.P. 奥德姆（E.P. Odum）等生态学家的发展，生态学的研究得到了迅速发展，广泛地从生态系统的组成与结构、能量流动与物质循环、生态因子及其作用和生态系统平衡等方面开展研究。生态系统理论已经成为大家所接受的理论。坦斯利强调了有机体与环境不可侵害的观点，他认为"我们不能把生物从其特定的形成物理系统的环境中分隔开来，这种系统是地球表面上自然界的基本单位，它们有各种大小和种类"。因此，生态系统包括有生命的成分和无生命的成分，有生命的成分是由生物个体、种群、群落或几个群落所组成，无生命的成分是由环境中影响有机体的所有物质和能量所组成，即整个环境的综合。总之，生态系统就是在一定时间和空间内，生物的和非生物的成分之间，通过不断的物质循环和能量流动而互相依存的统一整体，是一个生态学的功能单位。本章仅简单地介绍自然生态系统基础理论的常识。

第一节　生态系统的组成与结构

一、生态系统的组成

生态系统的成分，可以分为生命的和无生命的两类。无生命类可分为三种，生命类可分为三种，即生态系统共可分为六种组成成分。

（一）无　生　命　类

（1）太阳辐射能。

（2）无机物质，如氧（O_2）、氮（N_2）、二氧化碳（CO_2）、水（H_2O）和铁（Fe）等。

（3）有机物质，如碳水化合物、蛋白质、脂类和核酸等。

（二）生 命 类

（1）生产者（producer）：主要是指绿色植物，能用简单的无机物质合成复杂的有机物质的自养生物，也包括一些光合细菌。它们在生态系统中的作用是进行初级生产，即光合作用。现阶段的知识水平认为，太阳能只有通过生产者，才能源源不断地输入生态系统，成为消费者和还原者唯一的能源。

（2）消费者（consumer）：属于异养生物，指的是那些以其他生物或有机物为食的动物。根据其食性区分为食草动物（herbivore）和食肉动物（carnivore）两类。寄生物（parasite）是特殊的消费者，另外还有杂食动物（omnivore），则是介于食草动物与食肉动物之间的消费者。

（3）分解者（decomposer）：属于异养生物，主要是细菌和真菌，也包括某些原生动物及腐食性动物。它们把复杂的动植物有机残体分解为简单的化合物，最终分解为无机物，归还到环境中，被生产者再次利用，所以还原者的功能是分解，又可称为分解者。它们在物质循环和能量流动中具有重要的意义。

生态系统的成分组成归结为图 2-1。

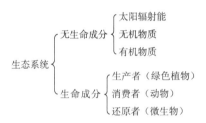

图 2-1　生态系统的组成

（据云南大学生物系，1980）

在这里要说明生命成分的划分是以功能为依据的，而无分类的概念。这三大功能的类群，通过物质循环和能量流动，彼此之间紧密联系起来，构成一个生态系统的功能单位。各生态系统之间的差异，首先取决于生态系统中各成分在组合上的差异。在地球表面上的生态系统，有各种各样的类型，分布在不同的地理位置上，形态结构特征也各不相同。在自然生态系统中，每一类型都以一定的初级生产者为主要特征，类型的划分通常是以植被为主要依据的，但人工生态系统的情况不同于自然生态系统，特别是城市生态系统。这种特殊性的人工生态系统需要重新认识。

生态系统除按上述六种成分进行划分外，还可以根据物质和能量的活动性，分为贮存库（reservoir pool）和交换库（或称循环库）（exchange or cycling pool）两大类。

（1）贮存库：在生态系统机能运转过程中，除了运转的物质和能量外，还有一部分属于贮存的物质和能量，包括生产者自身的一部分碳元素，经过长期矿化作用形成泥炭；有些软体动物将二氧化碳转化成自身的外骨骼（壳），各种有孔虫的尸体都沉没于水下或深埋海底，形成化石或珊瑚礁；有的生物残体还转化成为化石燃料，如石油和煤等；有的则流入大海形成沉积物，它们都暂时或长期地离开了生态系统的循环而贮存起来。贮存库一般属于非生物成分，库容量大，活动缓慢。但是经过长期的地质年代，又可以从岩石的风化分解和化石燃料的燃烧等形式再从贮存库里释放出来，重新进入生态系统的物质循环和能量流动（图 2-2）。

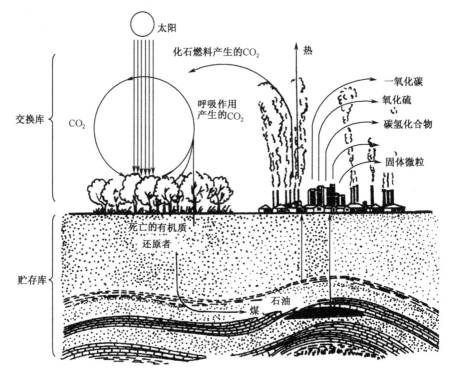

图 2-2 碳素在生态系统中的交换和贮存

（据云南大学生物系，1980）

（2）交换库或循环库：交换库或循环库指的是生物体与大气圈、水圈和生物圈之间的物质循环和能量流动。与贮存库相反，它们之间的交换是迅速的，但容量小，而且很活跃。

二、生态系统的结构

生态系统是由无生命物质与生命体构成的。在生态系统中生物种类、种群数量、种的空间配置（水平的和垂直的分布）、种的时间变化（发育、演替和季节性变化）是生态系统的结构特征，这些特征与植物群落的结构特征相一致，属于生态系统的形态结构。

水生和陆生生态系统都有空间的垂直分化或水平分化和成层现象。例如，依据光照梯度的不同，植物所处的垂直位置，如出现在地面以上不同的高度或水面以下不同的深度，它们的种类组成、种群数量和层次各不相同。动物在生态系统中的结构，也同植物一样。例如，各种鸟类在森林里占据着一定的垂直空间或水平空间，不同的种类在不同的垂直高度位置或不同的水平空间上寻食和建巢等。在人工生态系统里，如城市生态系统，不同阶层的人，或不同经济收入的人，同样具有不同的空间分布格局。

生态系统中各个种的生态关系，是生态系统功能研究的基础。另外，生态系统的营养结构，更是重要的结构特征。每一个生态系统都有其特殊的、复杂的营养结构关系，能量流动和物质循环都必须在营养结构的基础上进行。生态系统的营养结构是以营养为纽带和链条，把生物与非生物紧密地结合起来，构成以生产者、消费者、还原者为中心的三大功能类群。它们和环境之间发生密切的物质循环，即环境中的营养物质不断被生产者（绿色植物）吸收，在光能的作用下转变成化学能，通过消费者的取食，使物质发生循环传递，再经过还原者分解成无机物质归还给环境，供生产者再吸收。当然多种多样的生态系统，它们的营养方式是各不相同的，但总的来说，生态系统的物质是处于经常不断的循环之中，而能量则在各营养物质间进行流通。当太阳能输入生态系统后，能量不断地沿着生产者、消费者和还原者等逐级流动。这种能量的流动是单方向逐级流动，它不会循环，只有消耗（转变成其他的形式）。物质循环与能量单向流动是生态系统的基本规律。

第二节　生态系统的能量流动与物质循环

地球上生命的存在完全依赖于生态系统的能量流动和物质循环，两者不可分割，紧密结合为一个整体，成为生态系统的动力核心。能量单向流动和物质周而复始的循环，是一切生命活动的齿轮，是生态系统的基本功能。

生态系统最初的能量来源于太阳。太阳光照到地球表面上，产生两种能量形式：一种是热能，它温暖着大地，推动水分循环，产生空气和水的环流；另一种是光化学能，为植物光合作用所利用和固定，而形成碳水化合物及其他化合物，它像生命之灶燃烧时的燃料一样，成为生命活动的能源。一个生命有机体，亦可以看作是一个利用太阳能以维持并复制自身的生态系统。

一、能量流动

（一）能量的基础知识

能量（energy）是生态系统的基础，一切生命活动都存在着能量的流动和转化。没有能量的流动，就没有生命，没有生态系统。生态系统中的能量流动和转化，是服从于热力学第一定律和热力学第二定律的，因为热力学就是能量形式变换规律的科学。它研究：①能量怎样由一种形态转变到另一种形态，怎样由系统的一部分转移到另一部分；②在各种物理变化和化学变化中所发生的能量效应；③在一定条件下某种过程能否自发进行，如果能自发进行，则进行到什么程度为止（就是变化的方向和程度问题）。

热力学总是以体系为研究对象。所谓体系，就是人为圈定的一个物体或一组相互作用着的物体，或称系统。生态系统也是人为圈定的，没有绝对边境的体系，是客观存在实体与环境不断地进行物质和能量交换的开放体系，与孤立体系和封闭体系相反（实际上完全孤立或封闭的体系，在自然界里是不存在的）。

研究生物能量的目的就是要研究生命现象中各种能量的转换形式和机制、能量运动和生物体结构之间的相互关系，阐明生态系统中有机体结构与功能之间的能量相互关系。热力学正是生态系统中生物能量学的重要组成部分，即研究生物体系中能量由一种形态转换到另一种形态的规律，研究伴随生命过程发生的能量效应，也研究变化的可能性，以及变化的方向和范围，从而有助于了解生态系统结构与功能的本质。因此能量在生态系统内的流动、转移和转化规律是严格地遵守热力学第一定律和热力学第二定律的。

热力学第一定律在生态系统中的意义是显著的。生态系统中的能量变化和物理化学中的基本定律（即物质和能量守恒定律）有密切的关系。热力学第一定律就是能量守恒定律在热力学中的应用。能量守恒定律：在自然界的一切现象中，能量既不能创造，也不能消灭，而只能以严格的当量比例，由一种形式转变为另一种形式。

热力学第一定律的数学表达式为

$$\Delta E = Q - W$$

式中，ΔE 为系统内能的改变；Q 为系统从外界吸收的热量（输出热量为负值）；W 为系统对外界所做的功（外界对系统做功时取负值）。内能是一种变量，它在过程中的增加值恒等于系统所得的热，加上外力对系统所做的功。也就是说，当系统吸收了能量，这个能量不是储存起来，就是用来做功。一个体系的能量发生变化的同时，环境的能量也发生相应的变化。例如，在光合作用过程中生成物所含有的能量，多于光合作用反应物所含有的能量，生态系统通过光合作用所增加的能量，等于环境中日光能所减少的能量，其总能量不变，但能量输入生态系统，经过光合生物（主要是绿色植物）把太阳能转变为电势能，再由电势能转变为活跃的化学能，最终以稳定的化学能贮存在各稳定的化合物之中。又如，在生态系统内营养级上的能量传递，经美国著名的生态系统学家林德曼的研究，发现前一级总能量的10%左右被下一级所同化，其余为呼吸等活动所消耗。也就是说下一级所同化的能量，加上呼吸等活动所消耗的能量，等于前一级的总能量。

但是，热力学第一定律只能说明过程中能量变化的关系。对于与能量转变有关的某一给定条件下的过程，是否能自动进行，或向何方进行，以及进行到何种程度等问题，并未作出回答。例如，不同温度的两个物体相接触时，热在它们之间是否可以自由传递？它们的方向如何？传递到何种程度为止？这是第一定律无法回答的，因为热力学第一定律只能在原则上告诉我们：甲物体放出的热量必定等于乙物体所吸收的热量。而凡涉及给定条件下的某一过程自发进行的可能性、方向和限度等问题，必须由热力学第二定律来解决。

热力学第二定律告诉我们：非生命的自然界发生的变化，都不必借助于外力的帮助而能自动实现。热力学把这样的过程叫作自发过程或自动过程。例如，热自发地从高温物体传递到低温物体，直到两者温度相等为止；气体自发地从压力大的方向往压力小的方向移动，直到压力均衡为止；电由高电位自发地流向低电位，直到两电位相等为止；水由水势高的方向往水势低的方向移动，直到水势相等为止等。反之，都是不能自发进行的过程。由此可见，自发过程的共同规律都是不可逆的，绝不可能自动逆向进行，即任何自发过程都是热力学的不可逆过程。这样，自发的过程总是单向趋于平衡状态。能量在生态系统中的运动，也是单向流动的性质，能量流经食物链各营养级时，只有以能量做功或以热的形式消散，而绝不可能逆向进行。但是不应把自发过程理解为不可能逆向进行，常常借助外界向体系做功是可以实现逆向进行的。例如，生态系统中复杂的有机物质，被还原者分解为无机物质是一种自发过程，无机物质绝不可能自发地合成有机物质，但借助于外界做功，如借助于日光能，绿色植物能把水（H_2O）和二氧化碳（CO_2）变成有机物质，即光合作用的过程不是自发的。

为了判断自发过程的方向和限度，一般以熵和自由能为自发过程的两个状态函数，它们只与体系的始态和终态有关，而与过程的途径无关。

所谓熵值是指体系中状态的量度，即作为反应的不可逆量度，熵的变化是它的不可逆程度的指标，即

$$\Delta S = Q_{可逆}/T$$

式中，ΔS 为熵值的变化；$Q_{可逆}$ 为向体系中输入的热量；T 为当时体系的绝对温度。

由上式可知，向体系输入热量而使内部发生可逆变化时，当输入的能量中有一部分为热能，这时体系的状态发生变化，其变化的大小与输入的热量成正比，

与当时的绝对温度成反比。当进行可逆反应时，体系的状态恢复为原状，这时体系中放出同样大小的热量$-Q$，熵的变化为$-\Delta S$。

在任何一个封闭系统内发生不可逆变化时，体系的熵将增加，因为体系中将一部分可利用来做功的能量转变成热，而在可逆变化时熵不变。熵值的大小是体系是否接近平衡状态的量度，平衡状态时，体系的熵值最大。在一定条件下，体系的熵达到最大的状态（平衡状态）就是过程进行的限度。由于自发过程都是不可逆的过程，体系内发生的任何自发过程，都是向熵的增加方向进行。所以 ΔS 即表示熵的变化，根据 $\Delta S > 0$ 或 $\Delta S = 0$，就可判断系统内过程是否能自发进行，以及进行的方向和限度。

因此，热力学第二定律又可表达为，在天然过程中，一个封闭系统的熵有增无减。

熵值的增加，其体系为混乱状态，或排列成紊乱状态。例如，加热则体系分子的混乱程度增加，状态的类别增加，分子的热运动也增加。熵值增加的原理是根据或然率定律，即由大量质点所构成的体系，其中质点排列最混乱的状态是或然率最大的状态（无序性最大）。所有的自发过程都是向或然率最大的状态进行转移。例如，取一容器，分为 V_1 和 V_2 两个部分，其中以一假想膜隔开，V_1 和 V_2 中分别以 A 种和 B 种气体所充满，当抽去假想膜后，气体分子必然自由运动，最后趋向于互相均匀的状态。反之，我们不可能想象，不向体系做功，靠气体分子的自由运动能恢复到原来互相分开的有序状态，除非外界向体系做功，用其他方法使 AB 重新分开。这就是一种由或然率低（有序）向或然率高（无序）的状态进行的改变。随着这种改变，体系的熵值增加。由此可知：熵是和体系的无序程度有关的变量，因为无序性最大的状态，就是或然率最大的状态，也是体系熵最大的状态，所以熵值可作为体系混乱程度的量度。熵值增长定律是经典的热力学第二定律。

这样，热力学第二定律可以论述为：①不可能把加入体系的能量全部变为功，而不引起状态的变化；②自发的反应总是趋向于使熵值增长；③自然界封闭体系中真正可逆的过程是不存在的。总之，热力学第二定律是对能量传递和转化的一个重要概括，即系统中一切过程都伴随着能量的改变。在能量的传递和转化过程中，除了一部分可以继续传递和做功的能量之外，总有一部分能量不能继续传递和做功，而以热的形式消散，这部分能量使熵和无序性增加。以蒸汽机为例，煤燃烧时，一部分能量转化为蒸汽能推动机器做了功；另一部分能量以热的形式消散在周围空间而没有做功，只是使熵和无序性增加。在生态系统中也是这样，当能量以食物链的形式进行流动传递时，一部分能量变为热（呼吸作用）而消散掉（熵值增加），其余做功用于合成新的组织，或作为潜能贮存起来。顶极群落被认为是具有最大的熵值，最大的无序状态。因此它处于平衡状态，具有最大的束缚能或结构能。顶极群落可以保持相当长时间的最大熵值，但不能继续创造熵，否则将达到超平衡状态表现为衰老或腐朽。为了保持生态系统的平衡，负熵值的增加可认为是一种适量的干扰以抵制熵的超平衡增长。这种干扰不能超过生态系统的阈值，否则系统崩溃。

所谓自由能，就是指体系总能量中具有做功本领的部分能量。凡自发进行的过程都能做功，要使该过程逆向进行，必须由外界做功。任何自发过程都是热力学不可逆过程，所以自发过程是向体系自由能减少的方向进行。自由能绝无增加的可能，当体系进入平衡状态时，自由能就达到最小值，即自由能处于最小时，则体系达到平衡状态。表明自发过程只能进行体系的自由能最小值时的状态（平衡状态），这就是自发过程进行的限度。高自由能是体系的不稳定状态，它力图转入平衡，是自由能自动降低的必然趋势。因此自由能（ΔF）＜0 则系统为自发过程；自由能（ΔF）=0 则系统处于平衡状态；自由能（ΔF）＞0 则系统为非自发过程。根据自由能最小原理，就可判断某一过程发生的可能性、方向和限度。一个顶极生态系统的发展，可认为是自发过程，当该顶极生态系统达到平衡时，即自由能最小或等于零，这时熵值最大，即认为该生态系统自发地向顶极方向发展，到自由能最小和熵值最大时为限度。

自然界有机体的发展总是由低级到高级，由简单到复杂。这个过程似乎是违背热力学第二定律的，因为它是从无序到有序，因此是自由能增长，熵值减少的状态。过去认为热力学定律不适合于有机界。这是指热力学局限于孤立系统理论的结果。实际上真正孤立的系统是不存在的，整个有机界对环境永远是一个开放系统，与环境之间存在着物质循环和能量流通的关系，其中熵和自由能也与环境发生交换关系。开放系统理论认为，生物有机界系统是一个活动系统，它处于不平衡状态中，不平衡状态有向平衡状态发展的趋势。这种趋势的自发过程说明熵值的增加和自由能的降低。生态系统是一个开放系统，但它的能量规律在理论上是符合热力学定律的。只要不断有物质和能量输入和不断排出熵，开放系统便可维持一种稳定的平衡状态。生命、生态系统、生物圈都是维持一种稳定状态的开放系统。热力学定律与生态系统的关系是非常密切的，生态系统与能量的关系，生产者与消费者之间的食物链能量关系，都受热力学基本规律的制约和控制。但到目前为止，把热力学定律用于生命科学或生态系统的研究成果还不多。不管怎样，对熵、自由能以及开放系统等的研究，将是研究生态系统能量流动的突破口。

（二）生态系统的能量流动规律

生态系统的能量流动是指能量通过食物网络在系统内的传递和耗散过程。它始于生产者的初级能量固定和转化，止于还原者功能的完成。整个过程包括能量形态的转变、转移、利用和耗散。

1. 初级生产（primary production）

生态系统最初的能流来自太阳，它被绿色植物的光合作用所固定。光合作用积累的能量是进入生态系统的初级能量，这种能量的积累过程就是初级生产。初级生产积累能量的速率，就称为初级生产力（primary productivity）。进行能量固定的绿色植物称为生产者（producer），它是最初的基本的能量贮存者。生态系统的能量流动和物质循环，都以初级生产为基础，初级生产又是生态系统能源的基础。

初级生产就是植物光合作用的过程，植物的光合作用是生命的最基本的光化学反应形式。光合作用使二氧化碳和水结合形成碳水化合物和氧，在此过程中所转变的能量是每克分子 112 千卡（1 卡=4.1868 焦耳），能量的固定（光合作用方程式）如下：

$$6CO_2 + 12H_2O \xrightarrow[\text{叶绿素或其他色素}]{673千卡} C_6H_{12}O_6 + 6O_2 + 6H_2O$$

光合作用是一个复杂的过程，当叶绿素分子吸收光波的时候，便产生一系列氧化还原反应，光合色素发射电子动能，当电子丢失（氧化）又回到叶绿素分子时（还原），能量被固定在化学键能中，可简单用图 2-3 表示。

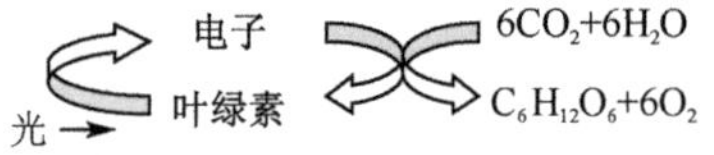

图 2-3　简单的叶绿素光化学反应

（据云南大学生物系，1980）

电子的能量并不直接转变成碳水化合物链能，而是参加到许多中间的能量变换反应中去，包括三磷酸腺苷（ATP）和其他含有高能化学键的化合物，这些化合物中含有活跃的化学能，可直接被植物用来做功而不是贮存能；当植物中有机物质分子分解的时候，贮存的能量释放出来被植物或其他生物用来做功。生命界的整个链条就是靠能量流经植物界和动物界而进行的。

生态系统是各种有机物和无机物所组成的，是进行能量传递和转变的功能单位。太阳光量子的能量被转变成有机化合物的潜能，然后这种能量通过食物链进行传递。能量的传递和转变是按照热力学第一定律和热力学第二定律进行的。

这样，生态系统热力学公式可用下式表达：

$$P_g = P_n + R$$

式中，P_g 是总生产力或相当于能量输入（Q）；P_n 是净生产力或相当于能量贮存（E）；R 是呼吸作用或相当于能量用来做功（W）。这个简单的方程式，可以应用于生物学组织的任何水平。在生态系统中可用于个体有机物到群落，也可用于植物之外的消费者和还原者。总初级生产量（gross primary production）是植物总光合作用中固定的总太阳能，净初级生产量（net primary production）是指总初级生产量减去植物呼吸作用所遗留的有机物质贮存的能量。如果总初级生产量等于呼吸作用（$P=R$），则生态系统刚好能维持自身功能，并且总的内能没有变化。如果净初级生产量出现超过自身需要的能量，就说明随着时间的推移而增加了贮存能。任何一个时间里，物质生产的总量，即总内能的贮存量，叫作生物量（biomass），也即生物量是一定时间范围内，生态系统进行能量作用总积累的净初级生产量。净初级生产量可解释为随时间而增加的生物量。当生物量随时间稳定不变时，则$P_g=R$；当$P_g<R$时，则生物量随时间下降，并且生态系统衰退；当$P_g>R$时，则积累生物量。当然，在一定的营养水平上，总初级生产量除了呼吸作用消耗之外，还包括因死亡和被食肉性生物取食消耗的有机物。因此，这种定量关系可用下式表达：

$$dB/dt = P_g - R - H - D$$

式中，dB/dt是一定时间范围内生物量的变化；H是被较高一级营养水平在一定时间范围所收获的生物量；D是因死亡而损失的生物量；R和P_g的含义同上式。在这里必须强调净生产量不是生物量，而是时间上生物量的变化，即

$$dB/dt = P_n = P_g - R - H - D$$

初级生产量的精确估算是很复杂的。因为还不能测量高能化合键直接转换为功的过程；用细胞的维持功能直接转换成初级生产量，也是不可能的，因而它们的贮存能和维持功能不可能从光合作用中得到计算。此外，CO_2结合成有机分子，又很快地释放到环境中，以至通过碳结合的测量也是不精确的。因此初级生产量能量的估算还停留在低级水平，通常是就植物对能量积累能力的大小来估算，以千卡每平方米年[千卡/（平方米·年）]来表示。

生产力是功能的比值，有不同的表示方法，通常是用每年或每平方米多少克或千卡来表示。植物总生产力的测量误差并不十分重要，因为植物的维持能消耗在食物链中，这样净生产力才具有实际价值。

初级生产力是能量被固定的速率，以地表单位面积和单位时间内，光合作用所产生的有机物质或干有机物来表示。生物量则是物质生产的总量，以单位面积上的重量来表示，如千卡/平方米或吨/公顷等。总初级生产力（gross primary productivity）是绿色植物在单位时间内所固定的总能量，或生产的有机物质，是光合作用固定能量的总结果，还包括那些在能量转换方面意义不是很大的细菌光合作用和化能合成作用。在植物呼吸作用之后，剩余下来的单位面积、单位时间内所固定的能量，或生产的有机物质，就是净初级生产力（net primary productivity）。净初级生产力对于人和其他动物，才具有实际利用价值。

初级生产力的估算，依据太阳的有效光能。太阳光总有效能，实际上有56%在植物色素吸收波长范围之外（表2-1）。

表 2-1 根据总太阳能估算初级生产所消耗的能量[能量单位：千卡/（平方米·日）]

项目	能量输入	能量丢失	百分率/%
总太阳能	5000		100
植物色素不吸收		2780	−55.8
植物色素吸收	2200		44.2
植物表面反射		185	−3.7
非活性吸收		220	−4.4
光合作用的有效能	1815		36.1
碳水化合物中的能量不稳定状态		1633	−32.5
总生产力（P_g）	182		3.6
呼吸作用（R）		61	−1.2
净生产力（P_n）	121		2.4

（据云南大学生物系，1980）。

由表 2-1 可知，总生产力仅仅能利用总太阳能的 3.6%，减去呼吸作用所消耗的能量，仅有 2.4%的总太阳能用于净生产力，也就是说，绝大部分太阳能不为植物所利用而被丢失。

水生生态系统的有效能量利用，比陆地生态系统的效能要低得多。例如，1957年 H.T. Odum 曾对佛罗里达银泉（Florida Silver Springs）生态系统的能量结构进行研究后指出，太阳能的总有效能中，有 75.9%绝对不被植物吸收，22.88%呈不稳定的状态，最后用于总生产力的有效能量仅仅是 1.22%，除去呼吸作用损耗0.7%，能提供给净生产力的不过 0.52%（图 2-4）。

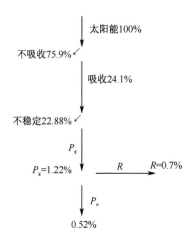

图 2-4　佛罗里达银泉生态系统初级生产量的能量估算

（据云南大学生物系，1980）

又如，Transean 于 1926 年在俄亥俄荒地能量的估算中指出，太阳光的总能量

（100%）中，蒸腾作用损失 44%，其他方面损失 54.4%，用于总生产力的是 1.6%，减去呼吸作用的损耗（$R=0.4\%$），最后用于生产力的只有 1.2%，这个数字大大超过了水生生态系统的能量利用。

Odum 于 1959 年对各种生态系统类型总生产力的调查（表 2-2）指出，能量输入限制大约为 100 千卡/（平方米·日），因为最大能量输入的生态系统，如热带农业、珊瑚礁和沼泽等生态系统，其总生产力（P_g）为 40—100 千卡/（平方米·日）。沙漠和海洋的总生产力（P_g）则不超过 4 千卡/（平方米·日）。

表 2-2　各种生态系统类型总生产力（P_g）的估算

生态系统类型	P_g/[千卡/（平方米·日）]	生态系统类型	P_g/[千卡/（平方米·日）]
沙漠	2	一般的森林	
海洋	4	农业	12—40
大陆架		湿草原	
草地	2—12	泉水	
冷气候森林		珊瑚礁	40—100

（据云南大学生物系，1980）。

生态系统的净初级生产力，不仅在系统之间各不相同，即使在同一系统内，年与年之间也是各不相同的。不同的生态系统的净初级生产量如表 2-3 所示。

表 2-3　地球生态系统的净初级生产量和植物生物量

生态系统	面积/10^6 平方千米	每单位面积的平均初级生产量/[克/（平方米·年）]	地球净初级生产量/（×10^9 吨/年）	每单位面积平均生物量/（千克/平方米）
热带雨林	17	2000	34	44
热带季雨林	7.5	1500	11.3	36
温带常绿林	5	1300	6.4	36
温带落叶林	7	1200	8.4	30
北部森林	12	800	9.5	20
稀树干草原	15	700	10.4	4
农田	14	644	9.1	1.1
疏林和灌木林	8	600	4.9	6.8
温带草原	9	500	4.4	1.6
苔原和高山草甸	8	144	1.1	0.67
沙漠灌木	18	71	1.3	0.67
岩石冰和砂	24	3.3	0.09	0.02
沼泽和湿地	2	2500	4.9	15
湖泊和河流	2.5	500	1.3	0.02

生态系统	面积/ 10⁶平方千米	每单位面积的平均 初级生产量/[克/（平方米·年）]	地球净初级生产量 /（×10⁹吨/年）	每单位面积平均 生物量/ （千克/平方米）
总陆地	149	720	107.3	12.3
藻底和珊瑚	0.6	2000	1.1	2
河口	1.4	1800	2.4	1
上涌带	0.4	500	0.22	0.02
大陆架	26.6	360	96	0.01
远洋	332	127	420	1
总海洋	361	153	53	0.01
地球	510	320	162.1	3.62

（据云南大学生物系，1980）。

生态系统的初级生产力，也随着系统的发育年龄而改变。图 2-5 表示一个森林生态系统地上部分生产力的改变情况。随着该系统的发育，叶面积指数也增加。当叶面积指数高于 8 时，表示该森林已发育到成熟阶段，这时总初级生产力增加到最大，即达到 100%的最大总光合量，但净初级生产力在叶面积指数大于 4 时达到最高。如果叶面积指数超过 4，则支持叶的支持组织比例增大，呼吸和消耗也随之加大，这时净初级生产量就不再增加。农业生产的目的是期望获得最大净初级生产量，那么，最合算的是叶面积指数 4 时的净初级生产量，而不是总初级生产量达到最大（100%）时的产量，因为成熟的或过熟的森林维持消耗（呼吸）所需的能量比例很大。同样，在谷粒作物栽培中，目的在于增加种子/茎秆比率，也就是说，在作物结构和人工选择品种时，不仅要使谷粒/茎秆比率高，而且要使叶面积指数保持在最适叶面积指数上，这样，不是增加作物整体的最大干物质重

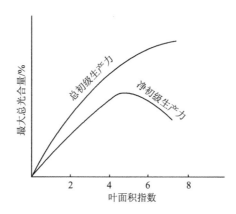

图 2-5　森林生态系统发育过程中总初级生产力、净初级生产力和叶面积指数的关系

（据云南大学生物系，1980）

量，而是增加种子的生产量。生态系统的初级生产量除取决于吸收光能的大小外，还受其他环境因子的影响。CO_2和水含量直接影响初级生产量；温度、O_2起调节作用，影响生产过程的最终产量；光合作用生物量的大小，还要靠必要的矿物质，如磷和镁等的供给；也要受食肉类和食草类动物的影响（图 2-6）。起主要作用的首先是有效的光能、有效的CO_2和水分的供给。在陆生系统中，如果其他因子适当，那么CO_2起主要作用；但在水生系统中，则CO_2受限制。水在水生系统中是充足的，然而对陆生系统的生产力，则起着决定性的作用。温度和O_2是环境的调节者，温度影响化学反应的速度，而O_2影响呼吸作用。

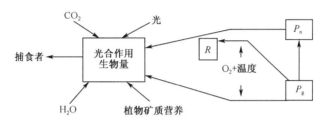

图 2-6　食肉类和食草类动物对森林生态系统生物量的影响

（据云南大学生物系，1980）

2. 次级生产（secondary production）

次级生产是指除初级生产者之外的其他有机体的生产，即消费者和还原者利用初级生产量进行同化作用（assimilation），表现为动物和微生物的生长、繁殖和营养物质的贮存。异养的有机体，如动物和腐生生物，属于次级生产者。初级生产量可以全部被消费者所利用转化为次级生产量。但实际上因不可得、不可食、消费者种群密度低或其他原因，净生产量只有一部分被利用。即使已取食的，也有相当一部分不能被消化吸收，而以粪便、尿或发酵气体等形式排出体外。已消化吸收的部分，除去呼吸消耗（包括基础代谢呼吸和肌肉运动呼吸消耗），剩余能量则转化为次级生产量，即在次级生产量的生产过程中，能量的损失是多方面的，包括：①不可利用的（不可得和不可食）；②可利用但未被利用的（消费者种群密度低等原因）；③已被食但未吃下的（动物的皮毛、骨等或吃剩下的）；④吃下而未被同化的（粪便排出）；⑤同化作用中未形成次级生产量的（呼吸消耗）。因此消费者的次级生产仅仅利用初级生产能量的很小部分，这样便产生了生态效率（ecological efficiency）概念。

所谓生态效率，反映了在一个营养级内，同化作用的能量和可利用的能量之间的关系；一个食物链营养级上，有多少能量供给下一营养级。所以生态效率就是输出和输入之间的比率，也就是所生产的物质量或产量，与生产这些物质量所消耗的物质量的比率。从能量流动来说，次一营养级的生产力与前一营养级的生产力的比率，就是生态效率。生态效率的表示方法很多，常用的如下：

光合作用效率 ＝ 植物固定的能量/有效光量

消费者同化效率 ＝ 吸收同化量/摄食量

生态效率（下一级）＝ 通过营养级（$n-1$）的能量/营养级 n 的能量

生态生长效率 ＝ 净产量/摄入量

组织生长效率 ＝ 净产量/同化作用

营养级产量效率 ＝ 营养级 n 的同化作用/低营养级 $n-1$ 的净产量

这些效率可用于不同水平的种、种群和营养级。小动物比大动物的生长效率高，年幼的比年老的大，食肉类的同化效率比食草类的高。例如，昆虫的同化效率只有30%，而哺乳动物一般为70%；但昆虫的生长效率，如鳞翅目为42%；而哺乳动物（如鼠）只有1.7%。由此可见，生态系统中初级生产量转化为次级生产量的意义是很重要的。按林德曼（Lindeman）的"百分之十定律"，从一个营养级到另一个营养级的能量转化效率为10%，则生产效率顺营养级逐级递减，也就是说能量流动过程中有90%的能量损失了，这就是营养级不超过VI级的原因。

次级生产还包括还原者的生产量，因为它们个体小、繁殖快，次级生产量难以测定，对陆地生态系统和浅水生态系统来说，一般只有10%的净初级生产量被消费者转化为次级生产量，其余90%被还原者分解。深水生态系统正相反，大部分净初级生产量都被消费者转化为次级生产量，只有一小部分留给还原者分解。例如，阔叶林只有1.5%—2.5%的净初级生产量被昆虫和其他动物所利用，大部分留给了还原者；而海洋60%—90%的净初级生产量（浮游植物）被消费者转化为次级生产量，小部分留给了还原者。因此还原者在陆地生态系统中的作用更大。

（三）能量流动分析

1. 生态系统和食物链的能量流动分析

能量流动可以在生态系统、食物链和种群三个水平上进行分析，都是为了研究生态系统的功能。

生态系统水平上的能流分析，是以同一营养级上各个种群的总值来估计。因此，首先要把一个生态系统中的全部有机体，分别标定在一个或几个营养级上。在这方面最困难的是不可能把全部有机体都很容易地标定在一定的营养级上。例如，人是杂食性的，可以属于第二、第三、第四甚至第五营养级。因此要进行能量的输入和丢失的试验是困难的，除非对全部能流值进行孤立的测量，并且要求系统是稳定的，即能量的输入刚好与输出相平衡；在每一营养级上能量的输入与呼吸作用损耗和净生产力相平衡。但是，即使这样，呼吸作用和净生产力短期的变化，也将降低参数估算的精确性。至于对一个生态系统全部有机体，包括细小种类的能量估计，更受技术的限制。尽管这样，仍有许多生态学家致力于能流的生态系统分析工作。

　　生态系统好像一部机器一样，这个机器的各个部件都是生物，二氧化碳、水、无机盐等是原料，日光是能源，于是这部机器开动起来就进行着物质循环和能量流动，从而制造出各种产品，人和其他生物就依赖这个系统而生存、发展和演化。所以物质循环和能量流动是研究生态系统的中心问题。

　　在生态系统中，绿色植物把无机物转化为有机物，光能转化为化学能，并利用这些物质和能量建造了本身，所以是第一性生产者。以后这些物质和能量逐级转移到食草动物和食肉动物，建造了动物的躯体。分解者分解有机物并使二氧化碳、水、无机盐等又归还于环境，这些无机物当然不一定立即又为植物所利用，它们又各有自己的循环途径。例如，水循环中还有水面的蒸发、降雨和径流，碳的循环中还有有机物的燃烧，氮循环中还有氮气和硝酸盐之间的转化等，但从整体看都属于生态系统中物质循环的组成部分。

　　生态系统中物质流动以循环的方式进行，即从生物体释放出的无机物可以重新再为生物所利用，但生态系统中的能量流动却是另外一种情况，从植物固定光能于有机物后，就从生产者开始，经各级消费者和分解者，通过其本身和呼吸作用，逐级以热的形式将能量全部逸散到环境中，这个能量流动过程是不可逆的，也不可能再转化为太阳能，因而是单向流动，如图 2-7 所示。

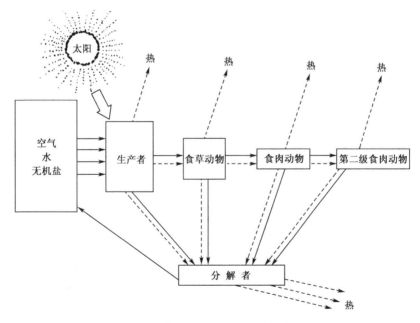

图 2-7　生态系统的物质流和能量流

- - - ▶ 能量流 ——▶ 物质流

（据辽宁省熊岳农业专科学校，1994）

在生态系统的各种生物之间，存在着一系列吞食与被吞食的关系。我国古代就有"大鱼吃小鱼，小鱼吃虾米，虾米没有吃，只好吃泥巴（浮游藻类）"，"螳螂捕蝉，黄雀在后"等谚语，这些都是对生物之间取食关系的生动描写。生态系统中的生物由于取食和被食而形成的单向链状关系，叫作食物链，食物链上每一个环节叫作营养级（trophic level）。例如，棉田中的棉叶→蚜虫→瓢虫→小鸟→鹰，就是一条食物链，概括起来是，植物→食草动物→第一级食肉动物→第二级食肉动物→第三级食肉动物。生态系统中，往往具有多而复杂的食物链，一种消费者不只吃一种生物，同种食物又被不同的消费者所捕食，因此，多条食物链的不同环节可以相连而构成食物网（图2-8）。

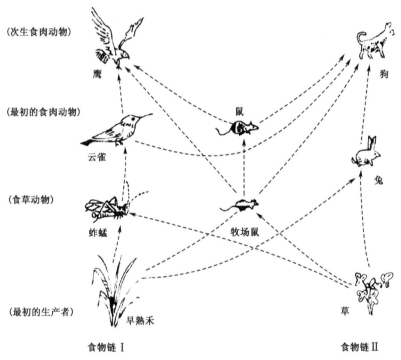

图 2-8　陆地食物网

（据辽宁省熊岳农业专科学校，1994）

食物链不论如何复杂，并不很长，一般为4—5个营养级，物质和能量越接近食物链末端越少，由此形成了金字塔式的营养级（图2-9）。绿色植物的生物产量，成为金字塔塔基，食植类昆虫是金字塔的第二营养级。因为只有一部分被食用，被吃下的大部分又作为粪便排泄掉，被消化吸收的部分还要呼吸消耗维持生命，转化成热能损失掉，所以只有很少一部分用于生长形成新组织。粗略计算，平均大约只有10%的能量从下一营养级输送给上面一级营养级，依次顺延，能量递减，生物的数目也渐少。

图 2-9　生态金字塔

（据辽宁省熊岳农业专科学校，1994）

2. 生态系统能量的损耗

一个生态系统的能量损耗，是当能量从一个营养级流动到另一个营养级时，通过各种途径进行的。通常能量是以热的形式，在呼吸作用过程中损耗。有机体吸收的能量小于供给有机体的总能量，因此只有被吸收的一部分的能量，才被有机体真正同化为自身所应用，剩余的一部分能量又返回到环境中去。被同化的能量（P_g）用来修复有机体内部的损伤，或者维持有机体的呼吸作用（R），生长新的组织（P_n）去繁衍后代（P_n）。在生态系统的营养级内和营养级间能量运动中，有一个能量的损耗过程（图 2-10）。

生态系统的能量损耗主要存在于无效能、未消耗的多余的能、吃剩的遗留下的能、未消化的粪便和呼吸作用产生的热散失等，都不能作为净生产力，如荒地中植物的根。Golley 1960 年发现，有 32% 的净生产力不能作为田鼠的饲料，然而在另外的食物链中，又可能成为其他有机体的有效能。例如，某些线虫和地穴昆虫便是以根作为食物源的。另外，产生化学物质的植物，对于食草动物有伤害作用，或者起到杀虫剂的作用，因而它们净生产力的一部分属于无效能。例如，马利筋属（Asclepias）植物中产生化学物质强心苷（cardiac glycoside），食草类动物大多不具有对这种化学物质的抗性，以至不能从马利筋获得有效能量，这一类植物都属于无效能。

未消耗的多余的能量，是指生态系统所产生的超过有机体利用速度的那部分多余的能量。这种多余的能量依赖于营养级能源的比率、消费者种群的大小以及饲料的比率。如果植物的总生产力比系统的总呼吸大（$P_g>R$），而又没有另外的净输出，则生态系统出现净生产力的增长。如果 $P_g=R$，则 $P_n=0$，生态系统处于

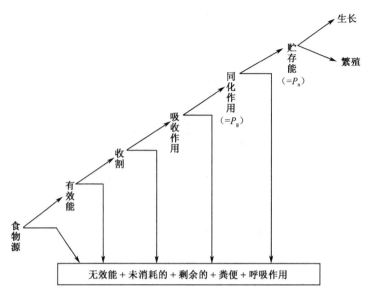

图 2-10　生态系统营养级内或营养级间能量的损耗

（据云南大学生物系，1980）

相对稳定状态；如果 $P_g<R$，则生态系统损失能量。例如，残落物属于初级生产物，不被消费者所利用，而是进入还原者营养级，残落物即是 P_n 的积聚，属于未被消耗的多余的能量。又如，食肉者很少完全消耗它们捕食的种群，所以经常有未消耗的多余的能量留在前一营养级上，为被捕食种群的再生产提供了能源。如果 $P_g<R$，则消费者有机体不能够长期维持下去。若生态系统有未消耗的多余能量存在，那么其他种群就可侵入这个系统去利用这些能量，这时原来的种群可能与侵入的种群发生竞争。

　　吃剩下的能量是指有机体吃后剩下的物质的能量。有些有机体是否能把一次收获的能量全部吃光，是以被捕食的有机体的多少和大小来决定的。当被捕食的有机体超过捕食者的消耗时，捕食者则把剩余的物质贮存积累起来。例如，某些啮齿类，当容易获得食物的时候，便把剩余的物质贮存积累起来，留待食物缺少时用。

　　非同化的能量，是指物质被有机体吸收后，没有全部被同化为有机体而抛弃的无用物质的能量，如植物的纤维，不能为食草类动物所吸收同化，但它们占总吸收能量相当大的一部分。食肉动物，常常抛弃皮毛和骨；无脊椎动物的外骨骼，也是经常被抛弃的。这些是能源的一部分，但不为消费者所利用，而成为剩余的能量。

　　维持能也是生态系统中能量损耗的一种，这种能量只用于维持有机体，而不用于有机体的生长。总生产力（P_g）是同化能，用于呼吸作用或者净生产力。而呼吸作用大量地耗费能量来维持有机体在环境中的完整性，如温度的调节，组织损耗的补偿，体内平衡的调节，以及有机体之间的相互作用和繁殖等。用呼吸作用的能量以维持体温所耗费的总生产力是相当大的，不过植物比动物所耗费的要低得多。动物利用总生产力产生内部的热来维持体温，恒温动物体温比变温动物体温要高得多；体积小的种群又比体积大的种群维持体温所消耗的能量要大，因为热通过有机体表面散发到环境中去，所以呼吸作用所消耗的总生产力也就大。总生产力与呼吸作用之间有很大的相关性。维持能的损耗则随种群的大小、年龄结构、食物性质和物理环境的差异而变化。总之，有机体的呼吸作用所耗费的维持能是相当大的，大约占总生产力的90%，因此，有机体必须从环境中获取更多的总生产力（能源），来补偿维持能的损耗。

3. 生态系统的能量分配

如前所述，一个生态系统总生产力（P_g）= 净生产力（P_n）+ 呼吸作用（R）。当阳光的有效辐射进入生态系统后，它的能量是通过什么途径进行分配的呢？现举例说明。图 2-11 中，进入的太阳辐射能为 118 872 克卡[①]/（平方厘米·年），除去不能利用的辐射能 118 761 克卡/（平方厘米·年）之外，供给初级生产者的有效能是 111.0 克卡/（平方厘米·年），大约占总入射辐射能的 0.1%，其中 23 克卡/（平方厘米·年）（约占 21%）为在细胞水平上无数的生物化学反应所消耗，这些能量供有机体进行生长、发育、维持和自养繁殖；15 克卡/（平方厘米·年）作为下一营养级食草类的饲料而被消耗，大约占初级净生产力的 17%；还有 3 克卡/（平方厘米·年）（大约为初级净生产力的 3.4%）被还原者进行分解；剩下的植物物质 70 克卡/（平方厘米·年）（79.5%）不能被利用，而全部被聚集起来。这样，分配在 4 个方面的能量值与总生产力的能量值相等，而在食草类、还原者和不能用的三个方面的能量值与净生产力相等。在食草类营养级上所结合的能量，即 15 克卡/（平方厘米·年）中有 4.5 克卡/（平方厘米·年）被用于代谢活动，这是食草类营养级能量消耗的主要部分，占 30% 左右，它比初级营养级的呼吸作用消耗（21%）要大得多。但是有 10.5 克卡/（平方厘米·年）的能量（占 70%）是不能被利用的。因此只有 3 克卡/（平方厘米·年）的能，即 28.6% 的净生产力输送给食肉类营养级。这样看来，在这一营养级上能量的利用仍然是很浪费的。在食肉类营养级上，大约所得能量的 60%[1.8 克卡/（平方厘米·年）]在代谢活动中被消耗，剩余的都不能被利用，只有一点微不足道的能量分配给还原者进行分解。在这个生态系统中，食肉类营养级消耗在呼吸作用中的能量最高，因为食肉类的活动能力很强。把三个营养级上的能量进行综合，便可得出整个生态系统的能量分配（图 2-12）。

能量的运动按箭头的方向进行，是不可逆的反应。例如，初级生产者从太阳辐射所获得的能量，绝不可能返还给太阳；食草类营养级所获得的能量，也绝不

---

① 1 克卡＝4.1868 千焦。

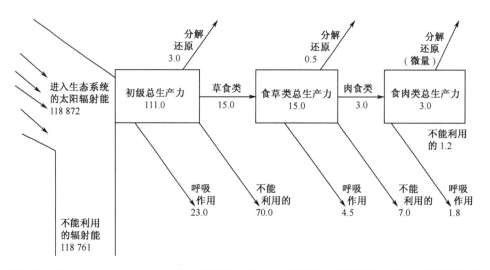

图 2-11　在 Minnesota Codar Bog 湖中初级总生产力、食草类和食肉类总生产力三个营养级上能
量的分配[克卡 /（平方厘米·年）]

（据云南大学生物系，1980）

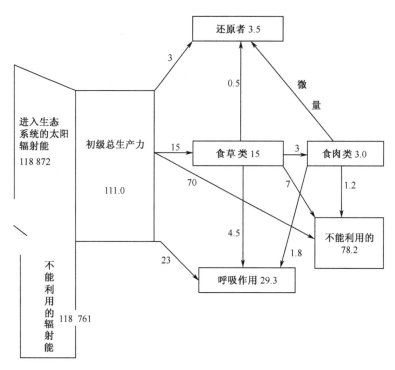

图 2-12　在 Minnesota Cedar Bog 湖的能流分配[克卡/（平方厘米 · 年）]

（据云南大学生物系，1980）

可能返回给初级生产者。能量运动通过不同的营养级后，对前一营养级不再有效。能量顺次运动而逐级显著下降，大量的能量在代谢活动中作为热而被消耗，并以呼吸作用来测定。同时，在生态系统中也有大量的能是不能被利用的，即使有更多的不能用于系统的能，但仍有大量的能消耗在呼吸作用中。例如，全部不能被利用的植物物质都被食草类动物所消耗，在食草类这一营养级上总生产力有 85 克卡/（平方厘米·年），就有大约 30% [25 克卡/（平方厘米·年）]的能量通过呼吸作用而损失。如果有 100%的有效能传递给食肉类营养级的话，则在这一级上将近有 60 克卡/（平方厘米·年）的总生产力，那么大约 36 克卡/（平方厘米·年）的总生产力是通过呼吸作用而损失的。因此，即使有较高的有效能可供利用，大量的能量仍然需要用来维持呼吸作用。如果在一定时间内，断绝了生态系统的能源，生态系统停止了能量利用，那么就不会有能量流动，这个生态系统也将不可避免地面临崩溃。

在本节讲述中所涉及的能量流动，都是对一个系统内物质和能量之间相互关系的讨论。这样的一个生态系统的能量流动，是与热力学第一定律相符合的。在系统内，能量的流动分配，不管是通过怎样的途径，但总的能量是不变的，即系统内的能量既不产生，也不消失，可转变成其他的形式（如辐射能转变成化学能），而没有量的变化。

然而在生态系统内，能量流动过程所发生变化的能量利用，是一种热的形式，这种热不能直接被系统所利用。所以导致该系统能量和组织结构的耗费，致使系统不断衰弱。这个性质符合热力学第二定律，它导致熵的增加，或者是结构的最大干扰和紊乱，以及能量利用的最大耗费，这就导致系统必须从外界不断地输入能量来加以抵制，以维持系统的做功。

二、物 质 循 环

生态系统的物质循环就是生物地球化学循环（biogeochemical cycle）。生命的存在依赖于生态系统的物质循环和能量流动，二者密切不可分割地构成一个统一的生态系统功能单位。但是能量流动和物质循环具有性质上的差别。能量流经生态系统，沿食物链营养级向顶部方向流动，能量都以自由能的最大消耗和熵值的增加，以热的形式而损耗，因此能量流动又是单方向的，所以生态系统必须不断地由外界获取能量。物质流动则是循环的，各种有机物最终经过还原者分解成可被生产者吸收的形式重返环境，进行再循环。

有机体生命过程中，需要 30—40 种化学元素。根据生命的需要可把这些元素分为三类。①结构元素（structural element），包括碳、氢、氧、氮，是生命大量必需的构成蛋白质的基本元素。②常量营养元素（macronutrient），包括磷、钙、镁、钾、硫、钠等，也是生命大量需要的元素。③微量营养元素（micronutrient），包括铜、锌、硼、锰、钼、钴、铁、铝、铬、氟、碘、溴、硒、硅、锶、钛、钒、锡、镓等，是生命必不可缺的，但需要量小的微量元素。这些化学元素称为生物性元素，在生命过程中是必不可少的，无论缺少哪一种，生命可能发育异常或死亡。例如，碳水化合物是由水和 CO_2 经光合作用而形成，但是光合作用过程中还必须有氮、磷以及微量锌、钼等参加反应，同时还必须在酶的催化下进行，酶本身又包括各种微量元素。

每一种化学元素在生物地球化学循环中，都各具有其独特性，它们对生命系统的作用是各不相同的。每一种化学元素都存在于一个或多个主要的环境蓄库里，该元素在蓄库里的贮存量大大地超过结合在生命系统中的数量，即从蓄库里释放出来的那一部分元素。

生物地球化学循环常常用"库"（pool）来描述，表示物质循环过程中存在某些生物和非生物中的化学元素储量。例如，在一个水生生态系统中，磷在水体中的数量即是一个库；磷在浮游植物中的含量又是一个库。这些元素在库与库之间转移，并彼此联结起来就是物质流动，或称为物质循环。物质在单位时间、单位面积（或体积）的移动量称为流通率（flow rate）。营养物质在生态系统中的流通量，常以单位时间单位面积（或体积）内所通过的绝对值来表示。生态系统的物质流动又以周转率（turnover rate）和周转时间（turnover time）来表示。周转率就是出入一个库的流通率除以该库中的营养物质。

$$周转率 = 流通率/库中营养物质量$$

所谓周转时间，即以库中营养物质量除以流通率。

$$周转时间 = 库中营养物质量/流通率$$

周转率越大，周转时间就越短。例如，CO_2 的周转时间是一年稍多一些（主要以光合作用从大气圈库中移走的 CO_2 量）。大气圈中 N_2 的周转时间近 100 万年（某些细菌和蓝绿藻的固氮作用）。大气圈中水的周转时间只有 10.5 天，即大气圈中所含的水分一年要更新大约 34 次。海洋中主要物质的周转时间，硅最短，约 8000 年；钠最长，约 2.06 亿年。海洋存在的时间很长，在海洋中的各种物质已经更新过许多次了。进入海洋的各种物质被海洋的沉积作用所平衡。

生物地球化学循环中的各种物质，在自然状况下应该是平衡的，即各蓄库之间输出量应该等于输入量。例如，大气圈中的 O_2、CO_2、N_2 等，它们的输入和输出都应该处于平衡状态。如果物质循环受到阻碍，也就是说，这种平衡被打破，所形成的后果是无法估量的。例如，由于近代工业的发展，大量化石燃烧，势必增加 CO_2 在大气圈中的浓度，使温度升高。因此人类在向自然界采取措施的时候，如森林采伐、兴修工程、新建城市等，都应考虑生物地球化学循环的特点，如果由于不慎或盲目地从生态系统蓄库中移去或输入某种成分，使之失去生态平衡，将会造成不可挽回的损失。

尽管化学元素各有其个性，但根据循环的属性，可分成三种主要的循环类型。①水循环（water cycle）：水是自然的驱使者，没有水的循环就没有生物地球化学循环，就没有生态系统的功能，生命就不能维持。②气态物循环（gaseous type cycle）：各种物质的主要蓄库是大气和海洋，气态物循环紧密地把大气和海洋连接起来，具有明显的全球性循环性质，以氧、二氧化碳、氮为代表，还包括水蒸气、氯、溴、氟等，都属于气态物循环。③沉积物循环（sedimentary cycle）：沉积物循环的主要蓄库是岩石圈和土壤圈，与大气无关。沉积物主要通过岩石的风化作用和沉积物本身的分解作用，而转变成生态系统可利用的营养物质，沉积物转化为岩石则是缓慢的移动过程。因此这类循环是缓慢的、非全球性的、不显著的循环，以磷、硫、碘循环为代表，还包括钙、钾、钠、镁、铁、锰、铜、硅等，其中磷循环最典型，它从岩石中释放出来，最终又沉积在大海中并转变为新的岩石。

第三节　生态因子及其作用

一、生态因子概念及其分类

任何一种生物都不可能脱离特定的生活环境（也称生境），生境（habitat）指的是在一定时间内对生命有机体生活、生长发育、繁殖以及有机体存活数量有影响的空间条件及其他条件的总和。这里不仅包括对生命有机体有影响的自然条件，也包括生物体种内和种间的相互影响。生物存在的环境条件各种各样，但归根到底不外乎是物质和能量两个方面。

生境是一个综合体，是由各种因素组成的。组成生境的因素称生态因子。

生态因子影响着动物、植物、微生物的生长、发育和分布，影响着群落的特征。生态因子主要由两个方面的因素所组成：①非生物因素（abiotic factor），即物理因素，如光、热、水、风、矿物质养分等；②生物因素（biotic factor），即对某一生物而言的其他生物，如动物、植物、微生物，它们通过自己的活动直接或间接影响其他生物。也有一种观点认为生态因子还应包括第三方面的因素，即人为因素，指人类的砍伐、挖掘、采摘、引种、驯化以及环境污染等。在自然界，各种生态因子总是综合地起作用。任何生物所接受的都是多个因子的综合影响，但在具体情况下，总是有一个或少数几个生态因子起主导作用。

对于这些复杂的生态因子，生态学家有各自不同的分类方法，把生态因子分成生物因子和非生物因子，这是一种传统的分法。前者包括生物种内和种间的相互关系，而后者则包括气候、土壤、水分等。这种分法的特点是简单明了，所以被不少学者采用（表 2-4）。

表 2-4 不同生态因子分类

A. 气候因素		
光		
温度		
相对湿度		非生物因素
降水		
其他因素		
B. 气候以外的自然因素		
水域环境因素		
土壤因素		
C. 食物因素		
D. 生物因素种内的相互作用		生物因素
不同种间的相互作用		

资料来源：沈清基，1998。

二、生态因子作用的一般特征

1. 综合作用

环境中各种生态因子不是孤立的，而是彼此联系、互相促进、互相制约的，任何一个单因子的变化，必将引起其他因子不同程度的变化及其反作用。生态因子所发生的作用虽然有直接作用和间接作用、主要作用和次要作用、重要作用和不重要作用之分，但它们在一定条件下又可以互相转化。例如，光和温度的关系密不可分。温度的高低不仅影响空气的温度和湿度，同时也会影响土壤的温度和湿度的变化。由于生物对某一个极限因子的耐度不同，会因其他因子的改变而变化，所以生态因子对生物的作用不是单一的而是综合的。例如，温度是一年生、二年生植物春化阶段中起决定作用的因子，但是也只能在适度的湿度和良好的通气条件下才能发挥作用，如果通气不足、湿度不适，萌芽的种子仍不能通过春化阶段；鸟卵在孵化时期，在诸多因子中一定的温度对胚胎发育起决定性作用，但在胚胎破壳过程中，充足的氧又特别重要，因为此时鸟胚的呼吸已由胚膜呼吸转变为肺呼吸。

2. 主导因子作用

在诸多生态因子中，有一个生态因子对生物起决定性作用，称为主导因子（leading factor），主导因子发生变化会引起其他因子也发生变化。例如，以土壤为主导因子，可将植物分成多种生态类型，有喜钙植物、嫌钙植物、盐生植物、沙生植物；以生物为主导因子，表现在动物食性方面的可分为食草动物、食肉动物、食腐动物、杂食动物等。

3. 直接作用和间接作用

区分生态因子的直接作用和间接作用对生物的生长、发育、繁殖及分布很重要。环境中的地形因子，如起伏、坡度、海拔及经纬度等对生物的作用不是直接的，但它们能影响光照、温度、雨水等因子，因而对生物起间接的作用，这些地方的光、温度、水则对生物生长、分布以及类型起直接作用。

4. 生态因子作用的阶段性

由于生物生长发育不同阶段对环境的需求不同，因此生态因子对生物的作用也具有阶段性，这种阶段性是由生态环境的规律性变化所造成的。有些鱼类不是终生都定居某一环境中，根据其生活史的各个不同阶段，对生存条件有不同的要求。例如，鱼类的洄游，大麻哈鱼生活在海洋中，生殖季节就成群结队洄游到淡水河流中产卵；而鳗鲡则在淡水中生活，洄游到海洋中去生殖。

5. 生态因子的不可代替性和补偿作用

环境中各种生态因子对生物的作用不尽相同，但都各具其重要性，尤其是具有主导作用的因子，如果缺少便会影响生物的正常生长和发育，甚至出现疾病或残疾，所以从总体上说生态因子是不能代替和补偿的，但在局部是能补偿的。例如，在一定条件下多个生态因子的综合作用过程中，由于某一因子在量上的不足可以由其他因子来补偿，因此同样可以获得相似的生态效应。以植物进行光合作用来说，如果光照不足，可以增加二氧化碳的量来补偿；软体动物在锶多的地方，能利用锶来补偿壳中钙的不足。但生态因子的补偿作用只能在一定范围内做部分补偿，而不能以一个因子代替另一个因子，且因子之间的补偿作用也不是经常存在的。

三、生态因子的作用方式

1. 拮抗作用

拮抗是各个因子在一起联合作用时，一种因子能抑制或影响另一种因子起作用。以生物因子微生物为例，青霉菌产生的青霉素能抑制革兰氏阳性细菌和部分革兰氏阴性细菌的生长；在酸菜、泡菜和青饲料制作过程中，由于乳酸菌的旺盛繁殖，产生大量乳酸，使环境变酸而抑制腐败细菌的生长。两种或多种化合物共同作用于生物体时，由于化合物间产生的拮抗作用（antagonism），可使其毒性低于各化合物毒性之总和。例如，有机汞和硒在金枪鱼中共存时，可抑制甲基汞的毒性。

2. 协同、增强和叠加作用

这几种作用主要是非生物因子中的化合物对生物的毒性作用。

（1）协同作用：两种或多种化合物共同作用时的毒性超过各化合物单独作用时的毒性总和。当某些化合物使机体对另一种化合物的吸收减少、排泄延缓、降解受阻或产生毒性更大的代谢物时，都可产生协同作用。

（2）叠加作用：两种或多种化合物共同作用时的毒性各为化合物单独作用时毒性的总和。一般化学结构相近、性质相似的化合物，或作用于同一器官系统的化合物，或毒性作用机制相似的化合物共同作用时，生物效应往往出现叠加作用。

（3）增强作用：一种化合物对某器官系统并无毒性作用，但与另一种化合物共同作用时，使后者毒性增强。

3. 净化作用

净化作用是指部分生态因子具有以物理、化学和生物的方法消除水、气、土中的污染物的作用，净化作用可分为物理净化、化学净化和生物净化三类。

物理净化作用有稀释、扩散、淋洗、挥发、沉降等。例如，大气中的烟尘可以通过气流的扩散、降水的淋洗和重力的沉降等作用而得以净化。物理净化作用的大小与环境的温度、风速、雨量等物理条件有密切关系，也取决于污染物本身的物理性质，如密度、形态、黏度等。

化学净化作用有氧化和还原、化合和分解、吸附、凝聚、交换、络合等。例如，水中铅、锌、镉、汞等重金属离子与硫离子化合，生成难溶的硫化物而沉淀。影响化学净化的环境因素有酸碱度、温度、化学组成，以及污染物本身的形态和化学性质等。

生物净化作用有生物的吸收、降解作用等。例如，形成各种无机物（NH_3、CO 等），可以被藻类用作养料，并利用太阳光作为能源合成自身需要的物质，同时释放大量氧气供需氧生物利用；树木和草地对大气中的氧化硫、氧化氮、氯及氟等有毒气体和尘埃有一定的阻挡、捕集、吸收作用，植物越稠密，净化作用越大。净化作用因植物种类不同而有很大差异，并和环境各因素状况有密切关系。藻类同化作用增加水中氧气，净化和氧化污水，清除水中的嫌气细菌，还能分解石灰岩，促进大气中碳素循环。所以城市种植行道树，铺草种花进行绿化，对环境保护是非常重要的。

四、生态因子的作用规律

1. 限制因子规律

在诸多生态因子中，使生物的耐受性接近或达到极限时，生物的生长发育、生殖、活动以及分布等直接受到限制，甚至死亡的因子称为限制因子，也可理解为限制一种有机体或种群的分布和活动的环境因子。例如，温度升高到上限时会导致许多动物死亡，温度上限对动物生存来说成了限制因子；氧对陆地动物来说很少有限制作用，但对水生生物，尤其是鱼类来说，如果缺氧就会导致死亡。光是植物进行光合作用的主要因素，但如果没有水、二氧化碳和一定温度，碳水化合物就不能合成；反之只有水、二氧化碳和一定温度而没有光，植物也不能进行光合作用，所以植物光合作用中的几个因子在不同情况下，任何一个因子都可以成为限制因子。此外，干旱地区的水，寒冷地区的温度，海洋中的透光层、矿物养分都是某些生物发育、生殖、活动的限制因子。

2. 最低量（最小因子）定律

最低量定律是德国化学家利比希（Liebig）在 1840 年提出的，他在研究谷物产量时发现，植物对某些矿物盐类的要求不能低于某一数量。当某种土壤不能供应这一最低量时，不管其他养分的量如何多，该植物也不能正常生长。利比希在进行各种因素对作物生长影响的研究时，发现作物的产量常常不是被需要量大的营养物质所限制，而是受那些只需要微量的营养物质所限制，如微量元素等。后来人们把这称为利比希最低量定律。

这与系统论中的"水桶原理"含义一致，即一个由多块木板拼成的水桶，当其中一块木板较短时，不管其他木板多么高，木桶装水的总量是受最小木板制约的。

在按照利比希最低量定律考察环境的时候，必须注意因子间的相互作用。某些因子之间有一定程度的互相替代性。具体地说，即是某些物质的高浓度和高效用，或某些因子的作用，可以改变最小限制因子的利用率或临界限制值。有些生物能够以一种化学上非常相近的物质代替另一种自然环境中欠缺的所需物质，至少可以替代一部分。例如，在锶丰富的地方，软体动物可以在贝壳中用锶代替一部分钙。有些植物生长在阴暗处比生长在阳光下需要的锌少些，所以锌对处在阴暗中的植物所起的限制作用会小一些。

3. 耐受性定律

耐受性定律是美国生态学家谢尔福德（Shelford）提出的，他认为因子在最低量时可以成为限制因子，但如果因子过量超过生物体的耐受程度时也可成为限制因子。每种生物对一种环境因子都有一个生态上的适应范围，称为生态幅，即有一个最低点和一个最高点，两者之间的幅度为耐性限度，生物在最适点或接近最适点才能很好地生活，趋向这两端时其种群发展就会减弱，然后被抑制。接近有机体耐性限度的几个因素中的任何一个在质和量上的不足或过量，都可以引起有机体的衰减或死亡。死亡接近耐受极限，所以一种生物如果经常处于这种极限条件下，生存就会受到严重危害。此即为谢尔福德耐受性定律。

不同生物对一个相同因子有不同的耐受极限，同一生物在不同生长阶段对同一个因子也有不同耐受极限。玉米生长发育所需的温度最低不能低于9.4℃，最高不超过46.1℃，耐性限度为9.4—46.1℃。

根据生物对各种因子适应的幅度，可将生物分为很多类型。例如，对温度因子的有狭温性和广温性；对光因子的有狭光性和广光性；对水因子的有狭水性与广水性；对盐因子的有狭盐性和广盐性；对湿度因子的有狭湿性和广湿性；对食物因子的有狭食性和广食性；对栖息地有狭栖性和广栖性。

耐受性定律还有以下几种情况。

（1）生物对各种生态因子的耐性幅度还有较大差异，生物可能对一种因子的耐性很广，而对另一种因子耐性很窄。

（2）在自然界中，生物并不一定都在最适环境因子范围内生活，一般来说对所有因子耐受范围很广的生物，分布也较广。

（3）当一个物种的某个生态因子不是处在最适度状态时，另一些生态因子的耐性限度将会下降。例如，当土壤含氮量下降时，草的抗旱能力下降。

（4）自然界中的生物之所以并不在某一特定因子的最适范围内生活，其原因是种群的相互作用（如竞争、天敌等）和其他因素常常妨碍生物利用最适宜的环境。

（5）繁殖期通常是一个临界期，环境因子最可能起限制作用。繁殖期的个体、种子、胚胎、幼体的耐性限度一般要狭窄得多，较适宜的环境对它们的生存是必要的。必须指出，生物对环境的适应和对环境因子的耐受并不是完全被动的。生物并不是自然环境的"奴隶"，进化迫使它积极地适应环境，并且改变自然环境条件，从而减轻环境因子的限制作用。生物的这种能力称为因子补偿作用，它存在于生物种内，而在具有组织结构的群落层次则特点明显。

在生物种内，经常可以发现，地理分布范围较广的物种常常形成与区域性的物种有所不同的特性。动物，尤其是运动能力发达的个体较大的动物，常常通过进化形成适应性行为，产生补偿作用以回避不利的地方性环境因子。

在生物群落层次中，通过群落中各种不同种类的相互调节和适应作用，结成一个整体，从而产生对环境因子的补偿作用，这也就是所谓群落优势。例如，自然界实地观察到的生态系统的代谢率-温度曲线总比单个种的曲线平坦，也就是说，生态系统的代谢率在外界温度变化时能够保持相对稳定，这就是群落稳定的一个具体例子。而我们知道，在外界因素干扰下生态系统的稳定有利于生物的生存。

综上所述，一个生物或一群生物的生存与发展取决于综合的环境条件。任何接近或者超过耐性限度的状况都可以说是限制状况或限制因子。生物自身实际上是受这些因子以及对这些因子的耐性限度的积极适应所控制的。

限制因子和耐性限度的概念为生态学家研究复杂环境建立了一个出发点，有机体与环境的关系往往是很复杂的，很难说是什么决定了什么，幸运的是在特定的环境里，或者对特定的生物来说，不是所有的因子都具有同样的重要性。研究某个特定的环境时，经常可以发现可能存在的薄弱环节或关键环节。至少在开始时，应该集中考察那些很可能接近临界的或者"限制性的"环境条件。如果生物对某个因子的耐性限度很广，而这个因子在环境中比较稳定，数量适中，那么这个因子就不可能成为一个限制因子。相反，如果生物对某个因子耐性限度是有限的，而这个因子在环境中又容易变化，这就要仔细研究该因子的情况，因为它可能是一个限制因子。

第四节　生态系统平衡及其意义

生态平衡（ecological balance）是指生态系统通过发育和调节所达到的一种稳定状况，它包括结构上的稳定，功能上的稳定和能量输入、输出上的稳定。生态系统之所以成为系统，就是因为其组成成分之间是相互影响、相互制约、相互作用的。而生态系统具有的负反馈自我调节机制，会帮助生态系统保持自身平衡。

反馈调节，即当生态系统某一成分发生变化，必然引起其他成分出现一系列相应变化，这些变化又反过来影响最初发生变化的那种成分。简而言之，一个成分或其部分的改变可以影响其他成分的改变。反馈分为正反馈和负反馈。正反馈是指生态系统中某一成分的变化引起其他一系列变化，这些变化反过来加剧最初发生变化的成分所发生的变化，使生态系统远离平衡状态或稳态。负反馈是指生态系统中某一成分的变化引起其他变化，这些变化反过来抑制和减弱最初发生变化的那种成分的变化，这是使生态系统达到或平衡或稳态的关键。

生态平衡是一种动态平衡，因为能量流动和物质循环总在不间断地进行，生物个体也在不断地进行更新。由于生态系统具有负反馈的自我调节机制，所以在通常情况下，生态系统会保持自身的生态平衡。在自然条件下，生态系统总是朝着种类多样化、结构复杂化和功能完善化的方向发展，直到使生态系统达到成熟的最稳定状态为止。

同时生态系统的稳定性和复杂性紧密相关。一般来说，结构复杂的生态系统，自我调节能力强，容易保持平衡，但其失衡后的恢复能力弱；相对的，结构简单的生态系统不易保持平衡，自我调节能力弱，但其恢复能力相对较强。例如，环境优越，生物种类复杂，食物网错综复杂的生态系统，一个食物链中断，可通过另外的食物链沟通物质流和能量流进行调节。但如果多个食物链或者出现整个营养级的破坏，生态系统的恢复就会需要很长的时间。

因此，生态系统的这种自我调节功能是有一定限度的。生态系统在一定限度内能忍受一定的外来压力，压力一旦解除就又恢复原初的稳定状态；但当压力超过其限度，影响往往不可逆。例如，火山爆发、地震、泥石流、雷击火烧、人类修建大型工程、排放有毒物质、喷洒大量农药、过度放牧等外来压力超过一定限度时，生态系统自我调节功能就会受到损害，从而引起生态失调，甚至导致生态危机。生态平衡失调的初期往往不容易被人类所觉察，但是一旦发生，就很难在短期内恢复平衡。人类既是生态系统的消费者、生态系统的结构成分、食物链的重要环节，同时又是生态系统的干扰者。随着科学技术的迅猛发展和人类生产力的不断提高，生态系统的面貌也在不断被我们改变。人类一方面在征服自然中取得了预期的胜利成果，另一方面又缺乏完善的科学预见性，不断破坏大自然的平衡，生态平衡的破坏也给人类造成无法弥补的损失，为子孙留下了无穷的祸患。

（1）人类对自然环境的污染：大气污染是人类最能直接感受的。工厂废气与汽车尾气所排出的有毒有害气体，不仅仅对周围人类健康造成危害，当有毒有害气体达到一定量时，就会与大气中的水分结合冷凝成酸雨。酸雨会严重破坏土壤肥力，影响作物生长，并祸及地表的各类生物。另一个重要的问题就是粉尘，PM2.5、PM10等不同粒径的粉尘危害，降低了太阳光照强度和能见度，对地表各类生物造成负面影响，也会影响人类的呼吸道健康。据国外的统计资料，每年因空气污染造成的心肺疾病的死亡人数已超过了交通事故和谋杀的死亡人数之和。工业废水和生活污水未经处理或处理不到位，并通过污水排放系统流入江河湖海，造成的水污染同样不容忽视。水污染会破坏珍贵的淡水资源，危害农业、渔业、畜牧业等，且生态系统的生物聚集作用也会将污染物重新汇聚，危害人类健康。日本水俣病事件，是最早出现的由于工业废水排放污染造成的公害病，被称为"八大公害"之一，这也是水污染公害的最典型案例。土壤污染也影响我们生活的方方面面。例如，农药杀虫剂的广泛应用，虽然对农业生产作出了巨大贡献，但是农药残留已遍布生物圈的各个角落。这些农药残留在空气、水系、土壤、生物中，乃至人体内部都或多或少地存在。此外，城市废弃物的不合理堆放也会对土壤造成不可预料的伤害，被污染的土壤也会对地表水和地下水造成二次污染。

（2）人类对自然资源的不合理开发利用：如对森林滥伐，伐而不造，栽而不管，这会导致水旱灾害频发，严重破坏森林资源；陡坡开荒，造成大面积水土流失；城市向外扩张，迅速占用土地，郊区的低层带园地住宅，也会大量占用土地；大量抽取地下水和城市土地的集中使用，会造成地面的沉降；过量的矿物开采，包括煤炭、石油、金属矿物等的开采，不仅仅造成人为的地形巨大变化，也会破坏当地的地表生态系统；草原过度放牧，是对草原资源的过度开发利用；过度捕捞，竭泽而渔，是对淡水水产资源的过度开发利用；大型水利设施的建设，虽然会造福一方，但如果没有合理的选址和施工，也会对当地的生态环境造成危害。这些不合理地开发利用，往往会对生态系统的其中一个环节造成巨大影响，会使生态简单化、脆弱化，浪费了物质和能量，降低生态系统的自我调节能力，严重时会对当地的减灾抗灾能力产生影响。

过去我们认识自然是把自然界分为若干部分加以研究，生产实践的重点也是在局部，而且已经取得了很大的进展，然而从近几十年破坏生态平衡的现象来看，多是由于缺乏整体和全局观点而造成的，因而遭到了自然界的惩罚。生态平衡被破坏的后果，使我们聪明起来，农业各部门（栽培、植保、开垦、林业、水产）之间，以及农业和工业之间，农村与城市之间都处于大生物圈内，因此都应具备整体观点，掌握生态系统理论，注意协调各种关系，不能只顾个体，不顾全局，只顾目前，忘记长远的生态效果。当前环境的破坏和污染正威胁着人类的生存，保护和改善环境是人类面临的重大任务，当计划从生态系统中取得各种产品时，必须注意研究对环境的影响。一般要做到用养结合，因为生物群落本身对环境就具有强大的改造作用，在设计关于保护和改善环境的措施时，一定要充分考虑生物措施。

同时人们要认识到维持生态平衡，并不是消极地维持现状，生态平衡是动态的平衡，要依据社会的发展、经济技术条件，不断地打破旧平衡，创建和发展新的平衡，才能使生态系统形成持续的最大生产力和最活跃的生命力。人既要管理生态系统，又是生态系统的组成成分，在改造自然的过程中，必须遵循生态系统的规律，坚持生态系统理论是我国社会主义现代化建设重要的科学依据。

第三章 城市生态系统组成结构与功能

第一节 城市、城市系统及城市生态系统

一、城 市

现代人们普遍认为，城市是以空间和环境资源利用为基础，以人类社会进步为目的的一个集约人口、集约经济、集约科学文化的空间地域系统，它是一个经济实体、政治社会实体、科学文化实体和自然环境实体的综合体，是一个地区的政治、经济和文化中心。城市又是在一定空间内组织生产力，实现社会分工和联系，推动社会生产力发展的空间存在形式。它集中了一个地区生产力最先进、最重要的部分，代表着一个国家或一个地区国民经济的发展水平与方向，因而城市的发展状况可以作为一个国家或一个地区社会经济发展水平的重要标志。

城市是"城"和"市"的结合。中国的汉字"城"字，用象形的篆体字，就表示在土地上用兵器"戈"来保卫政权。此外，由于人类社会发展到出现固定的居民点，手工业从农业中分化出来，以及金属工艺的使用等，促进了生产的发展并且产生剩余，从而出现交换，在固定的地点和时间进行交换，就形成了"市"，即所谓日中为市，交易而退，各得其所。这种有防御功能和商业贸易及手工业为主要职能的居民点，才能叫作城市。早期的城市是在农业居民点的基础上分化出来的，所以城市之间的区别也不显著，而且大都是建在农业发达的大河流域，如尼罗河、恒河、黄河等河流沿岸。城市产生后，随着社会的发展，城市有了迅速的发展与显著的变化。虽然由于西方和东方在地理与人文环境、习惯方面不同，城市的发展在形态结构上有一定的差异，但城市的基本系统组成和功能是基本一致的。

二、城 市 系 统

城市是以人为中心，以一定的环境条件为背景，以经济为基础的社会、经济和自然的综合体。按照系统论的观点，这个综合体称作城市系统（urban system）。

城市是一个复杂的社会形态。有人估计其组成单元为 10^8 个。它由许多子系统组成，如经济、人口、金融、交通、城建、科学、教育、文化、法律等。张世英等将北京市国民经济与社会大系统，按其功能、性质与形态，分为人口、环境、

资源与能源、产业、财政、交通与邮电、科教文化卫生 7 个子系统,概括了构成城市实体的 7 个主要方面。第二级子系统包括 30 项,第三级子系统包括 160 项,一般分解到第四、第五级,个别到第六级即可达单位实体(图 3-1)。城市各子系统之间、各单位要素之间具有某种相互依赖、相互制约的特定关系。

随着城市规模的扩大和各种设施的发展与完善,城市具有越来越多的功能,单一功能的城市很少。中国的城市一般在国家或区域定位、城市的人文地理历史底蕴以及自身的经济活动共同作用下不断向前发展。综合中共中央、国务院、国家发展改革委、国家统计局等对区域或城市的定位以及相应数据,分类如下。

(1)3 个国家综合性门户城市:北京、上海、广州。

(2)3 个全国性金融中心:北京、上海、深圳。

(3)3 个国际科技创新中心:北京、上海、粤港澳大湾区。

(4)4 个综合性国家科学中心:上海张江综合性国家科学中心、合肥综合性国家科学中心、北京怀柔综合性国家科学中心、深圳综合性国家科学中心。

(5)4 大国际性综合交通集群:京津冀、长三角、粤港澳大湾区、成渝双城经济圈。

(6)5 个计划单列市:大连、青岛、宁波、厦门、深圳。

(7)5 个经济特区:深圳、珠海、厦门、汕头、海南。

(8)6 个世界一线城市:上海、北京、广州、深圳、香港、台北。

(9)7 个超大城市(城区常住人口超 1000 万人的城市):上海、北京、深圳、重庆、广州、成都、天津。

图 3-1 北京市国民经济与社会大系统

(引自于志熙,1992)

（10）14个特大城市（城区常住人口500万—1000万人的城市）：武汉、东莞、西安、杭州、佛山、南京、沈阳、青岛、济南、长沙、哈尔滨、郑州、昆明、大连。

（11）7个全球海洋中心城市：上海、深圳、天津、青岛、宁波、大连、舟山。

（12）8个全面创新改革试验区：京津冀、上海、广东、安徽、四川、武汉、西安、沈阳。

（13）9个国家中心城市：北京、天津、上海、广州、重庆、成都、武汉、郑州、西安。

（14）十大中国古都：西安、洛阳、南京、北京、开封、杭州、安阳、郑州、大同、成都。

（15）13个交通强国建设试点：河北雄安新区、辽宁省、江苏省、浙江省、山东省、河南省、湖北省、湖南省、广西壮族自治区、重庆市、贵州省、新疆维吾尔自治区、深圳市。

（16）14个沿海开放城市：大连、秦皇岛、天津、烟台、青岛、连云港、南通、上海、宁波、温州、福州、广州、湛江、北海。

（17）15个副省级城市：长春、济南、杭州、大连、青岛、深圳、厦门、宁波、西安、武汉、南京、沈阳、广州、哈尔滨、成都。

（18）20个国际性交通枢纽：北京、天津、上海、南京、杭州、广州、深圳、成都、重庆、沈阳、大连、哈尔滨、青岛、厦门、郑州、武汉、海口、昆明、西安、乌鲁木齐。

（19）23个国家物流枢纽：东部地区为天津、上海、南京、金华（义乌）、临沂、广州、宁波—舟山、厦门、青岛、深圳；中部地区为太原、赣州、郑州、宜昌、长沙；西部地区为乌兰察布—二连浩特、南宁、重庆、成都、西安、兰州、乌鲁木齐；东北地区为营口。

城市系统的总目标是发挥城市效益，包括社会效益、经济效益与生态环境效益，满足人们对物质和精神文化的需要。城市子系统的目标是由相应的子系统确定的。

1933年8月国际现代建筑协会在雅典召开会议，提出"城市规划大纲"，即《雅典宪章》，指出城市的主要机能是居住、工作、休息、交通。

1978年12月在秘鲁利马召开的国际会议，发表《马丘比丘宪章》，对《雅典宪章》作了修正与补充。提出将《雅典宪章》中"城市规划的目的看作是综合城市的四项基本功能"改为"力求创造一个综合的多功能的生活环境"，指出"不能单纯追求功能上的区分，而牺牲城市有机组织，忽视城市中人与人之间的多重联系。在城市急剧发展中，要更有效地使用人力、土地和资源，解决好城市与周围地区的关系，并使生活环境与自然环境协调一致"。

城市及其周围广大农村、城市与区域之间有着相互联系、相互制约与依存的关系，这种关系也是城市与其周围环境的关系。

列宁指出，城市是经济、政治和人民精神生活的中心，是前进的主要动力。城市的中心作用与其地理位置、交通网络、资源分布以及历史背景等有十分密切的关系。城市的地理位置对城市的产生与发展有深远的影响。例如，日本东京在1923年遭受到大地震的破坏，在第二次世界大战中又遭到了地毯式的轰炸，两次破坏，两次重建，目前仍然是一个世界型的大城市。我国渤海湾南北各有烟台、大连两个港口城市，虽然港口条件相似，但发展速度各异。烟台南有青岛、西有天津，只有山东半岛的几个县为其腹地，因此烟台发展比大连要慢些。而大连以东北三省和内蒙古自治区东部为其腹地，发展很快，成为全国第二位的国际贸易港口。

每个城市都是一定地域的中心，都以相应的经济区域作依托，城市是周围广大地区生产、交换、分配、消费等各种经济活动的集中场所。一定规模的城市有一定的吸引力作用，这种吸引力是一定历史过程的产物，反映以经济为主，包括人口、物资、资金、信息的综合联系，如市场的引力，城市各种现代化生活设施和就业机会的引力等。在一些大城市，购物、上学、看病、参加各种文化娱乐活动很方便，就业机会也较多，因此人们一般都不愿意离开大城市。城市的吸引力与城市的规模成正比，与城市间的距离成反比。

三、城市生态系统

（一）城市生态系统的概念

城市生态系统是人类生态系统的主要组成部分之一。它既是自然生态系统发展到一定阶段的结果，也是人类生态系统发展到一定阶段的结果。关于人类生态系统，名称存在着差异。有的称之为人类生态系统，有的则称之为生态-经济-社会复合生态系统。此外，还有的称之为人工生态系统（artificial ecosystem）。通常，工程学界称之为人工生态系统，环境经济学或生态经济学界则多称之为生态经济系统（ecological economic system），而关注人口问题的则称之为人类生态系统。不过，这些不同的提法在定义上是大同小异的。可以接受的定义是"人类自身的经济利益，对自然生态系统改造和调控而形成的生态学"。这样，人工草场、人工林、鱼塘、农业、村落和城市等均是人类生态系统。因此，城市生态系统（urban ecosystem）指的是城市空间范围内的居民与自然环境系统和人工建造的社会环境系统相互作用而形成的统一体，属于人工生态系统。它是以人为主体的、人工环境的、人类自我驯化的、开放性的生态系统。城市居民是由居住在城市中的人的数量、结构和空间分布（含社会性分工）三个要素所构成，详细内容参见第四章"城市人口"。自然环境系统包括大气、水体、土壤、岩石、矿产资源、太阳能等非生物系统和动物、植物、微生物等生物系统；社会环境系统包括人工建造的物质环境系统（包括各类房屋建筑、道桥及运输工具、供电、供能、通风和市政管理设施及娱乐休憩设施等）和非物质环境系统（包括城市经济、文化与群众组织系统、社会服务系统、科学文化教育系统等）。

（二）城市生态系统的产生及其发展

在45亿年以前，地球上不但没有人类，而且也没有生物。地球表层在进行漫长的演化之后才产生了生物，使地球表层逐渐叠加上了一个复杂的生物系统，进而产生了生物与环境的对立统一，产生了自然生态系统以及物质的生物地球化学元素大循环和营养物质的生物小循环。这种自然生态系统又经过了漫长的生物进化过程，在生物与环境的对立统一过程中使生物系统不断进化，最后在近两三百万年前，才产生了人类，从而产生了人类与其生存环境共同组成的新的对立统一体：人类生态系统。

城市生态系统是人类生态系统经过漫长的发展时期才产生的。也就是说城市生态系统是经人类生态系统的演变进化，在人类社会的发展过程中经过自然生态系统到农村生态系统出现城市后才产生的，人类生态系统从此划分为农村生态系统和城市生态系统两大类型。不过，由于从奴隶社会到封建社会的漫长历史时期内，全世界城市人口只是很小的比例，而且城市人口发展缓慢，所以，虽然城市生态系统产生并在发展着，城市生态系统的发展历史在整个人类生态系统的发展史中只占很小的一部分，但城市生态系统的发展却对整个人类生态系统的发展起着举足轻重的作用。

19世纪开始的资本主义工业化使人类生态系统的发展进入了新的发展阶段，全世界多数工业发达地区，城市人口的增长超过了农村人口的增长，有些国家的城市人口的数量逐渐超过了农村人口数量。当今，城市生态系统已经成为人类生态系统的主体。

第二节　城市生态系统的组成结构

城市生态系统是地球表层人口集中地区，由城市居民和城市环境系统组成，是有一定结构和功能的有机整体。城市环境系统由自然环境和社会环境构成。城市生态系统是由城市居民、城市环境系统构成的，可用图3-2表示。

目前没有统一的城市生态系统结构的划分，因不同的研究出发点与方向划分的系统结构不同。目前城市生态系统结构主要作如下划分：①城市居民，包括性别、年龄、智力、职业、民族、种族和家庭等结构；②自然环境系统，包括非生物系统的环境系统（大气、水体、土壤、岩石等）和资源系统（矿产资源和太阳、风、水等），生物系统的野生动植物、微生物和人工培育的生物群体；③社会环境系统，包括政治、法律、经济、文化教育等。

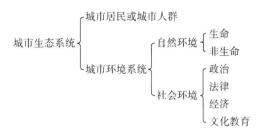

图 3-2　城市生态系统的组成结构

中国生态学家马世骏教授指出：城市生态系统是一个以人为中心的自然、经济与社会的复合人工生态系统。这就是说，城市生态系统包括自然、经济与社会三个子系统，是一个以人为中心的复合生态系统（图 3-3）。

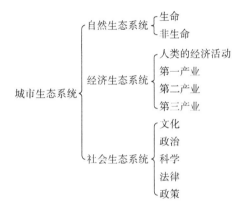

图 3-3　城市生态系统中的三个子系统

从图 3-2 和图 3-3 中可以看出，城市生态系统结构的两种划分方法的主要不同点是，前者把城市生态系统结构划分为两大部分，即城市居民和城市环境系统；后者把城市生态系统结构划分成三大部分，即自然生态系统、经济生态系统和社会生态系统，城市居民具有社会与自然双重属性。

从图 3-2 和图 3-3 可看到城市生态系统组成的复杂性，但其结构也一样复杂。图 3-4 表明：城市社会生态系统、经济生态系统和自然生态系统是相互联系、相互影响、相互制约的，社会生态系统通过生活垃圾造成的环境污染影响自然生态系统；而经济生态系统也通过生产废气、废水、废渣等对自然生态系统造成污染；同时，自然生态系统又对经济生态系统提供可利用资源，为社会生态系统提供生态需求；经济生态系统和社会生态系统更密不可分，经济生态系统为社会生态系统提供经济收入、社会生态系统向经济生态系统提出消费需求。三个子系统必须在适当的管理与监控下，形成有序而相对稳定的生态系统。

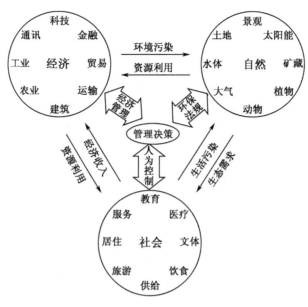

图 3-4　城市生态系统的结构

（引自沈清基，1998）

第三节　城市生态系统的基本功能和主要特点

一、城市生态系统的基本功能

城市生态系统的功能是指系统及其内部各子系统或各组成成分所具有的作用。城市生态系统是一个开放型的人工生态系统，它具有两个功能，即外部功能和内部功能。外部功能联系其他生态系统，根据系统的内部需求，不断从外部系统输入与输出物质和能量，以保证系统内部的能量流动和物质流动的正常运转与平衡；内部功能维持系统内部的物流和能流的循环和畅通，并将各种流的信息不断反馈，以调节外部功能，同时把系统内部剩余的或不需要的物质与能量输出到其他外部生态系统。外部功能是依靠内部功能的协调运转来维持的。因此，城市生态系统的功能表现为系统内外的物质、能量、信息、货币及人口的输入、转换和输出。研究城市生态系统功能实质上就是研究这些流。为了维持城市生态系统稳定而有序地发展，实现人类追求的社会、经济与环境目标，必须人工调控这些流，使之协调与畅通。因此，城市生态系统的发展主要受控于人的决策，决策能影响系统的有序或无序的发展，而系统发展的结果则能检验决策是否正确。研究城市生态系统功能，揭示影响系统稳定性的主要因素，是提出调控系统的关键，为系统决策者提供决策的科学依据，促使系统向更有序的高级方向发展。

（一）城市生态系统的生产功能

城市生态系统的生产功能是指城市生态系统能够利用城市内外系统提供的物质和能量等资源，生产出产品的能力，包括生物生产与非生物生产。

1. 生物生产

生物能通过新陈代谢与周围环境进行物质交换、生长、发育和繁殖。城市生态系统的生物生产功能是指城市生态系统所具有的，包括人类在内的各类生物交换、生长、发育和繁殖过程。

（1）生物的初级生产：生物的初级生产是指植物的光合作用过程。城市生态系统中的绿色植被包括农田、森林、草地、果园和苗圃等人工或自然植被。在人工的调控下，它们生产粮食、蔬菜、水果和其他各类绿色植物产品。然而，由于城市是以第二产业、第三产业为主的，故城市生物生产粮食、蔬菜和水果等的空间占城市空间的比例并不大，植物生产不占主导地位。例如，1992 年我国城市的耕地面积仅占全国耕地面积的 23.6%。应该指出的是，虽然城市生态系统的绿色植物的物质生产和能量贮存不占主导地位，但城市植被的景观作用功能和环境保护功能对城市生态系统来说是十分重要的。因此，尽量大面积地保留城市的农田系统、森林和草地系统等是非常必要的。

（2）生物的次级生产：城市生态系统的生物初级物质生产与能量的贮备不能满足城市生态系统的生物（主要是人）的次级生产的需要量。因此，城市生态系统所需要的生物次级生产物质有相当部分从城市外部输入，表现出明显的依赖性。此外，由于城市的生物次级生产主要是人，故城市生态系统的生物次级生产过程除受非人为因素的影响外，主要受人的行为的影响，具有明显的人为可调性，即城市人类可根据需要使其改变发展过程的轨迹。此外，城市生态系统的生物次级生产还表现出社会性，即城市次级生产是在一定的社会规范和法律的制约下进行的。为了维持一定的生存质量，城市生态系统的生物次级生产在规模、速度、强度和分布上应与城市生态系统的初级生产在物质、能量的输入、分配等过程取得协调一致。

2. 非生物生产

城市生态系统的非生物生产是人类生态系统特有的生产功能，是指其具有创造物质与精神财富，满足城市人类的物质消费与精神需求的性质，有物质生产与非物质生产两大类。

（1）物质生产：是指满足人们的物质生活所需的各类有形产品和服务，包括：①各类工业产品；②设施产品，指各类城市正常运行所需的城市基础设施，城市是一个人口与经济活动高度集聚的地域，各类基础设施为人类活动及经济活动提供了必需的支撑体系；③服务性产品，指服务、金融、医疗、教育、贸易、娱乐等各项活动得以进行所需要的各项设施。

城市生态系统的物质生产产品不仅仅为城市地区的人类服务，更主要的是为城市地区以外的人类服务，因此城市生态系统的物质生产量是巨大的，其所消耗的资源与能量也是惊人的，对城市区域和外部区域自然环境的压力也是不容忽视的。

（2）非物质生产：是指满足人们的精神生活所需的各种文化艺术产品及其相关的服务。例如，城市中有众多优秀的精神产品生产者，包括作家、诗人、雕塑家、画家、演奏家、歌唱家、剧作家等，也有难以计数的精神文化产品出现，如小说、绘画、音乐、戏剧、雕塑等。这些精神产品满足了人类的精神文化需求，陶冶了人们的情操。

城市生态系统的非物质生产实际上是城市文化功能的体现。城市从它诞生的第一天起就与人类文化紧密联系在一起。城市的建设和发展反映了人类文明和人类文化进步的历程，城市既是人类文明的结晶和人类文化的荟萃地，又是人类文化的集中体现。从城市发展的历史看，城市起到了保存与保护人类文明与文化进步的作用。城市又始终是文化知识的"生产基地"，是文化知识发挥作用的"市场"，同时城市又是文化知识产品的消费空间。城市非物质生产功能的加强，有利于提高城市的品位和层次，有利于提高城市人类及整个人类的精神素养。

（二）城市生态系统能源结构与能量流动

1. 能源结构

城市生态系统的能量是指能源在满足城市多种功能过程中在城市生态系统内外的传递、流通和耗散过程。能源结构是指能源总生产量和总消费量的构成及比例关系。从总生产量分析能源结构，称为能源的生产结构，即各种一次能源，如煤炭、石油、天然气、水能、核能等所占比例；从总消费量分析能源结构，称为能源的消费结构，即能源的使用途径。一个国家或一个城市的能源结构是反映该国或该城市生产技术发展水平的一个重要标志。在中国，目前能源的生产结构为煤炭约占70%，石油、天然气约占20%，其他能源所占的比例较低；能源的消费结构为工业用能约占63%，农业约占8.3%，商业与民用约占18%，交通运输约占2.4%。

现如今，中国能源结构已有了明显的变化。近20年的统计数据显示，化石能源消费所占比例虽有减少，但总体比例仍然很大，中国能源生产结构中原煤已从约75%下降至70%以下；原油同样下降明显，从2002年的约15%下降至2018年的约7%；一次电力及其他能源占能源生产总量从2002年的8.8%连年上涨至2019年的18.8%；天然气虽占比例不高，但也同样保持连年上涨，2019年天然气占能源生产总量的5.7%。如表3-1所示。

表 3-1　2002—2019 年中国能源生产结构

年份	能源生产总量/万 tce	占能源生产总量的比例/%			
		原煤	原油	天然气	一次电力及其他能源
2002	156 277	73.1	15.3	2.8	8.8
2004	206 108	76.7	12.2	2.7	8.4
2006	244 763	77.5	10.8	3.2	8.5
2008	277 419	76.8	9.8	3.9	9.5
2010	312 125	76.2	9.3	4.1	10.4
2012	351 041	76.2	8.5	4.1	11.2
2014	362 212	73.5	8.4	4.7	13.5
2015	362 193	72.2	8.5	4.8	14.5
2016	345 954	69.8	8.3	5.2	16.7
2017	358 867	69.6	7.6	5.4	17.4
2018	378 859	69.2	7.2	5.4	18.2
2019	397 000	68.6	6.9	5.7	18.8

资料来源：中国统计年鉴（2020 年）。

中国能源生产结构在逐年变化的同时，能源消费结构也变化明显。其中原煤占能源消费总量的比例已从约 70%降至约 60%，原油所占比例也有小幅下降。这是自 2015 年年底"供给侧结构性改革"提出后，中国能源规划中节能减排、科技创新、去除过剩产能的成果体现，如表 3-2 所示。

表 3-2　2002—2019 年中国能源消费结构

年份	能源消费总量/万 tce	占能源消费总量的比例/%			
		原煤	原油	天然气	一次电力及其他能源
2002	169 577	68.5	21	2.3	8.2
2004	230 281	70.2	19.9	2.3	7.6
2006	286 467	72.4	17.5	2.7	7.4
2008	320 611	71.5	16.7	3.4	8.4
2010	360 648	69.2	17.4	4.0	9.4
2012	402 138	68.5	17.0	4.8	9.7
2014	428 334	65.8	17.1	5.6	11.3
2015	434 113	63.8	18.4	5.8	12.0
2016	441 492	62.0	18.7	6.1	13.0
2017	455 827	60.6	18.9	6.9	13.6
2018	471 925	59.0	18.9	7.6	14.5
2019	487 000	57.7	18.9	8.1	15.3

资料来源：中国统计年鉴（2020 年）。

赵志成和柳群义（2019）通过对改革开放后的能源生产、能源消费、能源结构数据的分析，并运用模型模拟对 2020 年后的能源消费结构进行预测。预测结果显示，原煤消费比例在 2020 年可达到 56.1%，2025 年将低于 50%；非化石能源消费比例在 2020 年可达 15.6%，2025 年可达 18.8%；天然气消费比例预计在 2025 年才能达到《能源发展"十三五"规划》中 10%的目标。能源消费情况如表 3-3 所示。

表 3-3　2020 年后能源消费预测数据　（单位：%）

年份	原煤	原油	天然气	一次电力及其他
2020	56.1	19.4	8.9	15.6
2021	54.8	19.7	9.3	16.3
2022	53.4	19.9	9.7	16.9
2023	52.1	20.2	10.1	17.6
2024	50.8	20.4	10.5	18.3
2025	49.6	20.7	10.9	18.8

资料来源：赵志成和柳群义（2019）。

表 3-4　2019 年部分国家分品种能源消费所占比例　（单位：%）

国家	石油	天然气	煤炭	非化石能源
中国	19	8.3	57.9	14.9
美国	37.6	31.5	13.6	17.3
俄罗斯	21.1	53.3	14.5	11.1
日本	39.8	21.1	26.6	12.4
印度	28.4	6.1	57.5	8.0

资料来源：梁玲等（2020）。

如今，天然气和电力消费的比例已成为反映城市能源供应现代化水平的两个重要指标。这是因为天然气热值高、污染少并且成本低廉。在美洲、欧洲等发达国家，天然气早已成为与石油同等地位的主要能源。在俄罗斯这样的天然气能源大国，天然气的能源消费比例已超过 50%，而我国直到 2019 年天然气的能源消费所占比例仍未达 10%（表 3-4）。在现如今全球化和能源低碳化背景下，全球能源结构将呈现多元化、清洁化和低碳化发展趋势，可再生能源将逐渐具备市场竞争力，天然气作为化石能源和可再生能源发展的桥梁，必将持续快速发展。

2. 能量流动

城市生态系统的能量流动基本过程如图 3-5 所示。

图 3-5 中，原生能源（又称一次能源）是从自然界直接获取的能量形式，主

要包括煤、石油、天然气、油页岩、油砂、太阳能、生物能（生物转化了的太阳能）、风能、水能、潮流能、波浪能、海洋温差能、核能（聚、裂变能）和地热能等。原生能源中有少数可以直接利用，如煤、天然气等，但大多数都需要加工经转化后才能利用。

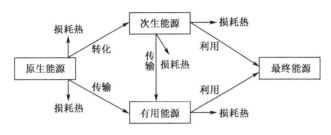

图 3-5　城市生态系统的能量流动基本过程

（引自何强等，1994）

二、城市生态系统的主要特点

城市生态系统具有如下几个方面的特点。

同自然生态系统和农村生态系统相比，城市生态系统的生命系统的主体是人类，而不是各种植物、动物和微生物。次级生产者与消费者都是人。所以，城市生态系统最突出的特点是人口的发展代替或限制了其他生物的发展。从图 3-6 中可知，在自然生态系统和农村生态系统中，能量在各营养级中的流动都是遵循"生态学金字塔"规律的。在城市生态系统中却表现出相反的规律。因此，城市生态系统要维持稳定和有序，必须有外部生态系统的物质和能量的输入。

城市生态系统的环境主要部分变为人工的环境，城市居民为了生产、生活等的需要，在自然环境的基础上，建造了大量的建筑物，如交通、通信、供排水、医疗、文教和体育等方面的城市设施。这样，以人为主体的城市生态系统的生态环境，除具有阳光、空气、水、土地、地形地貌、地质、气候等自然环境条件外，还大量地加进了人工环境的成分，同时使上述各种城市自然环境条件都不同程度地受到人工环境因素和人的活动的影响，使得城市生态系统的环境变化显得更加复杂和多样化。

城市生态系统是一个不完全的生态系统。由于城市生态系统正大大改变自然生态系统的生命组分与环境组分状况，因此，城市生态系统的功能同自然生态系统的功能比较，有很大的区别。我们知道，经过长期的生态演替处于顶极群落的自然生态系统中，其系统内的生物与生物、生物与环境之间处于相对平衡状态。而城市生态系统则不然，由于系统内的植物也多是人类为美化绿化城市生态环境

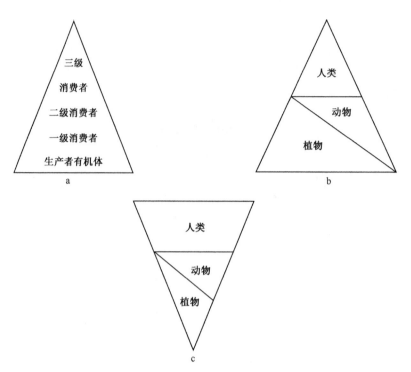

图 3-6　不同类型生态系统的组成结构示意图

a. 自然生态系统；b. 农村生态系统；c. 城市生态系统

而种植的树木花草，不能作为营养物料供城市生态系统的消费者使用。就像上述所说的那样，维持城市生态系统所需要的大量营养物质和能量，需要从系统外的其他生态系统中输入。另外，城市生态系统所产生的各种废物，也不能靠城市生态系统的分解者使有机体完全分解，而要靠人类通过各种环境保护措施来加以分解，所以城市生态系统是一个不完全、不独立的生态系统。如果从开放性和高度输入的性质来看，城市生态系统又是发展程度最高、反自然程度最强的人类生态系统。

　　城市生态系统在能量流动方面具有明显的特点。在能量使用上，自然生态系统和城市生态系统的显著不同之处是，前者的能量流动类型主要集中于系统内各生物物种间所进行的动态过程，反映在生物的新陈代谢过程之中；而后者由于技术发展，大部分的能量是在非生物之间进行变换和流转，反映在人力制造的各种机械设备的运行过程之中。并且随着城市的发展，它的能量、物资供应地区越来越大，从城市所在的邻近地区到整个国家，直到世界各地；在传递方式上，城市生态系统的能量流动方式要比自然生态系统多。自然生态系统主要通过食物网传递能量，而城市生态系统可通过农业部门、采掘部门、能源生产部门、运输部门等传递能量；在能量流动运行机制上，自然生态系统能量流动是自发的、天然的，而城市生态系统能量流动以人工为主。例如，一次能源转换成二次能源、有用能源等皆依靠人工；在能量生产和消费活动过程中，有一部分能量以"三废"形式排入环境，使城市遭到污染。

第四节　城市生态环境问题

一、只有一个地球

1972 年 6 月 5 日，联合国邀请了 58 个国家的 152 位专家，在瑞典首都斯德哥尔摩召开"人类环境会议"。环境问题被与会各国代表公认为是人类面临的一个重大问题。会议通过了《人类环境宣言》，宣布"只有一个地球"，指出人类既是环境的创造物，又是环境的创造者。环境为人类提供了维持生存的资源，并为其在智力、道德、社会和精神等方面发展提供机会。人类在地球上漫长和曲折的进化过程中，已经达到了这样一个阶段，即由于科学技术发展的进一步加快，人类环境的两个方面，即自然的和人为的两个方面，对于人类的幸福和享受基本人权，甚至生存权利本身，都是必不可少的。

斯德哥尔摩人类环境会议所通过的环境宣言，指出环境问题的重要性与解决环境问题的迫切性，反映了世界各国人民强烈向往美好生活环境的愿望与要求，促使各国政府重视环境的保护与研究，积极治理与改善环境状况，在世界范围内产生了深远的影响。

二、环境问题的产生与生态危机

距今 70 万—20 万年前，生活在北京周口店的北京猿人就知道用火；猿人猎取的动物和采集的野果放在洞穴里时间长了就会腐烂发臭，迫使猿人搬家。所以说在距今 70 万—20 万年以前就有了环境问题。不过这仅仅是小生境上的环境问题。

但是，在人类诞生以后的漫长岁月里，在北京猿人的那个时代，人类对环境的影响与动物对环境的影响区别不大，当时主要是以生活和生理活动的代谢过程与环境进行能量与物质的交换，这还是一个利用环境的问题，谈不上改造环境。

（一）农业、畜牧业带来的生态问题

农业和畜牧业的出现，是人类生产发展史上的一次重大的革命。人类学会了驯养动物和栽培植物，在与严寒、酷暑、干旱斗争过程中，利用自然界扩大了人类自身的生存环境，同时也就产生了相应的环境问题。大量砍伐森林、破坏草原、

盲目开发,导致了水土流失、牧场退化、旱涝灾害,土壤沙漠化、盐碱化、沼泽化以及流行病的传播等。

例如,古代经济比较发达的美索不达米亚平原(幼发拉底河、底格里斯河流域)是古代文明的发源地之一,由于长期不适当的开发和过度砍伐森林,变成了一片荒漠。

黄河流域自然条件的变化,有的学者认为是由于气候与地质等自然因素造成的,但多数学者认为与人类不合理的开发有关。古代的黄河流域曾经有过茂密的植被、浓郁的森林和草原。有人估计,当时的森林覆盖率大约为53%,但是由于人口的增加,毁林开荒,帝王将相修建宫廷陵墓,战争中的火攻,以及在与猛兽做斗争中焚烧山林等原因,黄河流域的大片森林遭到人为的破坏,最终被毁灭,演变成荒山秃岭,"黄土高坡"森林覆盖率仅为 5%。这里的黄土疏松,黏结力弱,地表失去植被的保护,受到雨水大量冲刷侵蚀,大约每年地表土要刮去 1 厘米。黄河每年约有 16 亿吨泥沙淤积下游,带走氮、磷、钾近 2000 万吨,使下游河床高出地面 3—10 米,形成地上河,造成黄河经常性的决堤改道。据统计,从公元前 602 年到 1949 年的 2500 多年中,黄河决口 1500 多次,其中较大的改道26 次。1642 年黄河水冲进开封城,全城 37 万人,幸存者 3 万人。近几十年,由于人工用水、保水与水资源失去平衡,在 1972 年黄河第一次出现了断流,断流天数约 15 天,从 1985 年后,几乎每年都出现断流的现象,而且断流的天数越来越长,到 1996 年断流的天数达 133 天,1997 年断流的天数为 226 天。黄河的断流严重影响其下游的生态环境、工农业生产和人民的生活。黄河流域生态条件恶化的教训应该汲取。

"黑风暴"也是盲目开发引起的恶果。1870—1930 年的 60 年间,美国开垦草原、砍伐森林的规模越来越大,开发处女地 700 多万公顷,毁灭了大量的森林,致使生态条件恶化。1934 年 5 月 11 日,从美国西部干旱地区到东部地区,形成了 2400 多千米长,1500 千米宽,3.2 千米高的巨大狂风暴,连续刮了 3 天,使得纽约市中午也是一片昏暗,每 1000 立方米的含沙量达到 40 吨,造成美国冬小麦当年减产 51 亿千克。

苏联在 19 世纪 50 年代中后期,也大量开发西伯利亚处女地,他们动员了大批共青团员到乌拉尔以东,西伯利亚、哈萨克斯坦、伏尔加河沿岸和北高加索地区,开垦荒地近 6000 万公顷,破坏了植被,改变了原来的生态条件。在开始的一两年收获还不错,但由于生态条件恶化,收获逐年降低。每年春天来临,表面疏松的土壤被狂风刮到天空,形成黑色风暴。人类受到了自然界的惩罚。

(二)工业化、城市化带来的生态问题

现代工业的兴起和城市的迅速发展,是人类科学技术进步的又一重要标志和改造自然的能力提高的重要标志。人类大幅度地改变了生态环境的组成与结构,

改变了物质循环和能量转化的功能。虽然扩大了人们的生存空间，改善了人类的物质生活条件，但与此同时也带来了复杂的环境问题。工业生产的原材料，大量的矿物资源从沉睡多年的地下开采出来，参与了生态系统的物质循环。在工业生产与消费过程中排放的"三废"物质，是人类与生物在漫长的进化过程中不曾遇到、难以忍受的。农药的污染已经彻底遍布整个世界，杀虫剂与环境疾病分布的相关性十分明显。随着城市的发展，光化学烟雾越来越多。著名的国外"八大公害"事件就是这一类的生态环境问题。

所谓"八大公害事件"是指：①1930年比利时马斯河谷地区在逆温条件下形成的二氧化硫与粉尘的空气污染事件；②1943年5—10月美国洛杉矶发生的由于汽车尾气在太阳紫外线作用下生成光化学烟雾的污染事件；③1948年10月美国多诺拉镇在逆温和多雾的天气情况下，由于冶炼厂的粉尘和二氧化硫引起的空气污染事件；④1952年12月，位于泰晤士河谷地区的英国伦敦，在逆温和多雾的情况下，出现空气中二氧化硫超标20多倍，粉尘超标10多倍的空气污染事件，4天之内就夺走了4000人的生命；⑤日本四日市由于大量燃烧重油引起大规模人群患气喘的事件；⑥1955年日本富士县由于镉污染引起的骨痛病事件；⑦自1953年以来，日本水俣湾沿岸地区由于含甲基汞的废渣排入水体，通过食物链引起人们神经中毒的事件；⑧1968年日本九州由于多氯联苯污染水体和食品，造成米糠油食物中毒的事件。以上"八大公害事件"每次涉及患病与死亡人数从几十人到数千人，在当时影响较大。

到目前为止，公害事件时有发生。例如，1984年发生在印度博帕尔的毒气外泄事故，使2000余人丧生，17万人中毒。1985年墨西哥城化工厂的大爆炸事故，死500余人，伤2500余人。现在全世界每年要发生200多起严重的化学事故。1986年4月26日，苏联切尔诺贝利核电站第四号反应堆的大爆炸和火灾，是核电站运行以来发生的最大的一次事故，主要原因是运行人员严重违反一系列安全规定。在这次事故中，300余人受伤，31人死亡，核电站周围迁出13.5万人，造成直接经济损失达20亿卢布。

人类已经在地球上生活200多万年了，在这漫长的岁月里，人们在利用自然、改造自然、改善自己的生活状况方面取得了惊人的成就。但是，正如恩格斯在100多年前指出的：我们不要过分陶醉于我们对自然界的胜利，对于每一次这样的胜利，自然界都报复了我们。人们越来越感到，自己办了不少蠢事，虽然眼前的小范围生活得越来越好，但从长远的、大范围的观点来看，生态环境却越来越糟。现在我们生活的这个星球上，几乎找不到一块地方是没有受到污染的"清洁区"，连南极的企鹅和北极苔藓地的驯鹿，也受到了滴滴涕（DDT）的污染。在一些发达国家的工业区和大都市，由于人们一代一代地在低浓度的有害环境中生活，降低了对病毒的抵抗力，出现了各种职业病和所谓的城市高发性的文明病。这种生态环境恶化给人类自身带来的损失，是不能用任何货币单位来计算的。

（三）当前人类面临的生态环境问题的概括

20 世纪 50 年代末 60 年代初，许多国家认为世界主要面临五大社会问题，西方有人称作"五大危机"，即人口增长过快、能源不足、粮食短缺、自然资源遭到破坏以及环境污染，并且这五大问题紧密相关。

随着时间的推移，生态环境问题越来越受到人们的重视。现在一些环境问题专家提出严重威胁世界生态环境的十大问题：①沙漠化日益严重；②森林遭到严重砍伐；③野生动物大量灭绝；④人口剧增，加大了对环境的压力；⑤饮水资源越来越少；⑥盲目捕捞使渔业资源受到破坏；⑦河水污染严重；⑧大量使用农药，使农作物及人体健康受到损害；⑨全球气温明显上升；⑩酸雨现象正在发展。

世界环境与发展委员会审议通过的题为《我们共同的未来》的报告中，列举了当前人类面临的 16 个严重生态环境问题：①人口剧增；②土壤流失和土壤退化；③沙漠日益扩大；④森林锐减；⑤大气污染日益严重；⑥水污染加剧，人体健康状况恶化；⑦贫困加深；⑧军费开支巨大；⑨自然灾害增加；⑩大气"温室效应"加剧；⑪大气臭氧层遭破坏；⑫滥用化学物质；⑬物种灭绝；⑭能源消耗与日倍增；⑮工业事故多；⑯海洋污染严重。这些环境问题对人类的生存与发展产生了严重威胁，对第三世界国家所造成的危害更大，迫使人类必须协调步骤，采取有效措施，从根本上解决环境污染与生态破坏的问题。

总的来说，"五大危机"、十大生态环境问题或 16 个严重的生态环境问题，关键还是人口问题。由于人口剧增，对环境产生巨大的冲击与压力，引起资源不足，生态环境条件恶化，反过来又必然限制人类的进一步发展。下面着重从人口、资源、环境三个方面的相互关系来叙述。

1. 人口剧增

人类是社会的主体，是地球生物圈的主要成员。人类以其自身特有的智慧和劳动创造了社会的物质财富与精神文明。同时，地球生物圈大量的能源与资源，包括人类生产的物质产品，给人类自身的生存与发展提供了物质保证。

人口问题包含两个方面：一是人口的数量；二是人口的质量。人类的自然属性还是属于生物范畴，是高级智慧生物，这是历史长期发展演变与进化的结果。作为生物种群，人类与其他生物种群一样，有聚集的特性，但却不同于其他生物种群，具有特殊的社会性。人口有一定的数量才有利于克服自然界带来的困难，有利于对一个地区的开发。但是人类生活的这个星球——地球的生存空间有一定的限度，地球的生产力、地球的资源环境也有一定的限度。因此，如果人口无节制地增长，到了一定的限度就不可避免地会产生粮食不足、能源短缺、资源匮乏、环境恶化的问题。

人口的质量即人口素质，主要取决于社会经济发展水平，也取决于遗传基因。

按中国的标准，人口素质主要反映在德、智、体三个方面，人口素质往往是由社会的人口结构组成来体现的。

人口数量的增长取决于人口的出生率、死亡率、迁移率三个变量。在人类历史上，由于生产力的发展水平不同，社会经济状况不同，人口的增长有三种不同类型：①高出生率、高死亡率、低增长率的原始型；②高出生率、低死亡率、高增长率的中间型；③低出生率、低死亡率、低增长率的现代型。

在旧石器时代，人类靠渔猎和采集野果为生，生产水平低下，人口增长缓慢，世界人口增加 1 倍需经过 3 万年。有人估计公元前 6000 年，世界人口不到 1000 万人。到公元初，世界人口已增加到 1.5 亿人，当时人口翻一番的时间大约为 1000 年。到 1650 年，世界人口已达 5 亿人，当时人口翻一番所需的时间已缩短到 100—200 年。到 1800 年，世界人口经过了 100 万年的历史，首次达到了 10 亿人。

近 200 年，随着生产力的提高，人口的增长几乎呈直线上升的趋势。

据联合国人口发展报告推算：1804 年年末，世界人口总数约 10 亿人；1927 年年末，世界人口总数约 20 亿人（123 年间增加了 10 亿人）；1960 年年末，世界人口总数约 30 亿人（20 年增加了 10 亿人）；1974 年年末，世界人口总数约 40 亿人（14 年增加了 10 亿人）；1987 年 7 月 11 日，世界人口总数达到 50 亿人（13 年增加了 10 亿人）；1999 年 10 月 12 日，世界人口总数达到 60 亿人（12 年零 3 个月增加了 10 亿人）；2011 年 10 月 31 日，世界人口总数达到 70 亿人（12 年零 19 天增加了 10 亿人）。国家统计局发布的公报显示，2019 年年末，我国大陆总人口 140 005 万人，超过 14 亿人。

按照联合国有关专家预测：2030 年年末，我国人口总量将达到 14.5 亿—15 亿人，而这也会是我国人口总量的峰值，随后将开启负增长模式。据国家卫生和计划生育委员会（现国家卫生健康委员会）2016 年的预测，2050 年我国人口总规模 13.8 亿人。

现在，全世界每分钟有 250 个婴儿诞生。人口的过量增长带来了饥饿、贫困、疾病，每天有 1 万儿童死于痢疾，有 2.5 万人死于饮水不卫生。

在 1987 年全世界的 50 亿人口中，亚洲占 60%，达到了 28 亿人。非洲是人口增长最快的大陆，肯尼亚是人口增长最快的国家，平均每个妇女生下 8 个孩子。

中国人口在很早以前就处于世界各国的首位，大体上保持世界人口的 1/6—1/4。1760 年中国人口为 2 亿人，相隔 140 年后的 1900 年为 4 亿人，再相隔 54 年后的 1954 年为 6 亿人，再相隔 15 年后的 1969 年为 8 亿人，再相隔 12 年后的 1981 年为 10 亿人。从以上数字可以知道，在 1981 年前，中国人口每增长 2 亿的时间越来越短。因此，计划生育在当时是中国的基本国策，人口的增长速度得到控制。1989 年 4 月 14 日，中国人口为 11 亿人，2000 年中国人口达到 12.5 亿人。

截至 2020 年，全世界超过 5000 万人口的国家已达 28 个，而中国的广东、山东、河南、四川、江苏、河北、湖南、浙江、安徽、湖北、广西的人口分别已经超过了 5000 万人，其中广东、山东人口超 1 亿人。2021 年第七次全国人口普查公报显示，2020 年 11 月我国大陆 31 个省、自治区、直辖市人口总数为 14.1 亿人。

虽然近十年来人口增长率有所下降，但如果按照 1.1% 的人口增长速度增长，2040 年前，世界总人口将超过 85 亿人，2070 年左右世界总人口将超过 100 亿人。我们这个星球究竟能养活多少人？专家们对这个问题的回答大相径庭。有人说可以养活 100 亿人，还有人说 300 亿人，也有人说目前的 75 亿人口就已经超员。事实上地球的承载能力是随科技的进步与社会经济的发展而变化的，在一定的历史阶段，地球的承载能力是有限的。人类在以采集野果为生的时代，地球上顶多只能养活 2000 万人，而现在日本 30 多万平方千米的国土就养活了 1 亿多人。

从生态学的角度说，地球上一切生物赖以生存的能量来源于太阳。地球接受太阳光的面积是一定的，进行光合作用的绿色植物大体上也是一定的。估计全球绿色植物的净生产力每年约为 1.62×10^{17} 吨，折合成能量，约为 3.05×10^{21} 焦耳。人类维持正常生存的能量每天约为 8.37×10^6 焦耳，1 年为 3.06×10^9 焦耳，植物能食用的部分只占 1%，同时地球上还有许多其他动物靠植物生存。照这种计算方法，地球上只能养活 80 亿人。

2. 资源匮乏

资源是维持人类生命和生活所必需的和经常使用的物质。由于人口不断增加，生活水平不断提高，人类对资源的需求欲望也越来越高。

面对人类对资源需求量的增加，有两种截然不同的观点。"罗马俱乐部"用系统分析方法和计算机模拟描绘各种资源的消耗方式，他们的观点反映在梅多斯等 1972 年出版的《增长的极限》一书中，得出悲观的结论：只要人口增长和经济增长的正反馈环路继续产生更多的人和更高的人均资源要求，这个系统就被推向它的极限：耗尽地球上不可再生的资源。这种观点遭到了一些人的反对。例如，康恩等在《有限世界的增长动态》一书中，对矿物资源的枯竭问题进行了反驳，认为梅多斯等对铝、铁、汞等矿物资源在近期内耗尽的论点是错误的。认为资源取决于技术，技术不但不会用完资源，而且还会发现和扩大资源的来源。梅多斯等又反驳说，地球终究是一资源有限的天体，地球的资源是有极限的。

资源分为可更新资源与不可更新资源两大类，大气中的氧气可以通过绿色植物光合作用得到补充，生物（包括动物、植物）可以通过繁殖、生长发育来补充，这类资源称作可更新资源。矿物资源是在特定的历史条件下形成，虽然在理论上说物质是不灭的，有些物质资源还可以回收重复利用，但大量的矿物资源被开采后，"库存"越来越少，所以这类资源被称作不可更新资源。

（1）土地资源：土地资源是一切资源中最宝贵和不可取代的资源，是人类的栖息之地，是人类生产活动最基本的生产资料与生活资料，提供了人类 3/4 的食物和全部的木材。马克思曾引用威廉·配第的话说："劳动是财富之父，土地是财富之母"。

地球的面积是相对稳定的，国土面积对每一个国家来说也应该是相对稳定和有限度的。因此，在人口逐渐增加、城市面积不断扩大时，耕地面积随之按指数递减，造成了用地紧张、人口密度增加的状况。

在 5.1×10^8 平方千米的地球表面积中，海洋的面积为 3.6×10^8 平方千米，约占地球表面积的 71%，陆地面积为 1.49×10^8 平方千米，约占面积的 29%，陆地与海洋之比大体上是 3：7。陆地上各种土壤的总面积为 1.38×10^8 平方千米，其中可耕地面积仅 30 亿公顷，约为总面积的 20%。在可耕地中，已经耕作利用的有一半左右，而另一半可耕地的利用则由于分布在边远地区，受气候、人力、水源、肥力、动力等条件的限制，实际上扩大耕地面积的潜力不大。据联合国粮食及农业组织统计，1957—1977 年的 20 年中，耕地面积增加了 10%，但同期世界人口增长了 40%。随着人口的增长，人口平均的耕地面积越来越少，1977 年世界的人均耕地面积约为 0.35 公顷，到 2000 年降到 0.15 公顷。20 世纪 70 年代平均 1 公顷耕地可以养活 2.6 个人，到 2000 年，1 公顷耕地需负担 4 个人。

（2）淡水资源：水是生命的摇篮，是人类文明的源泉。水既是生物的重要组成部分，是一切生物生长、繁衍、进化的源泉，又是人类从事物质生产、繁荣社会经济的保障。地球上的水 97% 以上是海水，陆地上的水不足 3%，其中大部分又以冰川的形式存贮在两极，淡水资源不足 1%（表 3-5）。实际上人类利用的淡水资源只是降水形成的地面水与地下水，全球陆地面积的平均年降水量为 800 毫米，降水总量为 119 000 立方千米。

表 3-5　地球的水量估计

项目	水量/立方千米	占总水量/%
淡水湖	125 000	0.0093
河流	1 250	0.0001
土壤水和渗流水	67 000	0.0050
地下水	8 350 000	0.6100
盐湖和内陆海	104 000	0.0080
冰盖和冰川	29 200 000	2.4100
大气水分	13 000	0.0010
海洋	1 370 000 000	97.3000

资料来源：于志熙（1992）。

人类利用的水资源主要是生活用水、农业用水、工业用水与内河航运用水。由于降水经常无规律，在时空分布上不均匀，当前世界上有 60% 以上的地区缺水，有 50 多个国家闹"水荒"。随着人口的增加，城市化的发展，严重的污染与浪费，水资源再也不是"取之不尽，用之不竭"，淡水紧缺已成为当前世界普遍性的生态环境问题之一。与 1975 年相比，2000 年世界需水量增加 2—3 倍。非洲、南亚、中东以及拉美的干旱地区及大城市的水荒迟早会到来。

（3）森林资源：森林是人类的绿色保姆。森林是生物圈中的重要成员，是生态系统中的生产者，是生态系统中物质循环与能量流动的杠杆。森林将太阳能转换成化学能，通过光合作用将环境中的无机物转变成有机物。人类的衣、食、住、行，人类的各种社会生产活动都离不开森林。森林，尤其是热带雨林就像一个巨大的水泵，把珍贵的淡水送入大气空间，大气中的水又化作雨水返回地面。森林起着调节气候，促进水循环的作用。森林又是数百万动物的栖息之地，是动植物的基因库。例如，亚马孙河流域就有约 100 万种动植物，这些动植物在这个复杂而和谐的生态系统中繁衍生息。

森林的价值远不止是木材的价值。有报道称，日本科学家研究发现，日本全国的森林（日本森林覆盖率占国土面积的 68%，为世界第三位）在 1 年之内可以贮存水量 2300 多亿吨，防止水土流失 57 亿立方米，栖息鸟类 8100 万只，供给氧气 5200 万吨。如果以上各项按单价换算成货币金额，总价值约为 1200 万亿日元，相当于 1972 年日本全国的经济预算。

有学者曾经对一株 50 年生树木的作用进行计算，其中生产氧气价值 3.1 万美元，减轻大气污染价值 6.2 万美元，防止土壤侵蚀、增加土壤肥力价值 3.1 万美元，涵养水源、促进水循环价值 3.7 万美元。为鸟类及其他动物提供栖息地价值 3.1 万美元，生产蛋白质价值 0.25 万美元。当然这一研究结果可能有出入，但却说明了一个重要的问题，那就是森林树木对人类的作用是十分重要的。

但是，森林的面积一直在减少。1 万年前，地球上森林的面积大约为 76 亿公顷，地球森林的覆盖率在 60% 以上，1862 年全球森林面积为 55 亿公顷，1980 年减少到 43.2 亿公顷，到 2005 年已减少到 39.5 亿公顷，2018 年全球森林总面积为 38.26 亿公顷，2020 年缩减至 38.23 亿公顷，缩减速度虽有降低但现状仍不容乐观。

现在全世界每年要砍伐密林 600 万—800 万公顷，疏林 400 万公顷。仅 1985 年拉丁美洲就砍伐森林 400 万公顷。200 年前，热带雨林环绕地球中部的大部分土地，但是现在热带雨林已不成片，东南亚、热带非洲、中南美洲的热带雨林已减少了 50%。有热带雨林的国家靠山吃山、靠林吃林，他们用原始的方法毁林开荒，以掠夺式的开采来获取外汇，并将林业生产的大部分木材当作燃料，联合国粮食及农业组织的调查表明，热带森林每年减少 1130 万公顷。

热带森林的减少就意味着大批物种灭绝。目前已经鉴定的物种（包括动物、植物、微生物）约有 170 万种。有专家估计，到 2050 年，有 18%—35% 的物种可能会消失。而 1 种植物的灭绝至少要使 20 种昆虫因食物链被破坏而消亡，有许多种生物也许人类根本还未曾发现与认识就从地球上永远消失。这是继恐龙灭绝以来，地球生物圈最大的损失，这种损失给人类带来的后果是不可低估的。

3. 生态环境恶化

（1）沙漠化：全球的沙漠主要分布在热带及亚热带干旱地区，如北非撒哈拉大沙漠，以及温带干旱地区，如中国西北地区的大沙漠。这些地区雨量稀少，土质干燥，地表植被稀疏，有的完全裸露。沙漠地区在受到强烈的日照使气温上升后，形成强烈的上升气流而出现狂风，引起飞沙走石的恶性气候。

在这个星球上，三分陆地七分海洋，而沙漠及沙漠化土地却占了陆地总面积的 35%，超过了亚洲的面积。由于人类对土地的不合理使用，大量砍伐森林，破坏植被，加上自然因素的影响，全球沙漠化问题十分严重，正以每年 6 万平方千米的速度扩张，全世界每分钟就有 150 亩①土地变成沙漠。

全世界有近 100 个国家、1/5 的人口不同程度地受到沙漠危害。例如，非洲的撒哈拉地区，干旱面积达 47 亿公顷，沙漠占 88%；西亚地区干旱面积 1.4 亿公顷，沙漠占 82%；南美洲地区干旱面积 2.9 亿公顷，沙漠占 71%。有的国家沙漠已占国土面积的 90% 以上。沙漠及沙漠化地区是地球生态系统中生产力最低的地区之一，生态条件恶化，危害农业生产。现在非洲 55 个国家中近一半的国家有不同程度缺粮现象，近 1 亿人受到饥饿的威胁。全世界每年沙漠化带来的直接经济损失超 200 亿美元。

（2）全球性气候变暖：全球性气候变暖是当前国际社会普遍关心的问题。1988 年 12 月 6 日，在 43 届联合国大会上首次通过了保护气候的决议。1989 年 6 月 5 日世界环境日的主题是"警惕全球变暖"。

进入 20 世纪 80 年代以来，全球灾难此起彼伏，各地气候反常。1980—1984 年是有气候记录以来最暖和的 5 年。1988 年全球气温比 1949—1979 年平均气温高出 0.34℃，而近 1 万年来，地球上平均气温变化也不超过 2℃。气候的变化有其客观的自然规律，但也受人为活动的影响。目前全球性气候变暖的趋势，人为的影响已经超过了气候的自然变化。由于化石燃料（煤、石油、天然气）的燃烧，排放大量二氧化碳到大气中。又由于大量砍伐森林，破坏了大气中二氧化碳与氧的平衡，本该森林吸收的二氧化碳未被吸收，使大气中二氧化碳的含量增加，阻止了地表热量的逸散而使大气增温，产生所谓"温室效应"。

工业革命前，地球大气中二氧化碳含量为 270—290ppm②。据夏威夷岛 Mauna Los 站观测，1988 年年底二氧化碳含量大约为 350ppm。预计 21 世纪末，大气中二氧化碳的增加量为 150—300ppm。除了二氧化碳以外，大气中二氧化硫、CH_4 等含量也迅速增加，使"温室效应"十分明显。

最近一个世纪以来，全球平均气温上升了 0.5℃，据专家估计，到 21 世纪中

---

① 1 亩≈667 平方米，下同。

② 1ppm=$1×10^{-6}$，下同。

叶，地球表面温度将上升 1.5—4.5℃。气温上升将会给我们带来什么影响呢？

第一个影响是海平面升高。这是由于中高纬度的冰川、冰帽将随温度升高而部分融化，海水自身也会因增温而体积膨胀，估计海平面要因地球增温上升 20—165 厘米。海平面上升后，海水涨潮落潮、海底地震、海面风暴都会加强，部分沿海低洼地区、三角洲、港口城市以及海岛，将会被淹没。目前世界上有大约 1/3 的人口生活在沿海地区，世界上 30%的大城市也在沿海低洼地区，如上海、纽约、东京、伦敦、雅加达、布宜诺斯艾利斯等。低海拔的岛国，如马尔代夫，低地之国，如荷兰都要受到严重的威胁。海平面上升给社会经济带来的影响不可低估。

第二个影响是降水带北移。纬度之间（相距 110 千米）温度平均相差 0.7℃，如果全球平均温度升高 3.5℃，等于温度带要向北移 5 个纬度，冰岛的温度就会与目前英国的温度差不多，芬兰的温度和现在法国的温度相当，中国徐州、郑州一带的温度与目前武汉、杭州的温度相似。温度带北移，降水带也相应改变，美国"面包篮子"可能会变成干旱地区，农作物地区可能会移到加拿大和西伯利亚，中国"三北"地区缺水现象也许会缓和。有专家推测，随着全球降水带的移动，世界森林面积还会减少，荒漠还将扩大，草原将会增加，会产生一系列环境问题的连锁反应。

（3）臭氧层流失：臭氧层位于距地面 25—50 千米的平流层中，是地球生物的保护伞，它吸收太阳紫外线和某些宇宙射线，保护地球生物免受伤害。近年来科学家发现，这层臭氧层受到不同程度的破坏，形成"空洞"。据 1985 年英国南极考察队报道，南极上空的臭氧层出现了相当于美国国土面积的"空洞"。卫星及地球观测站监测的数据表明，1969—1986 年，北纬 30°—60°地区上空（包括美国、加拿大、日本、苏联、中国和西欧等）臭氧层浓度下降 1.7%—3%。

臭氧层的臭氧每减少 1%，将使紫外线辐射增强 1.5%—12%。人类如果不采取有效措施保护臭氧层而任其发展下去的话，则到 2075 年，全世界将有 1.54 亿人患皮肤癌，其中将有 300 多万人死亡，将有 1800 万人患白内障，农作物将减产7.5%，水产品将减产 25%，材料损失将达 47 亿美元，光化学烟雾将增加 30%，这是美国环保局官员提出的警告。

臭氧层流失的主要元凶氟利昂，其学名氯氟烷，是甲烷或乙烷氢原子一部分或全部被氯、氟原子取代后的产物。自从 1930 年美国杜邦公司研制的氟利昂问世以来，全世界氟利昂年产量为 180 万吨，其中氟利昂 11（CFC11）每年排放约 26 万吨，氟利昂 12（CFC12）每年排放约 42 万吨。氟利昂主要用于制冷剂、清洗剂、灭火剂等。1987 年全世界 62 个国家及欧洲共同体在蒙特利尔签订了"保护臭氧层协议"，拟定削减氟利昂的种类与数量，要求各国在 20 世纪末全面废除使用氟利昂气体。据报道日本松下电器产业集团已决定引进生产录像机时不用氟利昂的新工艺。日本 IBM 分公司 1994 年 6 月决定终止使用氟利昂，许多签约国已经或正在采取行动。

（4）自然灾害：前面提到的气候反常、臭氧层空洞、土地沙漠化、水土流失、森林面积缩小等都属于自然灾害广义的范畴，此外还有地震、洪水、干旱、泥石流、滑坡以及地沉等也是自然灾害，将在城市灾害一章中叙述。

据浙江省气象研究所高级工程师田清鉴研究，1995—2000 年中国频繁发生自然灾害，理由：第一，1995—2000 年，地球自转速率曲线为低谷期，按历史资料分析，这个时期的旱、涝、地震等自然灾害偏多；第二，中国降水与太阳黑子双周期有关，如 1887 年、1909 年、1931 年、1954 年、1975 年长江、黄淮流域均出现特大洪涝灾害，相隔均为 22 年左右，由此推断，1997 年左右，上述地区可能又出现大的洪涝灾害。实际上，他的估计是比较正确的，在 1998 年这些地区发生了历史上极为少见的大水灾。

第 42 届联合国大会 169 号决议号召 1990—2000 年在全世界范围内开展减轻自然灾害 10 年的国际活动。中国也采取了积极的态度，研究灾害的发生规律，提出预防灾害的对策和应急措施，将灾害的损失减少到最低程度。2004 年的印度洋大海啸造成的人类大灾难是无法用言语表达的，目前沿海各国都在加强红树林恢复建设或加强海防林的建设。

三、城市生态环境问题

虽然引起城市生态环境问题的因素很多，但最主要的原因是超城市化和超工业化的进程。随着人类社会文明和经济的发展，城市化也随之发展，社会经济越发达，城市化程度也越高。因此说，城市化是人类社会逐步向现代化社会发展过程的进步标志。但 20 世纪 70 年代以来，一些发展中国家，大批劳动力盲目从农村涌入城市，致使大城市人口急剧增加，超过了城市设施、区域资源和环境的负荷能力，从而带来就业困难、住房拥挤、交通阻塞、环境污染、治安恶化等一系列社会问题和环境问题，这种现象称为"超城市化"。

工业化（industrialization）和城市化是同步发展的。工业文明时代，城市特别是大中城市是工业生产集中的地域载体，也是生态环境矛盾的焦点。一方面维持城市的运转需要自然界大量物质供给和输入，这些常常是超越城市所在区域自然生态环境负荷能力的，另一方面城市工业生产与城市居民生活排出的大量废弃物，又是常常超出城市区域生态系统的自然净化能力的；同时，城市铺装路面和密集建筑物等构成的人工物理环境，也破坏和降低了城市自然生态系统的调解净化能力。另外，城市作为集中的污染源，也加重和加速着农业文明时代已经开始的土地资源的破坏和丧失。城市中的化学工业生产的各种农用化学生产资料，提高了农业综合生产能力，却降低了土地的自然生产力，造成了过去从未有过的土地和农产品的污染。城市工业生产和居民生活排出的大量固体废弃物侵占了城市大面积农田，城市工业排放的废气会酿成大范围的酸雨，城市工业排出的废水废液流入江河湖泊，严重地污染和破坏了广大地区的农田、水域、草原和森林。

城市交通过多地依赖小汽车，产生的不良后果加速城市向外蔓延，造成土地、能源、空间等资源的浪费和城市中心的衰落。所以在未来的城市发展中应充分重视发展铁路及自行车交通。

大城市的住宅问题同汽车问题密切相关，各国对建设高层住宅褒贬不一，有些国家的大城市不得不建高层住宅，关键是如何在公寓底层布置相应的、合理的商业及服务设施。

城市工业化、城市化加速还造成如下水问题。①供水能力低，供需矛盾突出。特别是工业城市用水集中，且用水增长速度很快，水源工程建设没有相应跟上。中国有180多个城市缺水，严重缺水的城市达40多个。②在中国还有较严重的水土资源组合不匹配情况，北方地区已出现用水危机。长江、珠江、东南沿海和西南诸河流年径流量占全国的82%，但土地和耕地面积占全国的36%。在干旱少雨的北方，淮河、黄河、海河、东北诸河和西北内陆诸河年径流量只占全国的18%，而耕地面积却占全国的64%；其中黄河、淮河、海河、辽河四个流域的总人口达3.3亿人，耕地为6.4亿亩，煤炭、石油和铁矿蕴藏量接近全国的50%，工农业总产值约占全国的42%。但水资源严重短缺，海河和辽河中下游地区缺水问题更为突出，一些城市工业区的地下水资源已面临枯竭的威胁。③较多城市一方面水源不足，缺水告急，另一方面用水定额却逐年提高，而用水效率低、水量严重浪费等问题却难以得到解决。④水污染日趋严重，水的污染不仅人为加剧了用水危机，而且直接威胁人民的健康。

城市的大气污染问题：大气颗粒物污染，颗粒物的来源除燃烧和风沙外，还有工业粉尘。这些颗粒物含有大量有毒物质（如有毒金属和有机物），特别是有机致癌物。可以认为大气颗粒物是主要大气污染物之一，在人口特别集中的城区，二氧化硫的污染也比较严重，我国二氧化硫污染最严重的是烧高硫煤，且大气扩散能力差的城市，如西南的重庆和贵阳。我国北方城市冬季燃煤量增多，此时的气象条件也往往不利于污染物的扩散，所以大气中二氧化硫的污染也处于较高的水平，但仍低于前一类城市。同时，氮氧化物的污染主要发生在交通干道沿线，特别是在交通路口，由于受机动车辆排气影响，氮氧化物的浓度较高，酸雨主要发生在烧高硫煤的城市，降雨的年平均pH在4.5以下。

固体废弃物污染也相当严重，这主要表现在排放量大，处理和利用率低，占地多。另外，还有噪声污染和电磁波辐射污染等。

第四章 城 市 人 口

第一节 城市化与城市人口概念

一、城市化的概念

城市化（urbanization），有的学者也称之为城镇化或都市化，是由农业为主的传统乡村社会向以工业和服务业为主的现代城市社会逐渐转变的历史过程，具体包括人口职业的转变、产业结构的转变、土地利用方式及地域空间的变化。

对于城市化可以从不同角度加以研究和表述，因此，不同的学科（由于研究的侧重点不同）对城市化的定义也不尽相同。

城市规划学科对城市化的定义：城市化是由第一产业为主的农业人口向第二产业、第三产业为主的城市人口转化，由分散的乡村居住地向城市或集镇集中，以及随之而来的居民生活方式不断发展变化的客观过程。

社会学中对城市化的定义：农村社区向城市社区转化的过程。包括城市数量的增加，规模的扩大；城市人口在总人口中比例的增长；公用设施、生活方式、组织体制、价值观念等方面城市特征的形成和发展，以及对周围农村地区的传播和影响。一般以城市人口占总人口比例衡量城市化水平，这受到社会经济发展水平的制约，与工业化关系密切。

地理学中对城市化的定义：指由于社会生产力的发展而引起的农业人口向城镇人口，农村居民点形式向城镇居民点形式转化的全过程，包括城镇人口比例和城镇数量的增加，城镇用地的扩展，以及城镇居民生活状况的实质性改变等。

人口学中对城市化的定义：农业人口向非农业人口转化并在城市集中的过程。表现在城市人口的自然增加，农村人口大量涌入城市，农业工业化，农村日益接受城市的生活方式。

但综合来说，现代城市化的概念应有明确的过程和完整的含义：①工业化导致城市人口的增加；②单个城市地域的扩大及城市关系圈的形成和变化；③拥有现代市政服务设施系统；④城市生活方式、组织结构、文化氛围等上层建筑的形成；⑤集聚程度达到称为"城镇"的居民点数目日益增加。其过程表现为农村人口与经济向小城市集聚，小城市向大中城市集聚，大中城市向大都市集聚，形成具有不同辐射与影响力的区域城市、核心城市、大城市区、大都市带，也表现为各类城市的产业结构、基础设施、人居环境、生产效率、服务质量、管理水平在各自的平台上得到提升，从而形成了大都市对一般大城市的辐射力和影响力，大城市对中小城市的辐射力和影响力，整个城市对农村的辐射力和影响力。

二、城市化水平

城市化水平一般用城市人口占总人口数的比例来表示。2016年，全球总人口已达72.63亿人，生活在城市的人口近40亿人，城市化率过半。可以说，人类经济社会活动的空间分布结构已经进入了以城市为主的新阶段。

2003年，中国城市人口占总人口的比例仅为40.5%，达到2003年世界城市化（40%）的平均水平。随着中国进一步向社会主义市场经济体制转轨和国民经济持续高速增长，中国的工业水平的快速提高，中国的城市化步伐进一步加快。近十年我国城镇人口数增长稳定，我国城市化水平已明显提高。2011年中国城镇人口占总人口比例超过50%，2019年城镇人口所占比例已超过60%，如表4-1所示。但是，发达国家与发展中国家的城市化水平标准有一定的差别，对城市人口的定义也有一定的差异。因此，在比较研究时要引起注意。

表4-1　2008—2019年中国城乡人口比例

年份	城镇人口/百万人	农村人口/百万人	总人口/百万人	城镇人口比例/%
2008	624.03	703.99	1328.02	47.0
2009	645.12	689.38	1334.50	48.3
2010	669.78	671.13	1340.91	49.9
2011	699.27	649.89	1349.16	51.8
2012	721.75	636.47	1359.22	53.1
2013	745.02	622.24	1367.26	54.5
2014	767.38	609.08	1376.46	55.8
2015	793.02	590.24	1383.26	57.3
2016	819.24	573.08	1392.32	58.8
2017	843.43	556.68	1400.11	60.2
2018	864.33	525.82	1405.41	61.5
2019	884.26	525.82	1410.08	62.7

资料来源：国家统计局网站。

三、城市人口的概念

城市人口（urban population）又称城镇人口或称城镇居民。在中国还特定为居住在城市范围内并持有城市户口的人口，有三种含义：①持有城市户口的人口；

②居住在城市规划区范围内的人口；③居住在市辖区域范围内的人口。从城市规划、管理和建设的角度来考察，城市人口应包括居住在城市规划区域建成区内的一切人口，包括一切从事城市的社会经济和社会文化等活动，享受着城市公共设施的人口。城市的一切设施和物资供应、活动场所必须考虑容纳这些人口，并为他们提供各种各样的服务。因此，有些学者直接用城市人群来表示城市人口。

第二节　城市人口的基本特征

人口结构是城市人口的基本特征，城市人口结构（urban population structure），又称城市人口构成。城市人口按其各种属性表现出的差别，可分为两类：①城市人口自然结构，如性别结构、年龄结构等；②城市人口社会结构，如阶级结构、民族结构、家庭结构、文化结构、宗教结构、语言结构、职业结构、经济收入结构等。城市人口的数量、年龄、性比、密度、分布和行业特征等都是城市人口要素。这些要素从不同角度反映了城市人口结构的状况。

一、城市人口数量

城市人口数量或人口大小是指城市区域内人口的总个体数，含固定人口总数和流动人口总数。

城市人口的数量是不断变化的，造成其变化的因素是多方面的。但从个体数量上的变动来看，则由人口的出生率、死亡率、迁（流）入率和迁（流）出率 4 个基本参数所决定。这样，种群在某个特定时间内的数量变化可用下式表示：

$$N_{t+1} = N_t + B - D + I - E$$

式中，N_t 为时间 t 时的人口数量；N_{t+1} 为一个时期后人口数量；B、D、I、E 分别为在时间 t 和 $t+1$ 期间出生、死亡、迁（流）入和迁（流）出的个体数。城市人口基数（t 时间的城市人口数）和人口的出生率、死亡率、迁（流）入率和迁（流）出率一起影响着城市人口的发展规模。

如果不考虑迁（流）入和迁（流）出的人口个体数的变化情况，城市人口数量亦可简化为

$$N_{t+1} = N_t + B - D$$

这样在单位时间内，出生数和死亡数之差等于人口的增长量。因此，城市人口数量的变化取决于出生率和死亡率的对比关系。出生数多于死亡数时，表现为正增长，出生数少于死亡数时，表现为负增长，出生数等于死亡数时，人口数量相对稳定。另外，城市人口的寿命、出生率、死亡率、转化率和迁移率等都深受城市的自然环境和社会环境因素的影响，因此城市环境与人口数量仍有着密切的

关系。

二、城市人口的年龄结构

种群的年龄结构（age structure）反映的是种群不同年龄的个体数量的分布情况。城市人口的年龄结构亦称城市人口构成，即在城市中不同年龄的个体数量的分布情况，或指各龄级人口数分别占城市总人口数的比例。因分析的目的不同，各龄级有不同的划分方法。一般的情况下，是把城市人口划分成托幼年龄、中小学年龄、劳动年龄和老龄；或划分为幼龄、生育龄和老龄等。

一般来说，城市人口是异龄群体，含有不同年龄的个体，他们分别构成城市人口的不同龄级，不同龄级的个体数与人口总数的比率，则构成城市人口年龄比率，由幼龄到老龄各个龄级的年龄比率构成人口的年龄结构。

通常将城市人口年龄结构模式归为三种类型：增长型、稳定型和衰退型。其中增长型是指在人口年龄结构中，老龄级的个体所占比例最小，而幼龄级个体所占比例最大。在发展过程中，年幼个体除了补充已死去的中龄和老龄的个体外，总是有剩余，种群数量继续增长。稳定型是指在人口年龄结构中，每一个龄级的个体的死亡数接近进入该龄级的新个体数，人口总数处于相对稳定。衰退型是指在人口年龄结构中，幼龄级的个体数很少，而老龄级的个体数却相对地较大，同时大多数个体已过了生育年龄，见图 4-1。图 4-1a 为增长型，图 4-1b 为稳定型，图 4-1c 为衰退型。目前发展中国家的大多数城市人口年龄结构为增长型，少数大城市的人口群中，老年人逐渐增加。例如，中国的上海等大城市，逐渐向稳定型过渡；而发达国家的城市多为稳定型。

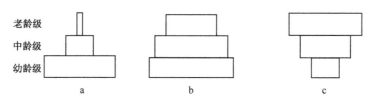

图 4-1 城市人口年龄结构示意图

a. 增长型；b. 稳定型；c. 衰退型

城市人口年龄构成对城市的社会、经济和文化等活动影响很大，如年轻人口组的比例过大，则面临着人口教育、未来就业等社会问题；老龄人口比例过大，则有托养、保健和劳动力短缺等问题，因此，城市人口年龄构成的分析研究，对于预测城市人口自然增长速度、劳动力资源的数量、利用程度及其潜力、教育设施计划、老年保健、医疗卫生等有重要意义。

三、城市人口性比

城市人口性比是指城市中人口总数或某个龄级的个体中男人对女人的比例，即性比＝男人个体数/女人个体数，或指城市中人口总数或某个龄级的个体中女人对男人的比例，即性比＝女人个体数/男人个体数。有时以百分数表示。

城市人口性别构成（sex structure of urban population）是城市人口自然结构的基本要素之一。这一要素不仅与恋爱、婚姻、家庭和人口再生产有直接关系，而且与城市经济结构的调整、城市建设和规划有密切关系。城市中男女个体数比例，甚至各年龄段男女比例应大体保持平衡，同时也要求城市生产结构调整应与男女劳动人口比例大体相同。例如，某些城市重工业比例过大，男职工过多，女职工很少；某些城市轻纺工业比例过大，女职工过多，男职工过少；甚至在城市的某些区域，因工业布局形成重工业区男职工多，轻工业区女职工多的现象。这不仅造成恋爱、婚姻、家庭等严重社会问题的出现，同时造成家庭组合、上下班交通拥挤等城市社会和环境问题。

四、城市人口密度

城市人口密度（urban population density）是人口结构的一个重要的基本要素，一般指城市用地范围内（城市区域内）单位面积上居住的人口数，常用人/平方千米或人/公顷等来表示，有两种含义：①指城市行政区内单位面积上的人口数；②指城市规划区域建设区范围内单位面积上的人口数。常用的城市人口密度通常是后者。城市人口密度反映一个城市乃至城市内某一区域居住人口的疏密程度。其指标常作为城市规划、建设、管理和人口迁移等计划的参考依据。

长期以来，人们普遍认为城市规模的巨大化是造成城市交通拥挤、住宅困难、环境恶化、用地紧张等现代城市问题的主要原因，但是，国内外大量调查研究证明，这些城市问题并非大城市所独有，在一些中小城市中表现得更为突出，城市人口密度过大亦是现代城市问题产生的重要原因。

城市人口密度过大，也称为城市人口过密化，是指城市人口密度超过合理密度的状态，是人口在城市过度集中的表现。这种人口在城市内的过度集中产生了一系列制约城市社会经济可持续发展的城市问题。因此，通常把城市问题表现突出的城市称为过密城市，如东京、大阪、纽约等是公认的过密城市。中国的城市人口过密化问题也表现得比较突出，而且造成城市人口过密化的原因较为复杂。

学者们普遍认为，从反映在城市规模、职能和地域形态上的城市化阶段性特点来看，中国的城市化进程刚处于初级阶段，与发达国家相比，我国城市的发展水平较低，这一点在城市规模和地域形态上的表现尤为突出。发达国家的城市在城市化阶段后期，随着人口向大城市的集中，郊区城市化急速发展，形成大城市地域。中国的一些特大城市，虽然在人口数量上已经达到或接近发达国家大城市的水平，但是，实质上城市化地域仅相当于发达国家在城市化的初级水平。例如，上海城市人口接近东京大城市地域中心地区的城市人口，但是，城市化地域面积仅相当于东京大城市地域中心地区面积的41%左右。发达国家大城市地域的城市人口主要分布在半径约50千米的实际城市化地域范围内，而中国特大城市的城市人口则主要分布在半径约10千米的实际城市化地域范围内，这种由城市化初期城市发展水平低下所引起的城市人口增长与城市化地域扩大的脱节，是造成中国城市人口过密化的重要原因之一。

中国从1950年起，就以发达国家大城市存在的各种城市问题以及人口和产业向大城市外围地区扩散的现象为依据，制定了"控制大城市，发展小城镇"的城市发展方针，并于1989年在城市规划法中明确提出了"严格控制大城市规模、合理发展中等城市和小城市"的城市政策。对此，学术界一直存在很大的争论，赞成和反对的两种观点针锋相对。进入21世纪，自2004年中国城市发展报告提出了"组团式城市群"至今，我国已先后发展了京津冀城市群、长三角城市群、粤港澳大湾区、成渝城市群、长江中游城市群、中原城市群、关中平原城市群等多个城市群。城市群的建设推动国家重大区域战略融合发展，建立以中心城市引领城市群发展、城市群带动区域发展新模式，推动区域板块之间融合互动发展。

五、城市人口分布

城市人口分布（urban population distribution）是指人口在城市空间的分布状况，它涉及城市人口迁移、人口城市化、人口城市规划和增殖等要素。城市人口的分布由于受到不同的自然、经济、社会和政治等多种因素的相互制约，这些因素通过对上述城市人口要素的影响，不断形成城市人口的不同分布类型和不同的分布区。

（一）人 口 迁 移

人口在地理空间改变居住地的移动称为人口迁移，它是人口学的基本内容之一。城市人口迁移从空间上可分为大范围的国家间迁移，国内城市间的迁移、城乡间的迁移和城市内不同功能区的迁移；根据迁移时间可分为临时性迁移、季节性迁移、周期性迁移和永久性迁移。经济和社会的发展是人口迁移的内部主要因素，人口迁移的目的主要是寻求好的工作、居住和其他活动环境，过着舒适的生活。当然战争、自然灾害和政策也会使人口发生被动迁移。中国城乡人口迁移，或者直接说是人口城市化是现代人口迁移的重要表现。随着科学技术的发展，人口的迁移活动将更加频繁。

（二）人口城市化

人口城市化也就是城乡人口迁移过程中，农村人口不断向城市转化和集中，城镇人口占总人口的比例逐步提高的单向动态过程。人口城市化的发展主要有两种途径：农村人口大批涌入城市，农村人口通过社会经济发展就地转化为具有城市生活方式的人口等。人口城市化的过程、特征、方式和社会后果必然呈现较大的差异性。不同的国家、地区的城市人口迁移、人口城市化都互有其特征和原因并受政策的影响。

（三）人口城市规划

人口城市规划是以人口为主体对城市发展进行统筹安排、合理布局的一种方法。人口迁移、人口城市化最终通过人口城市规划来影响城市人口分布。因此，要有一个合理的城市人口分布，人口城市规划要以原有的城市发展状况和特点为基础，以人口发展的现状和可能的趋势为依据，充分考虑城市整个自然和社会环境条件，作出科学与合理的安排和布局。其主要任务是，根据人口情况和容量确定城市发展规模、性质、职能以及根据自然地理条件确定城市的功能分区；研究与确定城市的建筑层次格局及居民密度；对城市的主体风格、交通网络、公用设施、绿化等众多问题予以统筹安排和实施，使城市成为布局合理、功能协调、人口分布合理等重要的社会经济发展中枢。

（四）城市人口的分布格局

城市人口的分布格局是人口在城市中的水平空间上的数量状况或分布状况，深受人口的迁移、人口城市化和人口城市规划的影响，或者直接说，城市人口的分布格局与人口的特征、社会特征和城市综合环境条件密切相关，是人口对城市环境和社会发展状况的长期选择的结果。在自然环境中，种群和分布格局一般可分为4种类型，即随机分布、集群分布、均匀分布和散式分布（图4-2）。

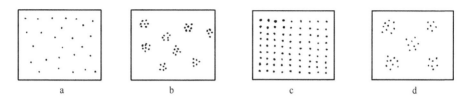

图4-2　种群分布格局类型

a. 随机分布；b. 集群分布；c. 均匀分布；d. 散式分布

简单来说，随机分布是指种群个体的分布完全与机会符合；均匀分布是种群的个体多少是等距分布的；集群分布也称核心分布和集聚分布，其特征是种群个体的分布很不均匀，常成群或成块地密集分布，各群的大小、群间的距离都不相等，但各群大多是随机分布，集群分布是最广泛存在的一种分布格局，在大多数自然情况下，种群个体常是集群分布；散式分布的特征是种群高度地结成许多集群，而这些集群间又是有规划地均匀分布的。

城市人口的分布不像自然环境中的种群分布，城市人口的分布受到较大比例的社会因素的影响，上述 4 个自然种群分布格局都不符合城市的人口分布规律。由于受到人口城市规划、不同城市发展区对人口的吸收力和人的职业习惯等的影响，城市人口的分布是集群的，但群体间的分布不是随机的，距离也不是均匀和等距的，因此说，城市人口的分布格局主要是在人口城市规划等作用下的超集群分布格局。

第三节　城市人口的分类

城市人口的分类方法因研究的目的不同而不同。为了研究城市人口的年龄结构，可以根据不同的年龄组、不同的发展阶段进行分类，为了研究城市人口的性比和婚姻状况等，可以根据不同的发育阶段和不同性别进行分类，同样的还有从服务结构、职业结构、文化结构、民族结构等社会结构进行分类。在这里主要讲述后四者的城市人口的分类。

一、城市人口的服务结构分类

从城市人口的服务关系结构可以把城市人口分为基本人口、服务人口与被托养人口三大类。基本人口是指对外服务的工矿交通企业界、行政机关事业单位以及高等院校的在册人员，他们对城市的规模起决定性作用；服务人口是指为城市服务的企事业单位，包括文教、医疗、商业等单位的在册人员；被托养人口是指未成年的、未参加工作的和丧失劳动力的人员。

二、城市人口职业结构分类

城市人口职业结构（employment structure of urban population）指的是城市的劳动人口在各个社会部门所占的比例，即各部分的职工或劳动人员占城市在职人口总数的比例，在中国，根据劳动职工按国民经济部门统计的分类方法，可将城市人口分为：①生产性劳动人口，含工业职工、基本建设职工、农林水气职工、交通邮电职工；②非生产性劳动人口，含商业服务系统职工，城市公用事业职工，科教、文化、卫生部门职工，金融部门职工，国家机关与人民团体职工；③非劳动人口，除上述两类以外的不从事社会劳动的人口。

城市人口职业构成反映出城市性质和职能特点，如工业中心则工业职工比例大，文化中心则文教职工比例大，政治中心则政府机关工作人员的比例大等。

三、城市人口文化结构分类

根据城市人口文化构成来分类的分类方法称为城市人口文化结构分类。城市人口文化结构又称城市人口智力构成，主要包括各种学历人口数占城市总人口数的比例或占七岁以上人口数的比例，就业人口的文化水平等。目前一般把城市人口分为七岁上学前、文盲、小学学历、中学学历和大学学历五大类。当然不同的行业亦可根据行业的特点进行分类。例如，对大学教师的分类可分为大学本科学历、硕士学历和博士学历三大类或高级职称、中级职称、初级职称和实习教师四大类等。

城市人口文化水平的高低，与城市现代化建设有直接关系，它反映城市的职能和效益，一般政治、文化中心的城市人口文化水平较高。城市人口文化构成及分类对于城市规划，特别是教育规划有重要参考价值。应努力提高城市人口文化水平，建立合理的人口智力结构。

四、城市人口民族结构分类

根据城市人口民族结构的特征进行的分类方法称为城市人口民族结构分类。城市人口中各民族人口数占城市总人口数的比例形成了城市人口民族结构。不同的国家或不同地区的城市人口民族的分类体系都不尽相同，但城市人口民族结构特征反映一个城市形成过程中各民族迁移与聚居、城市文化传统和建筑风貌的特征，对城市规划和建筑管理以及城市经济发展有重要影响。某些少数民族人口比例大的城市，甚至是少数民族比例大的某些城区，应在生活服务设施、宗教等方面照顾少数民族风俗习惯，正确执行少数民族政策，如设立少数民族学校和注意少数民族特殊需要的商品供应等。

在上述的四种城市人口的分类中，随着城市的发展，城市生态系统的开放程度的提高，第一种分类方法含糊不清。由于基本人口与服务人口是比较难以区分的，如果仍然要保留这一分类方法，那么在手段上有待改进。

第四节 城市人口动态

一、城市人口规模

城市人口动态是指城市人口在时空上数量变化状态，主要涉及城市人口规模和城市人口增长。聚集在城市区域内的众多人口，构成了城市的人口规模。

合理人口规模是每个城市的经济、社会、人口健康发展的基础。城市首先是产生聚集效益的人口集中区域，在此基础上才有可能产生经济和科学文化的聚集效益，同时城市的用地规模、各种建筑和工程设施规模、生产力规模和消费力规模等均与城市人口规模有着密切的联系。在城市人口的发展规模研究领域中，城市人口动态研究是主要的内容之一。

目前进行城市人口发展规模研究的方法主要有两大类型：一类是根据城市发展中对经济活动人口的增长要求和经济活动人口占总人口的合理比例，确定规划期末的城市总人口；另一类是根据人口增长的速度、人口构成的特点及人口政策等社会因素，确定合理的人口自然增长率，计算城市人口自然增长数，再根据城市发展的可能条件、城市人口的承载力等确定合理的机械增长率，计算机械增长人口和预测城市人口的发展规模。

（一）城市人口自然增长数（率）

城市人口自然增长率为城市中年净增人口数与城市总人口数之比，通常用千分数（‰）来表示。计算公式：

人口自然增长率=[（年内出生人口 – 年内死亡人口）/年人口]×1000‰。

或：人口自然增长率=人口出生率（‰）–人口死亡率（‰）

城市人口自然增长率是反映城市人口出生和死亡相互作用下的人口自然增减状况的一项指标，根据较长时间的资料，可以反映一定社会条件下城市人口再生产规律，是编制城市社会经济发展战略、城市规划的重要依据。

（二）城市人口机械增长率

城市人口机械增长率是指一定时期内城市人口迁入和迁出的差数。计算公式：

某一时间城市人口机械变化率=[（某一时间迁入人口数–某一时间迁出人口数）/某一时间平均人口数]×1000‰。

城市人口机械变化，主要与城市发展，特别是经济发展有直接关系，与城市规模、职能变化、劳动力状况变化以及政府机关的决策也有密切关系。新兴城市一般人口机械增长较快。

（三）城市人口承载力

最早提到人口承载力概念的是 20 世纪 40 年代的美国学者威廉·福格特（W. Volt），他认为人口承载力的公式为

$$C = B ：E$$

式中，C 为任何土地面积的承载力，指土地向人类提供饮食住所的能力；B 为土地的生物潜力；E 为环境阻力。

这一简易的土地承载力的计算公式，把注意力集中在土地的生物潜力和环境阻力两大方面，但要应用起来，仍然存在着较大的困难，因为生物潜力和环境阻力两个指标都是不容易测定的。

后来有人把某一生态系统理想化，当成是封闭的系统来计算其生态系统的承载力。

某一生态系统的人口承载力的计算公式如下：

$$CP = \frac{S_m}{\sum\limits_{i=1}^{I}} \left(\frac{X_i}{P_i} \right) + \sum\limits_{i=1}^{I} \left(\frac{Y_j \sum\limits_{j=1}^{J} n_{ji}}{P_i} \right)$$

式中，CP 为某一生态系统在保证系统结构和功能不受破坏，人的食物链结构为 (X_i, Y_j)（$i =1$，2，$\cdots$，I，$j =1$，2，$\cdots$，J）的人口承载力；X_i 为平均每人每年对第 i 种植物性食物的需要量；Y_j 为平均每人每年对第 j 种动物性食物的需要量；n_{ji} 为与城市生态系统有关的生产单位数量第 j 种动物性食物对第 i 种植物性食物的需要量，即饲料转化率；S_m 为某一生态系统中人类可利用的土地资源面积；P_i 为第 i 种植物性作物的单产。

上述两个公式主要从某一生态系统的物质供给方面来计算该生态系统的承载能力。当把这两个公式运用到开放程度高的城市生态系统时，要进行适当的调整。

城市人口承载力也称城市人口环境容量，指在一定条件下，城市生态系统所能维持的最高人口数，但是影响城市生态系统的人口承载力因素复杂多样，如城市用地、城市开放设施、人的消费水平以及与城市发生物质和能量交换的外界系统等，另外城市人口承载力亦有较强的区域性，随地理条件的变化而变化。因此，城市人口承载力的量化计算，有待于深入开展研究。

（四）人口环境容量观

关于人口环境容量世界上存在着乐观论、悲观论和辩证的观点。

1. 人口环境容量乐观论

一些学者认为,地球能够维持的人口要比 21 世纪初将在地球上生存的人口数高得多。个别人断言,地球可以养育 500 亿人口,乐观派观点的基本依据主要有四点:①地球陆地还有大量资源尚未开发利用;②人类对海洋资源,包括海底和海水资源的开发利用还处于起步阶段;③高度发达的经济条件是合理和优化环境的基础,现在的环境污染和环境退化都是暂时的;④科学技术正以跳跃速度发展,随着生产力的发展,深入认识自然规律,在深度和广度上不断提高综合利用现有资源和开发新资源的能力,以满足日益增长的社会需求,扩大人口环境容量。

2. 人口环境容量悲观论

这是对人口环境容量的看法与乐观论相对的学术观点。以极端的生态保护主义和西方绿色和平运动中的政治家和学者为代表的悲观派认为,当前地球上现有人口已经过多,人满为患,进一步增长后果不堪设想。其观点的主要依据是:①人口规模超过环境容量的基本表现是整个环境内生态系统的退化,如污染,毁林,草原减退,沙漠化,土壤侵蚀流失、食物和其他自然资源的短缺,气候变异,灾害频繁等;②即使现有的人口规模不再增长,但人均消费水平还会继续以相当快的速度上升,资源的耗用量仍会不断扩大;③人类只是地球上生物群中的一种,人类不能只是保证自身的生存、发展和幸福,还必须为其他生物保留和创造适合于它们生存和维持某种程度繁荣的条件。

3. 人口环境容量辩证观

世界多数科学家普遍认为,人口环境容量不像生物环境容量那样主要取决于自然环境因素,而是一个非常复杂和不断变化的人口–自然环境–社会经济、文化综合体系,是由多种,甚至是不确定的因素共同决定的。现阶段,人口必须控制,否则将加重环境污染和生态失衡,甚至给人类造成不可逆转的损失。因此,对人口环境容量过于乐观不是科学的态度。但人类科学技术的发展是无限的,资源的潜能是巨大的,科学技术的重大突破,特别是对海洋资源利用和保护技术的提高,人口环境容量也会迅速扩大。因此,对人口环境容量过于悲观也不是科学的态度。人口环境容量随着人类科学技术水平和经济发展水平的发展而发展,任何超越现实和落后于现实状况的观点都是违背人类历史发展规律的。

总之,制约人口容量及其变化的社会经济和修饰生态环境因素是多样的和复杂的。社会经济的不断发展使得人口容量超越了通常的环境容量限度,人类物质文化生活高水平的追求又使得人口容量具有有限性。自然生态环境系统动态平衡的客观要求,有限的资源、能源是制约人口容量及其弹性的基本因素。土地资源、水资源及其他虽潜力大,但有限的能源与资源,将通过影响人口的生活质量以至生存而制约人口容量。随着人类社会文明与发达程度的不断提高，影响和制约人口容量的因素还将日益增多。这也说明了要准确地定量计算某一生态系统的人口承载力是不可能的。

二、城市人口增长

城市人口的增长取决于人口的出生率、死亡率和迁移率，或者说取决于自然增长率和机械增长率。目前研究城市人口增长的模型很多，但总的来说都是以指数增长模型和逻辑斯谛增长模型为基础的。

（一）指数增长模型

指数增长（exponential growth）亦称对数增长。Malthus（1798）认为生物种群有按几何级数增长的趋势，认为人口有无限地以指数增长的性质，并断言"如不产生灾难或瘟疫，人口增长的这种高超能力就得不到抑制"。

如果人口年增长处于适合的环境或无限环境条件下，也就是说，个体的增长不受空间或密度与资源限制，而且个体不死亡，人口世代重叠连续增长，则人口自然增长方程为

$$N_t = R_0^t N_0$$

式中，R_0 为亲代的生殖力，即指发育成幼体的受精卵的数目，是亲代共同决定的一种特征；N_0 是起始时人口数量；t 为世代或时间。

人口不同世代的增长关系为几何级数增长，构成一条无限增长的指数曲线，曲线呈 J 型，所以指数增长又称 J 型增长（图 4-3 中 A）。然而，只有当 R_0 大于 1 时，人口才以指数方式增长，如 R_0 等于 1，则保持恒定，R_0 小于 1，则人口将缩小。

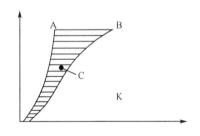

图 4-3　人口增长的指数曲线和逻辑斯蒂曲线
A.指数曲线；B.逻辑斯蒂曲线；
C.环境阻力；K.环境容量

任何一种生物的种群都会有一个出生率（b）和死亡率（d），并不可能不出现死亡现象。因此，如果种群不发生迁移，则种群的变化率（dN/dt）可由下列方程确定。

$$\frac{dN}{dt} = rN$$

城市人口也不例外，人口的变化率同样可由上述方程确定。

在上述方程中，令 $r = b - d$，则人口连续增长的微分方程：

$$\frac{\mathrm{d}N}{\mathrm{d}t} = (b-d)N$$

其积分式为：

$$N_t = N_0\,\mathrm{e}^{rt}$$

式中，r 为人口的自然增长率或瞬时增长率；e 为自然对数底。如果方程两侧都取自然对数，则可得线性方程：

$$\ln N_t = \ln N_0 + rt$$

如果 r 为正值，N 就增大；如果 r 为负值，N 就减小；如果 r 等于零，即出生率和死亡率相等，人口数量就不再改变了。

（二）逻辑斯蒂增长模型

逻辑斯蒂增长（logistic growth）是指种群在有限环境下，受环境制约且与密度相关的增长方式。种群无限增长在自然界里是不存在的，种群增长会在某一点停止，而种群规模也就达到了它的极限，这也意味着出生率和死亡率与种群数量密切相关。这样，一般的种群增长曲线不是 J 型增长型，而是 S 型增长型。描述种群这种有极限数量的增长，代表模型是逻辑斯蒂增长模型。曲线开始时形状类似指数曲线，随后个体增加的数目就减慢，相应于环境条件对增长率的限制，最后种群停止增长，这时种群数量达到最大极限。逻辑斯蒂曲线（图 4-3 中 B）显然不同于指数曲线，逻辑斯蒂曲线具有一上渐近线，曲线接近上渐近线是平滑的，而不是骤然的，同时曲线不会超过这条线；逻辑斯蒂曲线在 $N=K/2$ 处有一个拐点，在拐点上 $\mathrm{d}N/\mathrm{d}t$ 值最大，在拐点前 $\mathrm{d}N/\mathrm{d}t$ 值随种群增加而上升，为正加速期，即种群处于快速增长期；拐点之后为负加速期，逻辑斯蒂曲线与指数曲线间的差距（图 4-3 中 C）称之为环境阻力。

逻辑斯蒂曲线的数学模型是逻辑斯蒂方程，由比利时学者 Verhulst 于 1838 年创立，但他未说明何以选用 logistic 一词，但依当时的法语所指与理论数学相对的计算方法，国内学者则多认为其意合乎情理。直到 1920 年美国学者 Pearl 和 Reed 提出与 Verhulst 方程相类似的公式后，该方程才引起人们的注意。

逻辑斯蒂方程是

$$\frac{\mathrm{d}N}{\mathrm{d}t} = rN\left(1 - \frac{N}{k}\right) 或 \frac{\mathrm{d}N}{\mathrm{d}t} = rN\left(\frac{k-N}{k}\right)$$

其积分式为

$$N_t = \frac{k}{1 + \left(\dfrac{k - N_0}{N_0}\right)\mathrm{e}^{-rt}}$$

式中，r 为常数，为种群自然增长率；k 也为常数，称为环境负载力或容纳量或容量；N_0 是种群数量的初始值。

逻辑斯蒂方程与指数增长方程的区别，是增加了（$1-N/k$）作为对增长潜力 r 的修正，从而使无限增长变为趋于 k 的有限增长。若 N 接近于 0，（$1-N/k$）接近于 1，增长潜力 r 可得到充分的实现；若 N 等于 k，（$1-N/k$）就等于 0，增长潜力 r 就完全不能实现。

逻辑斯蒂方程显然假定种群密度的增加对种群增长率的降低作用是立即发生的，没有任何时滞。从逻辑斯蒂方程还可以明显看出，若 $K>N$，则种群增大；若 $K<N$，则种群呈负增长；若 $K=N$，则达到一个完全稳定的平衡种群值。逻辑斯蒂方程描述这样一种过程：种群密度为环境容纳量所制约，当种群的密度低时其增长接近指数增长，但是增长率同时因种群的增长而降低，直到增长率为 0；这就是说，在种群密度与增长率之间存在着依赖于密度的反馈机制。

因此，r 和 K 这两个参数在种群研究中被赋予明确的生物学和生态学意义：r 是种群增长能力的一种量度，而 K 是用来衡量在特定环境条件下种群密度可能达到的上限。r 和 k 值都是可以估算的。

根据 $N_t = N_0 \mathrm{e}^{rt}$

得 $\ln N_t = \ln N_0 + rt$

则 $r = （\ln N_t - \ln N_0）/t$

此式表明如果在无限增长期的两个不同时刻，种群大小是已知的，那么估算出 r 值是可能的；同样，如果 r 和 N_0 是已知的，那么预测未来某个时候的种群大小 N_t 也是可能的，而 k 值则是一个特定的平衡值，即

$$K = （b_0 - d_0）/（k_0 + k_d）= N$$

式中，b_0 为 N 很小时的出生率；d_0 为 N 很小时的死亡率；k_0 为 N 增大时出生率放慢的斜率；k_d 为 N 增长时死亡率加速的斜率。

但是，必须指出，严格来说逻辑斯蒂方程至少必须满足下述假定才能成立。

（1）种群中所有个体在生态学上是完全相同的，即它们都是相同的基因型和表现型，具有相同的死亡和生殖特征，虽然这样的情况是不太可能的。

（2）种群的个体数量是合适的计量单位。

（3）种群自然增长率 r 不随种群数量的变化而改变，即 r 是常数。

（4）就一组特定条件而言，种群数量有一个固定不变的上限 k，即环境负载力。

很明显，建立逻辑斯蒂方程的各种假定不可能是没有争议的，但方程已在现代生态学思想的发展及对种群动态的深入研究中打下了深深的烙印。

（三）人口自然增长方程

假定不考虑迁移对城市人口发展的影响，也就是不考虑人口机械增长，只考虑人口自然增长，那么人口发展过程的完整微分方程可表示如下：

$$\frac{\alpha p(a,t)}{\alpha a} + \frac{\alpha p(a,t)}{\alpha t} = -u(a,t)p(a,t)$$

$$p(a,0) = po(a)$$

$$p(o,t) = \psi(t) = u(t)N(t) = \beta(t)\int_{\alpha_1}^{\alpha_2} k(a,t)h(a,t)p(a,t)da$$

式中，a 为年龄；t 为时间；p（a,t）为人口密度函数；u（a,t）为相对死亡率函数；ψ（t）为出生率函数；β（t）为妇女生育率；k（a,t）为女性比例函数；h（a,t）为妇女生育模式；而（α_1,α_2）为妇女生育时间。

从上述方程可得

$$N(t) = N(0)e^{(u_0+\Delta u)t} - \left(\frac{D_0}{(u_0+\Delta u)}\right)(e^{(u_0+\Delta u)t} - 1)$$

式中，N（t）为 t 时刻的人口总数；N（0）为现在（t_0）的人口总数；e 为自然底数；u_0 为 t_0 时的出生率；D_0 为 t_0 时的死亡人口数。

案例 海南人口动态分析

据 1986 年统计数字，海南人口总数 N（0）为 605.63 万人，$u_0 = 15.27‰$，$D_0 = 24\,529$ 人，令 Δu 在今后 100 年内是恒定值，取 1957—1986 年 30 年的平均值 Δu，$\Delta u = -0.75‰$，粗略预测海南人口总数 N（t）在今后 70 年内的变化情况，加上 1957—1996 年的海南人口总数变化的实际情况，如表 4-2 所示。

表 4-2　海南近 100 年的人口实际情况和预测变化情况表　　（单位：万人）

年份	1957	1965	1975	1986	1996	2006	2016	2036	2046	2056
实际值	290.8	365.8	496.8	605.6	714.1	836	917.13			
预测值					695.0	803.4	929.8	1068.3	1422.1	1786.2

2006 年海南的实际人口为 836 万人，2012 年海南实际人口数为 887.4 万人，2016 年海南实际人口数为 917.13 万人，与以上预测值基本吻合。

第五节　城市流动人口和人口迁居

一、城市流动人口概念

关于城市流动人口的确定不同学者略有不同，在中国一般认为是在城市中未持有城市户口的非常住户人口，可分为：①在城市中从事短期、季节性工作的外地人口；②到城市旅游、出差、探亲、借读就学人口，其中前者是对人口城市化进程起主要推动作用的人口。

城市流动人口的数量与城市的性质和规模有关，一般大城市、经济中心、交通枢纽和风景旅游城市等流动人口数量较大，可在百万人以上，并且各大城市中流动人口居住时间较长。城市流动人口与城市的持续稳定发展密切相关。城市流动人口可造成一系列城市社会问题和环境问题。例如，由于城市经济变化、建设规模压缩，造成一部分流动人口没有工作，从而产生社会问题。大量的流动人口造成城市住房紧张、交通拥挤，加剧城市能源、水资源和副食品供应短缺，环境恶化，甚至犯罪率增加、传染病流行等城市社会环境问题。但是流动人口对城市繁荣、增加财政收入、增加劳动力等有积极作用。因此城市流动人口的数量、性质和来源，对城市是否能沿着生态的道路健康发展具有重要的参考价值。

二、城市化与流动人口的基本关系

在城市发展初期，城市人口的变迁主要是人口从非城市化地区（农村）进入城市地区，即迁移流动过程和城市化过程是同时发生的。因此，在测度城市化水平时，应将从非城市化地区（农村）到城市的暂住人口包括在内，特别是在发展中国家，城市化进程速度较快的阶段，城市流动人口增长迅猛。例如，1982 年我国城市流动人口近 3000 万人，1991 年约 7000 万人，1995 年达 8000 万人，这种增长势头至今仍很强劲。同时尽管对流动人口个人而言，他们具有流动性与不稳定性，但对于某个城市来说，每天都有流入和流出的动态暂住人口，而城市每天的动态暂住人口会保持一定的数量或在增长。

从农村到城市的暂住人口大多在城市从事建筑施工、行政及企事业单位雇员、集贸商贩、保姆、修理工等经济活动，多为一些城市人口不愿问津的脏、苦、累、差的就业岗位，构成了城市运行、城市发展不可缺少的一部分。但反过来农村到城市的暂住人口都需要城市提供衣食住行，城市生态规划与建设必须考虑到他们的需求。例如，上海市各级医院 1995 年年底共有病床 6.69 万张，其中有 1/6 的床位被流动人口占用（很多是农村到城市的暂住人口）。由于流动人口的存在，上海市的公共交通、日常生活用品的需求量也明显增多。因此，在城市规划与建设时，如果不考虑这部分人的需求，必然给城市运行带来额外的压力。

三、中国人口城市化的特征

发展中国家同工业发达国家的城市化进程不尽相同，后者城市人口的增长同其城市经济的发展和城市基础设施建设是基本适应的，而多数发展中国家由于不具备城市人口急剧扩张所具备的经济条件，城市基础设施同日益涌进的过量人口明显地不相适应，造成市内和市郊出现大批贫民区，这些贫民区居住条件恶劣、粮油副食品等基本生活资料缺乏、生活用水紧张、交通拥挤、秩序混乱、环境恶化，出现了诸如失业、房荒、犯罪等一系列社会问题。

中国人口城市化所面临的客观条件同许多发展中国家类似，中国在城市人口增长过程中，也先后出现过诸如交通拥挤、住房紧张、环境污染、就业困难等问题，但其表现的范围、规模、程序等都远不及其他发展中国家那样严重。而且一经出现，政府就利用其有效的行政手段及时纠正，从而避免和缓解了像其他多数发展中国家的城市化过程中已经发生或正在发生的城市病症，基本上实现城市人口稳定有序地增长。这些不能不归功于长期实施的限制农村人口向城市迁移的政策以及与之相适应的各种管理制度的控制作用。

与此同时，中国长期实施的严格限制农村人口向城市迁移的政策，把中国的经济、社会划分为城市和农村两大截然不同的板块，把国民划分为城市居民和乡村农民两种截然不同的身份，对人口城市化乃至整个经济、社会的发展产生了一系列不利影响。

（1）延缓了人口城市化进程，造成了人口城市化滞后于工业化。美国经济学家钱纳里（H. B. Chenery）在整理分析了 101 个国家 1950—1970 年经济、社会发展的统计数据后，归纳出人口城市化水平与国内生产总值之间的比例关系。按照他所计算的比例，当一个国家人均国内生产总值达到 300 美元时，城市人口占总人口的比例应为 43.9%。中国一些发达地区的人均国内生产总值早已超过钱纳里当时计算的 300 美元的水平，城市人口所占比例却未能达到按照钱纳里所计算的应达到的城市化水平。

（2）割裂了人口从农业向非农产业转移与人口从农村向城市迁移的必然联系，影响了城市集聚效益的充分发挥。就一般规律而言，工业化和城市化是互相联系、互相促进的同一过程。工业化的过程首先表现为人口由农业向非农产业转移的过程。由于具有集中的优势，城市在提供工业生产所必需的交通、通信、信息、人才、技术条件方面具有农村无法替代的作用，因而产生出巨大的聚集效益。因此，农业向非农产业的转移，相应要求人口由农村向城镇迁移。但中国长期实施限制人口迁移政策和严格的户籍管理制度，使得人口在由农业向非农业转移的同时，不能完全实现人口从农村向城市的迁移，农民只能"离土不离乡""进厂不进城"，只能在农村就地实现人口（劳动力）从农业向非农产业的转移。这种做法虽然可以在一定时期减轻城市人口的压力，但违背了工业化的一般规律，割裂了人口从农业向非农产业转移同人口从农村向城市迁移的必然联系，影响了工业规模经济及城市集聚效益的充分发挥。

（3）妨碍了城乡统一的劳动力市场的建立和发展，造成一方面就业困难，另一方面岗位空缺。培育和完善城乡统一的劳动力市场，是实现城乡之间、城市之间劳动力合理流动的有效途径。但长期以来，由于严格的户籍管理制度和对城市劳动力统包工、统分配或优先分配的就业制度的影响，致使城镇劳动力的择业期望值过高，造成就业难与脏、苦、累、险岗位招工难并存。

随着中国社会主义市场经济制度的确立，随着一些有利于农村剩余劳动力向城镇转移的政策的出台，随着中国人口城市化进程的加快，特别是进入 21 世纪后，中国人口自由流动的各种束缚将渐渐被解除。进入 21 世纪后，虽然户口制度仍然存在，但其对人口城市化的影响力度已经减弱，中国农村人口正在较有序地向城市化方向发展。中国人口的迁移首先表现为从西部欠发达地区向东南部相对发达地区移动，到 2010 年出现了回流现象，或呈现一定程度的"逆城市化"特征。但2015—2020 年总体上又表现为向广东和浙江一带的大城市或中小城市聚集和回流中西部并存的一种动态平衡状态。特别是在长江三角和珠江三角等地区的城市群的发展，对人口的迁移产生了重要的影响。

四、城市人口迁居概念

城市居住迁移（residential mobility）指的是城市中以住宅位置改变为标志的、城市地域范围的人口（或住户）移动。城市人口迁居有时也称城市间的迁移（interurban migration）。

城市发展与人口移动有着密切的关系。在城市发展初期，城市人口的变迁主要是人口从非城市化地区进入城市地区。然而当城市发展到一定阶段时，必然会引起城市内部人口的变动，这一变动过程也称城市人口迁居过程。城市人口迁居会使城市空间结构发生改变，使城市出现人口空间、社会空间、功能空间的地域性分化，因此，可以说，城市内住宅位置的变化在改变城市系统和城市空间结构中起着重要作用。同时促使城市人口迁居的原因是方方面面的。关于城市人口迁居的理论研究也不少，按照研究问题的出发点、主要研究内容，大概可以把城市人口迁居研究分为两个阶段：①20 世纪 60 年代中期以前；②20 世纪 60 年代至70 年代中期至现在。

（一）20 世纪 60 年代中期以前的城市人口迁居

20 世纪初，芝加哥市是北美洲城市的典型代表。20 年代社会学家们对芝加哥市的住宅区、工业区及中心商业区的形成和变迁进行了大量的调查研究工作，并引入生态学的竞争、淘汰、演替、优势等概念，来解释城市内部的变动，逐渐形成了芝加哥人类生态学派。此间伯吉斯提出了城市结构的同心圆理论、霍伊特提出了扇形理论，其中都有人口迁居的模式。这些模式对今后的城市人口迁居研究有很大的影响。

伯吉斯认为，外来移民最初进城时为找工作方便，便居住在中心商业区，随着新来者不断增加，人口压力增大，造成住房紧张并进而引起房租上涨、人口密度提高，促使城市中心区的人向外城区移动。低收入新住户开始向较高级的住宅入侵，而较高级住宅区的住户卖掉房子向外迁移，入侵一个更高级的住宅区。由此，迁居就像波浪一样向外层传开，最高级住宅区位于城市边缘。伯吉斯称这种向外的运动为入侵和演替。

1939年霍伊特提出，现有住房会逐渐过时或衰落，上层阶级为了维持他们的地位必须购买新建的高级住宅，土地利用由此而展开。高收入住户在向外迁居的过程中，留下的空房子向低收入住户过渡，而人向高级住宅区迁移（翟有龙和李传永，2004）。

1960年阿久努胡德和费利建立了一个模式，把住宅位置与住户在家庭生命周期中所处的阶段联系起来。例如，结婚不久的夫妇，首先租借城市中的公寓，有了孩子以后租借郊区的单一平房，最后是在城市边缘买自己的住宅。这个向外运动的模式，形式上与入侵、过滤模式相同，但运动的原因不同。总之，人口迁居原因是多种多样的，早期关于城市人口迁居的理论还有家庭生命周期理论和互补理论等。概括起来是，如果有大量低收入流动人口移入城市的话，他们可能向城市中心区聚集，迫使其他人向外移动，开始入侵和演替过程；同时高级住户不满意现有住宅而移向新住宅，并引起低级住户的移动；还有一些人的迁居是因为结婚、生小孩、年老等对住宅空间产生特定需求所致，但所有这些移动都要受个人经济状况以及工作地点的制约。

（二）20世纪60年代中期至20世纪末的城市人口迁居

这一时期，在城市研究上出现了以贝里和阿朗索为首的空间分析学派。城市人口迁居研究受其影响，重点也放在空间规律和数量模式上，此时期的研究工作可以归结为三个方面：①迁居的距离和方向；②迁居的统计模式；③空间相互作用模型。但是空间分析学派在解释社会问题和人类行为时过分简单化。为了避免空间分析学派的机械性，以研究人类为主要内容、探索人地关系中人的主观能动性和行为为主的学派逐渐兴起，并认为决定迁居是内外压力作用的结果，内部压力来源于两部分，主要是住户对空间和设施的要求变化所产生的有形需求。当内外压力达到一定程度时，就会发生迁居。概括起来可用下面的迁居决策行为示意图表示（图4-4）。

到20世纪70年代，城市研究中出现了一个新的学派——马克思主义学派，主要研究经济发展状况对人口迁居的影响、阶级成长对人口迁居的影响和政治因素对人口迁居的影响，使人口迁居的研究从数量分析、行为分析转向社会结构分析。但是由于80年代末期、90年代初期的东欧变革和苏联的解体，该学派受到很大的冲击。

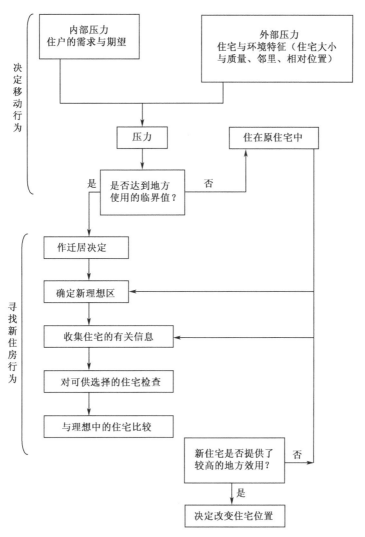

图 4-4 迁居决策行为示意图

（引自周春山，1996a）

总之，城市人口迁居的研究前期是把人当作人类生态环境的一分子，由人的社会地位、家庭状况、经济收入决定他在城市中的居住位置。20 世纪 60 年代后期的计量学的发展使迁居研究的出发点转移到空间特征和数量模式上，然后人类行为学的发展又把人们的注意力转移到人的行为上，强调人的个性，研究人对客观环境的感知，70 年代末又开始从社会结构深层角度出发，把人口迁居研究的出发点放在社会经济结构分析上，从而丰富了城市人口迁居研究的内容和方法，促进了城市人口迁居研究的进展。

（三）人口迁居和人口分布与结构的关系

城市人口的迁居对城市人口的分布起直接影响作用。近年来主要表现为城市规模的膨胀促使人口高密度区不断扩展；人口和城市化区域呈同心圆状逐步向外围推进，形成世界最大的城市集聚体；从市区到郊区的人口密度差大幅度减小，市中心出现人口空洞化现象。例如，东京核心市区的总人口从 20 世纪 50 年代末开始绝对减少，位于市中心的几个区人口开始减少的时间则早得多，其中千代田区始于 1920 年，中央区、港区、台东区三区始于 1935 年，至 1998 年千代田区的人口减少了 82%，其余三区减幅亦分别达到 72%、55%、67%，均出现了不同程度的人口空洞化现象；昼夜人口密度相差悬殊。例如，在日本统计中常住人口被称为居民基本人口，又称夜间人口，而白天在同一地区生活、工作、学习者则称为昼间人口。东京作为日本的政治、经济、文化中心和世界最大城市，核心市区的昼间人口一直大大超过夜间人口。同时城市人口迁居对人口结构分布特点及变动趋势也产生一定的影响。例如，性别比是中心低、边缘高，分布模式与前期完全反转；中心市区人口老龄化速度大大超过郊区；第三产业占经济活动人口的比例由市中心向远郊区递减等。

五、中国城市人口迁居基本原因

20 世纪末，中国一些大城市出现了中心区人口减少，外围区人口增多的变化趋势，市内人口迁居是重要原因之一。经济专家广泛研究了中国城市人口迁居的基本原因，认为可以归纳为两大类：主动的和被动的。被动迁居往往表明迁居者受外界控制很大，自己虽然有改善居住状况的愿望，但由于受客观条件的限制，很少有甚至没有选择迁居（包括住宅区位、面积和样式等）的权利；主动迁居表明迁居过程中对住宅有相当充分的选择权利。当然，主动迁居和被动迁居划分也不是绝对的，两者也不是绝对分开的。到 20 世纪末中国有约 70% 的迁居是被动的，其中以单位分房为主，30% 的迁居为主动的，其中以买房为主。主动迁居和被动迁居的多少不仅仅反映了居民迁居的自由度，更重要的是反映了居民的经济状况。

目前我国经济正处于转型和高速发展时期，城市人口迁居也逐渐活跃。中国城市人口迁居动力机制是住户对住宅及周边自然界生态环境的需求所产生的内部压力和城市社会环境条件的发展所产生的拉力共同作用的结果，是否能迁居与迁居者本身的需求、社会文化心理、社区的综合环境的影响、城市规划与建设、经济发展与住宅建设、人口政策、土地使用和住房政策都有着密切的关系。下面对现阶段影响中国城市人口迁居的因素作具体分析如下。

（一）迁居者本身内部因素

迁居者本身是造成迁居的内在因素，但这种内在因素能否使迁居成为现实还要受到外界因素的影响。在住户经济实力有限时，这种因素被抑制，而经济发达，生活水平提高之后，这种内在因素就会充分表现出来。

1. 迁居者的需求

迁居者的需求包括住宅需求和住宅区位需求两个方面。

对住宅的需求产生于 4 个方面：人口增加导致人均住房面积的缩小和孩子长大家庭生活不方便，而产生的住宅面积的需求；因结婚等原因家庭分裂，新户形成所产生的住宅的需求；地位升高所产生的住宅需求；经济能力提高所产生的住宅需求。

住宅区位需求产生于两个方面：因工作地点太远而产生的住宅区位的要求；因环境关系而产生的对住宅区位的要求。

2. 迁居者的文化心理

住户在有了迁居的愿望后，迁居过程能否实现还要受到外界各种因素的影响和制约。但外界因素能否起作用，还取决于内在因素——居民社会文化心理。在市民眼中，城市与农村、老城与新城在各方面仍存在较大差异。人们受到传统观念的影响和城区生活环境的吸引，除非迫不得已，往往不会迁到城市的外围。例如，1986 年上海郊区金山石化总工厂到市区招工，尽管该厂为全国少有的大型企业，住房标准、生活设施、服务条件也好，但由于地处远郊卫星城，应招的人寥寥无几，其吸引力竟还不如市里某区的一个废品公司。另据在广州市的调查，城市居民最喜欢居住的城市部位是闹市边缘区，而愿意住郊区的寥寥无几（表 4-3）。

表 4-3　广州市居民居住区位选择意愿抽样调查表

城市部位	闹市区	闹市边缘区	新建区	郊区	无所谓
96	10. 13	62. 03	12.66	2.5	12.66

资料来源：周春山（1996b）。

迁居者的需求能否实现取决于住房的提供和分配制度，以及居民的经济负担能力。应该指出，目前绝大多数居民选择住房的自由度还是相当小的。

（二）外界的影响

1. 社区环境的影响

长期生活在某一社区的居民，对周围的物质环境十分熟悉，而且建立了以家庭联系和私人交情为基础的社会网络。一般来讲，他们不太愿意搬迁他处。据上海市旧城区居民的调查，发现尽管多数人对"物质环境"很不满足（73%的住户人均居住面积为1—5.9平方米，90%以上的住房没有室内卫生间，85%以上的住户没有煤气，50%以上的住户没有厨房），但有80%以上的居民愿意留居原地，15.6%的居民愿意搬迁到附近的地段，只有3.8%的人不愿意定居原地。广州市也是如此，如广州金花街旧城改造中74%的居民不愿意离开原住地。这些例子都表明了牢固的社区关系对人们的迁居有一种限制的作用。

2. 城市规划与建设

1978年前，在强调"先生产、后生活""变消费城市为生产城市"的城市发展指导思想下，中国城市规划过分强调工业的发展，工业点的生活服务设施严重滞后，新增的人口主要位于市区，郊区对定居人口的吸引力不大。1978年以来，人们对城市的认识也发生转变，由强调城市的"生产性"，改为强调城市的"中心型"，并把"方便市民生活、治理城市环境"作为城市规划的重要指导思想之一。城市政府十分重视生活区的服务配套设施建设，边缘区吸引了大量新增人口及部分旧城区人口在此定居。此外，近些年因城市规划，如城市基础设施、城市交通设施、城中村改造等形成的被迫拆迁改造等，不仅将城市规划建设得更好，也为城市发展注入了新活力，疏解了城市中心的交通、生活、工作等的压力，也有利于城市环境的区域治理和整体提升。例如，海口市从2008年着力改造城中村，特别是2013—2019年取得了显著的成效，城市面貌发生了很大的变化。

3. 经济发展与住宅建设

如果说城市规划对人口迁居起着宏观控制作用的话，那么经济发展为住宅建设提供了经济基础，而住宅建设则为人口迁居提供了物质条件。

1978年以后中国的改革开放和1998年全面开放的商品房市场都刺激着经济的快速发展。这对人口迁居起着极大的促进作用：第一，有利于人口迁居的城市基础设施和服务设施的建设，有了可靠和稳定的资金来源；第二，住宅建设的数量和速度比以前大幅度提高；第三，居民的收入有了大幅度增长，在衣食得到满足、温饱解决后，对住宅的要求就会提高。

住宅建设对迁居的影响表现在：第一，住宅建设数量的大幅度增加为人口迁居提供了物质基础；第二，住宅的空间分布决定了人口迁居的方向。1978年前，中国城市住宅多是"见缝插针"在城市中心兴建,另有部分居住小区或住宅组群跟随工厂远离城区布置,新增人口主要位于市中心区。20世纪80年代以来,在城市边缘兴建了大量大型居住区,其配套的生活设施也比较齐全,住宅的外缘分布使中心区的人口总体上表现为向外迁居。

4. 人口政策

生育政策:生育政策经历了20世纪50年代鼓励多生育,六七十年代主张节育,80年代提倡一对夫妇生一个小孩的计划生育政策的转变过程。生育政策对人口迁居的影响表现在两个方面:第一,五六十年代的生育高峰使城市人口自然增加迅速,引起了中心区住房紧张,潜在的外迁倾向逐渐积累。当人口密度达到一定数值时,居住环境不断恶化,居民就会产生强烈的外迁倾向。第二,80年代全国提倡一对夫妇生一个孩子的计划生育政策,使市区的家庭规模变小,利于人口的迁居。进入21世纪,我国开始逐步放开生育政策。2011年11月,中国各地全面实施双独二孩政策;2013年12月,中国实施单独二孩政策;2015年10月,中国共产党第十八届中央委员会第五次全体会议公报指出:坚持计划生育基本国策,积极开展应对人口老龄化行动,实施全面二孩政策。人口政策的变化紧随发展的脚步,人口政策的及时调整也为人口迁移和城市发展提供了新的动力。

劳动政策:改革开放前,就业的"铁饭碗"保证了职工在一个单位长期工作下去的可能,在住房分配制度下,工作单位不会改变,居住地点也难以改变。改革开放以来就业政策逐渐推行合同制和聘用制。这种改革给单位和职工提供了双向选择,职工工作地点变化的可能性大大增加,而工作地点的变化往往会引起居住地点的变化。

户籍政策:虽然户籍制度对城市内的迁居没有限制,但实际问题,如孩子入托、上学和就业都与户口所在何处有密切关系。广州市近10多年来虽在城市周围兴建了不少住宅,住户也搬迁到这里很久,但由于这里的学校教学质量较差,有相当一部分人为孩子就读而户口仍在老城区,有一部分人为此不愿搬迁。

5. 土地制度

1978年前,土地的无偿使用制度限制着人口迁居,表现在如下两个方面。第一,在无偿土地使用制度下,制约各种用地分布的是交通费用,越近市中心交通费用越少,而且各种服务设施较齐全,住宅与其他行业一样具有靠中心分布的趋势(图4-5a)。第二,无偿土地使用方式下,经济规律不起作用,土地利用性质难以转变和更新,居住人口分布具有相对的稳定性。

土地有偿使用制度的改革促使人口迁居逐渐活跃起来,表现在:第一,地价成为制约各种用地分布的重要因素,在地价机制的作用下,各种功能的用地,根据其付租能力,重新调整在城市里的位置,住宅被从中心区挤到外围(图4-5b);

第二，土地有偿使用为城市基础设施资金的良性循环提供了条件，而基础设施的改善十分有利于人口的郊迁；第三，房地产业的发展是以房屋和土地（使用权）作为基础，土地有偿使用，为房地产业的兴起提供了条件。

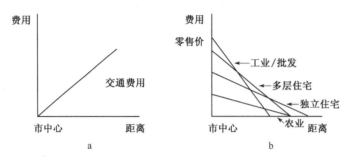

图 4-5 土地使用制度对城市人口分布的影响

（引自周春山，1996b）

a. 土地无偿使用；b. 土地有偿使用

6. 住房政策

1956 年私有房产的社会主义改造完毕，从此城市住宅全部实行低租金制的福利分配政策。这种政策完全否定住宅的商品属性，其结果是一方面建房投入资金难以收回、建房能力难以提高，另一方面又会导致分配不均、住房需求无限膨胀，从而加剧住房的紧张状况。住房是人口迁居的重要物质条件，住房紧张将使人口难以迁居，同时，无偿分配的对象往往是国家干部、工人。因此，迁居者主要是干部、工人。1986 年以提租补贴、优惠价格出售旧公房、新房新制度为主要内容的住房制度改革全面推开。这种改革使建房有了广泛的资金来源，逐步实现了资金的良性循环，并使住房得以合理利用，从而使住户的住房条件能得到较快地改善，迁居也就相对容易发生。迁居者中个人逐渐增多。

通过以上分析，可以得出以下结论。

第一，目前中国大城市人口迁居呈短距离、蔓延式向外扩散，有别于西方国家以汽车为交通工具人口向郊区远距离扩散的郊区化。

第二，单位分房中以户主的工作年限、职务、职称为主要依据，因而住户社会地位的变化引起的迁居较为普遍。中国不存在西方城市因外来移民入侵和种族原因引起的迁居。

第三，影响人口迁居的因素在改革前后发生很大变化。改革开放前影响人口迁居的内部压力表现突出，但计划经济下的土地制度、住房制度和就业政策严重制约着人口迁居，居住人口在城市的分布具有静止性。改革开放后，迁出地的外部压力和内部压力以及迁入地的拉力都比改革开放前大大增强，而限制因素有的消失、有的减弱，人口迁居的可能性大大增强。从目前的情况来看，家庭成员的成长、大量新家庭的形成和户主职位变动是引起迁居的内在原因；新区建设、旧城改造是引起迁居的直接外在原因，而这种外在原因源于包括土地有偿使用、住房制度改革、劳动制度改革在内的中国经济体制改革和经济的迅速发展。

第六节　城市人口与城市环境相互关系分析

城市环境的好坏与城市人口之间的关系密切而且十分复杂。1984 年苏联生态学家 O. Yanitsy 首次正式提出生态城市概念，认为生态城市是一种理想城模式，其中技术和自然充分融合，人的创造力和生产力得到最大限度地发挥，而居民的身心健康和环境质量得到最大限度地保护，物质、能量、信息高效利用，生态良性循环。生态城市是目前人类追求的城市环境建设目标，是城市化过密后，人口压力过大的重新思考。

我国城市建设成绩巨大，但在快速发展中也出现不少问题，有的甚至十分严重，不能不引起人们的极大关注和重视。归纳起来，我国城市人口与环境建设主要面临的挑战是，由于城市盲目扩展，房地产过热，有的地区已经炒到了镇级小城，难以处理农村与城市发展的矛盾，城市与农村的用地都十分紧张，特别是旧城核心人口密度不降反升，而水体污染、大气污染、垃圾威胁、城市噪声、"三废"加重等使城市环境与人口的关系问题日益突出。

"特大城市承载力研究"显示，由于中国城市化进程的迅速发展，打破了原有的人口分布格局，城市人口迅猛增长。1949 年新中国刚成立时的人口数量约在 5.4 亿人，到 2008 年时，中国人口数量约为 13.3 亿人，60 年间就增加了 7.9 亿人，增长了 1.5 倍。特别是一些大城市，人口密度过高，已到了人满为患的程度。

2008 年出版的《中国城市发展报告》就已指出，当时上海浦西区的人口密度为 3.7 万人/平方千米，北京和广州城区的人口密度分别为 1.4 万人/平方千米和 1.3 万人/平方千米。而世界上其他的一些主要大城市，如东京只有 1.3 万人/平方千米，纽约、伦敦、巴黎和香港的人口密度最多也只有 0.85 万人/平方千米。

随着城市化进程的加快，人口密度的加大，城市交通越来越繁忙，道路负荷日益加重，交通拥挤、道路堵塞、行车混乱等问题也越发突出。调查表明，我国百万人口以上城市有 80%路段和 90%路口的通行能力已经接近极限。随着北京市人口的增加，公共交通车辆数量的增长明显低于人口的增长量，公共交通车辆使未来城市承载力面临着极大的挑战。

特别是，由于许多大中城市因发展过快，机动车持续增加，道路广场、绿化用地严重不足，致使大气中悬浮颗粒物、二氧化硫、氮氧化物持续增长，影响居民的生活和健康状况；城市垃圾分类工作推进缓慢，垃圾处理水平低。现在全国垃圾堆存侵占土地总面积已达 5 亿平方米，约 75 万亩耕地，相当于全国每 1 万亩耕地就有 3.75 亩用来堆垃圾。

第五章　城　市　环　境

人类赖以生存的地球只有一个，20 世纪中期，人类从太空中第一次看到了地球。在宇宙中，地球是一个脆弱的小圆球，显眼的并不是人类建造的高楼大厦，而是一幅由云彩、海洋、森林和土壤组成的图案。就是在这样的地球环境中，才有了人类。人类既是它的环境的创造物，又是它新的环境的创造者。环境给予人类维持生存的东西，并给他提供了智力、道德、社会和精神等方面获得发展的机会，人类在地球上漫长和曲折的进化过程中，已经达到了这样一个阶段，即由于科学技术发展的进一步加快，人类掌握了大量的方法并在空前的规模上增大了其改造地球环境的能力。如今人类生存的环境已经不是单一的自然环境，而是由自然环境和人工环境两个方面组成。

自然环境（natural environment）是指一切可以直接或间接影响人类生活、生产的自然界中的物质和能量的总体，主要包括空气、水、生物、土壤、岩石矿物、太阳辐射等。自然环境还可以从各种不同的角度作进一步的分类，按要素可分为大气环境、水环境、土壤环境等；按地理纬度可分为低纬度环境（热带环境）和高纬度环境等；按生态特征可分为陆生环境和水生环境等；按人类对其的影响程度可分为原生环境和次生环境。在这些次生环境中，有的日益适应人类生存的需要并促进了社会的发展，有的则反过来束缚并制约着人类社会的继续进步和发展，如工业污染、森林植被被破坏、水源干枯、土地退化等。次生环境亦可称为人工环境。

人工环境（artificial environment）是指人类在开发利用、干预改造自然环境的过程中构造出来的有别于原有自然环境的新环境，或称次生环境，如农田、水库、林场、牧场、城市等。开发利用、干预改造自然的活动，是人类最基本、最主要的生产和消费活动，是人类与自然环境间物质、能量和信息不断交换的过程和空间被改造的过程。例如，资源由自然环境中提取出来到以"三废"形式再排向自然环境，一般可分为提取、加工、调配、消费和排放五个阶段，正是通过这些活动将原始生物圈导向了技术圈，并在自然环境的基础上创造出了人工环境。这些人工环境和原有的自然环境融为一体，反过来又成为影响自然环境及人类可持续发展活动的重要因素和约束条件。在多种多样的人工环境或次生环境中，城市建设是人类与自然环境相互作用最为密切的人类活动，自然环境条件深刻地影响着城市建设，城市建设所形成的人工环境或次生环境对人类的发展所起的作用亦最为显著。

第一节 城 市 地 质

一、地质环境是城市发展的基础

地质环境（geological environment）是指地球表面以下的坚硬地壳层，地质过程引起的变化是多方面的，既有地表结构的变化，又有岩石和其他矿物等物质成分的变化。地表结构的变化可以产生直观效果，而物质成分的变化则往往不易被察觉。

城市化和工业化过程对环境的影响范围或尺度主要集中在岩石圈的最上层。人类和其他生物依赖地质环境而生存和发展，同时又在不断地改变着地质环境的化学成分和结构特征。人类活动所形成的地质结构物约占陆地表面的 5%，其中主要分布在城市化地区。人类及其他生物与地质环境的关系主要表现在如下几个方面。①地质环境是人类和其他生物的栖息场所和活动空间，为人类和其他生物提供丰富营养元素，故人类和生物体的物质组成及其含量同地壳的元素丰度之间有明显的相关性。②地质环境向人类提供矿产和能量。目前人类每年从地层中开采的矿石达 4 立方千米，从中提取金属和非金属物质。由于矿产资源是经过漫长的地质年代形成的，属不可更新资源，一经开采很难恢复。③人类对地质环境的影响随着现代技术水平的提高而越来越大。例如，采掘矿产、开凿运河等都直接改变地质、地貌；人类向地质环境排放大量工业废弃物，造成地表有害化学元素，如汞、镉、铬等的浓度增高。

与城市建设有关的地质环境问题主要是土质和区域地质条件，基岩特征、水文地质条件、土质性状和厚度、地下开矿情况、建筑材料、地球化学和地球物理过程以及地震、滑坡、坍塌、地陷等地质现象对城市建筑均有不同程度的影响。按城市建设对地质过程的稳定程度，可划分为以下 3 种类型。

（1）高度稳定地段：任何外力都不能破坏的地段。例如，岩浆岩、变质岩或具有水平"块状"并形成平滑表面的沉积岩，以及沉积岩的倾斜层，不太紧实但比较稳定和坚硬的大陆沉积岩。

（2）不稳定地段：在自然条件下处于稳定状态，但容易被一定形式的外力或者不适宜的建筑结构所破坏。它的不稳定性是有一定限度的，可以通过某种措施来监测。疏松层或强烈挤压的黏土、遭受滑坡的地表、塌方或强度不大的土崩、淹水或侵蚀地段等均属此类型。

（3）高度不稳定地段或者十分危险地段：这类地段常发生现代技术手段难以监测的地质灾害，如大面积土崩、现代冰川、遭受强烈磨蚀的海崖、地震高发区、地壳热力作用和活火山等地段。

从与基岩盖覆的关系看，世界上的城市大体分两种情况。一种是整个城市位于古老地台之上，多由花岗岩、片麻岩、石英等古老结晶组成岩底，其上盖有数米乃至上千米厚度不等的沉积岩。例如，俄罗斯莫斯科沉积层的厚度为 1.2—4.0 千米，而明斯克只有 0.45 千米。另外一种情况是城市占地面积较大，多位于复杂的地质构造环境之中，像墨西哥、圣保罗占地 1500 平方千米，北京占地 2738 平方千米。因此，编制城市工程地质区划以及提供每一块地质环境的详细资料对于城市开发建设是非常重要的。

构造活动带对城市建设常常形成严重的危害。不同地质时期块状构造运动的强度和方向不同，使沉积岩的水平层理受到破坏，造成裂隙带、河谷深切、沉积物堆积、沼泽化以及喀斯特的发育等。古台地的构造运动虽然进行得很慢，而且不会给城市建筑物、构筑物带来突发性的破坏，但是长时间的移动也会引起相应的变形。

由于人类的长期活动改造了原有的地表结构，形成一种特殊的堆积层，有人称其为人工填土。这个堆积层主要由有机残留物、人和动物的残骸、皮革和纤维制品的残留物等组成。有些填土有数百年甚至上千年的堆积历史，分布极其广泛。在城市建设中，利用填土作为建筑物基础持力层，可以节省大量投资。但由于目前勘察手段还不够先进，特别是对填土的研究缺乏系统性，对其物理力学性质的掌握和认识都不够深刻，因而不能充分地加以利用。此外，河漫滩、古河道、阶地坳沟之中的软塑、流塑状态的淤泥质土和粉砂土，因具有强度低、变形大、稳定时间长等工程特征，需要研究其应力应变关系，在充分掌握地基本身的工程特性的基础上，为城市建筑物提供安全、经济、合理的基础设计方案。

二、城市建设用地的工程地质类型

城市土地的开发利用受本身及区域地质条件的制约。城市用地按工程地质条件一般可分为 4 个等级：①不需要进行任何处理的良好建设用地；②适宜于建设，但需要简单工程处理的用地；③可以进行建设，但需要进行适当工程处理的用地；④不适于工程建设的用地。

上述工程地质等级类型主要是根据岩性、地基土承载力、压缩性和湿陷性，基础底面下的内聚力和内摩擦力，工程病害和措施，以及地貌、土质、地下水和洪水淹没等条件的综合分析而划分的。经济因素的影响也是不容忽视的。例如，矿产分布地、果园、菜园、高产田，不论其工程地质条件如何，都应列入不适宜城建工程用地。

城市建设中，良好的建筑用地常常是最先开发或占用的地区。但随着规模的扩大，城市用地的外延，占用那些可以进行工程建筑，但需进行适当工程处理的用地以及不宜于工程建筑的用地越来越多，采取的工程措施也多种多样。例如，北方城市对坡积和洪积阶地进行开发建设时，最基础的措施是需防湿陷。对不同的地质情况必须采取不同的处理措施。

（一）黄　　土

选择城市用地时，应特别注意黄土类土壤的特性。黄土又称湿陷大孔性土壤，当干燥时此类土壤有较高的耐压力，当浸水受潮时，会产生大量沉陷，从而使建筑在地面上的建筑物下沉、变形或破坏等。黄土按其性质分为自重湿陷性和非自重湿陷性两类。自重湿陷即指黄土被浸湿后，未加任何荷重而产生下沉的现象；非自重湿陷即指黄土被浸湿后，因外加荷重而产生下沉的现象。每类按其程度又各分为一级、二级、三级。在可能的条件下，应少选用自重湿陷三级大孔土黄土地区作为城市用地。

黄土对浸湿的反应是比较快的，对建筑物危害大，但是如果预先已考虑到，并根据黄土的特性采取必要的措施，如通过竖向设计有组织地排除地面水，采用一定的基础结构，增设上下水道管网的防水装置等，黄土也可以作为很好的地基。

（二）冲　　沟

在黄土和黄土状的砂质黏土地带，冲沟很容易发展。由于这些土壤疏松，易被水冲刷。冲沟对城市的不良影响，是将市区分割成许多零碎的地段，使交通及市政工程建设困难。冲沟可分为青年期冲沟和老年期冲沟，青年期冲沟正在发展，要特别引起注意和小心，老年期冲沟须经过适当处理后，可作为城市用地。对冲沟的预防方法是：首先整治地面水，在冲沟上游修截流水沟，使水不流经冲沟，其次是保护地表覆盖及用铺砌法加固冲沟边坡。根治的方法是整治地面水后，用填土充实冲沟，但务要夯实。冲沟地段应加强绿地以保持水土，改造环境。

（三）喀斯特现象

喀斯特（karst）现象就是石灰岩等溶洞。在喀斯特现象严重地区，地面上会有大陷坑、坍坑，地面下有大的空洞，这些地区不能用作城市用地。因此在进行城市规划时，必须查清地下深处的空洞及其边界，以免造成损失。

（四）滑　　坍

由于地质构造、地形、地下水或风化作用，造成大面积的土壤沿弧形下滑，如在已建设地区，则地面上的建筑物及市政工程管网遭到严重破坏。在选择城市用地时，应尽量避开有滑坍的地段，对于滑坍的治理也是针对原因，作出排除地面水、地下水，防止土壤继续风化及采用修建挡土墙等工程措施。

其他如沼泽地、沿海沙滩地、泥石流、沙丘等不良工程地质情况都应引起注意，必须作为城市用地时，应采取一定的工程措施，以确保安全及今后城市管理的方便。

第二节　城市大气环境

一、城　市　大　气

大气环境主要是指与人类生活密切相关的大气圈。地球的大气圈由围绕地球，高达几千米至几十千米范围内的各种气体混合组成。由于地球引力的作用，大气密度随高度的增加而减少，并逐步过渡到宇宙空间与星际气体物质相连接。

大气圈按气体物质的组成比例是否一致，可分为均质层和非均质层（图 5-1）。

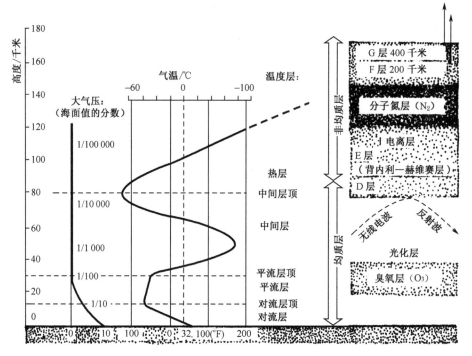

图 5-1　大气圈的结构

（引自于志熙，1992）

从地表向上大约 80 千米或 85 千米的高度，大气的化学组成按其体积成分比例基本上是一致的，称为均质层，包括对流层、平流层和中间层。均质层里有地球生物赖以生存的干洁大气，即除水汽以外的纯净空气，其主要成分见表 5-1。

表 5-1　干洁空气的主要成分

气体种类	分子式	空气中的含量/%	
		按体积	按质量
氮	N_2	78.09	75.52
氧	O_2	20.95	23.15
氩	Ar	0.93	1.28
二氧化碳	CO_2	0.03	0.05
臭氧	O_3	0.000 001	—

资料来源：于志熙（1992）。

对流层：大气最下层为对流层，其下界为地表，其上界在距地表 8—18 千米处，夏季比冬季略高。对流层对人类和生物的影响最大，它提供人类及生物生存所必需的碳、氢、氧、氮等元素，这层大气有垂直对流与水平运动，含有杂质，并集中了地球大气总质量的 74% 以及几乎全部水汽，产生一系列复杂的气候变化，直接影响着人类的生产和生活。而人类的生活和生产活动也反作用于对流层，使大气空气质量发生变化。在对流层上面，有 1—2 千米的过渡层，称为对流层顶。

平流层：对流层顶至 50—55 千米的范围为平流层，这是一个强大的逆温层，垂直运动微弱，气流平稳，水汽和尘埃极少，除偶有贝母云、夜光云外，没有雨、雪、冰雹、雷暴、寒潮、台风等复杂的天气现象。在平流层内，距地表 25—50 千米处有一圈臭氧层，它能吸收太阳紫外线和宇宙射线，使地球上的人类和其他生物避免受到有害的辐射，成为人类的"保护伞"。

中间层：自平流层顶到 80—85 千米是中间层。在地球表面上大约 85 千米以上的大气层为非均质层，由 4 种气体层所组成，即氮分子层、氢原子层、氦原子层和氧原子层。

热层：从中间层顶以上进入非均质层，气流急剧上升，温度最高可达 1100—1650℃。这是太阳辐射中的紫外线被该层大气中的氧原子强烈吸收的结果。从 85 千米到 800 千米的气层中，大气密度很小，氧分子和部分氮分子在太阳紫外线辐射作用下分解电离为原子并处于高度电离状态，故称电离层。电离层所反射的无线电波，在无线电通信中有重要意义。

由于城市的形成，城市化、工业化进展的加快，在城市或城市群中由于人类对资源开发利用的强度大，人口密集，其空气的组成成分和其他地域有较大的不同，主要是增加了多种有害成分，因此就形成了城市大气环境。城市大气环境是人类利用和改造自然环境创造出来的高度人工化的城市环境和大气自然环境等诸要素的结合，根据城市地域组织的功能与地域、气象、污染源等诸要素的不同，可以把城市大气环境划分为不同的功能区。城市某区域的大气环境功能是指该区域空间的大气污染物保持某种浓度范围的能力，是对该区域大气环境进行开发利用可能的承载能力。

二、城市大气污染

（一）概　述

人类生存完全依赖于空气，一个人 1 天大约需要 1 千克食物、2 千克水和 13 千克的空气，而这 13 千克空气的体积为 1 万升。一个人可以 7 天不进食，5 天不饮水，但大脑缺氧 8 分钟，就会死亡。一个城市环境、空气质量的好坏与居民身体的健康是息息相关的。

空气是一种气体混合物，其主要成分（体积分数）是氮 78.09%，氧 20.95%，氩 0.93%，二氧化碳 0.03%。

所谓大气污染（air pollution）是指大气中污染物质的浓度达到有害的程度，以至破坏生态系统和人类正常生存和发展的条件，对人和物造成危害的现象。大气污染由污染源、大气圈和受影响者三个环节组成。

大气污染造成的公害事件时有发生。例如，1930 年比利时发生马斯河事件，主要污染物是二氧化硫和氟化物，数十人死亡。20 世纪 40 年代初期，伦敦的光化学烟雾，主要污染物是二氧化硫和粉尘，大气中二氧化硫的浓度达到 1.34ppm，超出卫生标准的几十倍，粉尘浓度达 4.46 毫克/立方米，持续时间达 4—5 天，造成数千人死亡。其危害之严重、死亡人数之多，使世界震惊。在五六十年代，随着世界各国工业突飞猛进，大小公害事件也此起彼伏，层出不穷，从而引起各国的重视。70 年代以后，各国加强了城市大气的治理，公害事件才得以减少。

（二）空气污染源与污染物

空气污染源分点源和面源。空气污染点源是指集中在一点或可当作一个点的小范围内向空气排放污染物的污染源。它是大气污染物来源之一，工业污染源大多为空气污染点源。空气污染面源是指一个面积大小不可忽略的范围内向空气排放污染物的污染源，如居民普遍使用的取暖锅炉、炊事炉灶等。郊区农业生产过程中排放空气污染物的农田和林场等也属于空气污染面源，其数量大，分布面广，一般较难控制。城市大气污染物除了小部分来自自然源外，主要来源于人类生产和生活活动。城市中大气污染物的来源有两种：一为固定源，二为流动源。

固定源是指污染物从固定地点排出，如各种类型的工厂、火电厂、钢铁厂等。流动源主要是指汽车、火车、轮船、飞机，它们与工厂相比虽然是小型的、分散的、流动的，但数量庞大，活动频繁，排出的污染物也是不容忽视的。中国国产汽油车，如北京吉普车废气排放值为：一氧化碳 79.41 克/千克，碳氢化合物 4.61 克/千克、氮氧化物 0.92 克/千克。

城市的污染物种类很多，已经产生危害或已为人们所注意的有 100 种左右。主要污染物及其浓度参考值见表 5-2。我国在 1996 年制订《环境空气质量标准》（GB3095—1996），2012 年进行了修订（GB3095—2012），分区域分期实施，到 2016 年 1 月 1 日，全国实施这一新标准。

表 5-2　洁净空气与污染空气中气体污染物的含量 （单位：ppm）

污染物	洁净空气	污染空气
二氧化硫	10^{-3}—10^{-2}	0.02—2
二氧化碳	310—330	350—700
一氧化碳	<1	5—200
二氧化氮	10^{-3}—10^{-2}	10^{-2}—10^{-1}
碳氢化合物	<1	1—2

资料来源：董雅文（1993）。

细颗粒状污染物有许多种，按照习惯可划分为如下几类。

（1）粉尘：环境学中总悬物（total suspended substance），指环境空气中空气动力学当量直径小于等于 100 微米的颗粒物，是环境空气中全部尘埃的总称，其中大于 10 微米的称为降尘；小于 10 微米的称为飘尘。

（2）飘尘：环境学中颗粒物（粒径小于等于 10 微米）（PM 10），指环境空气中空气动力学当量直径小于等于 10 微米的颗粒物，也称可吸入颗粒物。因其粒小体轻，故而能在大气中长期漂浮，漂浮范围可达几十千米，可在大气中不断蓄积，能随呼吸进入人体上呼吸道、下呼吸道，对健康危害大。

（3）微尘：环境学中颗粒物（粒径小于等于 2.5 微米）（PM 2.5），指环境空气中空气动力学当量直径小于等于 2.5 微米的颗粒物，也称细颗粒物。属粉尘和飘尘的一部分，当粒径小于 2.5 微米时，大部分可通过呼吸道至肺部沉积，对人体危害更大。"微"是科学名词，相关的有微米、微型、微观、微量、微积分等。按中文理解"可吸入颗粒物"应该小于"细颗粒物"，用颗粒物命名不准确，容易引起歧义，"微尘"字面上分辨是"飘尘"中更细微的部分。

（4）霾尘：颗粒物（粒径小于等于 1 微米）（PM 1），指环境空气中空气动力学当量直径小于等于 1 微米的颗粒物，即这次拟命名的超细颗粒物。可见光的波长 0.39—0.77 微米，小于 1 微米尘埃能折光影响空气能见度形成霾，所以将 PM 1 命名为霾尘。

（5）烟尘：由于燃烧、熔融、蒸发、升华、冷凝等过程所形成的固态或液态悬浮微粒，其粒径多大于 1 微米。

（6）烟雾：其原意是空气中的煤烟和自然界的雾相结合的产物，推而广之，人们把环境中类似上述产物的现象通称为烟雾。比较典型的烟雾有两种：①伦敦型，煤尘、二氧化硫和雾相混合并伴有化学反应产生的烟雾；②洛杉矶型，汽车排气和氮氧化合物通过光化学反应形成的烟雾。

（7）烟气：含有粉尘、烟雾及有害有毒气体成分的废气。

据统计，上述颗粒状污染物约占整个大气污染物的10%，其余90%全部为气态污染物。

气态污染物的种类也很多，按其成分分为无机气体污染物和有机气体污染物两部分，前者最多。

最主要的气态污染物如下。

（1）硫氧化物：大多数是二氧化硫，部分是三氧化硫。来自含硫的化石燃料燃烧的废气，它们和固体微粒结合有特别的危险性。全世界每年向大气中排放二氧化硫1.5亿吨，中国每年向大气中排放二氧化硫1800万吨，超过世界平均数近1倍。

（2）氮氧化物：主要是一氧化氮和二氧化氮，它们是在高温条件下，氮和空气中的氧化合生成的，因此，以高温燃烧过程为特点的汽车发动机和以矿物燃料为动力的发电站都容易生成氮氧化物。

（3）碳氢化物：含有碳原子和氢原子的物质，主要是化石燃料不完全燃烧的产物。

（4）碳的氧化物：一氧化碳是一种无色、无味、无臭的气体，可使人眩晕、昏迷，甚至可降低血液中的输氧能力而引起死亡，是碳氢化合物不完全燃烧的产物，80%的来源是汽车尾气排放。

（5）微粒：如上所述，微粒有尘、烟、雾3种。大于1微米的固体物质为尘，小于1微米的固体微粒为烟，液体微粒为雾。大于10微米的固体微粒由于重力作用可以降落到地面，又称降尘。小于10微米的固体物质能在大气中飘浮较长时间。例如，粒径1微米的可在空气中飘浮20—100天，小于0.1微米的甚至可飘浮5—10年，这类称作飘尘。自然界的火山爆发、森林火灾、海水喷溅、人为的燃烧、研磨、工业粉碎、汽车轮胎的摩擦、喷雾以及扬尘等都可以引起空气中微粒的产生。降尘可以为人们上呼吸道纤毛所阻拦，危害不大，飘尘则可能进入肺泡并吸收进血液循环。由于飘尘的成分十分复杂，可能是有毒重金属的微粒，甚至是某些致癌物质的微粒，威胁人类的健康。10微米直径的颗粒物通常沉积在上呼吸道，2微米以下的可深入到细支气管和肺泡。细颗粒物进入人体到肺泡后，直接影响肺的通气功能，使机体容易处在缺氧状态。而且这种细颗粒物一旦进入肺泡，吸附在肺泡上很难掉落，这种吸附是不可逆的。

（6）3,4-苯并芘：简称B[a]P或BP，是燃料及有机物质在400℃以上热解、环化、聚合生成的一种芳香族类化合物，其分子结构式为5个苯环，是一种对人及动物有较强致癌作用的化学物质。3,4-苯并芘在自然界中微量存在，主要来源于燃油汽车化石燃料的燃烧。汽车废气是重要来源，城市空气中5%—42%来源于汽车废气。1981年对中国北京、抚顺、青岛、太原、杭州、昆明、广州、西安、宝鸡、银川、包头等11个城市的监测表明，超过了国际抗癌组织委员会推荐0.1微米/100立方米的10倍以上。表5-3为沈阳与国外同类型城市3,4-苯并芘浓度比较。

表5-3 沈阳市春季3,4-苯并芘与国外其他城市的比较

	冬天			春天			超标倍数	年份
	工业区	居民区	对照区	工业区	居民区	对照区		
沈阳			24.0—100	12.0—66.0		7.0—12.0	6—99	1983
洛杉矶	0.46	0.77					2	1974，1975
法兰克福	1.1						1	1978—1979
奥斯陆	7.9	11.8					8—10	1978
东京	10.7	4.2					4—10	1973

资料来源：于志熙（1992）。

注：超标倍数系指苏联参考标准0.1微米/100立方米的比值（自国家科委蓝皮书第6号）。

案例一 雾霾

2013年1月10—31日，浓浓雾霾遮蔽中国中东部地区，中央气象台将大雾蓝色预警升级到黄色。环保部门的数据则显示，跟随大雾笼罩的范围，从华北到中部乃至黄淮、江南地区，都出现了不同程度的污染和严重污染。"大雾"怎么就变成了"毒气"？

受雾霾天气影响，我国各地空气质量监测数据引发热议。雾霾天气成因是什么？PM 10和PM 2.5是近日空气首要污染物。从中国环境监测总站了解到，自从1月1日我国74个城市按空气质量新标准开展监测并实时发布PM 2.5等数据以来，我国第一批74个率先实现空气质量新标准监测的城市中，京津冀区域城市的80个国家网监测点位中半数以上出现空气质量连续超标现象，长三角区域城市的129个国家网监测点位约有1/3出现空气质量连续超标现象。其他直辖市及省会城市的监测点位也有不同程度空气质量超标。监测总站数据显示，颗粒物（PM 2.5和PM 10）为本周连续雾霾过程影响空气质量最显著的主要污染物，以严重影响环境健康和环境能见度的污染物PM 2.5为例，上述城市部分点位的小时最大值达到900微克/立方米，超过空气质量日均值标准（75微克/立方米）的10倍以上，并超AQI日报严重污染等级（500微克/立方米）的约一倍。SO_2和NO_2等也达到轻度以上污染水平。其中，近一周内受不间断雾霾过程困扰的华北、中原和华东部分城市影响最为严重，北京、天津、石家庄等城市由于低空近地面的空气污染物久积不散，主城区点位连续出现空气质量重度污染和严重污染，包括PM 2.5、PM 10、SO_2、NO_2等主要污染物徘徊在较高超标浓度水平。

雾霾与气象、污染排放等有关。事实上,雾霾天气持续,空气质量下降,并不是今年的新现象。这几年,每到秋冬特别是入冬以后,我国中东部地区不时会遇到这样的情况,其中既有气象原因,也有污染排放原因。近期中东部地区出现的雾在气象学上称为辐射雾,其形成原因主要有三点:一是这些地区近地面空气相对湿度比较大;二是没有明显冷空气活动,风力较小,大气层比较稳定;三是天空晴朗少云,有利于夜间的辐射降温,使得近地面原本湿度比较高的空气饱和凝结形成雾。大范围雾霾天气主要出现在冷空气较弱和水汽条件较好的大尺度大气环流形势下,近地面低空为静风或微风。受近地面静稳天气控制,空气在水平和垂直方向流动性均非常小,大气扩散条件非常差。受其控制,城市无论规模大小,其局地交通、生活、生产所需的能源消耗的污染物排放均在低空不断积累。与此同时,由于雾霾天气的湿度较高,水汽较大,雾滴提供了吸附和反应场所,加速反应性气态污染物向液态颗粒物成分的转化,同时颗粒物也容易作为凝结核加速雾霾的生成,两者相互作用,迅速形成污染。环保专家表示,如果在冬季遇到长时间雾霾过程,通常在北方地区因为采暖期猛增的能源消耗排放,中等以上城市人口集中排放量大的主城区连续三天的空气污染物积累就可能达到重度污染的程度,在南方地区如果生产和交通排放量大也可能达到重度污染的程度(引自新华社北京 2013 年 1 月 13 日)。

(三) 酸 雨

酸雨(acid rain)是空气污染的另一种表现形式,通常将 pH 小于 5.6 的雨雪或其他方式形成的大气降水(如雾、露、霜等),统称为酸雨。一般的降水由于空气中有二氧化碳生成的碳酸饱和水溶液,pH 可以达到 5.6。

酸雨的毒害比二氧化硫毒害要大,当空气中硫酸雾达到 0.8 毫升/升时,会使人患病。酸雨还影响动植物生长,使水体酸化,还会腐蚀金属、油漆、含碳酸钙的建筑材料。

中国华东、中南、华南已经出现酸雨,北方的青岛市也出现了酸雨。广东的广州、韶关、汕头、肇庆等地区均出现酸雨,且持续多年,有发展的趋势,1997—2001 年南宁市酸雨频率都在 50%以上,明显高于 20 世纪 90 年代初期,而降水 pH 是稳中有降,年平均值都低于 5.6,这说明南宁市的酸雨影响是较严重的(表 5-4)。青岛市酸雨 pH 年平均最低值可达 4.60。2011 年后,中国受酸雨影响的地区已占国土面积的 30%,已成为继欧洲和北美洲之后世界第三大酸雨区。

2006 年是乌鲁木齐市酸雨出现次数最多的一年,次数为 10 次,酸雨频次达到了 21.7%,并且强酸雨(pH<4.5)出现了 2 次,酸雨的强度越大对环境和人类的危害也就越大,可见,乌鲁木齐市受酸雨影响较严重。

表 5-4　南宁市二氧化硫排放与酸雨状况年度变化

年份	$m\ SO_2$/吨	pH	酸雨频率/%	年份	$m\ SO_2$/吨	pH	酸雨频率/%
1991	34 370	5.34	25.6	1997	30 700	4.89	53.8
1992	43 057	5.13	56.4	1998	25 000	4.82	76.8
1993	34 381	4.74	52.6	1999	25 200	5.07	56.1
1994	34 380	4.87	66.1	2000	18 496	4.78	61.8
1995	19 458	4.47	61.8	2001	13 502	4.81	75.3
1996	25 100	4.83	43.4				

资料来源：黄海洪等（2004）。

酸雨的形成受空气中气溶胶（aerosol）的影响最大，总颗粒悬浮物（total suspended particle, TSP）在空气中滞留的时间较长，吸附大气中各种气体组分，在降雨形成过程中，TSP 受降水洗脱，其中的可溶性物质使降水组分发生变化，直接影响降水的酸碱性。从酸雨中离子成分分析来看，引起酸雨的主要离子有 SO_4^{2-}、NO_3^-、Cl^-、F^-，这些阴离子的浓度与主要阳离子，如 NH_4^+、Ca^{2+} 相比明显较多，因此，使降水 pH 降低。

20 世纪 80 年代，中国酸雨的特点有：第一，在空间地理分布上南方比北方严重，尤以烧高硫煤的西南城市为重，如重庆和贵阳近年降雨的年平均 pH 在 4.5 以下；第二，在时间分布上有季节性，冬天和春天比较严重，如厦门地区春雨的酸化最为严重，其 pH 均在 4.0—4.7 范围内，并以 pH 为 4.5 左右的样品较多，酸性降水频率也很高，均在 60%—94%（表 5-5）；第三，酸雨有逐年严重的趋势，如上述所举的南宁地区雨水酸化现象逐年加重的例子；第四，中国酸雨以硫酸型为主，如青岛地区降水中 SO_4^{2-} 占总离子含量的 37.6%。

表 5-5　历年各类型降水酸度及酸化频率

年份	pH 与频率/%	春雨 （2—4 月）	梅雨 （5—6 月）	台风雨 （7—9 月）	秋冬雨 （10—1 月）	全年
1983	pH	4.74	4.90	5.33	—	4.70
	频率	88	72	83	—	82
1984	pH	4.32	4.63	5.13	—	4.87
	频率	62	51	40	—	52
1985	pH	4.64	5.80	5.24	4.76	4.85
	频率	86	17	53	20	57
1986	pH	4.62	5.48	6.40	5.68	5.09
	频率	69	32	0	33	46
1987	pH	4.65	4.65	4.69	5.14	4.78
	频率	85	76	80	67	76

年份	pH 与频率/%	春雨 （2—4 月）	梅雨 （5—6 月）	台风雨 （7—9 月）	秋冬雨 （10—1 月）	全年
1988	pH	4.36	4.57	5.57	4.53	4.60
	频率	84	63	41	38	60
1989	pH	4.48	4.52	4.86	—	4.56
	频率	68	81	75	—	73

资料来源：欧寿铭等（1996）。

同时，中国酸雨的分布有明显的区域性，其总的特征趋势是以长江为界，长江以北降水 pH 偏高，多呈中性或碱性，长江以南呈酸性。截至 2011 年一季度，对中国 329 个地级城市雨水质量的监测表明，酸雨主要分布在长江以南、青藏高原以东地区，主要包括上海、浙江、福建、江西、湖南、贵州、重庆的大部分地区，广东中部地区、四川东南部以及湖北西部的少数地区。由于受工业、矿业污染排放的影响，在 2018 年，赣州大部分地区、景德镇局部地区出现 pH<5.6，即出现偏酸性降雨，其中赣州偏酸性降雨频次达到 88%，碱性降雨占 3%，中性降雨占 9%。

2011 年与去年同期相比，全国酸雨（降水 pH 均值<5.6）城市比例略有降低，降低了 4.4%；较重酸雨（降水 pH 均值<5.0）城市比例有所降低，降低了 6.1%；重酸雨（降水 pH 均值<4.5）城市比例基本持平；全国酸雨面积与上年持平，酸雨分布区域无明显变化。与 2005 年同期相比，全国降水中 SO_4^{2-} 和 NO_3^- 浓度有所升高，NH_4^+ 和 Ca^{2+} 浓度基本持平。中国酸雨还呈现以城市为核心的多中心分布。城市降水酸度强，郊区弱，远离城市的广大农村则接近正常，pH 在 5.6 左右。此外酸雨的区域分布还存在功能区差异，主要表现为工业区强于非工业区。

（四）中国城市空气污染特点

中国城市大气污染是以二氧化硫、颗粒物质为代表的煤烟污染。中国能源结构中煤炭占 76.12%，工业能源结构中烧煤占 73.9%，在工业烧煤设备中又以中型、小型为主。

20 世纪 90 年代的数据和近几年的数据都表明，近几十年中国城市空气污染的特点是北方比南方严重。表 5-6 列出二氧化硫、氮氧化物与颗粒物污染的城市排序表。按城市规模分，大城市的污染最严重，其次是特大城市，再次是中等城市和小城市（表 5-7）；按城市功能分，从空气污染总体程度排序，工业城市居污染首位，交通稠密城市污染次之，综合性的混合城市稍低于交通城市，风景旅游城市和经济尚不发达城市处于最低水平，污染较轻。

表 5-6 大气污染城市排位表

污染项目	污染较严重的城市排位情况
二氧化硫	北方：太原、济南、乌鲁木齐、本溪、邯郸、天津
	南方：贵阳、重庆、黄石、长沙、柳州、无锡
氮氧化物	北方：唐山、沈阳、鞍山、济南、包头、天津
	南方：上海、渡口、南京、南昌、武汉、杭州
颗粒物	北方：吉林、秦皇岛、西安、济南、乌鲁木齐、北京
	南方：黄石、贵阳、重庆、南昌、宁波、温州
降尘	北方：本溪、包头、乌鲁木齐、唐山、鞍山、郑州
	南方：黄石、上海、南京、长沙、衡阳、南昌

资料来源：于志熙（1992）。

表 5-7 按人口划分各类城市大气中主要污染物浓度统计表

城市分类	二氧化硫		氮氧化物		总悬浮微粒		降尘	
	平均浓度值/（毫米/米³）	超标率/%	平均浓度值/（毫米/米³）	超标率/%	平均浓度值/（毫米/米³）	超标率/%	平均浓度值/[吨/（千米·月）]	超标率/%
200万人口以上	0.122	22.2	0.070	22.2	0.317	55.5	19.31	88.9
100万人口	0.129	26.3	0.068	15.8	0.386	73.7	32.33	92.8
50万—100万人口	0.104	16.6	0.042	0.0	0.316	54.5	21.21	88.9
50万人口以下	0.070	5.7	0.037	0.0	0.295	37.1	15.18	51.4

资料来源：程春明等（1994）。

（五）大气污染对人类健康的危害

1. 环境空气污染

在空气污染水平高，而且地理因素与气象条件结合一起阻止污染物扩散的城市中，环境空气污染对贫困者和非贫困者的健康同样具有极大危险性。在无空气污染防治条例或其实施差的城市中，该危险性被加剧了。在全世界，估计有 11 亿城市居民暴露在超过世界卫生组织（WHO）规定的标准的颗粒物或二氧化硫浓度中。

虽然，传统上把空气污染与工业排放联系起来，但目前在许多城市机动车已经变成一个主要的污染源。在拥有大量维护较差的机动车和普遍使用含铅汽油的城市，这个问题尤为明显，如在拉丁美洲、亚洲和东欧。

研究证实了室外空气污染对健康的有害影响，如气喘和慢性支气管炎的发生与空气污染密切相关。最容易被感染的是儿童、老人、吸烟者和已有呼吸道疾病的人，大多数的研究已经集中在颗粒物质、二氧化硫和氮氧化物上。最危险的污染物似乎是直径 10 微米以下的小颗粒，因为它们可以通过呼吸进入肺中。这类污染主要来自机动车尾气、燃煤发电厂和锅炉以及某些制造行业。

最近的研究给出强有力的证据，表明颗粒物空气污染与未成年死亡之间的关系。美国的一项跟踪 151 个城市 5.5 万人长达 7 年的研究发现，污染最严重的城市的居民各种原因引起的未成年死亡危险率比污染最轻的城市高 15%—17%。自 20 世纪 70 年代后期以来，美国城市的流行病学数据始终如一地表明，每年空气污染主要通过呼吸道或心血管疾病使 3 万—6 万人丧生，占这些城市所有死亡人数的 2%—3%。

这个结果也在其他国家的城市区域得到验证。在捷克和波兰的研究如同在美国的研究一样，受到高度污染的地区，全部死亡人数的 2%—3%可以归因于空气污染。印度尼西亚的雅加达也是一个颗粒物浓度非常高的城市，一个类似的研究预计将颗粒物浓度减少到世界卫生组织推荐的水平，可以防止 1400 人死亡，约占这个城市年死亡人数的 2%。

2. 家庭来源的空气污染

在 20 世纪的大部分时间里，一直把空气污染等同于从工厂烟囱喷出的城市烟雾或烟。在富裕国家，在不可见的污染物的讨论中，这些概念似乎已经过时。然而，在发展中国家烟雾缭绕的家庭炉火可能构成了最大的空气污染健康公害，妇女和儿童是主要的受害者。

对人所受的危害和室内空气污染水平的关系研究表明，虽然不尽相同，但是许多冒烟燃料的使用者暴露于令人忧虑的高水平的颗粒物和其他污染物中。粗略的数据表明，平均来说，室内空气污染问题倾向于在城市环境中比在农村环境中更严重。然而，在城市贫困家庭中，尤其是在小城市的穷人家庭颗粒物浓度可能比城市平均值要高，并超过农村家庭。

三个主要的健康危险与家庭使用污染燃料有关。第一，通过刺激呼吸道和其他可能途径，来自家庭燃料的污染物可以助长急性呼吸道传染病的蔓延，这是贫困国家中 5 岁以下儿童死亡的主要原因。第二，长期的暴露可能导致慢性肺病，如慢性支气管炎、肺气肿和气喘，这些疾病在成年妇女中会造成重要的健康问题。第三，长期的暴露是致癌的一个危险性因素。

正如没有充足的水供应和卫生条件的情况一样，实际由于家庭烟雾引起的危害健康的程度难以确定。癌症和慢性呼吸道疾病可能是难于进行评价的长期或过去的危害的结果。就呼吸道感染而言，有许多其他的危险性因素，如拥挤、通风不良、营养不良、卫生条件差和缺乏免疫，这些因素往往是相互联系的。其他的室内空气污染来源也可能与呼吸道疾病有关，如蚊香、废弃物燃烧和吸烟。一般来说，更多的暴露于室内炉火空气污染的妇女和儿童可能更多地暴露于其他也能造成危害健康的环境公害。

在发展中国家家庭燃料的选择通常被描述成一个能量阶梯，不干净的燃料，如庄稼残余物和木柴处于最低层，随后是木炭、煤油、液化气，最后是电能。一般来说，在这个能量阶梯中位置越高，燃烧的污染越小。富裕家庭通常更喜欢选用更清洁和方便的燃料，如液化气和电能。

虽然木柴和庄稼废弃物在城市不常见，但木炭和煤确十分常见。在非洲城镇和城市中贫困甚至中等家庭也广泛使用木炭，而在亚洲和拉丁美洲的城市家庭中用得较少。从能被吸入的颗粒物这一可能是这些木炭燃料的主要健康危险性的观点来看，木炭的污染大大低于木柴，尽管木炭燃烧形成的一氧化碳可能多一些。煤的排放量极大地取决于煤的类型，但可能会排放含量比较高的颗粒物和一氧化碳。在中国，通过对煤的利用的研究得到一些关于家用燃料使用和癌症之间联系的令人信服的证据。因此，这一问题越来越引起社会的关注。

一些室内空气污染问题主要发生在城市。大量的冒烟燃料的使用导致居民点的空气受到污染甚至引起城市空气污染问题，在北京就已经发生这种情况。在非洲南部的研究表明，居民点是否电气化和学校是否位于电气化居民点，儿童与颗粒物接触水平都显著不同。因此，家庭炉火引起的污染危害似乎是另一个不易由城市住区中单个家庭所控制的因素。

虽然烟和其他的燃烧产物也许是最有害的室内空气污染，但是它们不是唯一的污染源。由建筑材料和家具释放的甲醛、氯仿和其他有机化学元素物质、绝热材料的石棉纤维以及氡，是其他的重要的污染物。在办公楼或其他限定的城市公共机构的半封闭的环形通风系统中，这些物质尤其值得注意，因为它们引起所谓的办公室综合征。

第三节　城市气候环境

一、概　　述

城市气候是重要的城市环境要素。城市化的过程中，下垫面性质的改变、空气组成的变化、人为热和人为水汽的影响，在当地纬度、大气环流、海陆位置、地形等区域气候因素作用的基础上，产生城市内部与其附近郊区气候的差异。这种差异并不能改变原有的气候类型，但在许多气候要素上，则明显地表现出人类活动对气候的影响。因此，深入了解城市气候的特点，弄清城市的温度、风、降水、湿度、雾、太阳辐射等气候要素的时间分布规律，对于合理进行城市规划布局，避免和减轻大气污染，改善城市生态环境有着重要的意义。

一个城市气候环境的类型取决于大气候这个自然环境，气候环境的优劣受城市的地理纬度、大气环境、地形、植被、水体等自然因素的影响。例如，中国地跨温带、亚热带和热带三个气候带，南方城市与北方城市气候条件明显不同，东部城市与西部城市气候条件亦明显不同。

城市气候环境又明显地受人为活动的影响，城市人口高度集中，工业高度发展，建筑物高度密集，城市化的结果同样影响城市局部的气候环境。

城市气候是指城市内部形成的不同于城市周围地区的特殊小气候。城市气候涉及的范围如图 5-2 所示。在城市建筑物以下至地面，称为城市覆盖层。这一层气候变化受人类活动影响最大，它与城市规划、布局、建筑物密度、高度、几何形状、街道宽度、走向、建筑材料、空气污染浓度、人为热与人为水汽、绿化覆盖率及水系等因素有关。由建筑屋顶向上至积云中部高度为城市边界层，这一层气候变化受大气质量和参差不齐的屋顶热力和动力影响，与城市覆盖层进行能流与物流交换，并受区域气候影响。在城市下风方向还有一个市尾烟气层，这一层空气中的云、雾、降水、气温、污染物等均受城市中人的行为的影响。在市尾烟气层之下为农村边界层。

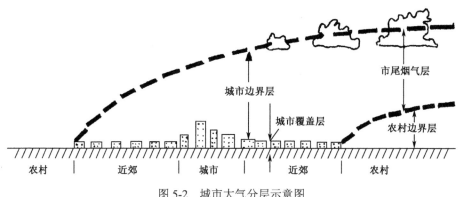

图 5-2　城市大气分层示意图

（引自于志熙，1992）

不同于周边气候的城市气候是受人为环境的影响而形成的，其形成的原因主要有以下几点。

第一，城市具有特殊的下垫层。现代城市以钢铁、水泥、砖瓦、土石、玻璃为材料的各种建筑物为下垫面，其刚性、弹性、比热等物理特性与自然地表不同，从而改变了气候反射表面和辐射表面的特性，同时也改变了表面附近热交换和表面气体动力粗糙度。

第二，由于工业生产、交通运输、取暖降温、家庭生活等活动释放出的热量、废气和尘埃，使城市内部形成一个不同于自然气候的城市气候环境（表 5-8）。

表 5-8　不同城市人为热的排放量

城市	纬度/(°)	人口/10⁶	人口密度/(人/平方千米)	每人所用能量/10⁹焦耳	年份	时期	人为热/(瓦/平方米)	净辐射/(瓦/平方米)
费尔班克斯	64	0.03	810	740	1965—1970	年平均	19	18
谢菲尔德	53	0.5	10 420	58	1952	年平均	19	56
西柏林	52	2.3	9 830	67	1967	年平均	21	57
温哥华						年平均	19	57
	49	0.6	5 300	112	1970	夏季	15	107
						冬季	23	6
布达佩斯						年平均	43	46
	47	1.3	11 500	118	1970	夏季	32	100
						冬季	51	−8
蒙特利尔						年平均	99	52
	45	1.1	14 102	221	1961	夏季	57	92
						冬季	153	13
曼哈顿						年平均	117	93
	40	1.7	28 810	128	1967	夏季	40	108
						冬季	198	110*
洛杉矶	34	7.0	2 000	331	1965—1970	年平均	21	110*
中国香港	22	3.9	3 730	34	1971	年平均	4	
新加坡	1	2.1	3 730	25	1972	年平均	3	

资料来源：于志熙（1992）。

*示近似值。

　　第三，由于大量气体和固体污染物排入空气中，明显地改变了城市上空的大气组成，影响了城市空气的透明度和辐射热能收支，并为城市的云、雾、降水提供了大量的凝结核。

　　城市气候不同于周围地区的主要表现：①年平均气温和最低温度普遍较高，即形成城市"热岛效应"；②风速小，静风多；③年平均相对湿度和冬季、夏季相对湿度都较低；④多尘埃和云雾，太阳辐射减少；⑤降雨日数和降雨量增加。

二、城市气候环境的各论

（一）城　市　气　温

1. 城市气温的水平分布——城市"热岛效应"

　　城市"热岛效应"（heat island effect）是城市气候最明显的特征之一。城市"热岛效应"是指城市气温高于郊区气温的现象。1918 年霍华德在《伦敦的气候》

一书中就论述了伦敦城市区的气温比周围农村高的现象，并把它称为"城市热岛"。

如果以纵坐标表示气温，在横坐标表示农村、近郊、城市的剖面，可以画出温度变化曲线图，那么，所画的曲线图的变化基本上是，由农村至城市边缘的近郊，气温陡然升高，形成"陡壁"，到了城市，温度梯度比较平缓，形成"高原"，到城市中心，人口和建筑密度增加，温度更高，形成"顶"。这个曲线形象化地显示出城市温度明显地高于四周的农村（图5-3）。

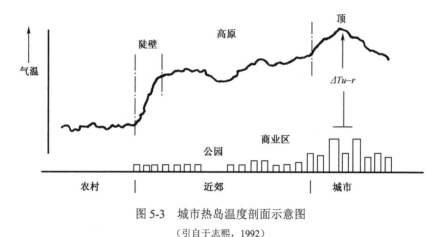

图 5-3　城市热岛温度剖面示意图

（引自于志熙，1992）

一般地，大城市年平均气温比郊区高 0.5—1℃，冬季平均最低气温高 1—2℃。

最突出的例子是巴黎，据德特威勒的研究，1951—1960 年巴黎城市中心的年均气温比郊区高 1.7℃，市中心年平均气温 12.3℃，市郊区年平均气温仅 10.6℃。年平均气温等温线围绕市中心呈椭圆形分布。

据徐兆生等的观测和分析（于志熙，1992），北京市城区年平均温度比郊区高 0.7—1.0℃，夏季一般市区平均温度比北京气象台高 0.5—0.8℃，最高温度高 0.8—2.0℃，最低温度高 1.4—2.5℃，北京市的气温中心在城区南部。沿东西长安街呈东西长、南北短的椭圆形闭合中心。在石景山钢铁厂也存在一个高温区，这是由石钢高炉释放的热量特别大所引起的。北京市 20 世纪 70 年代平均温度比 50 年代高 0.9℃。可见城市环境人口密集、建筑密集、工业密集所引起的城市"热岛效应"。

据华中师范大学赵俊华用遥感手段获得的城市下垫面的辐射温度（高温），分析武汉市的"热岛效应"，指出武汉市城市热岛被长江、汉江分为汉口、武昌、汉阳三带。汉口的高温区沿着沿江沿中的大道向东北延伸，热岛中心温度 20—21℃，位于江汉路、六渡桥商业区及火车站一带；武昌的高温中心沿长江向北和京汉铁路线向南延伸，热岛中心位于桥头区解放路一带以及大东门等处；汉阳的热岛强度在秋季比较弱，最大强度为 5℃（16—21℃）。武汉城市结构复杂，城市的热岛又分为若干小热岛，小热岛的特点是：①与武汉三镇人口及建筑密度大的闹市区一致；②与市区的 11 个工业区密集区范围一一对应，说明人工热源在热岛形成中所起的作用。例如，青山区为大型钢铁联合企业所在地，其气温比郊区高 4—5℃，无论任何季节，其"热岛效应"都最强。

大量的研究结果表明，中国城市热岛强度的年变化，大都是秋季、冬季偏大，夏季最小。天津市热岛强度全年平均为 1.0℃，夏季平均 0.9℃，春季平均 0.4℃，最强的"热岛效应"出现在冬季，可达 5.3℃。

在同一季节、同样天气条件下，城市热岛强度还因地区而异，它与城市规模、人口密度、建筑密度、城市布局、附近的自然景观以及城市内局部下垫面性质有关。在城市人口密度大、建筑密度大、人为释放热量多的市区，形成高温中心。在园林绿地园或地带形成低温中心或低温带，城市绿地在冬季和夜晚起保温作用，在夏季和白天起降温作用。

城市热岛是一种中小尺度的气象现象，它受到大尺度天气形势的影响，当天气形势在稳定的高压控制下，气压梯度小、微风或无风、天气晴朗无云或少云、有下沉逆温时，有利于热岛的形成。

城市热岛形成的主要条件如下。

第一，城市下垫面的性质特殊，城市中铺装的道路和广场，高大的建筑物和构筑物使用的砖石、沥青、混凝土、硅酸盐建筑材料，因反射率小而能吸收较多的太阳辐射，深色的屋顶和墙面吸收率更大，狭窄的街道、墙壁之间的多次反射，能够比郊区农村开阔地吸收更多的太阳能。夏季在阳光下，混凝土平台的温度可比气温高 8℃，屋顶和沥青路面比气温高 17℃。

第二，城市下垫面建筑材料的热容量、导热率比郊区农村自然界的下垫面要大得多，因而城市下垫面储热量也多，晚间下垫面比郊区温度高，通过长波辐射提供给大气中的热量也比郊区的多。而且城市大气中有二氧化碳和污染物覆盖层，善于吸收长波辐射，使城市晚间气温比郊区高。

第三，城市中的建筑物、道路、广场不透水，城市不透水面积在 50% 以上，上海高达 80%。城市降水之后雨水很快通过排水管网流失，因而地面蒸发小。农村则有大量的植被蒸腾，疏松的土壤可以蓄积一部分水分缓慢蒸发。地面每蒸发 1 克水，下垫面要失去 2500 焦耳的潜热，所以城市比郊区的温度高。

第四，城市中有较多的人为热进入大气层，特别是在冬季，高纬度地区燃烧大量化石燃料采暖，这种人为热在莫斯科超过太阳辐射热的 3 倍。

第五，城市建筑密集，通风不良，不利于热量的扩散。一般风速在 6 米/秒以下时，城乡温差最明显，风速大于 11 米/秒时，城市"热岛效应"不明显。

2. 城市气温的垂直分布——逆温

在大气圈的对流层内，气温垂直变化的总趋势是随着海拔的增加，气温逐渐降低。这是因为大气主要依靠吸收地面的长波辐射而增温，地面是大气主要的和直接的热源。

气温随海拔的变化，通常以气温的垂直递减率，即垂直方向每升高 100 米气温的变化值来表示。整个对流层中的气温垂直递减率平均为 0.6℃/100 米，在对流层上层为 0.5—0.6℃/100 米；中层为 0.4—0.5℃/100 米；对流层下层为 0.3—0.4℃/100 米。

事实上，在近地面的低层大气中，气温的垂直变化比上述情况要复杂得多，垂直递减率可能大于零，可能等于零，也可能小于零。等于零时气温不随高度而变化，这种气层称为等温气层；小于零时表示气温随海拔而变化，这种气层称为逆温层。

逆温的形成有多种原因，在晴朗无风的夜晚，地面和近地面的大气层强烈冷却降温，而上层空气降温较慢，因而出现上暖下冷的逆温现象，这种逆温称为辐射逆温。地形特征也可使辐射冷却加强，如在盆地和谷地，由于山坡散热快，冷空气沿斜坡下滑，在盆地和谷地内聚积，较暖空气被抬至上层，形成地形逆温。当高空有大规模下沉气流时，在下沉运动终止的高度上可形成下沉逆温。这种逆温多见于副热带气旋区。在两种气团相遇时，暖气团位于冷气团之上，可形成锋面逆温。

据刘攸弘等研究（于志熙，1992），广州市全年都可能出现逆温，接地逆温 10—12 月频繁出现，悬浮逆温集中在 1—4 月。接地逆温强度大于 1.0℃/100 米时，市区二氧化硫日平均浓度就会超标，可见逆温与大气污染程度的恶化有十分密切的关系。兰州市 1 年有 310 日是逆温，占全年日数的 86%。

（二）城 市 的 风

1. 城市风的特点

城市风非常复杂，由于城市"热岛效应"，城市的风速减小，风向不定。在城市规划布局中，要考虑到风的问题。

城市风是由于城市生产和生活消耗大量燃料，致使城市内的气温高于周围地区的气温，热气上升，形成一个低压，郊区冷空气随之侵入市区构成的空气环流。城市风的大小和形成与盛行风和城乡间的温差有关。

城市鳞次栉比的建筑物，纵横交错的街道，使城市下垫面摩擦系数增大，使城市风速一般都低于郊区和农村。据曲金枝观测资料（表 5-9），北京市建筑密集的前门区与郊区风速比较，城市比郊区风速小 40%。但在不同季节、不同时刻、不同的风向风速下，城市与郊区风速的差值不同。据有关专家研究，当盛行风小于 2 米/秒时，在城市风速没有减弱的情况下，城市的热力、动力扰动作用较摩擦作用更为突出。

表 5-9　1977 年 1 月北京地区、近郊区平均风速　　　　　（单位：米/秒）

测点	纪念堂工地	昌平	门头沟	石景山	通县	丰台	朝阳
风速	1.9	2.8	3.0	2.7	3.1	2.9	2.6

资料来源：（据于志熙，1992）。

　　城市街道的走向、宽窄及绿化状况，建筑物的高矮及布局形式，对城市的风流产生明显的影响。例如，当风流进入街道时，常可使风向发生 90°的偏转，而且风速也发生变化。若街道中心的风速为 100%，向风墙侧有 90%，背风墙侧仅为 45%。在街道绿化较好的干道上，当风速为 1.0—1.5 米/秒时，可降低风速一半以上；当风速为 3—4 米/秒时，可降低风速 15%—55%。在平行于主导风向的行列式建筑区内，由于狭管效应，其风速可增加 15%—30%，在周边式建筑区内，其风速可减少 40%—60%。

2. 城市工业布置的特点

　　为了减少或避免由于工业布置不合理引起环境污染，特别是引起空气污染而影响周围地区水域、农作物以及居民健康，在用地规划与总体规划中，一般多考虑大气输送、扩散等自然通风条件对用地布局的影响。大气输送与扩散是通过风的作用形成的。风是描述空气质点运行的一个指标值，它能把有害物质输送走，同时还与周围空气混合，起到稀释作用，因此掌握风的时空变化规律，对合理布局城市功能区，处理好污染工业区与居住区等的关系是十分重要的。

　　城市工业区布置与居住区的关系通常表现为以下 4 个方面。

　　（1）生活居住区内布置工业：这类工业一般占地面积不大，不因布置厂房而使居住区分离；运输量小，不需要专门的运输设施和原材料库场；用水、用电量小；劳动强度不大；厂房建筑基本上不妨碍街景和市容；在生产过程中产生污染极小，震动、噪声极微，无易燃易爆危险。这类工业一般是小型的食品加工、服装加工、文教卫生体育器械生产以及一些精密机械、仪表制造的工厂。由于分散布置在居住区内，便于产销结合与供应。

　　（2）生活居住区边缘地段布置工业，或以工业街坊的方式布置在居住区内：这类工业大多具有一定的生产规模、运输量和对外协作关系，污染的工业企业较少，如中小型粮食和食品加工、机修、针织、无线电等工业，污染的企业较少。

　　（3）工业区：工业区是工业城市工业布局的一种主要方式，即把用地规模和货运量较大、带有连续性生产、具有产品协作关系、原材料和副产品综合利用的工业企业集中布置在城市某一个或几个地段，形成与城市其他功能区有明显分工的地区——工业区。这种工业布置形式，有利于工业生产协作，共同建设和使用运输设施（铁路专用线、货运码头）、公用设施（变电站、给排水工程构筑物等）、辅助设施和生活福利设施等，大大节省建设、管理费用和节约用地。但是，多个污染企业集中在一起，容易形成较为严重的工业污染地区。

（4）工业点：由于工业生产的特点，一些工业企业需要接近原料开采地（如砖瓦、水泥、林木加工），而具有易燃易爆危险的工厂必须远离城市和居住区，形成各自相对独立的分散工业点。

在生活居住区内和生活居住区独立地段布置工业，是城市工业布置的普通形式，而工业区、工业点只是在中等以上城市才能出现。

减轻城市大气污染最主要的途径是控制污染源。但各种控制措施的实行有赖于经济的和技术的条件，而且，要完全不排放污染物也是很难办到的。因此根据城市气象条件，按照大气污染物传输、扩散、稀释和净化的规律，对工业企业、工业点、工业区进行合理的布局，确实是一个值得重视的问题。

3. 风与城市规划

风与城市规划有着极其密切的关系，在污染源排放量不变的情况下，污染物排入大气后能否造成污染，以及污染程度的大小是由天气状况决定的。目前一般用空气污染指数（air pollution index，API）来定量反映城市大气的气象因素对大气污染的影响，其表示式如下：

$$I_d = \frac{SP_r}{\mu h}$$

式中，I 为风的污染指数，是一个无量纲的相对值，在污染源排放量不变时，I 值越大表示污染越严重；d 为风向，取 16 个方位；S 为大气稳定度；P_r 为降水量；μ 为风速；h 为混合层厚度。S、P_r、μ、h 在计算时均需转为无量纲的相对值。大气稳定度是决定污染物在大气中扩散的重要因素。大气污染程度与稳定度成正比，大气污染的浓度与风速成反比，因此城市规划中应将向大气排放有害物质的工业企业布置在污染指数最小方位或最大风速的下风方向，居住区则在污染指数最大方位或最大风速的上风方向。

早在 1941 年，德国学者施毛斯（A. Schmauss）就已经提出，在城市规划布局中，工业区应布局在主导风向的下风方向，居住区布局在其上风方向的原则，以减少居民受工厂烟尘的危害。第一次世界大战后，欧洲许多国家的工业区和城市遭到破坏，在重建过程中大都应用此原则进行城市功能区划分。又如，中国在 20 世纪 50 年代以来一直采用这个原则，但是这个原则在季风气候的国家并不恰当，因为冬季风和夏季风一般是风频相当、风向相反的，冬季的上风方向在夏季就成了下风方向。对全年有两个主导风向以及静风频率在 50% 以上的或各风向频率相当的地区，也都不适用。为了处理好城市规划与风的关系，仍然需要开展深入的研究。现以朱瑞兆在 1987 年的研究成果说明这一问题。

案例二 中国风向类型特点

朱瑞兆根据中国600多个气象台站1月、7月及年风向频率玫瑰图分类,将中国风向类型区划分为4个大区,7个小区。

(1)季风变化区:中国东半壁盛行季风,从大兴安岭经过内蒙古穿过河套地区,经四川东部到云贵高原一线以东,盛行风向随季节变化而转变。冬夏季风向基本相反,一般冬季或夏季盛行风向频率在20%—40%,很难确定哪个是全年的主导风向。在季节变化型地区,城市规划不能仅用年风向频率玫瑰图,而要将1月、7月风向玫瑰图与年风向玫瑰图一并考虑,在规划中应尽量避开冬、夏对吹的风向,选择最小风频的方向,把那些向大气排放污染的工业企业,按最小风频的风向,布置在居住区的下风方向,以便尽可能减少居住区的污染。例如,南昌市(图5-4)冬季盛行北风,风频27%,加上东北偏北风,风频为52%;夏季盛行西南风,风频为19%,加上西南偏南风,风频为36%,北与东北偏北和西南与西南偏南风向夹角为135°—180°,全年最小风频方向为西北偏西,风频为0.6%,工业企业应布置在这个方向,居住区应在东南偏东方向。

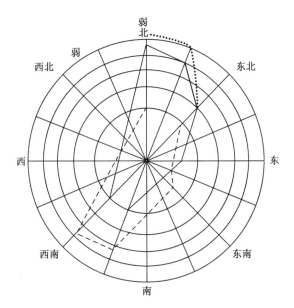

图5-4 南昌风向频率玫瑰图

(引自于志熙,1992)

(2)主导风向区:主导风向区包括以下三个地区。①新疆、内蒙古、黑龙江北部,这一带常年在西风带控制下,吹西风;②云贵高原西部,常年吹西南风;③青藏高原,盛行偏西风。主导风向区可将排放有害物质的工业企业布置在常年主导风向的下风侧,居住区布置在主导风向的上风侧。

（3）无主导风向区：无主导风向区主要分布在宁夏、甘肃的河西走廊、陇东以及内蒙古的阿拉善左旗等地。影响中国的 4 条冷空气路径，不同程度地影响着这些地区。该区没有主导风向，风向多变，各风向频率相差不大，一般在 10%以下。这里布局工业，常用污染系数（又称烟污强度系数）来表示：

$$污染系数=风向频率/平均风速$$

大气污染的浓度与风速成反比，因此城市规划中应将向大气排放有害物质的工业企业布置在污染系数最小方位或最大风速的下风方向，居住区则在污染系数最大方位或最大风速的上风方向。

（4）准静止风型区：准静止风分布在两个地区。一个是以四川为中心，包括陇南、陕南、鄂西、湘西、贵北等地。另一个是云南西双版纳地区，这个地区年平均风速为 0.9 米/秒，小于 1.5 米/秒的风频全年平均在 30%至 60%以上。在规划布局上，必须将向大气排放有害物质的工业企业布局在居住区的卫生防护距离之外，这就要计算出工厂排出的污染物质的地面最大浓度及其落点距离，给出安全边界，生活居住区布局在卫生防护距离之外。一般来说，在风速不大、较稳定大气和较平坦的地形条件下，污染物质最大着地浓度出现在烟囱烟体上升有效高度10—20 倍，因此，居民区应在烟囱有效高度 20 倍之外的地区。中国静风区应尽量少建污染大气的工业企业，卫星城镇也以设在远郊为宜。

（三）城 市 降 水

城市的降水主要取决于该地区的降水，受大气环流、地形条件、大气层诸大气凝结核含量（空气中的微小悬浮物等）的影响。城市的形成、扩大主要是对局部地区降雨及降雨机制产生影响。

一个地区城市化前后降水的变化是显著的。1941—1970 年是美国爱德华兹维尔实现城市化的时期，与未经城市化的 1910—1940 年比，降水量增加了 4.25%。意大利都灵在 1952—1969 年人口由 70 万人增加到 120 万人，汽车数由 7 万辆增加到 39 万辆，城市发展速度很快，夏季降水频率有明显增加，但每次降水量都不大。意大利那不勒斯在 1886—1945 年降水量没有什么变化，但在 1946—1975 年，随着城市化的迅速发展其降水量比以前的时期增加了 17%左右。从表 5-10 可以看出，莫斯科等 5 个城市的平均降水量均比郊区多。城市降水量最大区域不在市中心而在其下风方向。慕尼黑盛行西风，城东的降水量比城西多 15%。美国圣路易斯地区不同方位的夏季降水分配如图 5-5 所示。如果以城市左侧的降水量算作100%的话，则在右侧为 117.8%，上风方向为 105.5%，下风方向为 129.4%，下风方向比上风方向降水量多 23.9%。

表 5-10 年平均降水量的城乡差别

地名	记录年数	降水量/毫米		城郊差别/%
		城市	郊区	
莫斯科	17	605	539	+11
慕尼黑	30	906	843	+8
芝加哥	12	871	812	+7
厄巴拉	30	948	873	+9
圣路易斯	22	876	833	+5

资料来源：董雅文（1993）。

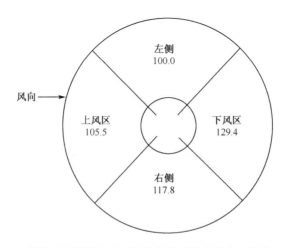

图 5-5 美国圣路易斯地区不同方位夏季降水量的百分比（%）

（引自董雅文，1993）

可见城市化对城区和下风方向有增加降水量的作用，其主要影响机制如下。

（1）城市"热岛效应"：由于城市"热岛效应"，使城市上空气层层结不稳定，有利于产生热力对流。当水汽充足、凝结粒丰富或在有利于对流性天气发生的天气系统制约下，容易形成对流云和对流性降水。

（2）城市阻障效应：城市因有高高低低的建筑物，其粗糙度比附近郊区平原大。它不仅能引起机械湍流，而且对移动滞缓的降水系统有阻障效应，使其移动速度减慢，在城区滞留的时间加长，因而导致城区的降水强度增大，降水的时间延长。

（3）城市凝结核效应：城市区域污染大于郊区，凝结核大于郊区。下风方向的凝结核数量最大，这样，有利于降水所需的冰粒形成，所以在城市区域比郊区易于形成降水。

城市气候除以上几个方面受城市化的影响较大外，还有对云量、温度、雾和能见度产生影响。对这些要素进行综合分析，可见城市化地区的气候环境特征与郊区的确有明显差异。

第四节 城市水环境

一、概 述

生命起源于水环境中。和大气环境一样，由于水环境是生物赖以生存的最为重要的环境因素之一，是地球表面重要的组分之一，因此也把水环境称为水圈。水环境是指地球上分布的各种水体的综合体。水环境主要由地表水环境和地下水环境两部分组成。地表水环境包括河流、湖泊、水库、海洋、池塘、沼泽、冰川等；地下水环境包括泉水、浅层地下水、深层地下水等。其中海洋是水环境中的主体，世界海洋约占地球总面积 $5.1×10^8$ 平方千米的 70%，太平洋、大西洋、印度洋和北冰洋平均深度 3800 米，四大洋共分有 54 个海，总体积约为 $1.3×10^8$ 立方千米，占地球自由水的 97%以上。海洋是人类生活环境风云变幻的渊源，海洋更有浩瀚的自然资源。目前已发现的海洋生物约有 20 万种，海洋中的石油蕴藏量在 1000 亿吨以上，海洋中还有多种矿物资源与化工资源，人类对海洋的开发有着广阔的前景。

水环境（water environment）是构成环境的基本要素之一，是人类社会赖以生存和发展的最重要场所，也是受人类干扰和破坏最严重的地区。水环境的污染和破坏、水源短缺已成为当今主要的环境问题之一，水贵如油，并不是农民在"求雨"焚香的祷告中的专用名词。21 世纪，随着大热世纪的到来，世界性的缺水，不仅直接阻碍着经济的稳定和发展，而且将危及整个人类的生活。特别在城市化、工业化程度较高的城市区域，这一问题尤其突出。因此，研究城市水环境的特点和变化规律显得尤其重要。

二、城市水环境的特点与水资源

（一）城市水环境的特点

城市水环境是一个城市所处的地球表层的空间中水圈的所有水体、水中悬浮物及溶解物的总称。城市所处的水圈的水体又包括河流、湖泊、沼泽、水库、冰川、海洋等地面水以及地下水等，它又构成一个城市的总体水资源。其中与城市经济系统和人类生活关系最密切的是具有一定质量和足够数量的淡水资源。

在城市化这个特定的区域中，水环境亦有着其水文特征。一般地说，由于城市区域的表面从植被覆盖变为不透水的混凝土或沥青覆盖的路面、屋顶面等，改变了其表面特征，使城市区域降雨的分配与郊外显著不同，由此带来了城市区域水文特征的改变。

城市水环境系统的特点表现在以下几个方面。

（1）淡水资源的有限性特点：任何一个城市的淡水资源总量都是有限的。它的总量受以下两个方面的制约。中国长江以南多雨地区城市的淡水资源量就比华北地区的北京、天津等城市相对充足得多。例如，北京市的地表水和地下水主要来源于降雨（雪），该市位于中国东部沿海少雨地区的海河流域，年平均降水量约640毫米。典型的暖温带半湿润大陆性季风气候，决定了北京降雨年内分布不均匀，80%的降雨集中在6—9月。在北京市这块面积为16 410平方千米的土地上，年降水总量为105亿吨，其中蒸发掉的约50亿吨，水利工程拦蓄的约22亿吨；一部分形成径流流到下游地区，一部分渗入地下补足地下水。北京地区地下水总量在20世纪60年代以前约为30亿吨，现在由于过量开采和气候干旱，只有20亿—25亿吨；另外，城市的淡水资源深受地表江河的影响，也就是说，一个城市的淡水资源深受过境径流水量的制约。这对处于江河下游的城市影响特别大。例如，天津市地处海河流域最下游，历史上过境径流量充沛，20世纪50年代海河来水量年平均99.4亿立方米。但由于60年代以来上游各支流修建了大量的水利工程，层层拦蓄，使天津市的海河仅为50年代海河年来水量的17%，到80年代初几乎断流，1980年为0.14亿立方米，1981年为0.337亿立方米，造成80年代初天津市淡水资源的严重短缺。

（2）城市水环境的系统性特点：城市水环境的系统性是指，组成城市水环境的各个方面互相影响、相互制约，结合成了有机的整体。特别是城市地面水和地下水、江河和湖泊等之间在水量上互补余缺，而且表现在水体的环境质量上相互影响。如果地面水或地下水的一部分受严重污染，就会互相影响，导致城市整个水环境系统质量的恶化。城市水环境除了自成系统外，还同城市土地环境相互结合，成为城市自然环境系统。

（3）城市水环境系统自净能力（self purification capacity）的有限性特点：每个城市的水环境系统都具有一定的自净能力或环境容量，但这种自净能力是有一定限度的。不同城市的这种自净能力的大小是由城市生态系统的水环境子系统的特点决定的。例如，一个过境流量很大的江河边的城市（如中国长江边的武汉、南京等），排入江河适量的经过处理后的污水，经大水量的江河稀释和江河中的生物净化，就能使下游水质仍能保持相对好的质量。过量的未经处理的污水排入江河，对河水的污染是相当严重的。例如，中国的黄河，如今已经有1/4的河段受到污染，有的支流的1/2河段受到严重的污染。如果一个城市把污水排入市郊的一个水量不大、流动性较差的湖泊中去，由于这种湖泊的环境容量较小，城市市郊的这些湖泊很快会遭受严重污染。例如，中国昆明市郊的滇池和美国的五大湖（那里是美国的城市密集区），就已受到严重污染。

（二）城市水资源

城市水资源是指在当前技术条件下可供城市工业、郊区农业和城市居民生活需要的那一部分水，通常理解为可供城市用水的地表水体和地下水体中每年得到补给恢复的淡水量。但近年来也将处理后的工业和城市生活污水回用于工业、农业和生活杂用用水，作为城市水资源的组成部分。城市水资源是制约城市发展的重要因素，对城市生产和生活具有重要的影响。例如，随着城市建筑的扩展和人口的剧增，北京已感到水紧张的压力，现在主要依靠密云、官厅两大水库的蓄水，所以，有识之士不得不考虑南水北调的问题。目前中国的工业日缺水达 800 万吨；又如，拥有 2000 多万人口的特大型都市墨西哥城，饮水使地下水位每年下降 3.4 米，已经不同程度地波及生活用水和工业用水，政府在一份报告中承认"水将成为限制经济发展的要素"。

中国水资源总量为 28 000 亿立方米/年，居世界第 6 位，但人均水量仅 2730 立方米/（人·年），列世界第 88 位，相当于世界平均水平的 1/4。且时空分布不均匀，南多北少，东多西少，春夏多，秋冬少。中国有 2/3 的土地年降水量不到 200 毫米，浪费又严重。农业用水量占 65%，但灌溉方法落后，农业用水利用率为 30%—40%（发达国家为 70%—80%）。中国工业用水浪费也很严重，如生产 1 吨钢铁需用水 25—30 立方米，而发达国家只需 6 立方米。中国可供利用的水资源为 11 000 亿立方米/年，而中国用水总量到 2018 年为 6015.5 亿立方米/年。其中农业用水达 3693.1 亿立方米/年，占 61.39%，工业用水达 1261.6 亿立方米/年，占 20.97%，生活用水达 859.9 亿立方米/年，占 14.29%，生态用水达 200.9 亿立方米/年，占 3.34%。2019 年用水总量有所下降，为 5987.5 亿立方米/年。其中，农业用水总量、工业用水总量、生活用水总量和生态用水总量分别为 3674.6 亿立方米、1234.8 亿立方米、876.2 亿立方米和 201.9 亿立方米。

根据 1996 年公布的对 528 座城市供水的统计，中国共有自来水厂 1329 座（其中地面水厂 783 座，地下水厂 546 座）。综合生产能力 9060.73 万立方米/天，售水量 216.9 亿立方米/年（其中工业用水 93.8 亿立方米/年，生活用水 108.3 亿立方米/年）。年末用水人口 1.48 亿人，自来水普及率 90.7%，平均用水单耗 199.7 升/（人·天）。至 2000 年有 40 座城市的最高供水量超过 60 万立方米/天，22 座城市的最高供水量超过 100 万立方米/天（表 5-11）。

从住房和城乡建设部《2019 年城市建设统计年鉴》中得到全国 679 个城市公共供水综合生产能力排名情况。在这 679 个城市中，前 10 名分别为上海、广州、深圳、重庆、北京、武汉、杭州、成都、天津和南京。从这些变化中可以看到，全国多个城市都在努力提高城市的供水水平。2014—2019 年，中国城市供水综合能力分别为 2.87 亿立方米、2.97 亿立方米、3.03 亿立方米、3.05 亿立方米、3.12 亿立方米和 3.19 亿立方米。表现出中国城市的供水综合能力在逐年增强。

表 5-11（1）　1995 年中国供水量 36 个城市排列次序

排名	城市	最高供水量 /（万立方米/天）	排名	城市	最高供水量 /（万立方米/天）
1	上海	570.9	19	抚顺	85.5
2	广州	377.7	20	大连	82.6
3	武汉	280.8	21	福州	82.6
4	北京	233.6	22	南宁	78.7
5	天津	169.7	23	济南	78.0
6	沈阳	161.2	24	郑州	74.0
7	南京	137.6	25	佛山	72.3
8	兰州	166.4	26	衡阳	65.6
9	大庆	106.2	27	合肥	63.4
10	成都	106.0	28	长春	62.6
11	长沙	105.0	29	汕头	62.4
12	株洲	105.0	30	哈尔滨	61.0
13	深圳	102.3	31	苏州	58.3
14	杭州	98.9	32	襄樊	58.0
15	无锡	95.4	33	三明	57.6
16	重庆	93.4	34	石家庄	57.5
17	南昌	92.2	35	昆明	55.6
18	西安	91.6	36	青岛	51.0

资料来源：黄仲杰（1998）。

表 5-11（2）　2000 年中国供水量 40 个城市排列次序

排名	城市	最高供水量 /（万立方米/天）	排名	城市	最高供水量 /（万立方米/天）
1	上海	718.57	13	兰州	118.00
2	广州	575.12	14	西安	116.90
3	北京	303.14	15	抚顺	110.70
4	武汉	297.60	16	珠海	107.00
5	天津	201.50	17	长春	106.60
6	沈阳	198.40	18	鞍山	104.28
7	南京	200.00	19	无锡	103.00
8	深圳	167.20	20	大连	102.00
9	重庆	144.00	21	成都	101.50
10	杭州	143.00	22	佛山	100.50
11	长沙	129.00	23	南昌	97.00
12	株洲	125.00	24	福州	97.00

排名	城市	最高供水量 /（万立方米/天）	排名	城市	最高供水量 /（万立方米/天）
25	郑州	97.00	33	合肥	85.00
26	厦门	96.00	34	南宁	84.00
27	济南	95.00	35	襄樊	78.50
28	汕头	92.00	36	三明	74.90
29	洛阳	88.60	37	昆明	65.5
30	石家庄	88.1	38	西宁	60.90
31	哈尔滨	87.00	39	苏州	60.00
32	宁波	86.00	40	中山	60.00

资料来源：雷年生（2003）。

表 5-11（3）　2003 年中国供水量 29 个省市排列次序

排名	省市	最高供水量 /（万立方米/天）	排名	省市	最高供水量 /（万立方米/天）
1	广东	2429.9	16	黑龙江	685.1
2	江苏	1835.0	17	广西	634.6
3	上海	1493.6	18	江西	620.1
4	湖北	1406.9	19	重庆	389.0
5	山东	1351.5	20	陕西	386.5
6	辽宁	1346.5	21	山西	375.6
7	北京	1265.0	22	新疆	350.7
8	湖南	1213.9	23	天津	343.1
9	浙江	1179.4	24	甘肃	334.4
10	安徽	1026.5	25	内蒙古	309.4
11	河南	996.0	26	云南	249.9
12	河北	882.9	27	贵州	247.2
13	四川	867.7	28	海南	140.4
14	吉林	698.5	29	宁夏	123.7
15	福建	697.9			

资料来源：汤伶俐（2005）。

但中国城市水资源不足一直是制约我国城市发展的因素之一，水资源短缺、水污染加剧、地下水超采和用水效率低下正在不断加剧我国水资源供需矛盾，目前全国有三分之二的城市常年处于供水不足状态。在我国 600 多个城市中，400多个城市存在供水不足问题，其中比较严重的缺水城市达 110 个，全国城市缺水总量为 60 亿立方米。水资源污染、地下水超采和用水效率低下，进一步加剧了有限水资源的供需矛盾。据预测，2030 年中国人口将达到 16 亿人，届时人均水资源量仅有 1750 立方米。在充分考虑节水的情况下，预计用水总量为 7000 亿—8000 亿立方米，要求供水能力比 2018 年和 2019 年（约 6000 亿立方米）增长 1000 亿—2000 亿立方米，全国实际可利用水资源量接近合理利用水量上限，水资源开发难度极大。为实现水资源优化配置和可持续利用目标，各地逐步探索建立集城乡防洪、水源、供水、用水、排水、污水处理与回用等管理职能为一体的水务局。目前，全国成立水务局及由水利系统实施水务一体化管理的单位占全国县级以上行政区的 50%，占 663 个建制市总数的 31%。上海、深圳、武汉、西安、哈尔滨、大连等城市建立了水务局。

三、城市水污染

水在自然界中以及人类生态系统中是循环使用的。水每次重复使用后都会有各种污染物而降低水质，这种水质的下降有时是暂时的，自然生态系统可以净化作用使其恢复。但有的污染物质常常不能净化，自然界不能降解而使水质变坏。

城市水污染（water pollution）是指有害物质进入水体的数量达到破坏城市水资源使其丧失使用价值或对环境和生物造成不利影响的现象。城市水体的污染主要来源是工业废水与生活废水。

清洁的淡水对于人类的生存和城市的发展是必不可少的，并且，随着社会文明的发展，对水质的要求也越来越高。

（一）降雨与城市环境污染

城市的扩大，给人类带来了良好的生活工作环境。但由于工厂、生活所排放的污染物，也给城市区域的环境造成了相当大的危害。城市区域大气污染严重，地上废弃物众多，在降雨的影响下，污染物质将发生扩散、迁移和淤积。

大气中的污染物质大多可溶于水或被水所携带。在降雨时，雨水通过空气，不断将污染物质溶解或携带，使雨水的化学成分含量发生变化，形成对人类有危害的液体（如酸雨污染）。虽然这对空气的净化十分有利，但是降雨将空气中的污染物带到地上、地下，并可携带到较远地区，影响到下风或下游地区。其次，由于卫生意识淡薄，落后的垃圾散装、混合收集方式，造成城市的卫生状况较为恶劣，在降雨时，雨水将溶解、携带垃圾中的污染物，起着扩散作用。由于对雨水不进行污水处理，而直接排放，所以，雨水所溶解和携带的大气和地面上的污染物质将对土壤、河流、地下水造成危害。由于城市区域的降雨由下水道排出，污染物质还会在下水管道中淤积，造成长期污染。

（二）人类活动与水污染

城市及上游地区降雨的径流、下渗，汇集到江河、湖泊、水库中，经各种处理后供给城市使用。所以取水处水质的好坏、水量的多少，直接关系到供水的数量和质量。随着社会的发展，城市用水量也剧增。例如，昆明市城市工农生需水量 1995 年时为 231 万吨/天，到 2009 年时达 251.2 万吨/天，而 2009 年昆明市供水量为 245.7 万吨/天，已出现用水缺口。

在城市日渐缺水的同时，城市的扩大也造成城市区域的水污染日益加剧。首先是工业废水污染。例如，昆明市（不包括市辖县）1994 年所排放的工业废水为5397 万吨，其中符合排放标准的仅为 2353 万吨，即有 56.4%的废水直接排放到河流、湖泊中。其次，生活污水的排放也不容忽视，1994 年昆明市生活污水中处理后排放的有 2008 万吨，还有 5054 万吨未经处理就排出。这些污水或经下水道流入河流、湖泊，污染地表水，或进入土壤中污染地下水。

人类生活中使用的化学品日益增加（洗衣粉、洗涤剂等），随生活废水排出形成水污染。加之城郊农田的农药、化肥使用量不断增加，中国城市区域的地面水污染普遍严重，并呈恶化趋势。在中国监测的 136 条流经城市的河流中，符合地面水 II 类标准的仅有 18 条，即有 50%已无法农灌。全国城市附近的湖泊，富营养化程度不断加重。一些湖泊是污染严重的水体，已危害到附近地区人们的健康，影响和制约了社会、经济的发展。为了治理，国家投入大量资金。

这里必须指出，地下水污染是较难处理的。如果地下水受污染要经过如下的治理过程：查明污染源、污染物质、污染浓度、污染强度、污染扩散速度与范围，估算污染水量，设计抽水治理方案，建筑贮水池，抽水、净化处理等过程，相当繁琐，花费的人力和物力也相当大。因此，要严防地下水受污染。

目前沿海城市，由于地下水开发过度，引起海水倒灌，污染地下淡水资源也是一个极为重要的问题；2004—2005 年海南省极度干旱，沿海乡镇地下水资源也大幅度地受到海水的污染。海水污染地下水资源是一个新的研究课题，有必要引起学者的高度重视。

案例三　中国水污染问题

近年来中国政府对水环境治理虽然十分重视，并对数万个重点污染源加强了治理，水污染并没有得到很好的解决，有些地方还在继续发展。1996 年，全国工业废水排放量 503 亿吨，内含有害物质达 850 万吨，80%未经处理就直接排入江河湖海，全国 82%的河流、湖泊受到污染。据中国七大水系重点评价河段统计，符合《地面水环境质量标准》I 类、II 类标准的占 32.8%，符合III类标准的占 28.9%，属于IV类、V类标准的占 38.9%。与 1995 年相比，七大水系的水质没有好转，水污染程度在加剧，范围也在扩大，长江、黄河、珠江、淮河、松花江、辽河、海河七大水系无一幸免，一半河段受到严重污染，中国淮河流经河南、安徽、山东、江苏 4 省，如今普遍受到污染，每年排入淮河污水 24 亿吨，淮河 118 条河段中，Ⅲ类以上标准河段达 110 个，占 58%，1993 年枯水期污染严重，超标达 82%。滇池是中国著名的高原淡水湖，面积在全国排名第六，昆明市就是以滇池为依托而发展起来的风景旅游名城，近十多年来，由于大量排入污水，造成严重的水质污染，湖中已查明的有机污染物达 72 种，其中致癌、致畸形物质有 12 种，严重危害湖区周围居民身体健康。全国城市地表水更不容乐观，污染达 80%以上。在统计的 138 个城市河段中，有 133 个河段受到不同程度的污染，占总统计数的 96.4%，超过Ⅴ类水质标准的有 53 个河段，属于Ⅴ类的有 27 个河段，属于Ⅳ类水质的有 26 个河段，属于Ⅱ类、Ⅲ类水质的有 32 个河段，分别占统计数的 38.4%、19.6%、18.8%和 23.2%。地下水的形势也十分严峻，据对 27 个城市地下水调查，属稍差、很差的就有 21 个，占 78%，与地表水污染程度十分接近。其中北京、天津、上海、沈阳、西安地下水硬度、矿化度和硝酸盐含量普遍上升，大大超过饮用水标准，加之中国国力有限，污水处理跟不上经济发展形势的需要。而中国城市的污水处理厂较少，工业废水处理率只有 17%，生活污水处理率不足 10%，结果使中国淡水 20%受到污染，许多城市的中小河流已成为污水沟。水体污染中最严重的污染物是重金属污染和难分解有机物两大类。这类污染物含量高，易分解，不易排泄，并在体内易积累，污染水体的重金属有汞、镉、铅、铬、钒等，以汞的毒性最大，镉次之，此外还有砷等。重金属就是通过食物进入人体，使人慢性中毒，中毒后极难治疗。中国重金属有色冶炼渣每年产生量为 360 万吨，其砷渣、汞渣中含有的金属及化合物，进入水中不断自行降解，在污染体内积存，而镍致癌，铅致中毒，每年随各种渣流失的砷为 5000 吨，镉为 500 吨，汞为 50 吨，引发不少污染事故。松花江汞污染严重，已出现类似"水俣病"的中毒症状，现代化学工业的高度发展，产生出了有剧毒的有机化合物，其中危害最大的有机氯化物和多环有机化合物被废弃之后，可通过各种途径流入水体造成污染。流入水体的城市生活污水和食品等工业废水中都含有磷、氮等水生植物生长繁殖所必需的营养素，在富营养化过程中，水体中出现大量藻类，并在表面水层形成一片片"水华"，形成水华的藻类有的带有恶臭，有的会在代谢过程中产生有毒物质使水富营养化，水质不断恶化。水电站和核电站将大量使用过的水温升高了的冷却水排入水体造成热污染，热污染对地面水体的水质和水生生物都有不利的影响，水温升高促使有毒物质的毒性加剧，使水中溶解氧减少，河道自净能力下降，以致水质变坏。在石油的开采、储运炼制和使用过程中，排出的废油及外泄的石油对水域的污染造成石油漂浮于水面形成极薄的油膜，抑制水中浮游生物的光合作用，以致水中溶解氧逐渐减少。

案例四　2007年太湖、滇池、巢湖蓝藻暴发

如果说，2005年的松花江事件标志着中国进入了水污染事故的高发期，那么，2007年入夏以来，太湖、滇池、巢湖的蓝藻接连暴发，则标志着中国进入了水污染密集暴发的阶段。

2007年5月29日开始，江苏省无锡市城区的大批市民家中自来水水质突然发生变化，并伴有难闻的气味，无法正常饮用。无锡市民饮用水水源来自太湖，造成这次水质突然变化的外在原因是：4月以来，无锡市区域内的太湖水位出现50年以来最低值，再加上天气连续高温少雨，太湖水富营养化较重，从而引发了太湖蓝藻的提前暴发，影响了自来水水源水质。这是促进此次太湖水污染事件暴发的催化剂，但并不是根本原因。内在原因有以下几点：①污染物远大于环境容量，工业污染、农业污染、生活污染三大类污染围攻太湖；②过度围网养殖，使太湖面积缩小；③滩涂开发利用，滨湖湿地减少，截流污染物能力降低。

2007年6月，巢湖、滇池也不同程度地出现蓝藻。安徽巢湖西半湖出现了区域在5平方千米左右的大面积蓝藻，由于西半湖不作为饮用水源，因此对当地影响不大，但随着持续高温，巢湖东半湖也出现蓝藻。连日来，因天气闷热，滇池蓝藻大量繁殖，在昆明滇池海埂一线的岸边，湖水如绿油漆一般。绿浪翻滚的湖水涌向岸边，带来一阵阵腥臭味道。滇池是云南九大高原湖泊中污染最严重的一个，水质为劣V类，每年夏天气温上升，加之富营养化严重，都会引起蓝藻暴发，造成严重污染。太湖、巢湖、滇池蓝藻的连续暴发，为"三湖"流域水污染综合治理敲响了警钟。到2020年，滇池治理花费的资金有几百亿元，现在还在加强治理中。

四、城市与过境水的相互关系

由于世界上许多的城市都是沿江兴建的，特别是世界上许多著名的三角洲地区都发育有稠密的水网和建设有发达的城市群或城市带，在中国还把水网地区的城市俗称为水乡城市。因此，城市的发展与其过境水的相互关系是相当密切的。

为了方便分析城市与过境水的相互关系，可以按进水与出水的关系，把城市过境水分成3个组成单元或模块，即把外水输送到城区的上游水网或江河段称为上游模块；经过市区受纳城市污水的水网或江河段称为中游模块；把上游来水和城市污水一起输送至外围地区的水网或江河段称为下游模块。这样不管城市的过境水系格局和城市用地的轮廓有多么复杂，都可以根据过境水与外围地区水系的上述关系来确定其水量和水质对城市本身及其对外围农村的影响程度。

城市对过境水系的功能需求，主要包括提供充足的供水量和良好的水质，可供开发利用而不导致环境破坏的排水河道，可供通航的水道，可供水产养殖的水

域，可供人们休息、旅游的水体。组成城市水系的上、中、下 3 个模块系统在水的利用功能上是不同的。一般来说，上游模块由于水量充沛和水质较好，作为城市给水水源最为适宜，同时可适当地开发航运、养殖等；下游模块接纳城市排水，在城市污水没有经过整治的城市，这类水域水质较差，不宜作为供水水源，特别对位于其下游的市镇或村庄，如果选取这类过境水作为饮水水源时，必将因水源的污染而增大对水厂或取水点的投资。受下游模块影响的农村地区开发水产养殖，必须重视由于城市污水对养殖业的影响。中游模块（称市区模块）由于同时具有排水、通航和风景等多个功能，但如果污染比较严重，加上沿街建筑改造和市政建设比较落后，作为景观的意义往往由于感观指标的影响而达不到应有的效果。因此，过境水中游模块的景观生态效益综合治理不可忽视。

第五节　城市噪声环境

一、概　　述

噪声（noise）从广义上说是指一切不需要的声音，也可指振幅和频率杂乱、断续或统计上无规律的声振动。什么声音是不需要的，要有一定的评价标准。就人而言，一种声音是否是噪声是由主观评价来定的。评价标准包括烦扰、言语干扰、听力损伤、工作效率降低等。噪声对物理结构和设备的影响可建立在完全客观的基础上。例如，对飞机结构来说，"不需要"意指不希望使飞机结构因受强烈声波的影响而经受疲劳，或使飞机的导航电子设备工作不正常而导致失效。噪声对环境是一种污染，必须加以控制。噪声的大小，以"分贝"数表示。人耳刚刚能够听到的声音为零分贝，卡车疾驶产生 90 分贝的噪声，喷气式飞机直降时达 140 分贝。80 分贝以下的噪声不损伤人的听力，90 分贝以上的噪声将造成明显的听力损伤，115 分贝是听力保护最高容许限，120—130 分贝的噪声使人耳有痛感，噪声到达 140—160 分贝时会使听觉器官发生急性外伤，鼓膜破裂出血，螺旋体从基底膜剥离，双耳完全失聪。噪声的心理效应反应为噪声引起烦恼和工作效率降低。噪声超过 60 分贝时，工作时就易感到疲倦。强噪声可使交感神经兴奋、失眠、疲劳、心跳加速、心律不齐、心电图出缺血征兆和血管收缩，还会出现头昏、头痛、神经衰弱、消化不良和心血管病等。就城市噪声而言，主要有交通噪声、工业噪声、建筑施工噪声和社会生活及其他噪声等。

（1）交通噪声：交通噪声主要指机动车辆在市区内交通道上运行时所产生的噪声，是现代城市中重要的公害之一。随着城市机动车辆数目增长，交通道路发展迅速，交通噪声日益严重，成为城市的主要噪声，约占城市噪声源的 40%。

（2）工业噪声：工业噪声指工厂的机器在运转时产生的噪声。按其噪声源特性可分为：①气流噪声。由气流的起伏运动或气动力产生的噪声。②机械噪声。由机械设备及其部件在运转和能量传递过程中产生振动而辐射的噪声。各类工业使用的机器设备和生产工艺不同，造成的噪声种类和污染程度也就不同。例如，造纸工业的噪声声级范围为80—90分贝，铁路交通、建工建材为80—115分贝等。

（3）建筑施工噪声：建筑施工噪声指建筑施工现场大量使用各种不同性能的动力机械时产生的噪声。这种噪声具有突发性、冲击性、不连续性等特点，也特别容易引起人们的烦恼。

（4）社会生活及其他噪声：社会生活噪声指商业、娱乐、体育、游行、庆祝、宣传和不适时的音乐等活动产生的噪声。

二、噪声管理

噪声管理（noise management）指为使环境噪声不致超标而对噪声的制造者（如道路上行驶的车辆和司机、工厂中运转的机器和操作工人）加以限制、监测的行政或立法措施。减少噪声污染主要靠科学技术进步，但有些行政和立法措施能起到补充作用，有时甚至效果非常明显。为了有效地控制城市噪声污染，许多国家都制定了"城市区域环境噪声标准"，中国已在1982年颁布这一标准，并在1993年颁布了新的标准（见附录）。自"城市区域环境噪声标准"颁布以来，中国城市噪声得到了有效的管理和控制。但今后的工作仍然任重而道远，如何开展这方面的工作，在此就郭静男和郭秀兰（1994）对中国城市区域环境噪声污染的现状进行分析和提出的对策为例给予说明。表5-12为世界其他国家或地区的城市噪声的允许值，仅供参考。

表5-12　世界其他国家或地区的城市噪声的允许值　　　　（单位：分贝）

国家或地区	容许值的类别	昼间	休息时间	夜间
澳大利亚	新修建道路的指标	60		55
	对现有道路的降噪措施	65		
奥地利	新修建道路的指标	50—55		40—45
	联邦公路的补救措施	65		
加拿大	新建居住区的指标	55		50
丹麦	新建居住区的指标		55	
法国	降噪计划的极限值	60		
	新建居住区的指标	50—55		40—45
德国	新建和改造的道路和极限值	59		49
	联邦公路补救措施的极限值	70		60
	新建居住区的指标	55		42

国家或地区	容许值的类别	昼间	休息时间	夜间
英国	有特殊理由的控制值	63		
	新建道路的隔绝规定	68		
中国香港	新建居住区的指标	70		
意大利	在一些村镇的极限值	65		
日本	道路的环境标准指标值	55—60	50—55	40—45
韩国	环境标准	65	50	55
	新建道路的最佳值	55		45
荷兰	新建道路容许的最大值	63—70	58—65	53—60
	现有道路容许的最大值	73—75	68—70	63—65
	新建道路的指标	55		45
瑞士	噪声影响的极限阈值	60		50
	报警值	70		65
美国	沿干道新开发居住区的限值		65	

资料来源：岳秀萍（2004）。

第六节　城市土壤环境

自然环境中地壳表面的岩石经过以地质历史时间为周期的长期风化过程和风化产物的淋溶过程，逐步形成土壤（soil）。再经过植物对土壤中养分的选择吸收，以残留物形式归还地表，通过微生物分解还原进入土壤三个环节，形成了具有肥力的土壤，它由矿物质、有机质、水分和空气 4 种物质组成，其团粒结构，成为地球上绿色植物立地与生长发育的基地，也是人类基本生产资料与劳动对象。但是城市区域内的土壤由于深受人类各种各样的活动影响，城市的土壤与自然生态系统中的土壤差别较大。本节仅从两个方面简单论述城市的土壤特点。

一、城市化对土壤性质的影响

城市在发展过程中，一般是从占领土地开始的，由于人类在城市的活动方式和内容多样，所以城市土壤的形态亦多种多样，有的被剥去了表土，心土露在外边；有的如路旁树木周围土壤那样仅仅是土壤物质的堆积，经过人为活动的影响而成土，是城市土壤的一大特点。城市化地区只有公园或林地才有可能存在与自然土壤相接近的土壤。日本学者沼田真曾用细菌总数作标志物，比较城市土壤与以自然林木为主的公园土壤，结果是，城市土壤与自然土壤不同，具有明显的特异性质，如形态方面土层无分化，含碳量低，细菌总数较少等。有学者在 2017

年和 2018 年发表的论文显示，北京市建成区土壤固碳功能较差，城市化过程削弱了城市土壤的固碳功能。城市化过程显著降低了土壤碳储存功能。管东生等（1998）曾对广州城市绿地土壤特征开展过较为详细的研究，结果表明，行道树土壤与公园和大学校园树林土壤有明显的不同，前者由于人为压实降低了土壤的孔隙度，从而降低了土壤持水能力和通气性能，增加植物根系生长的阻力；同时普遍存在pH 太高及有机质、氮和磷含量低等特点（表 5-13）。

表 5-13　广州城市绿地土壤剖面化学性质的垂直变化

植被	剖面层次	pH	有机质/%	全氮/%	全磷/%	碳/氮
行道树	A	7.23	1.90	0.073	0.024	15.2
		4.28—8.49	0.14—6.03	0.014—0.143	0.004—0.051	4.9—35.8
	B	7.17	1.45	0.064	0.024	16.6
		5.07—8.54	0.21—6.30	0.009—0.246	0.008—0.063	6.0—32.2
	C	7.45	1.49	0.034	0.020	25.2
		5.92—8.35	0.30—7.20	0.002—0.097	0.005—0.089	7.7—55.1
校园树木、公园和大学	A	4.33	4.34	0.142	0.019	14.1
		3.75—5.89	1.24—5.25	0.062—0.217	0.008—0.045	10.3—17.6
	B	4.74	1.24	0.06	0.016	11.3
		3.76—5.83	0.40—2.55	0.026—0.081	0.006—0.033	3.8—25.9
	C	4.58	0.66	0.068	0.008	9.9
		3.85—6.13	0.34—0.97	0.019—0.141	0.002—0.016	2.1—49.6

资料来源：管东生等（1998）。

二、城市土壤受污染的特点

城市的土壤环境，由于受到人为活动的影响，发生了很大的变化。

城市化、工业化对城市地表所覆盖土壤的改造，不但破坏了自然土壤的物理、化学属性以及改变了原来的微生物区系，同时还使一些人工污染物进入土壤，并因土壤的污染引起农作物受害和减产。1991 年王德宜等对长春、武汉、兰州和青岛 4 个城市土壤中铅含量与市郊土壤含量进行研究（表 5-14、表 5-15），发现市区土壤中 Pb 的含量均比市郊高。但近来的研究却表明，由于工业往往分布在市郊和城乡接合部，市区一些污染较重的工业企业也往往向市郊或农村转移，使市郊土壤受工业"三废"的污染，工业废气污染是其中的一方面。目前工业能源大多以煤、石油类为主，煤和石油中含有许多重金属和类金属，如 Hg、Sn、Cr、Pb、As 等元素，石油中 Hg 的质量浓度为 0.02—30 毫克/千克，在煤和石油燃烧过程中部分金属元素和非金属元素随工业废气排放，最终降到地面进入土壤，使土壤中这些元素含量明显增加或引起污染。又如，金属冶炼厂等在生产过程中部分重金属元素和一些非金属元素也会随工业废气排放进入土壤，如有色金属冶炼过程中汞大多进入大气中，矿石中的镉22%—30%进入大气中。内蒙古某钢铁厂排放的含氟工业废气污染范围达数十千米，氟污染严重地区土壤和牧草中氟含量超标几倍至几十倍，使人畜普遍患氟病。美国蒙大拿州某有色冶金企业每年排入大气中的锌约5吨，镉约250千克，其周围地区土壤表层0—2.5厘米内锌的含量很高，离厂1.8千米达1090毫克/千克，离厂3.6千米为233毫克/千克，离厂7.2千米为48毫克/千克，在上述距离土壤中镉的含量分别为37毫克/千克、17毫克/千克和4毫克/千克，可见冶金企业排放的废气中Zn、Cd对周围土壤有明显污染，而且离厂越近，污染越严重。在波兰上西里斯克工业区，每昼夜降落到地面的灰尘达1000毫克/立方米以上，导致土壤性质的改变和大量硫酸盐、铅、锌、铜等在土壤中大量累积。广东增城市仙村镇水泥工业企业集中区周围土壤受水泥粉尘的影响，土壤孔隙度减少，并出现明显的碳酸钙结核和板结现象。

表5-14　四城市表土和植物铅含量　　　　　　　　　（单位：ppm）

样品	统计量	长春	青岛	兰州	武汉
表土	均值	44.3	43.5	39.1	53.9
	标准差	15.5	15.6	13.0	17.4
植物（叶）	均值	10.3	8.0	11.3	12.8
	标准差	8.2	3.5	3.5	7.2

资料来源：王德宜等（1991）。

表5-15　市郊土壤铅含量　　　　　　　　　（单位：ppm）

长春市郊大屯		兰州市郊东岗镇		武汉市郊葛店	
深度/厘米	Pb	深度/厘米	Pb	深度/厘米	Pb
0—20	36.7	0—40	30.0	0—20	38.3
50—70	30	70—100	21.8	180—200	21.7
120—140	28.3	170—200	27.8	1000—1010	18.2

资料来源：王德宜等（1991）。

　　酸雨是大气环境污染的结果，酸雨对生态环境的危害越来越大，这在工业发达地区表现得较为突出，珠江三角洲地区已成为中国的酸雨重灾区之一，如广州市、佛山市酸雨频率都在70%以上，酸雨最低pH为3.13，为极强酸性。酸雨使中国南方的酸性土壤变得更酸，不仅直接影响作物对土壤pH的适应性，而且土壤酸度增加往往加速了土壤养分的淋失，特别是Cu、Zn等植物必需元素的淋失，而对于受重金属污染的土壤，酸度增加会引起重金属活性的提高，从而增加对植物的毒害。

城市是一定区域的经济中心，机动车辆频繁出入，机动车排放的废气对土壤环境产生影响，不仅表现在公路两旁土壤中氮氧化物、碳的氧化物和碳氢化合物明显增加，而且公路两旁土壤中铅的含量明显增加，且距公路越近，铅的含量越高。在瑞典距离公路 5.5 米的土壤中易溶性铅和难溶性铅的质量浓度分别为 9.9 毫克/千克和 33.4 毫克/千克；距离 20 米的土壤中，分别为 2.7 毫克/千克和 22 毫克/千克；距离 40 米的土壤中分别为 2.2 毫克/千克和 7.6 毫克/千克。由于公路两旁土壤受铅的污染，其上植物中铅的含量往往比其他地区高。在德国，公路旁青草中铅的质量浓度为 35—50 毫克/千克，而清洁地区仅 2—3 毫克/千克，甜菜叶子中含铅量为 25—32 毫克/千克，甜菜和马铃薯茎中铅的质量浓度分别达 70 毫克/千克和 100 毫克/千克，白菜、菠菜中铅的质量浓度也都较高。

1999 年中国政府已经作出停止生产含 Pb 汽油的决定。这一重要的环境保护举措，对中国城市的土壤保护及相关的环境因素的保护和居民的身体健康都相当重要。

城市工业企业多，每天都产生大量工业废渣。城市人口集中，每天排放出大量生活垃圾，如广州市人均每天产生生活垃圾约 1.5 千克。这些固体废弃物的堆放对周围土壤产生污染。在工业废渣堆放场周围土壤中许多化学元素或化合物含量异常。例如，广东南海区黄岐沙溪铬渣堆放场周围菜园土铬的质量浓度在 330 毫克/千克以上，比该地区正常土壤高 2—3 倍。据 A. A.别乌斯等资料，在垃圾堆放场周围土壤（0—20 厘米）中某些化学元素的含量比远离堆放场的高得多，如距垃圾堆放场 50 米、100 米、250 米土壤中铜的质量浓度分别为 300 毫克/千克、100 毫克/千克、40 毫克/千克，Pb、Zn、Cr、Ni 也是距垃圾场越近，其含量越高。哈尔滨市韩洼子垃圾堆放场周围 100 米以内土壤受重金属污染明显，土壤中汞含量高达 0.26 毫克/千克，比无堆放地的正常土壤高 8.5 倍。

许多国家和城市往往把生活垃圾用于堆肥，施入农田和绿地，广州市郊自 20 世纪 50 年代开始就利用垃圾堆肥。堆肥的养分、重金属元素含量因城市垃圾组成不同而有很大差异，如广州市垃圾中有机质含量为 20.9%，全氮为 0.53%，全磷为 0.21%，全钾为 1.58%，Zn 为 253.3 毫克/千克，Cd 为 0.23 毫克/千克。广州市长期施用垃圾的土壤有机质含量、磷、有效磷、速效钾的含量分别为未施用的 4.9 倍、6.3 倍、5.0 倍、1.8 倍，可见施用垃圾后土壤中植物养分明显增加，但施用垃圾使土壤变得渣砾化，同时土壤侵入体，如煤渣、玻璃、塑料、瓦片等明显增加，不利于幼苗生长和耕作。施用垃圾增加了土壤中重金属含量，广州市郊未施用垃圾的菜园土中 Cd、Pb、Cu、Zn 的含量分别为 0.65 毫克/千克、41.5 毫克/千克、31.2 毫克/千克、70.0 毫克/千克，施用垃圾后增加到 1.3 毫克/千克、98.8 毫克/千克、73 毫克/千克、187.5 毫克/千克。天津市未施用垃圾的土壤 Hg 的质量浓度为 0.11 毫克/千克，施用垃圾后为 0.28 毫克/千克，增加 1.8 倍。此外，城市化使农村中的大量劳动力转向第二、第三产业，从事农业生产的劳力减少，这在珠江三角洲地区表现得很突出，相当部分农田由外地农民来耕种，这种短期耕作行为不可能对土壤有较大的投入，会使土壤肥力退化。

另外，董雅文等曾对江苏南部太湖地区的土壤与苏州、无锡、常州三市的某些土壤进行对比研究，发现 3 个城市土壤中的重金属元素 Zn、Pb、Cu 元素和砷含量平均值比该区的背景值分别高 2—5 倍、8—12 倍、2—5 倍、40—70 倍（表 5-16），在由水电工程引起城市化的宜昌市，城市文教区和园林区土壤中 Zn、Cu、Ni 的分析（表 5-17），前者土壤中的含量高于后者，在宜昌市人群活动频繁的中山路小学、市政府院内 Zn 的含量已接近无锡市的水平。

表 5-16　苏州、无锡、常州城市土壤与区域背景值（黄泥土、青紫泥）的比较

（单位：ppm）

项目元素	黄泥土（平均值）	青紫泥（平均值）	苏州土壤（平均值）	无锡土壤（平均值）	常州土壤（平均值）	城市垃圾
锌（Zn）	67.50	73.12	321.35	153.50	154.29	166.3
铅（Pb）	28.99	27.31	350.00	240.71	241.43	67.4
钴（Co）	10.24	11.72	18.33	32.50	31.29	
镍（Ni）	27.10	29.72	29.05	65.43	44.71	
镉（Cd）	0.13	0.16	2.13	2.33	2.11	1.12
砷（As）	10.19	7.98	400.89	555.00	690.00	19.2
铜（Cu）	23.69	24.20	119.03	40.79	53.14	42.3
铬（Cr）	61.79	57.52	60.58	82.21	89.14	

资料来源：董雅文（1993）。

表 5-17　宜昌市文教、园林用地土壤锌、铜、镍含量　　（单位：ppm）

土壤	文教用地	园林用地	
	宜昌中山路小学	市政府院内	（桃花岭）
锌（Zn）	148.97	145.69	77.47
铜（Cu）	37.64	41.37	24.90
镍（Ni）	23.61	23.47	22.83

资料来源：董雅文（1993）。

刘廷良等（1996）就如何区别土壤中金属元素是来源于污染还是来源于母质进行了研究，样点为日本的 8 个城市的公园。研究结果表明了城市公园土壤中重金属元素的富集，是由非点源污染所造成的，如汽车尾气、市政建设工程等。其累积程度反映了近几十年来人为活动的影响。采用 X 射线光谱法测定一些日本城市公园土壤样品中的 Pb、Zn、Cu、Cr、Ni、As、Fe、Ti、Mn、K、Ca、Rb 和 Sr

共 13 种元素，结果发现 Pb 和 Zn 的含量在土壤剖面中从上到下有明显下降的趋势（表 5-18），这说明在这些上层土壤中，Pb 和 Zn 的异常含量来源于人为活动的污染。一般认为，Pb 的污染主要来源于汽车尾气，而汽车轮胎的添加剂中含有Zn，所以轮胎磨损产生的粉尘，是土壤 Zn 污染的来源。综上所述，在日本，由于经济的发展，城市的土壤不同程度地受到了重金属元素的污染，尽管日本已于1975 年完全停止使用含铅汽油，但它所造成的污染仍然存在。

表 5-18　日本 8 个城市公园土壤的 Pb 和 Zn 的含量　　（单位：毫克/千克）

土壤层次 /厘米	筑波 （11）		东京 上野（3）		东京明治 神宫（3）		むつ（3）		八户（2）		山形（3）		京都（3）		水户（5）	
	Pb	Zn	Pb	Zn	Pb	Zn	Pb	Zn	Pb	Zn	Pb	Zn	Pb	Zn	Pb	Zn
0—2	37	125	182	598	193	321	42	247	66	183	39	164	96	152	73	130
2—4	21	120	251	629	197	326	38	309	50	156	32	154	90	159	88	121
4—6	17	113	231	643	120	236	45	319	38	130	32	158	82	150	74	129
6—8	13	99	151	531	50	184	42	325	20	111	39	148	88	150	79	136
8—10	12	90	99	344	19	182	41	277	16	101	30	141	83	148	68	157

资料来源：刘廷良等（1996）。

土壤受城市化因素影响的问题，在中国研究得较多的是大城市工业化对近郊区土壤的污染以及污染对环境的影响。北京地区由于污水灌溉引起重金属对土壤和农作物的污染，污染区主要集中在东南部工业区，该区的高碑店污水处理厂经过一段处理的污水直接灌溉农田。北京西郊灌区和房山石化灌区则主要是酚氰对土壤的污染。污水所含成分复杂，随污染物性质的不同，对土壤、农作物的危害程度亦有所不同。含有三氯乙醛等有机物的污水极易引起急性中毒，含有无机物，如重金属、氟化物、硝酸盐和有机氯农药等的污水往往在土壤、农作物以至地下水中形成残留和累积，从而导致人畜慢性中毒。据统计，20 世纪 70 年代北京市因工厂排放有毒废水，引起农作物受害，赔款共计 4671 万元；天津蓟运河地区因受含三氯乙醛污水的影响，小麦受害面积达 6 万余亩，到 80 年代和 90 年代，污水引起农作物受害事件时有发生。

第七节　城 市 植 被

一、城市植被的概念

城市植被（urban vegetation）概念已为越来越多的学者接受。尽管不同的学者由于对城市植被研究的内容的侧重点不同，对城市植被的理解和所下的定义不尽相同，但是核心的内容是基本一致的。目前普遍认为城市植被是指城市里覆盖着的生活植物，它包括城市里的公园、校园、寺庙、广场、球场、医院、街道、农田以及空闲地等场所拥有的森林、灌丛、绿篱、花坛、草地、树木、作物等所有植物的总和。尽管城市里或多或少仍残留或被保护着自然植被的某些片断，但城市植被不可避免地受到城市化的各种影响，尤其是人类的影响，即使残存或保护下的自然植被片断也在不同程度上受到人为的干扰。人类在城市建设的过程中，一方面破坏或摒弃了许多原有的自然植被和土生植物；另一方面又引进了许多外来植物和建造了许多新的植被类群，尽管这些影响或干扰是有意识的或是无意识的，直接的或是间接的，但最终是改变了城市植被的组成、结构、类群、动态、生态等自然特性，而具有完全不同于自然植被的性质和特性。因此，总的来说，城市植被应属于以人工植被为主的一个特殊的植被类群。

作为城市生态系统的重要组成部分，城市植被的第一性生产者的作用属于次要地位，而其美化和净化环境的作用则是主要的功能。绿色空间大小及其生态效能都是城市环境质量的重要参数，并在城市规划中加以应用。

但是绿地不能与城市植被等同。绿地是目前极为流行的一个术语，不仅常见于报纸、杂志以及城市环境与城市生态方面的科学文献中，而且绿地的人均面积也成为城市环境和城市生态优劣的一个评价标志。

然而，绿地的概念较为混淆，有人认为绿地是指"配合环境，创造自然条件，适合于种植乔木、灌木和草地植物而形成一定范围的绿化地面或地区，供公共使用的有公园、街道绿化地、林荫道绿地等共用空间，供集体使用的有附设于工厂、学校、医院、幼儿园等内部专用于种植植物的空间"，有人认为"城市绿地泛指城市区域内一切人工或自然的植物群体、水体及具有绿色潜能的空间，它构成城市系统内重要的执行自然的'纳污吐新'负反馈调节机制的子系统，是优化城市环境，保证系统整体稳定性的必要成分"。但是在应用上，绿地面积（有植物或拟种植物的空间面积）则与森林覆盖率绿化面积（实际种上植物的空间面积）等同，造成不必要的混淆或困惑。

由此可见，"绿地"一词是一个不确切的科学术语，更不宜取代植被这一科学术语，或者说绿地虽是一个常见的术语，但它却混淆了植被的科学概念。

二、城市植被的特色

城市植被无疑已被深深地打上了人为活动的烙印，不仅是植被的生境特化了，植被的组成、结构、动态等也改变了，完全不同于自然植被的特征。

（一）植被生境的特化

在这一章的前几节里已经详细地讲述了城市的地质、地貌、大气、气候、水文和土壤特点，总的来说，就是城市化的进程改变了城市环境，也改变了城市植被的生境。较为突出的是铺装了的地表，改变了其下的土壤结构和理化性质以及土壤微生物成分；而污染了的大气在直接影响植物正常生理活动的同时，改变了光、湿、温和风等气候条件。城市植被处于完全不同于自然植被的特化生境中。

（二）植被区系成分的特化

尽管城市植被的区系成分与原生植被具有较大的相似性，尤其是残存或受保护的原生植被片断，但其种类组成远较原生植被为少，尤其是灌木、草本和藤本植物。另外，人类引进的或伴人植物的比例明显增多，外来种对原植物区系成分的比率，即归化率的比例越来越大，并已成为城市化程度的标志之一。因此在城市绿化的过程中，注意对树种的选择，最大限度地保留和选择反映地方特色的树种是城市生态学工作者关心的问题，亦是城市生态建设的标志之一。

杨小波（2009）对海南省海口市、三亚市、儋州市城市绿化树种的分析表明，在海南，经过多年的城市绿化实践，人们有意或无意地选择适宜地方气候特色、土壤特点的树种作为绿化树种，城市绿化的树种和本省其他地方的自然植被的树种的属分布区类型颇有相似之处，说明了海南城市绿化树种和海南自然植被具有密切的联系，使城市植被在区系成分上尽量减少外来成分所占的比例，可以通过城市绿化来反映地方的景观特色。

（三）植被格局的园林化

城市植被在人类的规划、设计、布局和管理下，大多是园林化格局。乔、灌、草、藤等各类植物的配置，如城市森林、树丛、绿篱、草坪或草地、花坛亦是按人的意愿和周边环境的相互关系配置和布局的，都是人类精心镶嵌而成，并在人类的培植和管理下形成园林化格局。因此，城市园林的研究是城市植被研究的主要内容之一。

尽管中国园林有两千多年的历史，对世界各国园林的发展有着广泛的影响，素有"世界园林之母"之誉。但是现代社会，人们对园林事业的要求已经有了根本性的改变，不再是少数人显示财富追求享乐的手段，而是为全社会提供良好城市生存环境，并向全社会服务的社会福利事业，是显示城市环境和社会繁荣进步的手段。因此，园林的建设实际上就是城市植被建设及城市生态建设的一个重要的组成部分。

（四）结构单一化

城市植被结构分化明显，并且趋于单一化。除了残存的自然森林或受保护的森林外，城市森林大都缺乏灌木层和草本层，藤本植物更为罕见。林木的胸高直径分布曲线呈"L"型，而非自然林的倒"J"型。

（五）演替偏途化

城市植被的动态，无论是形成、更新或是演替，都是在人为干预下进行的，植被演替是一条按人的绿化政策发展的偏途途径。

三、城市植被类型

关于城市植被（建成区内的植被）的分类系统，不同学者划分的方法不尽相同。Detwyler（1972）划分为间隙森林公园和绿地、园林、草坪或间隙草地；黄银晓（1989）划分为行道树和街头绿地、公园绿地、草地、水体绿地等；Ohsawa和Da（1988）划分为城市化前保留下来的自然残留群落、占据城市新生环境的杂草群落和人工栽植的绿色空间；蒋高明（1993）认为自然植被、半自然植被和人工植被是城市植被的主要类型，其中伴人植物群落是城市半自然植被的主要组成部分，是与城市人为干扰环境密切相关的一类植物，在城市中有重要的作用；人工植被尚可划分为行道树、城市森林、公园和园林以及街头绿地植物等。从城市植被的概念出发，结合城市植被的特点，城市植被按蒋高明（1993）的方法划分为自然植被、半自然植被和人工植被三大类型是比较合理的。但随着对城市植被与植物多样性研究的深入，有必要在此基础上进行更加细致化的分类。

自然植被主要分布在城市边缘，或是在城市化过程中，在建成区内残留下或被保护起来的自然植被，很少受到人类的破坏，植物群落保存着部分或全部的自动调节功能。自然植被多数是人类有意识保留下来的城市森林、城市周边自然防护林和在特殊生境中残留下来的特殊自然植被类型，其代表着城市的顶极植物群落。

半自然植被为侵入人类所创造的城市生境中的伴人野生植物群落和在城市化过程中保留下来的，但是在植物群落中各自然要素之间的基本联系已经遭到一定程度的破坏，整体自动调节功能受到很大破坏的植物群落。这一类植物主要分布在园林程度不高的建城区边缘、建筑之间的缝隙或城市郊区、农村周边等。在这些如缝隙、行道树坑、废地等的相对破碎化生境中，因自然环境的适应性，多生长一年生或多年生的草本植物，这些是城市的先锋植物。

城市中的自然植被和半自然植被可依据所处环境和群落中的优势种进行区分。

城市中的人工植被是按人的意愿和城市化进程的要求，人工创建起来的特殊性植物群落或在城市化过程中被动留下的具有其特殊性的植被类型。人工植被的形成因人的意愿往往都有其具体功能性，有的功能是单一的，有的是分主次的多功能性综合，有的是多功能性相互协调。因此，根据人工植被不同功能，可以分为三大类。一是生态防护（防风固沙、防水土流失、防过度光照和防冷害等），称为防护植被。二是为景观美学（人为造景和人工仿景），称为景观植被。三是物质生产（食物、纤维、化工原料、药和能源等），称为生产植被。在城市里，以景观植被为多，在特殊的环境中或由于特殊的需要，有一定比例的生态防护植被，而生产植被的比例很少，多在景观植被、生态防护植被中，带有生产的功能，专一的生产植被很少，如在一些居民区内，分布有一些菜园和果园等。综上所述，城市植被的分类体系如下。

自然植被	森林	
	灌丛	
	草地	
半自然植被	森林	
	灌丛	
	草地	
人工植被	防护植被	防护林
		防护灌丛
		防护草丛
	景观植被	庭院与公园植被
		道路生态景观植被
		城市森林景观植被
	生产植被	农作物
		果园
		商品用植被

当然，城市植被类型的划分，仍然需要不断完善。例如，在公园里有可能分布有自然森林植被，像日本东京的明治公园，80%—90%的植被为自然森林，像这种情况，该公园植被应归为城市自然植被类型中。

四、城市植被的功能

尽管城市中的农田作物和部分城市森林植被仍是城市生态系统的第一生产者，但其作用是微弱的。在城市植被概念一节中已经讲述，作为城市生态系统的重要组成部分，城市植被的第一性生产者的作用居于次要的地位，取而代之的是城市植被的使用价值。例如，道路中间的绿化隔离带，对交通事故起隔离与缓冲作用；绿地的防火功能也十分重要，居民区绿化等一系列有规划的大面积绿化都会对减弱风势、隔离火势起到一定的作用；公园绿地中的水面，也能成为天然的消防水池。园林绿地也是市民日常休憩的绝佳场所。对于体力劳动者，一处阴凉或草坪就可以消除疲劳，恢复体力；对于脑力劳动者，远处的一片绿色可以对眼睛起到很好的调节作用，园林中简单的活动也是对身体的很好调剂。园林绿地也有利于儿童的健康成长，老人也可在一片生机中安享晚年。除了这些，城市植被还有着更加丰富的功能，随着城市植被学研究的深入，科学工作者对城市植被的功能不断深入研究，公众对其认识也日益加深。从目前的研究状况来看，城市植被的功能可概括为美化环境的景观效益，保护环境、净化环境、调节小环境气候条件的生态效益，保护生物多样性及创造经济价值的绿化产业。

（一）城市植被绿化美化环境的景观效益

城市植被绿化美化环境的景观效益，其内涵是极为丰富的。在宏观方面，城市绿化实体能把城市的地方特色与风格体现出来。当然，城市植被的地方特色与风格的创立往往需要经历漫长的历史阶段，并顺乎自然的和社会的规律，是自然和人工选择的结果。一个城市的绿化实体也是由这个城市的人民经过长期艰苦的努力，依据当地的地理、气候和自然植被等自然条件，经济发展和民族风情等社会条件而创造出来的。例如，杭州、青岛、桂林、南京、洛阳、海口等，均具有将园林绿地与城市建筑群体有机结合的特点。建筑处于绿色包围中，山水绿地把城市与大自然紧密集合在一起。城市系统的整体布局尤其是城市的滨海、沿江、山麓等区域，可以充分发挥园林绿地的美化作用。例如，青岛西海岸，独特的建筑群、错落的山丘与绿地，成为青岛的城市名片。经过长期的努力，海口市用椰子树等热带滨海地区典型优势种，把坐落在热带北缘、热量和雨量丰富的滨海城市这一特点恰如其分地体现出来（图5-6）。

图 5-6　热带滨海城市海口市绿色景观

在微观方面,城市绿化实体还能把某一建筑群或单个建筑体的功能体现出来,或者说在某一建筑区里开展绿化建设,首先应考虑的问题之一是如何根据建设区的功能特点,去进行绿化设计和树种选择。例如,儿童公园的绿化设计和树种选择,就应切合儿童天真活泼的特点;烈士陵园、公墓的绿化,应把园中肃穆庄重的气氛和特点体现出来,但又不能过于阴沉;医院的绿化,就要把医院宁静、干净等气氛特点给予充分地体现等。

城市绿化对于美化人民生活环境的功能是非常显著的。如果城市植被与城市其他自然条件、城市街道和建筑群体配合得好,就可以增添景色、美化街道和市容,给城市带来生机和活力。

(二)城市植被保护和净化环境的生态效益

城市植被保护和净化环境的生态效益是显著的,也是城市植被的主要功能之一,包括降温增湿、调节环境条件、吸收有毒气体、滞留烟尘净化空气、降低环境噪声和杀菌效益等。

1. 城市绿化实体的小气候效应

国内外的研究表明,城市植被的小气候效应极为明显,尤以炎热的热带、亚热带地区更为明显,在温带地区的夏天亦有明显的作用。一般来说,在炎热的气候中,它能降低环境温度1—3℃,最高可达7.6℃,同时,可以增加空气湿度3%—12%,最大可达33%;并可遮阴阻挡60%,甚至88%—94%的太阳辐射到地表,而只有6%—12%的太阳辐射可以透过树冠的间隙到达植被下方,有效辐射约减少32%,绿化区的蒸发(腾)耗热占辐射平衡的60%以上,因此,绿化区气温明显低于未绿化街区的气温。当然,不同的绿化实体调节小气候条件的能力亦有一定的差别(表5-19—表5-21)。

表5-19　北京地区城市绿地夏季降温效果

绿地类型	测试地点	理论平均降温值/℃	蒸腾吸热/[10^8 焦耳/(公顷·天)]
乔木	林荫道	2.34	7.04
草地	居住绿地、公园绿地	0.85	2.56
乔-灌	林荫道、林下广场	1.6	4.83
灌-草	居住区	1.3	3.92
乔-灌-草	居住区、道路绿地	3.7	11.16

资料来源:张彪等(2012)。

表 5-20　北京不同类别绿地夏季蒸腾吸热量

绿地类型	绿地面积/万公顷	蒸腾吸热能力/[10^{8}焦耳/（公顷·天）]
公共绿地	1.74	9.41
附属绿地	1.54	9.00
防护绿地	1.48	6.79
道路绿地	1.21	8.12
生产绿地	0.12	8.36

资料来源：张彪等（2012）。

表 5-21　海口市不同绿化实体的增温效应测定结果（树温度%）

绿化实体	校园区木麻黄纯林	公园区乔、灌、草混合体	商业区乔、灌、草混合体	商业区椰树纯林	公园区草地	公园区旷地
三天平均值	74.4	89.3	85.3	64.6	66.1	66.4
最高值	93	92	91	81	85	86
最低值	68	83	78	54	54	54

资料来源：符气浩等（1995）。

2. 城市植被吸收二氧化碳和排放氧气平衡的生态效益

大量的研究表明，自从工业革命开始以来，人们已经从地球中取出多种形式的碳素：煤、石油和天然气，经过燃烧放出二氧化碳等气体。大气中的二氧化碳含量已从按体积估算的 $280×10^{-6}$ 至 $290×10^{-6}$ 上升到 $330×10^{-6}$ 以上。从世界不同地区的记录来看，上升的趋势是显而易见的。预测提示，21 世纪中期可能会再增加一倍（$700×10^{-6}$），而城市是工业和人口集中的地方，这种作用将会更加明显，尤其是静风时，城市局部地区氧气不足，二氧化碳浓度偏高的可能性是存在的。特别是在一些高楼大厦的院子里静风时段较长，城市植被吸收二氧化碳和释放氧气的平衡作用仍是明显的。例如，北京城近郊建成区的植被日平均吸收二氧化碳 3.3 万吨（表 5-22），扣除一年中植物生长季的雨天日数，北京建成区植物进行光

表 5-22　北京建成区植被日吸收 CO_2 和释放 O_2 量

植被类型	株数/株	绿量/平方米	吸收 CO_2/（吨/天）	释放 O_2/（吨/天）
落叶乔木	1	165.7	2.91	1.99
常绿乔木	1	112.6	1.84	1.34
灌木类	1	8.8	0.12	0.087
草坪/平方米	1	7.0	0.107	0.078
花竹类	1	1.9	0.0272	0.0196

资料来源：陈自新等（1998）。

合作用的有效日数为 127.7 天，该区植被全年吸收二氧化碳为 424 万吨，释放氧气为 295 万吨，年均每公顷绿地日平均吸收二氧化碳 1.767 吨，释放氧气 1.23 吨，其中乔木树种占总量的比例最大。

除了树种对植被的固碳释氧量影响巨大，树冠大小也直接影响植物单株尺度的日固碳释氧能力。例如，阔叶乔木单株植物的日固碳量从强到弱分别为国槐、毛白杨、垂柳和银杏，虽然毛白杨叶片的固碳释氧能力最强，但是由于其绿量仅为国槐的 61%，故单株尺度下固碳释氧能力弱于国槐。总体而言，阔叶乔木单株的日固碳释氧能力约为针叶乔木的 12.7 倍，灌木的 10.5 倍，草本植物的 43.8 倍（表 5-23）。

表 5-23　北京常见绿化植物固碳释氧能力

植被类型	植物名称	日净同化总量/[帕/(毫摩尔·平方米)]	绿量/平方米	植物叶片固碳释氧量		单株植物固碳释氧量	
				CO_2/[克/(平方米·天)]	O_2/[克/(平方米·天)]	CO_2/(克/天)	O_2/(克/天)
阔叶乔木	碧桃	197.0	27.1	8.7	6.3	235.1	171.0
	垂柳	111.1	157.3	4.9	3.6	769.0	559.3
	国槐	147.8	238.5	6.5	4.7	1550.6	1127.7
	马褂木	138.0	—	6.1	4.4	—	—
	毛白杨	198.5	145.7	8.7	6.4	1273	925.8
	银杏	72.2	112.7	3.2	2.3	358.0	—
	紫叶李	90.4	—	4.0	2.9	—	260.7
	平均	136.4	157.1	6.0	4.4	962.1	699.7
针叶乔木	雪松	41.0	14	1.8	1.3	25.2	18.3
	油松	60.6	68.9	2.7	1.9	183.6	133.5
	桧柏	57.9	12.5	2.6	1.9	31.9	23.2
	平均	53.2	29.9	2.3	1.7	75.4	54.8
灌木	沙地柏	141.2	—	6.2	4.5	—	—
	大叶黄杨	176.6	—	7.8	5.6	—	—
	金叶女贞	70.7	—	3.1	2.3	—	—
	榆叶梅	86.16	37.5	3.8	2.8	142.1	103.4
	连翘	153.5	6.0	6.8	4.9	40.5	29.5
	平均	125.6	21.7	5.5	4.0	91.3	66.4
草本	早熟禾	57.1	8.7	2.5	1.8	22.0	16.0

资料来源：薛海丽等（2018）。

3. 植物对大气污染的净化作用

植物对大气污染的净化作用主要有减少粉尘污染、降低有毒气体浓度和杀菌作用。

（1）减少粉尘污染：树木能减少粉尘污染，一方面是由于树木具有降低风速的作用，随着风速减慢，空气中携带的大粒灰尘也会随之下降；另一方面是由于树叶表面不平，多绒毛，且能分泌黏性油脂及汁液，吸附大量飘尘。据测定，一株165年的松树，针叶的总长度可达250千米；一公顷松树每年可滞留灰尘36.4吨，1公顷的云杉林每年可吸滞灰尘32吨。各种树木的滞尘能力有一定的差异（表5-24）。

表5-24　南京15种绿化树木滞尘量比较

树种	滞尘量/（毫克/克）	树种	滞尘量/（毫克/克）	树种	滞尘量/（毫克/克）
悬铃木	16.0266	银杏	9.2737	广玉兰	7.4838
核桃	12.8488	枫杨	8.9476	女贞	5.6003
国槐	10.2893	小叶黄杨	8.0511	撒金珊瑚	5.1535
珊瑚树	10.3963	圆柏	7.8475	杨树	4.6946
雪松	9.8889	海桐	6.8701	香樟	3.9364

资料来源：杨震（2009）。

研究表明，吸滞粉尘能力强的城市绿化树种，在中国北部地区有刺槐、沙枣、国槐、家榆、核桃、构树、侧柏、圆柏、梧桐等；在中部地区有家榆、朴树、木槿、梧桐、泡桐、悬铃木、女贞、荷花玉兰、臭椿、龙柏、圆柏、楸树、刺槐、桑树、夹竹桃、丝棉木、紫薇、乌桕等；在南部地区有构树、桑树、鸡蛋花、黄槿、刺桐、羽叶垂花树、黄槐、小叶榕、黄葛榕、高山榕、夹竹桃等，表5-24反映了不同植物滞尘量的差异。

树木的减尘效果是非常明显的。据广州市测定，在居住墙面种有五爪金龙的地方，与没有绿化的地方比较，室内空气含尘量减少22%；在用大叶榕树绿化地段含尘量相对减少18.8%。南京林业大学在南京一水泥厂测定，绿化片林比无树空旷地空气的粉尘量减少37.1%—60.0%（表5-25）。

表5-25　空旷地与绿地的粉尘量比较

污染源方向与距离	绿化情况	粉尘量/（毫克/平方米）	绿化地减尘率/%
东南360米（非主风方向）	空旷地	1.5	53.3
	悬铃木林下（郁闭度0.9）	0.7	1
西南30—35米（主风方向）	空旷地	2.7	37.1
	刺楸林	1.4	—
东面250米（非主风方向）	空旷地	0.5	60.0
	悬铃木林带背后（郁闭度0.9）	0.2	—

资料来源：东北林学院（1981）。

城市植被对城市环境质量的改善发挥了巨大作用。2008年有学者在广东省惠州市对不同功能区4种主要绿化乔木（大叶榕、小叶榕、高山榕、紫荆）的滞尘能力开展了较为详细的比较研究。结果表明：在达到饱和前，4种绿化乔木叶面滞尘量随时间延长而增长，大叶榕、高山榕与紫荆、小叶榕两组植物的滞尘能力存在显著性差异（$p<0.05$），滞尘能力差异为 1.2—2.44 倍，不同植物滞尘量由大到小排列为：高山榕>大叶榕>小叶榕>紫荆；不同植物滞尘能力的差异尤其与植株的叶面积、叶倾角、枝条硬度、枝条伸展角度等相关。不同功能区植物滞尘量差异显著（$p<0.01$），4种植物在不同功能区的滞尘总量排序为：工业区>商业交通区>居住区>清洁区。不同功能区植物叶面降尘的重金属和硫含量存在显著性差异（$p<0.05$），降尘综合污染指数由大到小为：工业区（包括电厂）、商业交通区、居住区、清洁对照区；降尘中重金属含量高负荷。惠州建成区植被的地面生物量为 $3.22×10^5$ 吨，叶面积总量为 808.4 平方千米，全年滞尘量达 4430.7 吨，可去除大气中 Cr、Cu、Zn、Cd、Pb、S 的量分别为 1.63 吨、2.70 吨、5.54 吨、0.04 吨、1.84 吨、19.52 吨。

（2）降低有毒气体浓度及有毒气体对植物的危害：几乎所有的植物都能吸收一定量的有毒气体而不受害。植物通过吸收有毒气体，降低大气中有毒气体的浓度，避免有毒气体积累到有害的程度，从而达到净化大气的目的。

植物净化有毒气体的能力，除与植物对有毒物积累量有相互关系外，还与植物对它们的同化、转移能力密切相关。植物进入污染区后开始吸收有毒气体，有毒物部分被积累在植物体内，部分被转移，同化解毒。当植物被移开污染区后，在植物体内积累的有毒物含量下降越快，该种植物同化转移有毒物的能力越强。例如，北京市园林局等单位的试验指出，国槐、银杏、臭椿对硫的同化转移能力较强，而白杨、方柳、油松、紫穗槐较弱；新疆松、华山松和加拿大杨极弱。杨小波（2009）对海口市植被主要树种对二氧化硫净化能力的研究表明，海口市植被的优势种椰子树是一种比较好的净化二氧化硫的树种，但不是最佳树种，最好的树种有樟树、桃花心木、非洲楝、小叶榕、变叶木和大红花等。

植物吸收有毒气体的能力除因园林植物种类不同而异外，还与叶片年龄、生长季节、大气中有毒气体的浓度、接触污染时间以及其他环境因素，如温度、湿度等有关。一般老叶、成熟叶对硫和氯的吸收能力高于嫩叶。在春夏生长季节，植物的吸毒能力较大。

植物在吸收有毒气体的同时，也就降低了大气中有毒气体的含量。当绿地面积比较大时，这种降毒效果是十分明显的。例如，北京市园林局对空气中二氧化硫日平均浓度的测定表明，居民区二氧化硫浓度最高，为 0.223 毫克/立方米，工厂区为 0.115 毫克/立方米，绿化区为 0.121 毫克/立方米。绿化区二氧化硫浓度比居民区低 54.3%。

在广州，对化工厂 Cl_2 污染状况测定结果表明，在污染源附近有一段由榕树、高山榕、黄槿、夹竹桃等组成，宽 15 米，高 7 米，郁闭度为 0.7—0.8 的林带。林带前空气中 Cl_2 浓度年平均为 0.066 毫克/立方米，林带后仅为 0.027 毫克/立方米，经过林带后，空气中 Cl_2 浓度下降了 59.1%。特别是在植物生长旺盛的夏季，净化效果更为显著（表 5-26）。

表 5-26 林带净化空气中 Cl_2 的效应

位置	空气中平均含量/（毫克/立方米）					全年 Cl_2 检出率/%	经林带后 Cl_2 降低率/%
	春	夏	秋	冬	全年		
林带前							
距污染源南约 20 米	0.064	0.057	0.058	0.083	0.066	82.6	
林带后							59.1
距污染源南约 50 米	0.032	0	0.037	0.037	0.027	31.8	

资料来源：冷平生（1995）。

但是，如果进入植物体（叶子组织）中的有毒物质浓度过大，超过植物体本身的自净范围，也会对植物产生危害。以 SO_2 为例，SO_2 从气孔扩散至叶肉组织，进入细胞后和水反应，形成亚硫酸和亚硫酸离子，从而对叶肉组织造成破坏，叶片水分减少，叶绿素 a/b 值变小，糖类和氨基酸减少，叶片失绿，严重时细胞发生质壁分离，叶片逐渐枯焦，慢慢死亡。在叶片内亚硫酸离子会被慢慢地氧化成硫酸离子，而后者的毒性比前者低近 30 倍，可进行自我解毒。只有当亚硫酸离子积累到一定程度，超过植物的自净能力后，才产生毒害。

大气污染物主要通过气孔进入叶内，对植物生理代谢活动产生影响，所以植物受害症状一般首先出现在叶片。不同的污染物对植物毒害的症状有差异。

大气中二氧化硫浓度达到 0.3ppm 时，植物就出现伤害症状。针叶树首先在两年以上的老针叶上出现褐色斑或叶色变浅，叶尖变黄，逐渐向叶基部扩散，最后针叶枯黄脱落。阔叶树受危害后，叶部出现几种症状，大多数在叶脉间出现褐色斑点或斑块，颜色逐渐加深，最后引起叶脱落。一般生理活动旺盛的叶片吸收二氧化硫多，吸收速度快，所以烟斑较重，而新枝与幼叶的伤害相对比老叶轻，发生烟斑也较少。

氯气及氯化氢毒性较大，空气中的最高允许浓度为 0.03ppm。针叶树受害症状与二氧化硫所致烟斑相似，但受伤组织与健康组织之间常常没有明显的界线，这是与二氧化硫毒害的不同之点。阔叶树受害后，叶面出现褐色斑块，叶缘卷缩。氯气的毒害症状大多出现在生理活动旺盛的叶片（气孔开放程度大的叶片），下部枝的老叶和枝顶端的新叶很少受害。

以氟化物为主的复合污染所造成的危害比前两种有害气体严重得多。氟化物主要是氟化氢，属剧毒类的大气污染物，它的毒性比二氧化硫大 30—300 倍。氟化物通过气孔进入叶肉组织后，首先溶解在浸润细胞壁的水分中，小部分被叶肉细胞吸收，大部分则顺着维管束组织运输，在叶尖与叶缘积累。针叶树对氟化物十分敏感，针叶伤害从顶端开始，随着氟化物的积累，逐渐向基部发展，受害组织缺绿，随后变为红棕色。一般在有氟化物污染的地方，很少看到有针叶树生长。阔叶树受害后，首先在叶片尖端和叶缘产生灰褐色烟斑，烟斑逐渐扩大，最后叶脱落。氟化物所致烟斑多发生在新枝的幼叶上，这是与二氧化硫和氯气伤害症状的显著区别。鸢尾、唐菖蒲、郁金香这类植物对氟污染极敏感。

大气污染中有一种光化学烟雾，它是由汽车和工厂排放出的氮氧化物和碳化氢，经太阳紫外线照射，而产生的一种蓝色烟雾，其主要成分是臭氧。臭氧主要破坏栅栏组织细胞壁和表皮细胞。植物受毒害后，叶片失绿，叶表出现褐色、红棕色或白色斑点，斑点较细，一般散布整个叶片。

大气污染中的固体颗粒物，如煤和石灰的粉尘、硫磺粉、氧化硅等形成飘尘或降尘。飘尘或降尘落在植物叶片上时，布满全叶，堵塞气孔，妨碍光合作用、呼吸作用和蒸腾作用，从而危害植物。这些微尘中的一些有毒物质可通过溶解渗透，进入植物体内，产生毒害作用。

大气污染对植物的危害与污染物的浓度和危害时间密切相关。当有害气体浓度很高时，在短期内（几天、几小时，甚至几分钟）便会破坏植物叶片组织，叶片产生许多明显的烟斑，甚至整个叶片枯焦脱落，芽枯损，植株长势显著衰弱和枯萎，称为急性伤害。植物长期接触低浓度气体，叶片逐渐失绿黄化，或产生烟斑、枯梢、烂根或根质酥脆等，生长发育不良，称为慢性伤害。一般在植物外表被害症状出现以前，内部生理活动已出现异常。

污染物浓度和接触时间的联合作用称为剂量强度。能引起植物伤害的最低剂量和时间称为临界剂量强度，或称为伤害阈值。不同污染物危害植物的临界剂量强度是不同的。同一污染物危害不同种类的植物，由于植物敏感程度的不同，临界剂量也是不同的。表 5-27—表 5-29 列出了植物在不同污染物浓度下的净化能力和生长情况。

表 5-27　不同污染区 12 种植物叶片吸硫量及净化能力

植物	工业区吸硫量/（毫克/克）	工业区净化率/%	商住混合区吸硫量/（毫克/克）	商住混合区净化率/%
小叶榕	2.181	66.59	0.899	27.45
桂花	1.941	54.44	1.178	33.04
香樟	0.858	21.14	0.715	17.62
大叶榕	0.877	24.28	0.528	14.63
广玉兰	3.412	70.04	2.719	55.8
女贞	1.256	37.42	0.663	19.74

植物	工业区吸硫量 /（毫克/克）	工业区净化率/%	商住混合区吸硫量 /（毫克/克）	商住混合区净化率/%
天竺桂	0.44	13.01	0.501	14.82
红花羊蹄甲	−0.305	−11.65	−0.553	−21.14
雪松	1.24	52.5	0.695	29.45
红叶石楠	2.533	68.92	2.051	55.81
合欢	−0.374	−14.07	−0.325	−12.24
圆柏	0.245	9.03	0.298	10.98

资料来源：王玲（2015）。

表 5-28　不同污染区 12 种植物叶片吸氮量及净化能力

植物类型	工业区吸氮量 /（毫克/克）	工业区净化率 /%	商住混合区吸氮量 /（毫克/克）	商住混合区净化率 /%
小叶榕	3.115	31.02	5.091	50.70
桂花	2.995	30.03	4.182	62.56
香樟	1.123	36.80	2.112	69.20
大叶榕	0.913	12.43	1.299	17.68
广玉兰	2.503	54.15	5.215	75.61
女贞	4.822	55.27	5.561	63.74
天竺桂	2.195	28.02	3.339	42.63
红花羊蹄甲	2.157	18.90	1.498	13.12
雪松	1.398	27.56	2.178	42.93
红叶石楠	0.907	10.39	1.524	17.46
合欢	1.694	27.68	1.043	17.04
圆柏	0.228	5.65	0.670	16.61

资料来源：王玲（2015）。

表 5-29　不同 SO_2 浓度下能正常生长的植物种类

植物类型	$SO_2<0.4ppm$	$SO_2<0.2ppm$	$SO_2<0.1ppm$
乔木类	海藻	棕榈	盐肤木
	普陀樟	构树	黄杨
	红叶石楠	化香	大岩桐
	喜树	刺楸	黄檀
	大叶榉	大青	刺桐
	侧柏	泡桐	山合欢
	铅笔柏	苦槠	杨树
	桃叶石楠	冬青	杉木
	香樟		

植物类型	SO₂<0.4ppm	SO₂<0.2ppm	SO₂<0.1ppm
乔木类	青榨槭		
	刺槐		
	邓恩桉		
灌木类	紫叶李	络石	薜荔
	火棘	山牡荆	夹竹桃
	金边黄杨	美丽胡枝子	葛藤
	海滨木槿	紫藤	忍冬
	茶梅	金缨子	海桐
	龟甲冬青	覆盆子	木芙蓉
	珊瑚树		
草本类	一年蓬	缘脉菝葜	鸭跖草
	扫帚草	葎草	凤尾兰
	空心莲子草	狗尾巴草	车前草
	狗牙根	商陆	艾草
		防己	乌蔹莓
		龙葵	小蓟
			海金沙
			黄花菜

资料来源: 杨娟 (2007)。

（3）杀菌作用：空气中散布着各种细菌等微生物，其中不少是对人体有害的病菌。城市植被可以减少空气中的细菌数量，一方面是由于植物吸滞粉尘，减少细菌载体，从而使大气中细菌数量减少；另一方面植物本身具有杀菌作用，许多植物能分泌杀菌素。这是一种由芽、叶和花所分泌的挥发性物质，能杀死细菌、真菌与原生动物。表 5-30 为不同植被类型空气中的含菌量。从表 5-30 中可以看到，在城市中各类地区，因人口流动、车辆多少及绿化状况的不同，空气含菌量也明显不同。

表 5-30　南京不同地区空气含菌量

样地编号	用地类型	地点	菌落平均数/（个/立方米）	清洁度
1	绿地	省林科院疏林地	1.0	清洁
2	绿地	宝华山林地	2.0	清洁
3	绿地-水体-开敞地	安基山水库	6.0	清洁
4	农田绿地-水体	七乡河-九乡河	16.5	清洁
5	水体-开敞地段	玄武湖北岸湖滨地带	6.5	清洁
6	水体-开敞地段	长江南岸白云石矿开采地	77.0	界线

样地编号	用地类型	地点	菌落平均数/（个/立方米）	清洁度
7	居住小区-开敞地段 （住宅楼-开敞地）	新建的莫愁公寓	15.0	清洁
8	居住区-开敞地段	三元巷	281.5	轻度污染
9	居住区-绿地	九华山山麓居住区	6.5	清洁
10	第三产业集中地段	新街口	96.5	界线
11	第三产业集中地段	三山街	432.0	严重污染
12	工厂作业区-绿地	梅山钢铁厂	14.5	清洁
13	堆放垃圾的开敞地段	高桥门公路旁	35.5	较清洁

资料来源：董雅文和赵荫薇（1996）。

（4）指示和监测环境污染方面的作用：城市植被在指示和监测环境污染方面有重要的作用。有些植物对大气污染的反应，要远比人敏感得多。例如，在 SO_2 浓度达到 1—5ppm 时，人才能闻到气味，10—20ppm 时才会受到刺激引起咳嗽、流泪，而某些敏感植物处在 0.3ppm 浓度下几小时，就会出现受害症状。有些有毒气体毒性很大（如有机氟），但无色无臭，人们不易发现，而某些植物却能及时作出反应。因此，利用某些对有毒性气体特别敏感的植物（称为指示植物或监测植物）来监测有毒气体的浓度，指示环境污染程度，是一种既可靠又经济的方法。例如，利用紫花苜蓿、菠菜、胡萝卜、地衣监测 SO_2，唐菖蒲、郁金香、杏、葡萄、大蒜监测氟化氢，早熟禾、矮牵牛、烟草、美洲五针松监测光化学烟雾，棉花监测乙烯，向日葵监测氨，烟草、牡丹、番茄监测臭氧，复叶槭、落叶松、油松监测氯和氯化氢，女贞监测汞，都是行之有效的好方法。

植物叶片对有毒气体反应特别敏感，因此可以利用叶片伤斑的面积来指示大气中有毒物质的浓度。大气中有毒物质的浓度越大，受害叶面积也越大，两者呈正相关。例如，唐菖蒲叶片对氟化物特别敏感，可以指示大气中氟化物的浓度（表 5-31）。

表 5-31　唐菖蒲在不同大气污染程度下的受害情况（1975 年 5 月 6—19 日）

监测点至污染源的距离 /米	伤斑长度 /厘米	受害叶面积 /%	监测点至污染源的距离 /米	伤斑长度 /厘米	受害叶面积 /%
5	22.8	53.9	1150	5.3	6.5
50	15.9	28.6	1350	0.3	0.3
350	13.5	19.6	对照	0	0
500	6.0	6.8			

资料来源：江苏省植物研究所（1978）。

植物叶片的有毒物质含量和大气中有毒物浓度呈正相关，因此，可以根据植物叶片的含毒量来估测大气中的毒物浓度。对大叶黄杨叶片含氟量的分析，证明大叶黄杨叶片含氟量与大气中氟化物的浓度呈正相关，与污染源的距离呈负相关，距污染源50米是156ppm，350米是98.8ppm，1150米是12.1ppm，1350米是13.3ppm（江苏省植物研究所，1978）。

监测植物有很多优点，但也有不足之处。例如，同一种植物的不同个体，对同一种污染物的抗性和适应能力，不可能是完全相同的；不同污染物所引起的症状，虽然大多数是可以区别的，但也有不少共同之处，不少污染物引起的伤害症状，常和其他因素（低温、干旱、营养元素缺乏、病毒感染等）所引起的伤害症状有某些显著的一致性，这样就增加植物监测的复杂性。

我们只要根据污染源的类别，通过各种试验，就可筛选出适合当地的监测植物。在试验中还要找出空气污染物的浓度和植物受害症状的关系，综合考虑当时环境条件和其他特点，就能找出规律。利用植物监测环境污染，使植物成为"永不下岗的哨兵"，为保护环境、保护人类健康服务。

4. 减弱噪声作用

（1）减弱噪声的机制简述：城市植被可以减弱噪声，主要是植物对声波的反射和吸收作用，单株或稀疏的植物对声波的反射和吸收很小，但当形成郁闭的树林或绿篱时，则犹如一道隔声板，可以有效地反射声波。当然，绿化带只是一种多孔材料，不是密实的材料，其反射系数仍然是比较小的，有相当部分的能量透射到另一侧。然而，绿化带仍然具有一定的声吸收，对降低噪声有一定的效果，现概述如下。①树木枝密叶稠，它的柔枝嫩叶具有轻、柔、软的特点，一排排的树木枝叶相连，构成了巨大的绿色"壁毯"，反射出去的声波大为减弱。②树木的枝叶纵横交错、方向不一，声波遇到这种不规则的表面后，就会产生乱反射，使声波化整为零，越来越小。树干是一个圆形的粗糙表面，声波遇到这种表面后，一部分被吸收了，一部分向各个方向反射出去，这也减弱了声波的强度。③树木的枝叶轻软，在风吹下经常摆动，摆动的枝叶对声波有着扰乱和消散作用。④结构复杂的绿化实体是一个群体结构，植株较多，层次复杂，当声波进入这种结构后，往往要经过一个吸收、反射-再吸收、再反射的多次反复，以使声波的能量逐渐消失。⑤草坪的声衰减也主要是由于草的声吸收作用，一般接收点的声波包括直达声波和地面反射声波两部分。由于草坪的声吸收、乱反射使地面反射系数变小，从而降低了反射声的能量，使接收点的噪声有所降低。

（2）减弱噪声作用：国内外有关这方面的研究结果表明，一般城市绿化实体的声衰减效果具有一定的共性：郁闭度0.6—0.7，高9—10米，宽30米的林带可减少噪声7分贝；高大稠密的宽林带可降低噪声5—8分贝，乔木、灌木、草地相结合的绿地，平均可以降低噪声5分贝，高者可降低噪声8—12分贝；草坪的减弱噪声作用也比较明显（表5-32）。

表 5-32　各种混合绿化实体消减噪声的效果

绿化结构	声源距绿带/米	声源高度/米	传声器距绿带位置/米	传声器高度/米	减噪效果/分贝
A	13	0.5	1	0.5	5
B	10	2	0.5	1.2	5
C	14	2	5	1.2	4.5
D	4	0.9	2	0.9	7.5

注：A. 为三板四带结构中快慢车道的分车绿带，宽5米，由两行桧柏绿篱和乔灌木组成，绿篱高1.1米，厚1米，中间乔木为油松，高6米，株距3米，间种丁香、连翘灌木，高1.5米。

B. 为一板二带结构中人行道旁绿带，宽4米，两行桧柏绿篱高1米，厚1米，中间1行油松高5米，株距5米，间种黄刺玫，高2米。

C. 为一板二带结构中人行道绿带，宽12米，靠快车道一侧为侧柏绿篱，高1.2米，厚1米，向南1米种植元宝枫，高6米，株距4米，分枝点高1.8米，中间人行道。该道北侧为丁香、珍珠梅、黄刺玫组成的灌木丛，高2米，宽3米，南侧为边界林，由大桧柏组成，高7米，株距3米。

D. 为两行桧柏绿篱，宽17米，每行绿篱高1.7米，厚2.2米，中间植两行灌木，株行距为3米×3米。

在热带、亚热带地区，最好种植常绿树种，而树叶密集、树皮粗糙、叶形较小且表面较为粗糙的树种，是隔音效果较好的植物；多层复合结构的绿化实体比少层复合结构或单优结构的绿化实体的声衰减效果好；在重噪声周围配置绿化实体时，应提倡梅花点型种树，不适宜井字型种树，如建防护林的话，防护林不能离声源太远，并且林带尽可能地宽些。

5. 城市植被保护生物多样性作用

近两个世纪，由于人口数量的迅速扩大，世界各国的工业化进程的加速，人类对自然资源的利用和需求远远超过地球维持生命和自然平衡的能力，森林大面积减少，湿地干枯，草场退化，珊瑚礁被毁，生态环境急剧恶化。这就使得地球正在丧失自我维护自然平衡的能力，导致生物多样性的迅速丧失，大量的物种甚至在被鉴定前就已经灭绝了。因此生物多样性的保护，是国际上资源与环境保护工作的重点内容之一。如何利用城市环境进行生物多样性的移地保护是当今生物多样性保护的热点课题之一。

随着经济的发展，人们越来越重视居住环境的美化，城市植被的相对面积也逐年增加，大量观赏价值较高的植物被人为引种，这就提高了这些植物的适应能力。植被的引入能相对提高区域植物的多样性，但也有可能对区域植物多样性造成破坏，严重时会造成生物入侵，如水葫芦的引种。城市植物的人为引种在合适的气候条件下会使城市植被比人工林具有更多的科、属组成，这也会吸引更多的动物，尤其是鸟类栖居其中；在不合适的环境条件下极有可能影响城市植物的多样性，并间接地对动物多样性尤其是鸟类多样性造成影响。城市鸟类群落结构受植被丰富度、人为干扰、林地面积等多种因素的影响，城市鸟类的优势种也与农村、郊区有着较大差异，这种差异有向极端方向发展的趋势，即城市鸟类优势种相对野外愈加单一。这种单一性不仅会对城市植物多样性造成不良影响，也会对市容市貌甚至城市经济发展产生一定影响。

此外，在城市植被的建设过程中，人们发现地处城郊和城市之间的植物园建设，往往能承担起植物多样性保护、开发野外观赏植物资源、引种驯化实验等的任务，同时植物园的建设也对动物多样性保护产生一定的益处。我国植物园较为均匀地分布在华北、东北、华南、西北、西南及中原地区，多以本地区植物的保护和引种驯化为主要工作，并配以园林的外观和科普设施及内涵，不仅为城市植被建设提供优质的种质资源和基因库，也成为城市植被的重要组成，还能为城市特殊生态条件下的城市植被建设提供植物种质资源等。这充分体现了城市植物园建设的社会效益、生态效益、生物多样性保护效益和经济效益，也有效印证了城市植被保护生物多样性的作用。

（三）城市植被的经济效益

尽管城市植被的直接经济效益功能不是主要的功能，但不可忽视城市植被的经济效益，也就是新发展起来的城市绿（化）色产业。应该说城市植被的经济效益是非常巨大的，有城市园林产品等本身的收入，还有改善环境、美化城市，促进其他行业，如旅游业增值的效益。

城市园林绿化建设，可以提高城市绿化面积，构建更加适宜的居住、工作和生活环境。在城市经济发展中，良好的城市环境会吸引更多的人才进入城市，从而促进城市经济结构的转型和发展。随着城市人口的增多，房地产业受到了更多的推动和刺激，尤其是在城市园林绿化项目周边的房地产，由于环境的优质化，而受到更多人的青睐，从而提高了房地产的价格。房地产的经济效益提高，更多的资金就会进入到城市园林绿化项目的建设当中，这会形成一种良性的循环。

城市的绿化建设，还有助于带动商贸经济发展。在城市建设的完善中，会越来越多地将城市绿化与商贸街区相结合，在商贸区域的道路两侧构建绿化带，并在商贸建筑之间营造小型的绿化景观，使商贸区域与绿化融为一体，这不仅仅可以有效地吸引客流量，也可以帮助较多客流量分流。城市园林绿化也对劳动就业有显著的影响。随着城市的发展，城市园林绿化的增加，城市必然需要更多的园林绿化管理者、维护者、施工者。这些劳动者的需求可以丰富就业市场，为社会提供更多的就业岗位。除此之外，城市园林绿化也会带动整个园林绿化产业链，上游经济中的苗木、花卉种植规模不断扩大，苗木、花卉的种植企业就会快速发展，提供更多的就业机会。从而园林绿地建设的工具、设备，以及园林养护所需的化肥、农药等，这些与城市园林绿化相关的产业，也会更进一步地发展，带动就业。这对于城市经济转型与发展而言，是一种间接的但可以预见的有效助益。

五、城市植被覆盖率与城市建设的关系

城市植被的功能是多种多样的，而城市植被覆盖率是一个从宏观上表达城市绿化规划目标或所取得成果的总概念上的指标，城市绿化规划目标是指在城市范围内，单位土地面积上规划城市植被所覆盖的面积，绿化所取得的成果是指在城市范围内，单位土地面积上城市植被所覆盖的面积。

（一）城市化与城市植被覆盖率的动态关系

20世纪以来，城市发展越来越快，总人口数量也越来越多。然而在大多数的城市发展过程中，原有的城市植被（原生植被、农田植被）所在地绝大多数被占用，自然植被、农田作物覆盖的面积则大量减少，尽管新的人工植被面积也在不断增大，但是城市植被覆盖率都徘徊不前，甚至减少。因此，如何在有限的土地上，紧跟城市化的进程，提高城市植被覆盖率是摆在城市生态学工作者面前的课题。

（二）人的活动强度与城市植被覆盖率的关系

城市物质环境是由自然环境和人工环境组成的。一般来说，自然环境含有太阳辐射、大气、水、土地等因素；人工环境含有居住环境、工作环境、业余活动环境、道路交通环境等因素。绿化实体是人们依据多方面的科学知识和以艺术为手段，结合城市的自然环境条件，作用于社会环境的实践结果。因此，任何一个绿化实体或绿化单元都和人的活动性质有着极其密切的关系。人的活动性质或人的活动强度可以通过人的分布、土地使用的性质、能源与资源消耗等方面来表示。一般来说，土地使用强度的顺序是工厂＞文化教育＞党政机关。绿化现状与人的活动强度关系的内涵是比较复杂的，有待于人们去作进一步的深入研究。

人的活动强度在一个城市范围内的分布变化很大，表5-33反映了海口市不同行业人口的分布情况，但它所反映的是人们的行业分布情况。从各行各业和人口分布来看，从事工业的人数最多，占23.3%。如果把建筑业、交通运输业、邮电通信业的人口也归入工业人口的话，那么，工业人口则占人口总数的38.7%；文

表 5-33　海口市不同行业的人口分布情况

	农、林、牧、渔、水利业	工业	建筑业	交通运输业邮电通信业	商业	文化教育	党政机关	其他
人口数/人	69 298	95 542	30 344	32 804	84 060	26 653	33 214	38 135
比例/%	16.9	23.3	7.4	8.0	20.5	6.5	8.1	9.3

资料来源：符气浩等（1996）。

化教育和党政机关所占的人口比例分别为 6.5%和 8.1%。一般来说，在工业人口集中分布的地区，或者说是工业用地比例大的地区，环境质量较差。分析海口市不同行业所占地的面积、人数和绿化覆盖率（表 5-34）是分析海口市人口与城市绿化覆盖率的关系的途径之一。

表 5-34　海口市不同的行业面积和绿化覆盖率统计表

	文化教育			党政机关			工厂		
随机统计单位数/个	14			13			11		
总面积/平方米	208 756			208 353			1 042 838		
各个单位面积 /平方米	38 662	666	20 000	600	3 000	7 947	3 000	2 920	
	16 000	6 526	28 001	19 255	1 200	5 000	10 000	11 600	
	627	1 000	33 135	3 000	4 000	12 350	18 667	373 352	
	14 000	34 300	34 400	12 000	10 000		20 000	400 000	
	1 934	7 000		11 000	20 001		67 000	22 000	
							9 900		
平均面积 /平方米	14 911.2			16 027.2			94 803.5		
各个单位相应的 绿化覆盖率/%	21.4	11.5	17	8.5	25.0	4.3	5.6	6.0	
	43	28.8	6.0	29.6	71.2	40.0	25.3	10.4	
	6.2	10.0	25.0	25.0	30.2	25.5	60	3.9	
	26.0	14.6	25.0	7.9	9.0		19.3	9.0	
	7.3	5.7		40.0	29.3		29.7	20.8	
							7.5		
平均绿化覆盖率/%	17.7			26.6			22.9		
实际绿化面积 /平方米	48 640			66 464			118 883		
实际绿化覆盖率/%	23.3			31.9			11.4		

资料来源：符气浩等（1996）。

第八节　城市动物

一、城市动物的概念

栖息和生存在城市化地区的动物大都是原地区残存下来的野生动物，或是从外部迁徙进入城市的野生动物，或是通过人工驯养和引进的动物。因此，可以称栖息和生存在城市化地区的动物为城市动物（urban animal），而把与人类共同（常年或季节）在城市环境中而不依赖人类喂养，自己觅食的动物称为城市野生动物，含原地区残存下来的野生动物和从外部迁徙进入城市的野生动物。

二、城市野生动物的特性

城市化的进程改变了城市环境，也改变了城市动物的生境。城市动物的区系组成、种群结构及其分布除与区域自然、生物地理条件和城市自然社会环境条件有一定关系外，城市人、社会集团有意识的定向活动或者无意识的盲目活动都会对城市动物产生影响，在一定程度上亦可看作城市居民对城市动物的选择结果。城市是人类聚居的场所，凡是对人类有益或不产生明显危害的野生动物都可以生存，而且还应当得到保护，而对人类有明显危害的野生动物一般只能在圈定的环境中驯养，难以自由立足。对于城市而言，城市野生动物及其栖息环境是城市生态与生物多样性的重要组成部分，被誉为城市的"免疫系统"。在高度城市化地区，城市周边适合野生动物生存的栖息地日益减少，特别是传统的农田和沿海滩涂湿地的占用和围垦，直接导致了野生动物的种类和数量的急剧下降，野生动物栖息生境片断化、破碎化、孤岛化的趋势明显。近年来，上海人工绿地和林地的面积快速增长，虽然普遍存在林种不够丰富、群落结构单一、受人为干扰程度较大、生物多样性丰富程度有限等问题，但也确实为部分城市野生动物提供了新的栖息空间。通过表 5-35 可以看出，上海市野生动物栖息地主要分为 4 种类型，各种类型均受人类影响较大（表 5-35）（张秩通和张恩迪，2015）。

表 5-35　上海市野生动物栖息地的主要类型及基本特征

类型	现状	问题
湿地	本市湿地资源总面积约为 4645 平方千米，其中近海及海岸湿地面积为 3866 平方千米，河流湿地面积 72 平方千米，湖泊湿地面积 58 平方千米，沼泽湿地面积 93 平方千米，人工湿地面积 556 平方千米	围垦开发、外来物种入侵、生物多样性下降、水体污染及管理体制不顺等
农田	2010 年上海市耕地面积为 2010 平方千米，其中水田面积 1532 平方千米，旱田面积 478 平方千米	大量使用化肥、农药造成了较为严重的面源污染；建造水泥沟渠，人为隔断了农田之间的物种交流
林地	至 2009 年林地总面积已达近 1000 平方千米，森林覆盖率 12.58%	林分密度过大，中幼林地居多，树种单一等
绿地	全市公共绿地面积由 20 世纪 80 年代初的 4.0419 平方千米提高到 2011 年的 164 平方千米，人均公共绿地面积从 0.46 平方米提高到 13.1 平方米，城区绿化覆盖率从 6.14%提高到 38.2%	人类活动频繁、绿地分散、外来种入侵威胁

资料来源：张秩通和张恩迪（2015）。

所以说，现代城市中的动物是在自然、人工选择和突发变异过程中进行组织和功能自我调节的结果，肯定明显不同于自然环境中动物的特性。这主要表现在区系成分优势种的改变、种的数量的改变、种群数量的改变和分布格局的改变。

（一）城市区系成分优势种的改变

在城市化的进程中，城市环境的空间异质性、时间异质性与城市野生动物区系成分优势种的改变密切相关。例如，在东京，地下铁道兴建前，住宅地区历来是熊鼠占压倒优势，约占鼠类总数的90%，在商业街约占70%，但随着城市化的发展，特别是地下铁道的兴建，过去作为劣势种的沟鼠和二十日鼠开始大量繁殖，不断排挤熊鼠；流经东京的多摩川河，原以水质清澈，盛产香鱼、石斑鱼、杜父鱼等清水鱼类而著称于世，但由于第二次世界大战后经济恢复和腾飞的影响，多摩川河污染相当严重，致使这些鱼类濒于绝迹，代之而来的鲤科小鱼白票子则开始大量繁殖。

城市化进程不同的地区，昆虫的种类和数量也不同，中欧大城市是以厕蝇、家蝇和果蝇占优势，其中某些种类是疾病的传播者。

（二）种的数量的改变

城市动物在种的数量变化方面是比较突出的。如果排除人类圈养的野生动物（动物园里的动物）的话，城市野生动物种的数量与城市中人造物程度呈负相关，即城市中人造物程度越高，野生动物种的数量越少。例如，蚯蚓是分布极为普遍的土壤动物，其生活方式可分成以下两种类型。

A型：潜伏层主要在淋溶层即A层虫体多与地面平行。

Ao型：潜伏层主要在枯枝落叶层和植被落叶层。其中受城市影响最大的是Ao型。城市化区域内，植被的枯枝落叶被扫除，地面被踏实等，均对蚯蚓产生不利影响。城市多地区的Ao型蚯蚓完全不能生存，同时，Ao型蚯蚓是受大气污染影响最严重的。对Ao型蚯蚓生息密度（生息密度是指单位时间单位面积内的数量）的研究表明，城市人类活动强度越大的地区，生息密度越小。

相比早期生物多样性要素在城市的呈现，如今的城市空间不断扩张、软质地面被压缩，动物要素呈现弱化趋势。此外，还可以从蜻蜓、蝗虫、萤火虫等昆虫以及哺乳动物狸、狐、鼬、鼹鼠等从城市化地区的退却速度来说明城市动物种数减少的趋势。

农田或森林地区因城市化的发展而变成郊区，再由郊区变成城市的过程中，爬行类及两栖动物因生育地遭到破坏和污染，旅行觅食路线受阻等原因而逐渐减少。例如，美国印第安纳波利斯城因地物及灌木被铲除，致使蛇类无法生存；加利福尼亚的红腿蛙、豹蛙、英国蛙、欧丹草蛇皆因排水工程破坏了它们的生育地而逐渐减少，至于污染对爬行类和两栖类动物的影响，最明显的实例之一是由于水道污染，使美国的密苏里河及密西西比河上的软壳龟及啮龟的数量减少；实例之二是堪萨斯州及圣路易斯市的工业污染使地图龟绝迹。孙丰硕等（2016）选择北京市六环以内的 40 处城市绿地为研究样地，并根据绿地地理位置、功能结构等将其分为郊野公园、城区公园、带状绿地、校园绿地 4 种类型，对分布于 4 种类型绿地中的鸟类群落进行了全面调查与分析，以期探讨北京城市绿地冬季鸟类群落的分布特征（表 5-36）。城市绿地的面积越大，鸟类的丰富度和多样性往往也越高；城市鸟类群落相比于郊区往往有较高的个体数量，物种多样性却较低。

表 5-36　北京城市绿地冬季鸟类群落丰富度

绿地类型	样本量	总丰富度	平均丰富度
郊野公园	18	48	9.72±1.81
城区公园	7	33	8.71±1.67
带状绿地	10	18	5.80±1.31
校园绿地	5	12	6.00±0.96

资料来源：孙丰硕等（2016）。

上海市近年来新建的大型绿地公园也已经成为不少鸟类的栖息地，以 2000 年正式对外开放的位于浦东新区内环线内的占地总面积达 140.3 公顷的世纪公园为例，在 2006 年 4 月到 2007 年 3 月间，世纪公园共记录到鸟类 65 种。近年来，在上海市的公园中多次发现上海市的鸟类新记录和在上海市罕见的鸟类，2006 年新记录到的凤头鹰（*Accipiter trivirgatus*）和 2008 年新记录到的方尾鹟（*Culicicapa ceylonensis*）等都是在共青森林公园记录到；2011 年 1 月，瑞典观鸟者 Peter Salmon 在 2010 年新建的吴淞炮台湾湿地森林公园记录到了上海市鸟类新记录黑海番鸭（*Melanitta nigra*），同时观察到了上海市比较少见的鸟类渔鸥（*Larus ichthyaetus*），随后上海观鸟者又在同一公园观察到了上海市罕见的鸟类灰背鸥（*L. schistisagus*）。因此，近 20 年来上海市绿地面积增加和城市绿化率的提高，有可能吸引了鸟类在上海城区栖息，特别是植被覆盖率高、乔灌草结合好的大型公园，对提高城区鸟类多样性起到了重要作用（蔡音亭等，2011）。

（三）种群特征

城市野生动物种群特征包括种群大小、数量分布、年龄组成和性比等。种群大小的改变有两个方面的含义，一方面是指一个野生动物种在城市区域内总的数量的改变；另一方面是种群的区域分划或合并，使得每一活动种群的数量发生改变。一般来说，在城市里野生动物的生活环境和它们的栖息地越来越单纯化，所以种群数量有逐渐变小的趋势。例如，鸟类种群活动与城市植被建设密切相关，城市森林面积与鸟种群数量呈正相关。为数众多的研究表明，鸟类栖息地斑块的面积对鸟类丰富度和多样性具有决定性作用。因为更大面积的斑块往往意味着更复杂多样的景观类型和栖息地多样性，相对于小斑块而言能够更大程度地满足鸟类生存和繁殖需求，同时削弱来自周围城市环境中各种干扰的效应。所以经验证据表明，城市中许多鸟种，特别是地区稀有种都选择在大型绿地斑块中栖息和繁殖。然而，城市环境中的鸟类还必须应对片断化和质量退化的自然植被，它们的存活也很可能取决于诸如利用城市景观基质和（或）在其中扩散的能力。

Davis 等（2011）在对澳大利亚西部城市佩斯的国王公园的自然灌丛和 9 个邻近郊区花园中鸟类出现频率的研究中，通过记录穿越一条分隔灌丛和花园的 6 车道主路的鸟种频率和高度以评估鸟类的扩散能力，结果表明自然灌丛的鸟类物种丰富度比城市花园高（鸟种数：30：17），其中的 18 种鸟与灌丛相关性更为强烈，且有 61%从未在城市花园中记录到（谢世林等，2016）。崔志兴等（2010）在进行城市森林建设与鸟类群落构建关系的探讨过程中，对建设近 10 年的上海环城绿带各典型地段鸟类进行实地考察和研究（表 5-37），结果显示，上海新建的各块绿地对野鸟的吸引力不同，植物种类越丰富、林地的面积越大（连续性大）、管理越粗放对野生鸟类的吸引力就越大，从而多样性指数越高。

表 5-37 外环绿化带张江基地夏季鸟类群落多样性指数与上海其他林灌生境的比较

地点	崇明森林公园	大金山岛	天马山	浦东中央公园	东佘山
多样性指数	3.387 118	2.794 172	2.630 656	2.260 885	2.141 167
地点	江湾机场"大绿岛"	西佘山	庄行东风村	外环张江基地	北竿山
多样性指数	3.273 073	2.785 705	2.421 479	2.178 606	1.646 925

资料来源：崔志兴等（2010）。

上海城市鸟类群落组成整体较为稳定，大部分鸟类数量分布沿内环线至外环线呈现递增的梯度。同时表现出城市绿地覆盖率是直接影响鸟类群落组成与分布的重要因素。多一份绿，鸟类就多了一份生存空间。

除了绿地面积、水域面积等主要生境因子对城市鸟类群落的影响外，绿地植被布局、道路格局、河岸组成、海岸组成、人类活动情况及噪声分贝等生境因子成为影响城市鸟类群落特征另外一些重要因子；特别是一些沿海城市绿化有特色的区域，鸟类多样性很高。例如，有红树林分布的海南海口市内的海南大学校园，在一年四个季节调查中（2020 年的调查结果），拍摄记录到鸟类 54 种，隶属 13 目 25 科，其中留鸟 63%、冬候鸟 29.6%、夏候鸟 1.9%、迷鸟 5.6%。校园内鸟类群落的主要优势种为八哥（*Acridotheres cristatellus*）、灰背椋鸟（*Sturnus sinensis*）和丝光椋鸟（*Sturnus sericeus*），属于国家Ⅱ级重点保护鸟类的有 5 种，即褐翅鸦鹃（*Centropus sinensis*）、小鸦鹃（*Centropus bengalensis*）、黑翅鸢（*Elanus caeruleus*）、白胸翡翠（*Halcyon smyrnensis*）和鸡尾鹦鹉（*Nymphicus hollandicus*），充分体现了海南大学校园在生态环境建设方面为海南生态文明示范区建设起到的窗口作用。因此，城市在进行绿地建设时，除了要尽可能扩大绿化面积、要满足人类的休闲需求外，更应该从生态学出发，根据绿地所在区域的环境特点，结合鸟类活动与生境因子的关系，进行科学、合理的规划设计，以营造出更贴近自然的生态绿地，让鸟类更好地融入城市环境，让城市回归自然。

根据"国际生物学计划"，波兰研究了城市化地区常见的麻雀的变化，结果发现，麻雀一般分成小群活动，这对获得食物和繁殖后代比较有利，群的形成方式依建筑物的形态、食物及废弃有机物的状态不同而有所不同。家鼠、熊鼠、家鸽等也遵循同样的规律。

在种群数量分布方面，城市不同功能区亦有所差异。常见的功能区可分为景区、人工林、校园及居民区。白清林等（2019）对哈尔滨市不同生境类型春季麻雀种群密度差异进行了分析（表 5-38），研究结果表明，城市不同地区绿化地的种类对麻雀数量有所影响，林草混合地麻雀种群数量>林荫路麻雀种群数量>草地麻雀种群数量，在种群数量分布方面推测和绿地植被结构和人类干扰程度有关；城市功能区的种类对麻雀种群数量有所影响，景区麻雀种群数量>居民区麻雀种群数量>高校麻雀种群数量>人工林麻雀种群数量。

表 5-38　调查区麻雀平均密度情况　　　　　　（单位：只/公顷）

	林荫路平均密度	草地平均密度	林草混合地平均密度	绿地平均密度
太阳岛	48.0	11.5	51.8	37.1
校林场			19.4	19.0
哈医大	11.2	2.8	21.3	12.8
大众新城	10.2	3.0	30.9	14.7

三、城市野生动物对人类的危害

野生动物对城市居民的生活情趣起调节作用，如清晨听到鸣禽歌唱，在夏夜听到阵阵蛙鸣，在春天看到燕子飞翔，在公园看到松鼠跳跃，会使城市居民暂时忘掉城市紧张生活的压力而感到心旷神怡。

但是，野生动物也会对人类形成各种危害。

（一）野生动物对飞机的危害

1962 年，美国华盛顿州一些天鹅与一架飞机相撞，导致机尾受损，17 人死亡；1970 年，波士顿机场一架正在爬升的飞机与一群飞鸟相撞，造成引擎失速飞机失事，60 人死亡；1980 年，美国空军的一架 T-38 型双引擎喷气机因引擎吸入海鸥而坠毁在克利夫兰城附近；1994 年，伦敦希思罗机场一架波音－747 客机撞上了一群鸽子后坠毁，机上 350 名乘客全部遇难；1995 年，美国空军的一架 E-3 预警机（B707 改装的）起飞时，遭到三十几只鸟的撞击，飞机坠毁，机上 24 人无一幸免于难；2000 年，俄罗斯一架安－8 运输机发动机吸入一只野天鹅在刚果坠毁，造成 21 人死亡。我国四川双流机场就曾由于过多的鸽子在机场飞翔而暂缓使用机场；北京首都机场的鸽子对飞机构成威胁，每年都要投入大量的人力、物力驱赶机场上空的鸟类。

鸟类喜欢聚居于机场附近，其原因是：①食物较多；②隐蔽处较多；③水较多；④机场空间较大，且不受幼童、家畜等干扰。防止鸟类对机场的危害，多采用如下途径：①关闭机场附近的垃圾场或建垃圾处理系统；②完善排水系统；③砍掉机场附近的树木、灌木，改造建筑物的外观，使鸟类无处隐蔽；④加强监测、管理，及时驱除鸟类危害。可采用遥控小型机、驯鹰、手电筒、空包枪等驱除鸟类。

（二）野生动物是疾病的携带者

在城市及其郊区，野生动物感染的疾病分为两类：一类是影响野生动物的疾病；另一类是妨害公共卫生的疾病。在美国，第一类疾病有痘病（pox）和沙门氏菌病（salmonellosis）等，可以导致鸟类以及浣熊和鼬死亡。来源于狗瘟（canine distemper）的 C 型肉毒杆菌（clostridium botulinum type C）也能致水禽死亡。对公共卫生形成危害的疾病是气管炎以及慢性脑膜炎，这主要是住房附近的鸟巢、蝙蝠栖息地以及鸽舍中所聚集的粪便所引起。家犬或野生动物都能引起狂犬病。美国在 1955 年前的狂犬病主要是由家犬引起的，但 1970 年美国发生的 3276 例狂犬病中，有 78%是由野生哺乳动物引起的，其中 38%是由鼬鼠引起的，24%是由狐引起的，9%是由蝙蝠引起的，6%是由浣熊而引起的。

（三）野生动物对建筑物、观赏植物以及景观的破坏

老鼠以及松鼠啃咬电缆、电视天线和住宅及其他建筑物；啄木鸟在电线杆上凿洞筑巢；鼹鼠及土拨鼠不仅在草地上挖洞，还会剥树皮、啃断树根。凡此种种均对城市造成破坏。美国有些城市有成群的紫燕、椋鸟停在白松上栖息，由于其噪声以及气味的影响，使景观美的气氛大受破坏。燕子在屋檐下作窝，不仅影响景观，同时还可能带来寄生虫。

四、城市野生动物的保护管理

近一个世纪以来，各国大都通过了一些保护野生动物的法令，但是仅有保护还不能使它们的种群增加，因此需要设置农场，进行人工繁殖，然后运至适宜的生育地释放。动物繁殖与死亡之间的平衡受两个因素的影响：一是生物潜能，即

一种动物自然抑制因子的影响，增加其个体的最大速度；二是环境抗拒力，这是指使动物个体死亡率降低或动物个体增加的力量总和。

任何野生动物的生育地均因其有负荷能力而使其种群增加受到限制。负荷能力的大小主要取决于食物、隐蔽处的水量及其他生活上的基本因素。一个复杂而发展成熟的环境，对各种动物的负荷量均比较稳定，即在这种环境中所有的动物数目不会发生太大的变化。假如这样的环境足够支持许多种动物，则这些动物必然包括猎食者、寄生者、病菌、竞争者。在较简单的环境中，如寒冷或干燥的生态系统中，其负荷能力依环境的变化而发生大幅度的变化。在干燥地区，如果某一年年降水量增加，就会长许多植物，对适应这种干旱环境的某种动物来说，环境的负荷能力必然增加。如遇干旱年份，对大多数动物来说，其环境负荷能力降低，因此栖息在这种环境条件下的动物数目必然发生变化。

通常把具有控制其本身数目能力的动物称为领域动物。某一动物个体或某一群动物专用一个地区，该地区就称为动物的"领域"，其他个体或群体均尊重于这个领域。所有的领域动物都给每一动物划出一定的生存空间，这样就限制了该环境中动物的数目。对于不具领域的动物，则由不同的猎食者控制其数目，有时则由猎食者、寄生者及致病者共同控制其数目。因此，只要其天敌存在，这种无"领域"动物就会维持很稳定的数目。如果因人类活动而消灭其天敌，则这种动物的数目就会增加到高峰，直到出现食物短缺、缺乏隐蔽、气候不良等情况，又使其数目减少。许多小动物，如鹌鹑、野鸡、棉尾兔、松鼠等，都以不同的方式控制其种群。这些动物主要受某种程度的地域性影响，是因为如具地域性，便会使这些动物更容易被猎食者伤害，或更容易因气候恶劣或其他因素造成其死亡。

野生动物保护经营管理的最主要观点是创造适宜的生育地，每种动物对生育区的要求不同，它们必须生存在极盛生育地或次极盛生育地中。例如，貂、狼和食鱼鼬都属于因极盛林相消失而遭消灭的动物。野生动物虽经全面禁猎，但在其原生育地中，其数量还是很少，因此要保护野生动物必须先维护它们的生育地。

禁猎是保护野生动物的一项措施，但是如果单纯实行禁猎而不提供充足的生育空间，野生动物的数量也不会增加。美国的野生动物保护措施是相当有成就的。有许多演替型的生育区，生存其内的鹌鹑、松鸡、鹿、兔和鸠只要稍加保护即可维持目前的数目，而每年增加的数目则可供狩猎之用。但美国公众习惯于反对猎杀野生动物，致使它们繁殖得太多。对于面临灭绝的稀有动物，禁猎和恢复其生育地则需同步进行。

在野生动物保护中还要处理好掠食动物与被掠食者的关系。对牧场而言，猎杀掠食动物对羊群有其意义。但对于野生动物而言，掠食动物的掠食仅仅是维持生态平衡的手段而已，掠食动物除掉每年增加的兽群，是为了防止被猎食的野生动物食物不足。掠食动物会把种群中老、弱、疾病的野生动物除去，以便种群中留下精力充沛的年青动物和幼仔。掠食动物也是自然景观的一部分，它起着维持生物群平衡的作用。野生动物的景观必须富有变化，即必须要有掠食动物，也要有被掠食者。

设立野生动物保护区也是保护野生动物的有效方法。野生动物保护区可以满足风景、娱乐以及科学研究的需要，在保护区内还可保存濒于绝种的动物。例如，处于濒危状态的中国国家一级保护珍禽丹顶鹤是稀有大型涉禽，繁殖期间主要分布在中国东北松嫩平原以东黑龙江下游、乌苏里江流域和吉林、内蒙古西部低洼沼泽湿地。俄罗斯、日本和朝鲜也有分布。多年来，由于人类滥捕、围垦造田破坏了丹顶鹤的生育地，已使它的种群数量分布范围逐渐缩小，截至 2017 年，全球仅存不足 2500 只，在中国境内有 1000 余只。20 世纪五六十年代，江苏盐城沿海滩涂工农业迅速发展，自然环境发生了很大变化，直接破坏了鹤群越冬栖息的环境。为了保护这一濒危物种，江苏省人民政府于 1983 年批准建立盐城沿海滩涂珍禽自然保护区，起到了良好的作用，并于 1992 年升级为国家级自然保护区，2007年更名为江苏盐城湿地珍禽国家级自然保护区，2019 年 7 月，该自然保护区部分区域被列入世界自然遗产。

野生动物还有一定的商业价值。除对保护区内的野生动物进行保护外，区外饲养的野生动物能提供肉和皮革。南非的一些牧场目前已不饲养绵羊而饲养南非羚羊，还有一些地方也已证明饲养野生动物比放牛群更具经济价值。中国台湾地区 1970 年宣布禁猎以来，鸟类已逐渐增多；而梅花鹿和水鹿有很高的经济价值，台湾的养鹿场也很多，使得鹿群迅速繁殖。当然，也有些国家虽然设立了野生动物保护区，但仅仅是纸上谈兵，伐木等其他人类活动几乎摧毁了所有的自然景观，保护区形同虚设。

欧美一些国家很重视城市野生动物的保护，除设置一些机构进行管理外，还制订了一系列措施。下面以洛杉矶为例说明。

洛杉矶是一座利用巨型机械在海滨山坡地辟建的城市，但也有一些山地因地形太陡等关系仍保持其自然状态，甚至在洛杉矶的市中心也还有一些尚未开发的土地。在未开发地中保存有小羚羊、番犬、美洲豹、黑熊，其中以番犬与城市居民关系最为密切。因番犬很能适应城市生活，多聚居在洛杉矶北侧的国家森林中，林地最高处可达海拔 1 万英尺[①]。该城南侧的圣莫尼卡山为番犬聚居地，位于闹市区的公园亦有番犬栖息。由于番犬的栖息地与市区相当接近，所以番犬有时会利用未开发地及泄洪渠道潜入市区，偷食果园的果实、海枣、芹菜、西瓜以及猫、小型犬和垃圾。

洛杉矶市政府过去对番犬采取悬赏猎杀方式，但效果不明显。目前则采用禁猎的管理方式，由市政府雇员将市内具有侵袭性的番犬用直升机运送到 35 英里[②]

---

① 1 英尺=30.48 厘米，下同。

② 1 英里=1609.344 米，下同。

外的森林中，加以保护。

如前所述，城市是人类聚居地，对人有害的动物等应该清除，或通过其他途径将其运送至大自然环境中去。但对人无害的动物，如爬行类和两栖类可以保留以增加城市居民的生活情趣。被保留的野生动物需要一定的生存空间，因此必须采取一些措施。例如，保留两栖类和爬行类的有效措施有，对地面被覆物尽量避免采用焚烧处理的方法；兴建排水工程时，对地面水要加以消毒；在公园郊区林地除非十分必要，不应把枯枝落叶清扫干净；使爬行类有遮蔽物；河流应尽量避免污染；用作繁殖的池塘不应被填埋等。

综上所述，管理城市野生动物应注意以下两点。

1. 为野生动物提供充分的生存空间

应该利用旧市区翻新的机会，争取扩大城市的绿地空间，另外还应该建设城市公园，并在工厂空地、学校校园建立绿地和种植植物，利用废弃地作为野生动物保护地。一个城市内应有几个野生动物保护区，保护区应有适当的面积，并使其能够形成一个永久的生态系统。野生动物保护区的大小主要视在其中栖息的动物种类而定。例如，对鸣禽而言，一般需要 6—10 平方千米的保护区，某些小的生育地聚集在一起也难以当作一个大的动物保护区使用。

经营这些动物保护区应考虑动物的习性及生态学原则，如有些鸟类是留鸟，而另一些是候鸟。对有上述两种鸟类共生的生育地，每种鸟类的生态要求都应得到满足。也就是说一个生育地必须有多样化的植物种类以及多种形态的地形，便于容纳多种动物。同时又要尽可能地利用绿篱、行道树等构成线状生育地，使主要生育地之间相互连通。建设生育地的技术要点如下。

（1）改造地形：开挖的池塘可以用作人工岛，便于吸引某些水鸟。

（2）树种与密度的选择：在野生动物生育地中，针叶树与阔叶树应同时被选作造林的树种，当然热带地区应以阔叶树为主。由不同树种组成的生育地可使林地提前郁闭，便于鸣禽育雏成功而增加其数量。在生育地种植适量的供动物食用的植物也是一项重要的工作。野生动物保护地上的疏木、伐木、修枝等抚育和管理方式，应以不破坏野生动物的生育地为主要考虑因素。对矮树林的疏木、伐木和修枝工作以及控制焚烧等，都利于野生动物数量的增加。

2. 防止人类干扰和伤害野生动物

人类喜欢干扰野生动物，尤其幼童喜欢搜集鸟卵、毁鸟巢，因此须设法减少人类对野生动物的干扰与伤害。主要方法有以下两种。

（1）通过教育提高公众的道德水准。

（2）避免人接近动物生育地，如对游乐区、停车场位置的选择应尽量远离野生动物保护区，建筑车道和登山步道应避免经过保护区，旅游旺季可用铁丝网或其他方式封闭保护区等。

有关野生动物的监测方面，国外的一些做法值得借鉴。纽约在一百多年前已开始监测城市周围的浣熊、白尾鹿、负鼠等。在柏林、巴塞罗那，20年前人们就开始关注野猪的动向。2019年国际生物多样性日的主题为"我们的生物多样性，我们的食物，我们的健康"。了解城市的生物多样性，需要加强对城市生物多样性的监测和管理，这样能够让我们对城市中的野生动物多一些了解，有助于找到与它们更好相处的办法。人与动物（排除人的动物属性）非敌我关系，而是有机的共生伙伴，以动物为本、融于自然，以人为本、归于自然，以自然环境为本、人与动物应该融合。在我国，从2019年起，复旦大学生命科学学院研究员王放的团队与近100名市民志愿者，用80台红外线相机来追踪生活在上海的野生动物，这就是一个好的开始。希望国内能够加强对城市野生动物的监测，找到更好与野生动物的相处之道。

五、城市动物园饲养野生动物和生物多样性保护

（一）动物园的建设

案例五　中国动物园建设

中国动物园对中国生物多样性保护及世界的生物多样性保护（国外珍稀动物）具有重要的义意。2007—2008年，方红霞等（2010）开展了中国动物园物种编目与易地保护抽样调查，抽样调查了68家动物园。抽样动物园饲养了789种[包括虎（*Panthera tigris*）和金钱豹（*P. pardus*）的亚种]野生动物，比20世纪90年代初中国动物园饲养的600种野生动物，增加了180多种；抽样动物园饲养展出野生动物中有国外野生动物种类267种，比90年代初中国动物园饲养的100种国外野生动物，增加了167种。一些物种已在几个动物园建立了种群规模。动物园通过宣传教育、饲养繁殖建立人工繁殖种群等各种途径进行保护，这无疑是对野生动物栖息地保护的一个补充，其作用是栖息地保护所不能取代的。同时城市动物园的建设给城市增添了景观特色，还具有保护、教育、经济等多方面的效益。

中国最早向公众展出野生动物是在20世纪初，少数几个城市公园中设有动物展区[饲养过珍稀野生动物的皇家饲养场（园圃）则有几千年的历史，但其作用和性质不同于现代动物园]，如上海中山公园和复兴公园的动物展区，展出动物最多时有40几种300余只；北京"万牲园"等是全国动物种类和数量最多的动物园，最多时达700余只动物。

目前全国共有动物园185家，其中具有一定规模的动物园有28个，即北京、天津、太原、石家庄、呼和浩特、哈尔滨、长春、沈阳、大连、西安、兰州、银川、乌鲁木齐、上海、南京、济南、杭州、合肥、福州、南昌、广州、长沙、南

宁、武汉、郑州、成都、昆明、重庆动物园。其展出动物有 600 余种 10 万余只；同时通过迅速扩大和国际的联系，接受赠送、交换、引进国外珍稀动物近 100 种，1000 只。几个动物园的简单情况见表 5-39。

表 5-39　中国几个动物园的基本情况

动物园名称	面积/公顷	动物种类/种	动物数量/只
北京动物园	90	1 000	15 000
上海动物园	74	400	6 000
广州动物园	44	450	4 500
天津动物园	50	200	3 000
哈尔滨动物园	40	200	2 000
西安动物园	27	153	1 600
成都动物园	25	300	3 000

（二）动物园的作用简述

动物园的作用是多方面的，不仅增强对野生动物的保护，缓解城市化对野生动物的破坏，而且具有科研、教育、增强城市景观特色、吸引游人参观等作用。

城市中的动物园，给现代城市带来一个认识自然生物的直观窗口。动物园展出的以活生生的，通常远离城市居民甚至全体公民，而生活于大自然的珍稀动物为主，一般公众对野生动物，特别是珍稀野生动物和外国动物有着强烈的兴趣，动物园吸引了成千上万的游客。因此，动物园已经成为丰富人们文化生活、公众认识大自然、了解自然和自然资源所面临的危机，进而宣传和提高公众保护自然意识的重要场所。目前，中国有 14 亿人口，有动物园 185 家，野生动物园数量49 家。随着我国动物园市场规模的不断扩大，动物园消费不断增长，2018 年我国动物园市场规模为 146.32 亿元，其中门票收入所占比例为 94.9%。由于地区经济发展的差异，我国城市动物园的发展差距还很大，一线、二线城市的动物园（如北京动物园、上海动物园、广州动物园等）发展水平较高，而西部地区的动物园发展严重滞后。随着经济发展，我国动物园市场还有广阔的增长空间。动物园是生物学知识的来源之一。由于科技人员可在动物园获得活的标本，有许多物种在解剖学、形态学、分类学、运动学及进食研究等领域都有待很好地进行研究；现在大量的生物医药知识都在动物园中获得了研究成果，从而促进人类对动物界甚至对人类本身的了解，具有较强的了解动物与人类关系的深远意义。

第九节　城市环境与居民健康及经济损益分析

作为人类活动的中心，城市消耗着来自远近不同渠道的自然资源，同时产生巨量的废物，并在城市内部或外部加以处理。在这一过程中，城市在一个巨大的空间范围内造成了环境问题。例如，在家庭和工作场所，在住宅区，在城市里，在更广泛的地区，以至在全球等环境空间里出现环境问题。

城市环境问题也会损害人类健康，造成对经济、文化、道德等一系列社会影响，破坏城乡人民赖以生存的生态系统。

城市环境问题因城市和地区而异，并受到诸如城市规模，增长速度，收入，当地的地理、气候条件，行政管理能力和城市居民的环境素质等因素的影响。特别是当地政府力量单薄或资金不足，经济或人口的飞快增长都会加重城市环境问题的恶化。虽然在上面的章节中已经有部分内容讲述了城市环境问题与居民健康状况的关系以及城市环境问题与经济损益之间的关系，但为了较系统地讲述这一问题，本节将从下面几个方面进行论述。

一、环境问题与经济水平

影响城市环境问题的一个最重要社会因素是经济发展水平。随着一个城市经济的增长，许多类型的环境问题先是增加，而最终将会减弱或消失，现时一些环境问题则随着经济的增长和财富的增加而恶化。前者诸如没有安全用水的城市人口、没有足够卫生设施的城市人口、家庭房宅空气颗粒物污染浓度、大气二氧化硫等有毒物质的污染浓度等，后者诸如城市人均废物和排放物、工业污染使公共场所的大气污染物浓度增加等。

一个城市经历这些变化时的收入水平差异甚大，经济实力相当的城市中环境条件也可以各不相同，同时政治、人口和地理条件也可造成巨大的差异。

在贫困的城市，特别是城市的贫困居民区，最具有威胁性的环境问题通常是那些和家庭紧密相关的问题，妇女和儿童遭受环境危害的风险很高。家庭供水不足对于居民的福利来说比污染的河流更加严重。居民特别是妇女在烟雾腾腾的厨房比在户外更易受到空气污染的危害。居民区垃圾堆积、不加收集，比收集起来的城市垃圾造成的问题更大。人类粪便经常是最重要的污染物，家庭内和居民区不卫生的条件，对健康的危害比工业污染一般来说更具有威胁性。

在发展中国家的城市中，这些问题普遍存在，原因有多种，其中包括当地政府没有能力或不愿意满足居民的基本需求，由此而引起政府失去创造财政收入的能力，另一个关键因素是贫民无法或无能获得适应的土地建造新的房屋。

随着收入的提高，城市家庭和整个城市消耗更多的资源，如能源、水、建筑材料，并且产生出更多类型的废物，如城市垃圾类型多样化、工厂污染物类型的多样化等。有钱人拿出一部分财力，采取各种方法保护自己不受环境有害物质的影响。财富增加后，和家庭密切相关的问题首先得到解决，这一般是因为这些问题最具危害性，而且只需要在一个较小的范围内进行操作。但是，一方面这些努力减少了个人遭受污染的影响；而另一方面，只不过将这些问题转移到其他地方。例如，下水道等家庭卫生系统降低了个人或家庭受粪便污染的影响。可是，如果地下水不加处理就排放出去，将使城市河水质量下降，不仅损坏了供水的质量，而且直接影响河流生态系统的稳定性。在使用火力发电的城市，电是一种清洁燃料，然而发电厂却成为周围大气污染的一个重要污染源。因此，即使家庭和居民区的环境问题有所缓解，而日益增多的城市人口、市区和地区性的问题，如大气污染、水污染和有害废物的产生等问题可能会增加。这些问题在发展中国家迅速工业化的城市里，在中、东欧经济转轨的国家里由于经济实力低一般比较严重，缺乏城市基础设施方面的投资，如没有能力增加公路网和污水处理厂，以及环境保护法不健全和执法不力都使这些问题变得更加严重。

经济转轨国家城市中一个最大的问题是清除几十年来不加控制的工业生产所带来的污染。从第二次世界大战以来，这些国家一直在大力发展重工业。这是一个资源密集、高污染的经济部门。由于缺乏足够的环境法规和鼓励措施来保护资源，提高生产效率，减少浪费和污染，已造成环境的极大破坏。

自 1989 年以来经济的下滑，导致了工业生产和污染两方面的下降。例如，保加利亚工业生产在 1989—1992 年下降了 50%；在捷克的布拉格、斯洛伐克的布拉迪斯拉发和波兰的华沙等城市，二氧化硫的年平均浓度在 1985—1990 年下降了 50%。尽管工业排放下降了，然而该地区短期和长期的二氧化硫的排放量还是经常超过世界卫生组织的指标。由于更多的人拥有了小汽车，铅和氮氧化物的排放量也随之增高，从而出现了对大气质量的新威胁。在 1986—1993 年，人均车的拥有量在匈牙利增加了 34%，在波兰增加了 64%。

最近有迹象表明，该地区的环境污染是对人体健康产生不良影响的几个因素之一，尽管确切的因果关系还不大清楚。与一般的人口统计趋势相对比，波兰城区的平均寿命较农村地区短，而污染又集中在城市地区。在捷克，由于受到严重的大气污染的影响，因而城市地区的平均寿命比全国的数字显著偏低。

在一些城市中，特别是有矿山的城镇，周围大气中的铅含量很高，即使接触少量的铅都会给儿童带来敏锐的大脑损害和学习问题，在中、东欧受污染地区孩子的平均血量每 1/10 升要比正常的高出 15 微克，有时要超过 40 微克，特别是在交通繁忙的市中心。比较起来，在加拿大的温哥华规定只能用无铅汽油，2—3 岁儿童的平均血量 1/10 升为 53 微克。

大气污染严重也同诸如气喘病、气管炎等急性和慢性疾病以及死亡率上升相关联。在波兰的克拉科夫，一次地方流行病研究说明，城市中心居民中得肺癌的风险在上升，尤其是大量烧煤为楼房和住家取暖，严重地污染了城市的中心地区。

另外，由于基础设施破旧，卫生服务设施的损坏，城市居民面临着越来越多的风险。特别是一些"贫困疾病"又重新抬头，如白喉、结核病和肝炎等。

二、城市环境质量下降的经济损失

除了对人体健康和自然资源造成损害之外，城市环境问题还造成经济损失，有些是直接的，有些是间接的，如果全部包括在内的话，这些问题可以极大地破坏城市化创造的生产力。但是除了少数的费用，如治疗和污染有关的疾病的医疗费用，比较容易计算外，大部分的费用是很难计算出来的。

例如，环境问题对人体健康的影响常常以工人生产力减少多少来计算，但是经济损失不仅仅像传统计算的那样，还包括生产力和产量的损失。由于污染引起的健康问题所损失的工作正是一种经济损失，但身体不好，以及失去舒适感造成有关的影响也是经济损失。例如，失去自然风景所给予的乐趣，或者由于交通阻塞而丧失的娱乐时间、工作时间都是经济损失。以经济眼光评价健康状况和死亡的风险尤其是讲不清楚的，因为这要靠对人类生命价值的看法来定。

近几年有些研究说明了城市环境质量下降造成的经济损失。在墨西哥城，由于大气污染对人体健康的危害，每年造成的经济损失估计为 15 亿美元。据估计每年由颗粒物引起的呼吸道疾病造成额外的死亡人数为 12 500 人，而且每年还损失 1120 万个工作日。基础设施不足也显示出直接的经济损失。在雅加达，住户每年要花 5000 万美元煮沸饮用水——相当于市内生产总值的 1%。

用金钱来计算城市对周围环境的影响所造成的损失则更加伤脑筋，而这种影响可认为是相当大的。例如，臭氧层破坏对美国庄稼的损害，估计每年要达到几十亿美元。通常，只有当生态系统消失之后，它们所提供的服务的经济价值才能体现出来。例如，在加尔各答东部 4000 公顷的咸水湖和湿地被填满后，不仅使该地区鱼的年损失达 25 万吨，而且在雨后易引发洪水。

人体健康受损，自然资源基础被破坏，这些影响综合起来就破坏了城市经济的生产力。除了医疗费用增高之外，健康问题还由于会造成工作日减少，失去受教育的机会，以及劳动寿命的缩短而降低了生产力。当周边地区的自然资源消耗殆尽或受到破坏的时候，城市就要到更远的地方去获取资源，费用也就更高。

城市生产力也取决于可靠的和维修良好的城市基础设施。稳定的能源和水的供应，以及通信和交通网络可以提高产量和降低生产成本。相反，缺乏基础设施，或传送中间出现中断，则会造成严重的经济损失。

交通堵塞是基础设施失灵的一个明显的例子。拥堵时由于道路的荷载过大，超过了道路的设计载重量，大大减短了道路的使用年限。2010 年，以城市道路施工的平均价格 2.8 万元/米来计算，公路通常设计使用年限为 15 年，而根据实际状况来看，实际道路使用年限为 8—10 年，这与城市交通堵塞不无关系。城市街道交通堵塞减缓了商业和服务业运转的速度，而且一般还会增加在城市做生意的费用。交通堵塞不仅造成无效益的等候时间，而且造成燃料的无效利用，使大气污染更加严重。间接的影响，交通堵塞还会使工人精神紧张和情绪恶化而降低生产力。

交通堵塞的代价是高昂的。但同其他所有成本的估算一样，根据用来计算交通堵塞假定条件的不同，计算的结果差异很大。例如，2000 年以后，欧美出现了大规模的污染成本研究计划，研究结果表明：英国每年由交通拥堵造成的损失约为 150 亿英镑，是欧洲损失最严重的国家；西班牙每年由拥堵造成的经济损失高达 150 亿欧元，是欧洲损失第二严重的国家，相当于西班牙国内生产总值（GDP）的 2%；2003 年交通拥堵使美国人浪费的时间为 37 亿小时，浪费的汽油为 87 亿升，造成的损失高达 630 亿美元。

我国也于近年展开了相关研究，谢旭轩等（2009）对北京市交通拥堵的社会成本进行了研究，结果显示北京市 2008 年交通拥堵造成的时间延误成本、污染物增排成本以及燃油消耗成本总和为 50 亿—250 亿元，占北京市生产总值的 0.5%—2%。吴奇兵等（2011）总结分析了包含时间成本、能耗成本以及尾气排放成本的计算模型，结合北京的交通数据进行了分析。吴栋栋等（2013）考虑了出行时间延误、燃油消耗、生态环境以及交通事故的各项成本损失，更为全面地对北京 2010 年由于交通拥堵造成的社会成本损失进行了计算。

吴栋栋等的统计结果显示，2010 年北京市由于交通拥堵导致的年经济损失达 1055.93 亿元，占 2010 年北京市 CDP 总量的 7.5%，具体如表 5-40 所示。其中损失最大的一项为拥堵所导致的时间延误，其次为拥堵所导致的额外燃料消耗费用，然后分别为额外的生态环境污染、居民健康风险的损失和额外交通事故损失。在拥堵导致的经济损失中，额外时间的损失价值占到了 76.7%，相比于其他方面的价值损失，时间的损失十分巨大，这对于提高整个社会的劳动生产率不利。同时，拥堵的时间越久对生态环境的破坏越大，经估算年损失价值达 45.2 亿元，这还不包括增强城市"热岛效应"的损失、废弃物污染和对沿线自然生态影响的损失等。

表 5-40　北京市交通拥堵导致的经济损失汇总

项目	额外燃料消耗	额外时间	额外生态环境污染	额外交通事故	居民健康风险的损失
拥堵的日成本/万元	5 508.62	32 386.22	1 237.88	—	—
年损失量/亿元	201.06	809.66	45.18	0.02	1.31
占年总量的比例/%	19.0	76.7	4.3	0.002	0.1

注：鉴于节假日交通拥堵情况比工作日更严重，在年损失量的计算中不再区分工作日和节假日，但拥堵导致的年额外时间价值量除外，为日均额外时间价值量与年工作天数的乘积，不包括节假日；额外交通事故和居民健康风险的损失均按年计算。

2017 年底中国交通运输部发布的数据显示，静态交通问题带来的经济损失已占城市人口可支配收入的 20%，相当于 GDP 损失 5%—8%，15 座大城市的居民每天上班比欧洲发达国家多消耗 28.8 亿分钟，"时走时停"的交通导致原油消耗占中国总消耗量的 20%以上。由停车引发的交通事故、社会安全损失更是难以计数。

三、城市环境保护行动

城市环境问题带来的巨大损失——对人体健康、生活质量、自然资源和经济的损失等，使我们不得不采取行动。

在全球范围内，最紧迫的挑战是为城市居民提供最基本的需求，从而减轻城市环境恶化给居民带来的苦难。

（一）水和环境卫生

全球的城市都面临水的供应和使用问题。发展中国家的许多城市，首要的环境问题仍是改善水质和卫生。根据 1992 年世界银行的结论，这是减轻居民痛苦的最简单有效的方法。当发达国家的设施得到改善后，健康状态显著提高，平均寿命约从 1820 年的 32 岁增加到 2019 年的 81 岁。无论发达或发展中国家，都迫切需要有效地使用水资源，进一步努力制止由于城市生活及工业排放而引起的水环境恶化。今后努力的方向是：①进一步改进水质及卫生；②促进节约用水；③减少水污染。在进一步改进水质及卫生的项目中建立低成本而又卫生的供水系统及公众参与是成功的关键；对大部分城市来说，扩大供水范围以满足现有居民的需要是个大难题，而城市也面临扩大市政供水的压力，许多城市不仅已面临供水高成本，而且面临严重缺水。因此，城市可以通过减少浪费（通过价格控制及努力节约）以及防止污染来满足对水的需要。

在发展中国家，一些城市已经执行水的需求管理计划。例如，在墨西哥城执行一种新的收费管理机制，当消耗水增加时，每立方米水的收费增加，希望这个措施能促进按表收费的工业企业节约用水。

在北京市的研究表明，配套的政策能使工业用水消耗降低约 1/3，节省的费用大大低于新供水系统的投资。这项措施包括增加制造业冷却水的重复使用、发电厂冷却水的循环使用、废水再利用。同样，通过改进公用设备的效率、减少泄漏、空调器冷却水的循环使用，以及安装节水的抽水马桶等措施的实行，可节省15%的家庭消耗。

水污染亦关系到城市居民的健康。在工业排放污水中含有大量重金属元素，如汞（Hg）、镉（Cd）、铅（Pb）、锌（Zn）、砷（As）、硒（Se）、铜（Cu）为亲硫元素。这些元素进入人体后，与人体组织中某些酶的活性中心的巯基（—SH）

有很强的亲和力，它们结合后就会抑制酶的活性，危害人体健康。镍（Ni）及其化合物可抑制人体的精氨酸酶、酸性磷酸酶的作用，使人体发生病变。三价铬（Cr^{3+}）是人体需要的微量元素，但六价铬（Cr^{6+}）对人体有害，有人认为是蛋白质和核酸的沉淀剂，六价铬在红细胞内可抑制谷胱甘肽还原酶，出现高铁血红蛋白，可能有致癌作用。酚类化合物有 2000 种以上，为细胞原浆毒物，低浓度可使蛋白质变性，高浓度可使蛋白质沉淀，对各种细胞有直接损害，对皮肤和黏膜有强烈腐蚀作用。此外，食油、焦化和染料的废水中，含有多种有机化合物，其中稠环芳香烃（PAH）中的 3,4-苯并芘等七八种物质为致癌物质。染料、制药、橡胶、农药、塑料等工业废水中的芸香胺类及其衍生物也是致癌物质。

因此，通过减少水污染，城市可获得有效增加供水和减少水环境恶化的双重收益。由于污染阴影的蔓延，城市必须在更远的地方寻找洁净的水，这就大大增加供水成本。例如，上海市由于城市周围河流水质的恶化，耗费了 3 亿美元将取水口向上游移动了 40 千米。

防止污染首先是最佳的长期解决办法，在智利的圣地亚哥的一项研究发现，1999—2019 年，圣地亚哥的污水处理覆盖率创造了 3%—100% 的奇迹，该地防止污染所产生的经济效益及健康效益足以证明对于污水处理的高额投资是合理的。

（二）固体垃圾问题与管理

1. 固体垃圾问题

城市固体垃圾目前在国内外主要有两种：一是生活垃圾；二是工业废弃物，具体指城市居民生活活动中和工业生产中废弃的生活垃圾、商业垃圾、维护及工业废弃物所产生的垃圾。由于人们的消费习惯与意识不同，垃圾的废弃量和构成也不同。当前世界上工业发达国家和中国垃圾问题有四个特点：数量剧增，成分变化，占地剧增，处理难度加大。发达国家城市居民粪便全部通过地下水道输送到污水处理厂处理，发展中国家城市污水处理设施极少，粪便需要收集、清运，因而粪便也是发展中国家垃圾中的一个重要组成部分。自 19 世纪以来，工业发展而引起世界性人口的迅速集中、城市规模的不断扩大、消费水平的提高，造成垃圾数量增加，垃圾处理问题变得日趋尖锐，垃圾任意堆放，往往侵占土地，污染环境，影响景观，并且传播疾病，对人体造成危害。工业垃圾是工业生产的废弃物，既包括无机垃圾也包括具有放射性的、剧毒的腐蚀性的垃圾。中国城市环境卫生协会统计，我国每年产生近 10 亿吨垃圾，每人每天丢掉的垃圾重量超过人体平均重量的五六倍。更可怕的是，城镇生活垃圾还在以每年 5%—8% 的速度递增。我国目前垃圾的产生量是 1989 年的 4 倍，其中很大一部分是过度包装造成的。不少商品特别是化妆品、保健品的包装费用已占到成本的 30%—50%。过度包装不仅造成了巨大的浪费，也加重了消费者的经济负担，同时还增加了垃圾量，污染了环境。研究表明，自 1950 年以来，人类共生产了 83 亿—90 亿吨塑料。塑料的生产几乎没有监管。全球的塑料制品年产量从 20 世纪 50 年代初的约 200 万吨暴增至 2015 年的 3.22 亿吨，产量远超过有效处理量，且预期供给需求会更多。

在固体垃圾物中污染最为严重的是危险物，它有两种，一种是能够造成严重危害的易燃、易爆、易炸、易腐蚀和剧毒性废物；另一种则是造成持续性危害的、潜在毒性废物。近几年来垃圾量增加，垃圾场爆炸事故增多，由于填埋过程中产生的气体在垃圾层中大量积聚，直至积聚压力大于覆盖层重力，在瞬间突破覆盖层，冲压膨胀发生物理爆炸。1994 年 12 月 4 日重庆市的一处垃圾场因顶部覆盖土被作业碾压后，渗透系数急剧降低，垃圾在湿润条件下产气率增大而发生爆炸，垃圾场坍塌，造成 5 人死亡，4 人受伤的悲剧；2017 年 3 月 11 日，埃塞俄比亚首都亚的斯亚贝巴城郊垃圾场发生的滑坡事故，造成的死亡人数超过 100 人，另外可能至少有 80 人失踪；2017 年 4 月 16 日，斯里兰卡首都科伦坡的垃圾场一座高 300 英尺（约合 91 米）的垃圾山突然倒塌，导致至少 19 人死亡，数十人受伤，死者中包括 5 名儿童。此类事故在全球各大中城市垃圾场时有发生。由于垃圾未及时处理，随便倾倒，其后果十分严重：①严重污染环境，使环境变得肮脏不堪，甚至成为传播疾病的场所，有的垃圾虽已掩埋，但臭气逸出，仍然污染大气；②污染水体和土壤，由于降水渗入地下，使垃圾产生强烈的淋滤作用，其中有毒元素有机物被溶解而渗入水中，使土壤和植物受到污染；③阻碍道路和排水沟道的畅通无阻，有的垃圾堆放在道路两旁，积少成多阻碍道路，倾倒在排洪沟的垃圾臭气冲天，影响行人和车辆的安全；④影响河道畅通，垃圾在河道倾倒，阻碍防洪，一些地方的单位为图方便和省钱，将垃圾大量倒在沿城河道之中，侵占河道，在雨季来临时，堵塞桥涵和排洪设施，造成洪水成灾，2016 年发生的 7·19 邢台特大洪灾就可说明问题，除不可抗拒的自然因素外，防洪防灾意识不强、思想麻痹松懈、在河道乱占乱建乱倒、人为改变河道自然流向等，也是造成此次洪灾的原因。

2. 固体垃圾的管理

城市生活中固体物质的消费产生的固体垃圾日益增多，这是发达及发展中国家城市面临的较大难题之一。

固体垃圾传统的管理方法一般是市政府负责收集、运输及处理的全部环节，这在发达或是发展中国家都已获得极大成功。

在发达国家，城市垃圾的产生量远远超过发展中国家，处理垃圾的费用正不断成为预算拮据城市的负担。许多城市正试图寻找新的鼓励居民减少垃圾产生及增加回收利用的办法。对不同的垃圾箱收费或按袋对垃圾收费的做法对减少垃圾产量，降低城市费用非常有效，如在宾夕法尼亚州的一些城市采用按每袋垃圾收费的办法，使固体垃圾的体积减小了 50%以上，处理固体垃圾的费用下降了 30%—40%。

（三）控制空气污染

出于健康、环境及经济的原因，降低空气污染对发达国家特别是发展中国家的城市环境至关重要。大气环境污染有三个主要来源：能源、工业及运输业，这三个方面都伴随经济的发展而有所增加。针对与汽车有关的空气污染也即形成城市污染问题中增长速度最快的因素将更引起注意，因此，今后努力的方向将是：①解决室内空气污染；②进一步降低能源部门的排放；③提倡节能；④加强污染防治；⑤改善交通网络和提高车辆的效率，降低燃料消耗。

许多城市的居民，由于室内生物燃料或矿物燃料烟雾引起的空气污染，比室外的空气污染产生更大的健康危害，减少低薪阶层居民的室内空气污染的最理想的办法就是提供干净的燃气，帮助他们不再用不洁净的燃料。如果不能达到这一步，最为可行的过渡办法就是推销经过改进的燃炉和改进房屋通风的设计。

设计和推广较干净燃炉的计划在中国、印度、肯尼亚和尼泊尔等一些国家已经进行了许多年。然而大部分炉子的设计是为了提高效率，而不是为了减少空气污染。因此，这方面的工作仍有待进一步的努力。

在许多城市地区，减少能源部门，特别是燃煤或燃油发电厂的污染物排放是控制室外空气污染迫切需要的。

降低燃煤及燃油发电厂的污染可通过三种途径：①提高发电厂本身的生产效率及污染控制能力，使排放污染物减少；②净化燃料，或者燃烧之前净化煤质或者改为燃烧更干净的天然气；③也可以通过节省能源来降低能源需求。

在大量使用煤炉的城市，像中国和东欧的许多城市，改良用于取暖的煤的质量。在可能的地方，将居民的取暖燃煤转换成燃气，也能在很大程度上减少污染。虽然认识到了这一点，但是中国仍然要利用丰富的煤炭资源，目前正在建若干个煤化气工厂，以供应城市居民。

城市亦可采用几种方法降低能源，首先是大力宣传节能的必要性和带来的效益，以及向居民和商业用户介绍节能方法。多伦多等 14 个城市降低城市二氧化碳和城市经济发展的关系研究表明，可以在不考虑增加地方就业机会和促进新的制造业可带来的效益，而依着经济上的节省，城市平均二氧化碳量可减少 33%；为实现降低排放 25%的目标，德国的汉诺威已经采取的行动是，改变发电用的燃料，更新市政建筑，在建筑法规中严格执行新建筑物的能源性能标准，改进土地使用形式，改善废弃物管理。丹麦的哥本哈根，已经提出征收地方能源税以及改革公用事业收费，以降低能源消耗。

对于发展中国家的城市，减少能源消耗可能不算是头等大事，然而城市高速发展，新建筑很多，通过建筑法规实施有效的标准以节省未来的能源需求具有很大的潜力。在建设之初就考虑建筑物的能量效率，总是比重新改装要节约成本而且能够大量地节约能源，减少因能源的开发使用而对环境造成的污染。

要减少工业污染物排放，最有可能实现的方法之一是开始就防止污染。污染防治的重点是设计清洁的生产工艺以及原材料处理程序，这种方法是依据工业废弃物管理的自然层次而制定的。第一，尽可能在初始阶段就降低污染物；第二，对经过这些努力仍产生的污染物或废弃物尽可能进行再生产或回收利用；第三，对残留物进行处理消毒或是销毁；第四，作为最后的手段就是尽可能减少污染范围和程度，避免将污染物释放到周围的环境中去。

该方法和过程的基本原理是经济实用：从根源上进行污染防治，既可以降低污染控制费用，又可以提高生产效率，因为降低了原料的损失和浪费。

在污染防治方面，城市政府部门本身可能是重要的促进者和合作者，主要是向私营部门及公众宣传清洁生产的好处。发展及协助管理信息技术交流，提供可供选用的技术细节以及在其他行业的应用，是促使向更加清洁的工艺转化的重要手段。城市政府可以在地方工业中进行强有力的环境道德教育，鼓励工厂管理者公开做出减少污染的目标和保证，并对模范的环境行为给予奖励。

（四）土地利用与保护

从土地利用的角度来看，实际上城市环境问题是潜在的土地利用问题。从可供使用的住房不足到由于机动车造成的拥挤及污染，直到废弃的建筑物将整个城市弄得杂乱无章。的确，在一座城市中，城市的构成及土地利用模式是决定环境质量的重要因素。这种关系意味着土地使用计划从某种意义上指导城市的发展，因而可以用以改善城市环境。

然而，将潜在的因素转变为政策，继而转变成客观现实是困难的，在某种程度上，这个问题在于界定理想的城市模式。人口密度高的城市可以通过减少对交通的需要，从而减少能量消耗及污染。但如果没有足够的基础设施，这类城市将会助长传染病传播并加剧稠密度。在一座城市中，如果工厂云集于一个地区将是很危险的，而把工厂分散在全城，又会增加交通的需求，同时不利于控制污染。对所有城市来说，良好的城市土地使用政策并非一个模式。总的来说，在发展中国家的城市，土地使用仍必须把重点放在进一步增加现代城市服务设施的土地使用上，因为只有在这种情况下，才能在环境及人类健康方面取得进步；在发达国家，土地使用问题应重点放在降低资源消耗及改进城市生活质量上。

在世界上许多地方，穷人获得土地的主要途径之一是通过非法定居，尤其在边缘地区及有危险的土地上。虽然这种土地获取过程以及设置住棚通常是不合法的，但在许多情况下，这是唯一的选择，因为政府不能为解决住房提供足够的有服务设施的土地。不同国家的土地利用政策各有不同，尤其是英国的共用土地，不仅拥有悠久的历史、丰富的表现形式，而且历经数百年的渐进式演进与调适，使得它在很大程度上成为我们观察近现代社会经济转型和土地关系调整的"活化石"。目前,英国的共用土地已不再具有明显的经济上的重要性,其规模亦不复往日之盛,但仍是英国具有独特价值的土地利用形态。即便在历经数百年工业化和城市化洗礼并步入后工业时代的今天,我们仍能观察到英国社会的这种农牧特征。例如,英国目前的国土面积约略 3.6 亿亩,其中农用地逾七成(约 2.7 亿亩),而永久性牧草场(1.5 亿亩)又占全部农用地的一半以上;尤其是苏格兰和威尔士,大部分土地用作牧草场,耕地仅占农用地的一两成或国土面积的 10% 左右(表 5-41)(胡怀国,2018)。

表 5-41　英国农用土地的利用方式(2015 年)

	英格兰		苏格兰		威尔士		北爱尔兰		英国总计	
	万亩	/%	万亩	/%	万亩	/%	万亩	/%	万亩	/%
耕地	7 214	51.21	1 208	13.08	370	13.38	297	19.18	9 089	32.88
永久性牧草场	5 543	39.35	6 116	66.18	1 989	71.96	1 172	75.64	14 820	53.62
共用粗放牧场	598	4.25	876	9.48	270	9.78	53	3.43	1 798	6.50
其他农用地	732	5.19	1 041	11.26	135	4.88	27	1.75	1 934	7.00
农用地合计	14 086	100.00	9 241	100.00	2 764	100.00	1 550	100.00	27 641	100.00
国土面积/万亩	19 542.15		11 688.75		3 109.8		2 036.4		36 377.1	
农用地/总面积/%	72.08		79.06		88.88		76.11		75.98	
人口/万人	4 985.6		293.8		505.7		170.3		5 955.4	

资料来源:胡怀国(2018)。

有些城市是通过把土地所有权转换给占用人的形式或是以通过长期的土地租赁及居住的权利的方式,把合法的土地使用权授予占用人,一些经验表明,有了使用权的保证,穷人将新建或投资改善他们自己的居住条件。除了授予土地的使用权外,一些其他的重新再分配机会也已经进行试验:给城市的穷人分配适用的土地,包括土地的分派、土地资助和土地的重新调整。但这些努力很少有成功的。土地的重新调整在中国(台湾地区)、韩国、日本、哥伦比亚及印度已有了一些效果,那就是政府从许多私人土地所有者手中把土地集中起来,设置公共的基础设施。一部分土地为公共使用,一部分土地还给原来的所有者。虽然他们现拥有较少的土地,但其价值较高。

利用土地使用的规定指导居住区及生产区的选址,使之远离环境敏感区,可极大地改善城市的环境质量。这一点对于在沿海边缘地区城市的发展极为重要,因为在那里进行开发,会导致附近海岸环境的急剧恶化,未经处理的垃圾、腐蚀物以及漫无节制地使用资源会极大损害沿海环境。

城市区域规划、建筑标准、制定制度及征收税费等经济手段,是政府用以保护易受破坏地区以及防止不必要地把农村土地转变为城市土地的常用手段。这些手段可被用作控制人口密度、划分土地用途和直接保护天然区。

禁止在城市特定区域内（这些特定区域指植被带、未来使用的规划绿地和城市发展的边界）发展的区域规划法律或法规，可以保护开阔的空间及城市整体的布局。尽管到现在很少有成功的城市植被保护带的实例，但许多城市正在致力于该方面的工作。在古老的发达城市，从英国的曼彻斯特到费城，城市内拥有大片的土地，以"褐色田野"著称，由于公司及工厂向近郊和农村乡镇的未开发土地迁移，而使这些土地闲置了。对这些城市来说，城市规划将限制城市向外扩张，鼓励在现存的城市内进行建设及再发展。

城市规划者们可以通过城市工业选址及增加密度的战略决定，来降低污染对健康的影响并减少成本。在许多城市，工业的选址经常接近居民区或位于环境敏感地区，污染物的负面影响将会十分明显。应用工业区规划法这个法律手段，把重点工业从城市中心迁到工业园区有利于缓解该问题。例如，在土耳其，政府对从城市迁到工业园区的企业给予贴息贷款。工业园区配备良好的基础设施，有比城市其他地区更好的处置废弃物的装置。

以这种方式把工业集中起来，通过公用的处理设施对工业垃圾进行集中处理，通常会大量节省费用。一个集中处理装置的成功实例是印度尼西亚的泗水，完全靠收取使用者排污费维持集中处理装置的开支，该处理装置将废水处理后由企业重新利用，这样就帮助企业降低了水的成本。

工厂的集中处理尤其适用于那些缺乏自行处理垃圾知识和财力不足的小企业。在某种情况下，有必要将一些低收入的公司重新集中定址并建立公用的废物处理工厂，同时为其负担部分或新的搬迁费用。

除了引导人们在环境敏感区以外的地区进行开发外，土地使用计划通过管理城市的密度，对处置能源消耗和污染具有潜在能力。许多消极影响与低密度的住宅有关，这些低密度住宅通常是分散地占用大量土地，同时基础设施费用高，并带来能量消耗和污染。因此，通过重新开发居民区，使之更加密集，这样城市中心地区就会更加紧凑，四周的土地将被开发作为开阔的空地，最好在各个居民区的内部，按小区规划的要求设置综合服务区、住宅区和娱乐消费区，而且这些设施都在步行范围内。

增大中心化地区的密度，还是增大许多小功能区的密度对能源利用更为有效，这个问题一直在研究和争论中。然而除非与城市基础的运输设施紧密配合，否则任何一种方案都不会产生什么好效益。的确，城市的基础交通运输的发展对决定在何处增大密度，是至关重要的。下面以受国际上普遍称赞的中国深圳经济特区作为一个可持续发展的城市范例结束这一节的讨论。

案例六 广东深圳

深圳是一座美丽的海滨城市。地理位置优越，是内地唯一与香港接壤的城市，是香港与内地的重要通道，属亚热带海洋气候区，四季温润，阳光充沛，风景秀丽，天然旅游资源丰富。深圳是全国经济中心城市，是中国大陆经济效益最好的城市之一。

1995—2010 年深圳市土地利用结构变化总体表现为建设用地面积增加，农用地面积减少（表 5-42）。

表 5-42 深圳市 1995—2010 年土地利用结构

年份	农用地/平方千米				建设用地/平方千米		
	耕地	园地	林地	总面积	居民点工矿	交通运输	总面积
1995	65.32	221.36	720.69	1007.37	494.86	37.57	532.43
1996	64.65	219.14	715.29	999.08	499.74	46.80	546.54
1997	64.43	218.53	713.26	996.22	505.57	46.81	552.38
1998	64.16	217.48	706.92	988.56	515.57	47.00	562.57
1999	63.94	246.55	675.85	986.34	537.44	53.89	591.33
2000	63.72	275.61	644.78	984.11	559.32	60.77	620.09
2001	61.47	281.57	615.76	958.80	597.88	64.21	662.09
2002	60.14	302.62	605.10	967.86	615.10	73.70	688.80
2003	46.94	290.25	595.03	932.22	679.35	74.84	754.19
2004	45.22	277.90	590.04	913.16	700.79	77.80	778.59
2005	43.06	271.06	586.04	900.15	721.93	83.42	805.34
2006	40.89	264.21	582.03	887.13	743.07	89.03	832.10
2007	38.47	254.23	573.44	866.14	762.02	98.34	860.36
2008	38.16	249.91	569.87	857.94	769.85	102.21	872.06
2009	31.60	236.50	585.78	853.88	766.74	91.43	858.17
2010	31.60	236.50	585.78	853.88	763.63	80.65	844.28
变化量	−33.72	15.14	−134.91	−153.49	268.77	43.08	311.80
年均变化量	−2.25	1.01	−8.99	−10.23	17.92	2.87	20.79

资料来源：高奇等（2013）。

四十年来，深圳始终坚持把绿色低碳发展融入规划布局、环境营造、产业集聚等方面，持续推动城市可持续发展。深圳经济特区在城市规划建设、土地使用制度改革等实践中一直担当着改革开放排头兵和试验田的作用（陈一新，2017），是我国大陆地区首个引入城市更新理念的城市，其城市更新工作的探索和实践一直走在全国前列。深圳 GDP 从 1979 年不足 2 亿元跃升至 2019 年近 2.7 万亿元，人均 GDP 居全国第一，在经济高速发展的同时，绿色发展指数位列广东省第一，主要污染物减排连续多年超额完成任务。"青山绿水、蓝天白云"已成为深圳这座全球知名创新城市值得骄傲的一张"新名片"（岳隽等，2016）。

深圳虽是全国一线超大城市，却是"空间、资源、环境容量"的"小市"。早在20世纪80年代大力发展"三来一补"经济时，深圳就明确提出"重污染项目原则上不引进，倡导发展科技含量高、无污染或污染小的项目"。在90年代，深圳就发布了环保限制发展项目清单。党的十八大以来，深圳市明确提出建设"美丽深圳"，将"在生态文明建设上先行示范"作为城市发展路径，全面打响污染防治攻坚战，生态环境保护进入重视程度最高、推进力度最大、生态环境质量改善最快的时期。2013年，深圳将"环境保护实绩考核"升级为"生态文明建设考核"，并将考核范围扩展到全市10个区、18个市直部门和12家重点企业，创新推出"双排名"制度，压紧压实生态环境保护"党政同责、一岗双责"。2014年，深圳以大鹏新区为试点，编制完成了我国第一个县区级自然资源资产负债表，在全国率先对领导干部自然资源履职情况进行审计，并建立生态环境损害责任终身追究制（杨阳腾和温济聪，2020）。

在经济高速发展过程中，深圳曾面临水污染问题。"严重的水污染，不但影响城市形象、市民生活，还成为深圳的环境问题和发展短板。"深圳市水务局局长张礼卫说。据统计，2016年初，深圳310条河流中有159个黑臭水体，另有各类小微黑臭水体1467个，纵横交错的"臭水沟""墨汁河"，被称为深圳"脸上的黑斑"。针对问题，深圳将治水作为"一号民生工程"和"一把手工程"，举全市之力，统筹"厂、网、河"等涉水全要素，"上下游、左右岸、干支流、岸上岸下"系统治理。截至2019年底，深圳用4年时间补齐了近40年的水环境历史欠账，全市所有黑臭水体和小微黑臭水体全部实现不黑不臭，迎来消除黑臭水体的历史性转折。一大批河流水域重新成为城市亮丽的风景线。在福田区，自2019年起以荔枝公园为试点，通过市政管网雨污分流、面源污染治理等举措，成功打造了深圳市首个污水零直排示范片区，实现了区域污水零排放、透明度达1米以上、湖水达到地表水准Ⅲ类标准。在龙岗区，龙岗河于2017年展开综合治理，2020年1—6月持续达到Ⅳ类水标准。此外，深圳还在全国最早开展PM2.5源解析，最早限行黄标车，拥有全国最全大气治理地方标准，建成首个符合国家标准的"一街一站"网格化监测体系等（杨阳腾和温济聪，2020）。

深圳注重保护生态环境，大力推动绿色发展、循环发展、低碳发展，最大限度地促进环境与经济社会协调发展、人与自然和谐共生，走出了一条经济发达地区绿色低碳发展之路。深圳先后获得国家园林城市、国际"花园城市"、联合国环境保护"全球500佳"等荣誉称号，是全国首个C40城市气候领导联盟成员城市。PM2.5年均浓度27微克/立方米，空气质量居全国大中城市前列。全市近一半土地划进生态保护范围，拥有绿道2400千米、生态景观林带2638公顷。深圳在全国率先颁布了《深圳经济特区循环经济促进条例》，绿色建筑总面积达5320万平方米，规模位居全国前列。数据显示，截至 2019 年底，深圳公园总数达 1090 个，公园绿地服务半径覆盖率达 90.87%，市民出门 500 米可达社区公园，2 千米可达城市综合公园。如今，漫步深圳，1000 余座公园万物并育、水碧山青；2000 余千米绿道依山傍海、风景如画；10 余万株观花植物花繁四季、彩绘鹏城（杨阳腾和温济聪，2020）。深圳还是全球新能源汽车推广规模最大的城市之一，已累计推广新能源汽车 7.2 万辆。深圳拥有全国首个碳交易市场，碳市场配额累计总成交量 1807 万吨，总成交额 5.96 亿元，位居全国前列。深圳国际低碳城成为中欧可持续城镇化合作旗舰项目，并获得美国保尔森基金会与中国国际经济交流中心颁发的"可持续发展规划项目奖"。

四十年前的深圳还是一个小渔村。从科技基础设施薄弱、科教资源匮乏、科技人才稀缺的几乎零基础起步，到上一阶段的跟随式、产业创新发力，再到现在引领式、源头创新突破，如今的深圳正以充分的信心打造可持续发展的全球创新之都。近年来，深圳通过持续推动绿色经济、循环经济发展，大力倡导绿色生活，走出了一条经济与环境双赢、人与自然和谐共生的可持续发展新路径。深圳可持续发展城市建设经验，归结起来就是建设城市的过程中要充分尊重自然规律，尽量保护自然，让人们的活动融于自然，回归自然，这样我们才不至于把城市变成人和自然隔绝的堡垒。

第六章　城市灾害及其防治

国外城市化起步较早，在城市选址和人居环境等方面都涉及灾害防治。随着工业化和城市化的发展，快速增长的人口和日益破坏的城市生态系统导致城市灾害频发。20 世纪 70 年代初国外就开始重视城市减灾防灾，1989 年以后国际减灾活动成为一项专题研究。21 世纪以来，随着中国城市化进程的快速推进，城市活动的高度聚集和空间失衡问题日益突出，已对城市可持续发展构成了严重威胁。据相关资料统计，中国每年因灾害和公共安全等突发性事件造成的死亡人数超过 20 万人，受灾人数达到 1.5 亿—3.5 亿人，经济损失超过 6500 亿元，占国内生产总值的 3%—6%（黄建毅和苏飞，2017）。第二届世界城市科学发展论坛和首届防灾减灾市长峰会提出"让城市更具韧性"和"关注城市发展与合作，构建人类宜居和可持续发展城市"两大议题，让城市公共安全和可持续发展成为研究热点。城市韧性峰会也提出了"100 韧性城市·世纪挑战"项目，通过为城市制定和实施韧性计划提供技术支持与资源，帮助城市加强韧性，提升城市抵御外来冲击、灾害的能力。由此看出，国外将城市灾害研究从国际问题逐渐演变为与城市自身息息相关的问题，使得城市灾害的内涵变得更为"亲民"与"实际"，将城市灾害与城市发展紧紧联系在一起（唐波和刘希林，2014）。通过表 6-1 可以看出 1998—2019 年中国大陆自然灾害和伤亡及损失情况，自然灾害中地震灾害造成人员死亡（含失踪）的比例较高，大震巨灾造成的人员死亡（含失踪）更为突出。

表 6-1　1998 年以来中国大陆自然灾害和地震灾害伤亡及损失情况一览表

年份	自然灾害		地震灾害		地震灾害造成死亡失踪占比/%	地震灾害造成经济损失占比/%
	死亡失踪人数/人	直接经济损失/亿元	死亡失踪人数/人	直接经济损失/亿元		
2019	909	3 270.9	17	91.09	1.87	2.78
2018	635	2 644.6	0	31.21	0.00	1.18
2017	979	3 018.7	37	217.38	3.78	7.20
2016	1 706	5 032.9	3	66.82	0.18	1.33
2015	967	2 704.1	33	180.00	3.41	6.66
2014	1 818	3 373.8	736	355.64	40.48	10.54
2013	2 284	5 808.4	294	995.36	12.87	17.14
2012	1 530	4 185.5	86	82.88	5.62	1.98
2011	1 126	3 096.4	32	60.11	2.84	1.94

年份	自然灾害		地震灾害		地震灾害造成死亡失踪占比/%	地震灾害造成经济损失占比/%
	死亡失踪人数/人	直接经济损失/亿元	死亡失踪人数/人	直接经济损失/亿元		
2010	7 844	5 339.9	2 975	235.70	37.93	4.41
2009	1 528	2 523.7	3	27.38	0.20	1.08
2008	88 928	13 547.5	87 150	8 523.00	98.00	62.91
2007	2 325	2 363.0	3	18.99	0.13	0.80
2006	3 186	2 528.1	25	8.00	0.78	0.32
2005	2 475	2 042.1	15	17.88	0.61	0.88
2004	2 250	1 602.3	8	9.50	0.36	0.59
2003	2 259	1 884.2	319	46.60	14.12	2.47
2002	2 384	1 637.2	2	1.48	0.08	0.09
2001	2 538	1 942.2	9	14.80	0.35	0.76
2000	3 014	2 045.3	10	14.50	0.33	0.71
1999	2 966	1 962.4	3	4.59	0.10	0.23
1998	5 511	3 007.4	59	17.66	1.07	0.59
平均值	6 325.55	3 434.57	4 173.59	499.64	10.23	5.75
平均值（不含 2008 年）	2 392.10	2 953.00	222.33	118.93	9.29	4.03

资料来源：林向洋等（2020）。

城市灾害（urban disaster）是发生在城市范围内的自然灾害和人为的各种灾害。城市灾害可分为自然灾害和人为灾害两类，目前前者还难于采取有效的防治对策；后者可通过加强科学技术管理来减少和消除。城市灾害主要有：①地质灾害；②气象灾害；③火灾；④各种交通灾害；⑤各种传染病和环境污染等。

第一节　城市地质灾害

一、城市地质灾害的主要类型及危害

地质灾害（geological disaster）是地壳动力地质作用及岩石圈表层在大气圈、水圈、生物圈相互作用和影响之下，使城市的生态环境和人类生命及财富遭受损失的现象。城市地质灾害主要包括：地震灾害、崩滑流灾害、地面变形灾害、开挖工程灾害、水土流失灾害、风沙尘暴灾害和海平面上升灾害 7 种。

（一）地 震 灾 害

地震灾害是地壳任何一部分快速运动的一种形式，是地球内部经常发生的一种自然现象，它是人们的感觉或通过仪器能够觉察到的地面运动。地震是城市面临的第一大天灾，是城市环境使居民遭受最致命打击的城市灾害。造成城市居民死亡的既是地震本身，也是人们自己建造的建筑物，但绝大多数的人是死于后者。强烈的地震不仅会造成大面积房屋倒塌、工程设备破坏、人畜伤亡、交通阻断，而且时常伴随着山崩地陷，诱发火山、海啸、泥石流以及城市火灾等一系列次生灾害。2000—2020 年全世界 8 级以上地震的不完全统计数据见表 6-2。

表 6-2 2000—2020 年全世界 8 级以上地震的统计数据

时间	地点	震级
2018 年 8 月 19 日	斐济群岛地区	8.1
2018 年 1 月 23 日	阿拉斯加湾	8.0
2017 年 9 月 8 日	墨西哥沿岸近海	8.2
2016 年 11 月 13 日	新西兰	8.0
2015 年 9 月 17 日	智利中部沿岸近海	8.2
2015 年 5 月 30 日	日本小笠原群岛地区	8.0
2015 年 4 月 25 日	尼泊尔	8.1
2014 年 4 月 2 日	智利北部沿岸近海	8.1
2013 年 5 月 24 日	鄂霍次克海	8.2
2012 年 4 月 11 日	苏门答腊北部附近海域	8.6
2011 年 3 月 11 日	日本	9.0
2010 年 2 月 27 日	智利	8.8
2009 年 9 月 30 日	萨摩亚群岛地区	8.0
2008 年 5 月 12 日	中国四川汶川县	8.0
2007 年 9 月 12 日	印尼苏门答腊南部海中	8.5
2001 年 11 月 14 日	中国新疆青海交界（新疆境内若羌）	8.1

资料来源：中国地震局。

2019 年，中国大陆共发生地震灾害事件 15 次（表 6-3），造成 17 人死亡，425 人受伤，直接经济损失约 91 亿元。其中，灾害最为严重的地震为四川长宁 6.0 级地震，造成 13 人死亡，299 人受伤，直接经济损失约 56 亿元，占全年地震造成直接经济损失的 61.54%（林向洋等，2020）。

我国有 136 个城市位于 7 度及以上地震烈度区（田春玲等，2013）。自 1949 年 10 月至 1990 年底，中国发生 8 级以上地震 3 次，7—7.9 级地震 50 次，6—6.9 级地震 303 次，5—5.9 级地震 1521 次，因地震造成人员死亡 28 万人，受伤 76.5 万

表 6-3 2019 年中国大陆地区地震灾害损失一览表

序号	日期	北京时间	震中位置	震级/M	人员伤亡		直接经济损失/万元
					死亡或失踪/人	受伤/人	
1	1 月 3 日	08:48	四川宜宾市珙县	5.3	0	1	6 000
2	2 月 24 日	05:38		4.7			
	2 月 25 日	08:40	四川自贡市荣县	4.3	2	13	17 700
		13:15		4.9			
3	3 月 28 日	05:36	青海海西州茫崖市	5.0	0	0	66 700
4	4 月 24 日	04:15	西藏林芝市墨脱县	6.3	—	—	—
5	5 月 18 日	06:24	吉林松原市宁江区	5.1	0	0	5 100
6	6 月 17 日	22:55	四川宜宾市长宁县	6.0	13	299	561 700
		23:36	四川宜宾市珙县	5.1			
7	7 月 21 日	20:23	云南丽江市永胜县	4.9	0	0	8 100
8	9 月 8 日	06:42	四川内江市威远县	5.4	1	82	58 200
9	9 月 16 日	20:48	甘肃张掖市甘州区	5.0	0	0	4 700
10	10 月 2 日	20:04	贵州铜仁市沿河县	4.9	0	0	860
11	10 月 12 日	22:55	广西玉林市北流市	5.2	0	0	1 300
12	10 月 28 日	01:56	甘肃甘南州夏河县	5.7	0	7	161 900
13	11 月 25 日	09:18	广西百色市靖西市	5.2	1	5	12 200
14	12 月 18 日	08:14	四川内江市资中县	5.2	0	18	4 900
15	12 月 26 日	18:36	湖北孝感市应城市	4.9	0	0	1 500
合计					17	425	910 860

数据来源：应急管理部国家减灾中心，2020。其中，国家减灾中心对 2 月 24 日和 2 月 25 日地震造成的人员伤亡和经济损失情况只进行一次统计，因此看作一次地震灾害事件。

资料来源：林向洋等（2020）。

人。其中唐山地震死亡和伤亡人数分别占到此期间的 86%和 21%。从 1988 年起，中国又进入第 5 个地震活动高潮期，根据中国国家地震局灾害防御司提供的数据，20 世纪 90 年代中国发生多次 7 级以上地震。根据 1990 年颁布的中国地震烈度区划图，中国Ⅶ度以上的地震区面积达 312 万平方千米，约占全国国土面积的 33%，有 45%的城市（包括城镇）位于Ⅶ度和Ⅶ度以上地震区内。北京、天津、西安、兰州、太原、包头、海口、呼和浩特市等均在Ⅶ度的高危区域范围内，由于地震有很大的隐蔽性和突发性的特点，故在极短时间内造成极大损失。中国权威部门将邢台地震、唐山地震、通海地震列入中国十大重大灾害事件，唐山地震列为众灾之首。1976 年 7 月 28 日 3 时 42 分 56 秒，唐山市发生了 7.8 级地震，震中位于唐山市区，震源深度 11 千米，极震区烈度为 11 度，共死亡 24.2 万人，重伤 16.4 万人，其中市区死亡 15 万人，全家震亡者 7218 户，分别占市区人口和户数的 18.4%和 45%，震坏公产房屋 1043 万平方米，全市供水、供电、通信、交通、医疗等生命工程全部破坏，五座大中型水库被震坏，6 万眼机井淤沙，农田水利设施破坏等。整个震区直接经济损失达 100 亿元。和世界其他国家相比，40 多年来中国城市地震死亡总人数和一次最高死亡人数均居世界各国之首，死亡人数约占全世界死亡人数的 60%；2008 年 5 月 12 日 14 时 28 分 04 秒，四川省阿坝藏族羌族自治州汶川县发生了 8.0 级地震，震源深度为 14 千米，震中烈度最高达 11 度。受灾总人口达 4625.6 万人。截至 2008 年 9 月 25 日，5·12 汶川地震共计造成 69 227 人遇难、17 923 人失踪、374 643 人不同程度受伤、1993.03 万人失去住所。5·12 汶川地震造成直接经济损失 8451.4 亿元。5·12 汶川地震是中华人民共和国成立以来破坏性最强、波及范围最广、灾害损失最重、救灾难度最大的一次地震。中国地震灾害虽然发生频率不高，但是地震一旦发生，造成的人员伤亡和损失极大。一些城市被毁之后，需要数十年才能恢复，一些文物古迹荡然无存，损失无法计算，成千上万家庭被毁，更加深人们心灵上的伤痕。

（二）崩滑流灾害

崩塌、滑坡、泥石流灾害是世界上城市危害比较严重的地质灾害，仅次于地震灾害，危害惨重，分布广泛，且历史悠久。这几种灾害具有相同的形成条件与分布规律，它们常常在同一区域或地区相伴而生，因此常把这三种灾害归为一类，它属于外动力地质灾害或外动力作用下形成的岩石圈灾害。城市崩滑流灾害对人类具有多种危害，主要包括：导致人员伤亡、破坏城镇、矿山、企业、学校、铁路、公路、航道、水库等各种工程设施，破坏土地资源和生态环境。特别是中国中西部地区大部分城市处于崩滑流灾害的包围之中，近几十年来，中西部城市各项工程建设的迅速发展，使崩滑流发生范围、频率和强度均达到历史最高阶段。据初步调查，中国有灾害性泥石流沟 1.2 万条，滑坡数万处，崩塌数千处，1949—1996 年共发生崩滑流灾害 4600 次，其中造成严重损失的达 1001 次。1955 年 8 月 18 日，陕西宝鸡市区的卧龙寺车站发生规模巨大的滑坡，滑坡体积 3350 立方米，将铁路基和铁轨向南推出 110 米。陕西韩城市电厂在 1982—1985 年发生 7 次大滑坡，构成一个母子式复合型大滑坡，并有多层滑坡体，其体积在 1000 万立方米以上，电厂建筑物出现变形和破坏，严重威胁电厂安全。铜川市有 10 多处滑坡，对铜川市企业生产和居民生命财产造成威胁。自 1968 年以来，兰州市区刘家峡水库移民迁居黄茨居住与耕种，近 10 余年多次出现滑坡造成公路中断，渠道被毁，水管断裂，农田废耕，人员伤亡等灾害。1984—1989 年发生滑坡 9 次，年均 1.5 次；1990—1995 年发生 22 次，年均 3.67 次，呈逐年上升趋势。1992—1995 年的 6 次滑坡造成 6 人死亡，4 人受伤，直接经济损失 500 万元，有 109 户居民被迫搬家，损失耕地 100 公顷。云南云阳县城面积只有 5.7 平方千米，却隐藏 75 处滑坡，其一半处于不稳定状态，全县城仅有 1 万人口，竟有 0.42 万人居住在滑坡上，1989 年 1 月的一起滑坡，造成 6000 万元经济损失，整个县城被迫搬迁。

崩塌、滑坡发育地区，为泥石流形成提供了固体物质来源，加之部分地区滥采石料，不仅将大量废石、废土堆集在河床中，而且又产生新的崩塌、滑坡。值得注意的是，人为种植的植被减少造成的水土流失为泥石流形成提供了介质条件，因此，在崩塌、滑坡发育地区要尽量减少可能引起地质灾害的人类活动。在兰州市西固区陈官营南洪水沟，多年来发生较大泥石流 7 次，平均 17 年一次，1953 年 7 月 20 日的泥石流淹没耕地 70 公顷，1964 年 7 月 20 日、8 月 12 日和 19 日又发生了三次泥石流，尤其是 7 月 20 日夜间的泥石流冲出沟口，漫入排洪沟后，冲进工人住宅区，将 20 余栋平房冲坏和淹没，百余人伤亡，淹没陈官营火车站，淤埋铁路 3.36 千米，还将与铁路平行的公路冲毁，使 40 平方千米农田废弃。2009 年中国台湾地区小林村"8·10"泥石流灾害，警示我们要警惕灾害性天气频发形势；2010 年甘肃省舟曲"8·8"特大山洪泥石流灾害，造成 1765 人死亡失踪，而同月 12 日四川省绵竹市清平乡文家沟泥石流灾害，3000 多人成功避险，彰显了应对工作程度的分异性；2012 年云南省彝良县"10·4"滑坡灾害，则反映出松散层滑坡识别的困难和伴随城镇化的承灾体高流动性等；2013 年云南省镇雄县"1·11"滑坡灾害，反映出多元化的处置需求等。2021 年 4 月初，印度尼西亚东南部和东帝汶降下暴雨，引发洪水泥石流，两国灾情造成至少 160 人死亡、数十人失踪，10 多个村庄被隔断交通，数千人被迫逃离家园避难，造成严重的灾害。泥石流具有突然性、流速快、破坏力强等特点，是一种广泛分布于世界各地的自然灾害，泥石流往往伴随着山区洪水发生，且含有大量泥沙石等固体碎屑，因此相比洪水，泥石流更具有破坏力，中国也有 70 多座县城受到泥石流的潜在威胁，必须引起高度重视并加强防范。

（三）地面变形灾害

地面变形灾害包括地面沉降、地面塌陷和地面裂缝，广泛分布于城镇、矿区、铁路沿线，地面沉降活动始于 20 世纪 20 年代，但当时只限于沿海个别城市，50 年代以后明显发展，70 年代急剧发展，成为影响城市人民生活、妨碍城市建设的重要环境问题。中国目前发生地面沉降活动的城市达 70 余个，明显成灾的有 30 余个，最大沉降量已达 2.6 米，这些沉降城市有的孤立存在，有的密集成群或继续相连，形成广阔地面沉降区域或沉降带，目前沉降带有 6 条，即沈阳—营口，天津—沧州—德州—滨州—东营—潍坊；徐州—商丘—开封—郑州—上海；上海—无锡—常州—镇江；太原—侯马—运城—西安；宜兰—台北—台中—云林—嘉义—屏东。西安地裂缝活动主要受隐藏性断裂、构造地貌、承压水头下降值及地面沉降量四大因素影响，目前已确定的地裂缝共 10 条，受地下水开采等人为因素的影响，其活动速率 3.98 毫米/年，具有超常活动性质。据监测资料统计：西安地裂缝垂向活动速率为 5—35 毫米/年，最大达 56 毫米/年；引张速率 2—10 毫米/年，左施动速率 1—3 毫米/年，地裂缝经过之处地面开裂，建筑物破坏严重，地下供水输气管道屡屡错断，直接经济损失 6000 万元。在大同机车工厂的裂缝造成的危害极大，使工厂苦不堪言，在长约 1 千米的地裂缝地段，因破坏不能住人而被迫拆除的楼房已达 2300 平方米，造成直接经济损失 1000 万元以上，在该市电建公司机运站至煤田 115 地质队约 1.3 千米长地裂缝地段内，受到严重损坏的楼有 11 幢，平房 7 幢，总建筑面积达 2 万平方米，严重破坏房屋，其墙体多处出现裂缝或倾斜，地面和门窗变形，基础墙错断，加固楼房钢筋扭弯，穿过道路的地裂缝，使路面张裂变形，虽然张裂变形较小，但路面失去完整和平坦，变形破坏宽度可达 10 多米，一些地下管道被错断。在中国，造成城市地面塌陷的原因大体上有两个方面：①开采地下矿产资源引起塌陷；②表面岩溶活动引起塌陷。中国煤矿开采以平硐斜井、竖井等井下作业为主，开采量占原煤总量的 95%，采煤工作面顶管绝大部分采用陷落法，由于采空区顶板失去支撑，使原有的断裂、裂隙进一步扩展，造成顶板岩石断裂、冒落，引起地表裂缝、沉陷、坍塌。全国因采煤地表发生沉陷、坍塌面积 38 万公顷，其中有 240 余处最为严重。例如，淮北矿区塌陷面积 1.2 万公顷，开滦 1.1 万公顷，阳泉 0.6 万公顷，焦作 0.52 万公顷，徐州 0.5 万公顷，平顶山 0.3 万公顷，铜川 0.3 万公顷。地下采煤形成沉陷塌陷，不仅对地表造成破坏，而且直接威胁矿区范围内城市交通、邮电、水利设施的安全。因地下采煤，抚顺东西长 30 千米，南北宽 2—3 千米的街道在市区有 60% 沉陷，迫使许多企事业单位搬迁和大规模加固，经济损失达 3 亿元；黑龙江七台河市，老城 59% 面积出现塌陷，造成 287 个机关、企业单位，16 所学校遭受重灾，损失 1 亿多元。由于抽取地下水源，无锡市 1964—1982 年就下沉了 900 毫米，苏州市 1965—1983 年下沉 760 毫米，常州市 1979—1983 年下沉 380 毫米，嘉兴市在 15 年中也下沉 600 毫米，这些数据还不包括近十几年下沉量。上海地面沉降的历史最长，幅度更大，上海地面沉降累计达 2.63 米，天津、塘沽达 2.60 米。上海的地面沉降导致黄浦江、苏州河防汛墙降低，码头、仓库被毁，桥下净空减少，建筑物出现裂缝，城市基础设施功能下降，地面沉降的结果使这些城市在地形上成为漏斗状洼地，不利于降水排泄。苏州、无锡、常州地区 1991 年的梅雨量并没有超过 1954 年，但市区出现大面积进水，地面沉降是一重要原因。近十几年来上海市因地面变形灾害经济损失高达 50 亿元。

（四）开挖工程灾害

工矿企业的发展与建设，促进了国民经济的发展，在工矿企业工程建设过程中产生了一大批城市，这些城市一般处于山区，地形复杂，如中国的抚顺、大庆、鞍山、七台河、石嘴山、唐山、阳泉、平朔、大同、晋城、白银、包头、攀枝花、韩城、神府、铜川、徐州、焦作、平顶山和义乌等。在这些城市周围矿产资源开发和隧道等工程建设中经常发生突水、突泥、冲击地压、冒顶、煤瓦斯突出、煤层自燃、井巷热害、矿震等灾害，由此造成人员伤亡、设备和工程毁坏、资源冻结。初步统计，1949—1990 年共有 600 个矿区或矿井发生突发性矿井灾害事件 3 万余次，造成人员伤亡有 1.4 万余次。1950 年以来矿井突水事故 1300 次，造成重大损失 95 次。1984 年 6 月 2 日，河北省开滦各庄矿 2171 工作面遇到规模巨大的岩溶陷落柱（高 280 米，达 61.78 万立方米），使奥灰岩溶水突入井巷，最大突水量达 2053 立方米/分钟，仅仅 21 小时零 1 分钟的时间即将年产 300 万吨的煤矿全部淹没。突水之后，矿区水位大幅度下降，矿区失去供水能力，此次突水灾害损失达 3.76 亿元（当年价格），治理费用 2.33 亿元，影响产煤 865 万吨，成为世界采矿史上罕见的特大突水事故。1949—1985 年全国煤矿近 40 年来发生破坏性冲击地压 1842 次，其中，重大灾害事故 30 次以上，典型的冲击地压矿井每年发生灾害 10—25 次，平均每产 100 万吨煤发生 20—24 次。1988 年 11 月 26 日 7 时 40 分，黑龙江鹤岗矿务局峻德矿区发生特大冒顶事故，死亡 10 人，伤 1 人，经济损失 8 万元，间接损失 5 万元。1950—1992 年，在全国 1775 个煤矿井中有 250 个矿发生 1.6 万次瓦斯突出事故，经济损失 20 亿元，约占世界瓦斯突出事故的 40%。中国煤矿发生煤瓦斯突出事故 10 万余次，仅 1984—1995 年的十余年间，造成经济损失 100 余亿元。1991 年 4 月 21 日 16 时，山西洪洞县三交河 203 掘进工作面发生瓦斯煤尘爆炸事故，致使井下 7000 多米巷道支护严重遭受破坏，通风设施全部被毁，整个事故死亡 148 人，伤 6 人，直接经济损失 300 万元；2016 年 12 月 3 日，内蒙古自治区赤峰宝马矿业有限责任公司发生特别重大瓦斯爆炸事故，造成 32 人死亡，20 人受伤，事故直接经济损失 4399 万元；2016 年 10 月 31 日，重庆市永川区金山沟煤业有限责任公司发生特别重大瓦斯爆炸事故，造成共造成 33 人死亡，1 人受伤，事故直接经济损失 3682.22 万元；2017 年 11 月 11 日 2 时 26 分，辽宁省沈阳焦煤股份有限公司红阳三矿西三上采区 702 综采工作面回风顺槽发生一起重大顶板（冲击地压）事故，造成 10 人死亡，1 人轻伤，直接经济损失 1456.6 万元。煤田自燃和煤矿井下自燃主要发生在北方，它是指煤田埋藏浅，含量高的煤层和干旱地区干燥煤层发生的煤炭自燃灾害。新疆的煤田自燃面积及年燃煤量最大，88 处产煤地就有 42 处着火，燃烧面积 112 平方千米，年损失煤 1 亿吨，全国年损失煤 3.5 亿吨。

（五）水土流失灾害

水土流失灾害是土壤在外力（风、水等）的作用下，被剥蚀、搬运和沉积，由于它的作用发生缓慢，平时觉察不到，等到看出来时往往已造成巨大的损失，所以又往往称它为"静悄悄的危机"和"爬行性的灾难"。气候、地形、土壤种类和植被覆盖等会影响水土流失的发生，但人类不合理利用土壤，破坏植被则是水土流失的主要因素，土壤被侵蚀之后，会产生一系列社会经济问题，加速自然灾害，阻碍交通，倒塌矿山，淤塞河流，尤其降低肥力，影响植物生长。中国不少大中城市（包括城镇），在快速城市化开发建设中，忽视城市水土保持工作，大量城市土地开发或基础设施建设造成过度的地表扰动，在毫无约束的条件下随意破坏地貌、植被，从而引起严重的建设开发性的水土流失，其侵蚀模数可达 10×10^4 立方千米/年以上。城市以超常速度发展和大规模建设，造成河道淤积、下水道淤塞，从而增加城市防洪压力，破坏城市基础设施，并对城市经济可持续发展和环境质量构成严重威胁。深圳市的人口由 1980 年的 31 万人增加到 2019 年的 1344 万人，人口增加超过 43 倍，全市人口密度达 6728 人/平方千米，深圳市现有国土面积 1997.47 平方千米，水土流失面积则为 51.85 平方千米。该市的水土流失，除台风和暴雨外，主要是在城市化过程中，人类活动外力冲击远远超过了土体的自我保持能力。这种外力冲击主要表现为三个方面：①各种类型的开发区，主要分布于交通网旁或城市工业轴心区；②新开辟公路和已成公路未保护坡面；③采石场、取土场，以及农业开发不当。深圳市的布吉镇由于不注意水土保持工作，河道泥沙淤积严重，1992 年 9 月 7 日发生洪水灾害（5 年一遇），仅布吉镇损失 9000 万元，1993 年 6 月 16 日洪水（10 年一遇），造成布吉镇的洪灾损失达 5.5 亿元。因塌方 1500 立方米，造成广深铁路中断 12 天，停开客车 26 对，停开货车 20 对，因推山填土开发房地产造成山体滑坡，市武警医院因山泥直冲造成医院设备毁坏，而且地处医院后面的工棚内有 7 人被活埋，死亡 3 人。所以在城市建设和开发的过程中，土壤保护也是一个不可忽视的城市环境问题，但是有关这方面的研究资料却比较少，亟待加强研究。

（六）风沙尘暴灾害

风沙尘暴都是威胁城市安全的灾害性自然现象，但却是与人类的活动密切相关。根据深海岩心和冰盖沉积物的测定，更新世的尘暴造成了中国和中亚大量黄土沉积物。近 3000 年来中国有史书记载的沙尘风暴有许多。历史上就有不少北方城市因风沙肆虐而被迫丢弃的记载，沙尘在历史上记载为"雨土"，1278 年曾发生"雨土七昼夜，深七、八尺、没死牛畜"的记载，历史上"丝绸之路"的楼兰古国，因为罗布泊萎缩引起风沙侵袭而于公元前 4 世纪被迫放弃。目前，西安、兰州、银川、乌鲁木齐、呼和浩特、北京等常受到风沙的侵袭。继 1993—1995 年西北地区连续 3 年出现沙暴之后，1996 年 5 月 29—30 日，又遭受一场骤然而至的强沙尘暴和大风袭击，甘肃省敦煌市本来晴朗的天空，瞬间变得天昏地暗，沙尘风扬，能见度下降至 5 米以内，风力达 9 级，随着风力时强时弱，天空由黑变红，又由红变黑，车辆不能行走，行人纷纷躲避，树木被刮倒，房顶被刮掉，因此次风沙尘暴而迷失方向落入水渠的有 9 人死亡，近 0.33 万公顷棉花和 249 公顷林果受灾。毁坏温室大棚 2660 座，损坏输电线路 10.2 千米，风沙掩埋渠道 330 千米，造成经济损失 5000 余万元。2006 年 4 月 9—11 日北方出现范围最大、强度最强的一次强沙尘暴天气过程，13 个省（自治区、直辖市）遭受影响，造成 9 人死亡，北京 4 月 16—17 日一夜总降尘量达 33 万吨。2021 年 3 月 14—15 日，内蒙古西部、甘肃河西、宁夏北部、陕西北部、山西北部、河北中北部、北京等地的部分地区发生较严重的沙尘暴，受影响的时间分别为：银川市 7 小时，石嘴山市 8 小时，吴忠市 11 小时，中卫市 13 小时，宁东基地 12 小时等。因此，在受风沙尘暴危害严重的城市和地区，加强植被的恢复工作，提高植被的覆盖率，是减少灾害的最佳途径。

（七）海平面上升灾害

从人类发展史来看，人是沿着水的轨迹走的，从大河流域走向海岸，由海岸走向大海。由于沿海地区具有效益高、产出大的特点，当今大河河口、海岸是世界各国的重要经济区域，有黄金海岸带之称。世界上约 80% 的大城市和 60% 的人口集聚在距海岸线 200 千米的海岸带上。然而，大河河口、海岸带是海陆结合部，部分甚至是构造板块的结合部，往往地震频发，深受海、陆两种灾害的威胁，因此黄金带亦是灾害带。

全球的气候变暖，使得地球表面降雨历时加长，降雨强度增大，加速海洋中冰雪的融化，使海平面上升，过去的 100 年来，全球平均气温升高 0.15—0.45℃，相应全球海平面上升了 10—20 厘米。2019 年自然资源部海洋预警监测司发布中国海平面公报认为：1980—2019 年，中国沿海海平面上升速率为 3.4 毫米/年，高于同时段全球平均水平。过去 10 年中国沿海平均海平面处于近 40 年来高位。2019 年，中国沿海海平面较常年高 72 毫米，为 1980 年以来第三高。近 40 年来，中国沿海海平面呈加速上升趋势，其长期累积效应直接造成滩涂损失、低地淹没和生态环境破坏，并导致风暴潮、滨海城市洪涝、咸潮、海岸侵蚀和海水入侵等灾害加重。同时，沿海地区的地面沉降导致相对海平面上升，加大海岸带灾害风险。2019 年，中国沿海海平面偏高，加剧了风暴潮、滨海城市洪涝和咸潮的影响程度，其中浙江沿海受风暴潮和洪涝影响较大；长江口、钱塘江口和珠江口咸潮入侵程度总体加重。受海平面上升及多种因素共同影响，河北、广西和海南沿海部分岸段海岸侵蚀加剧；辽宁沿海局部地区重度海水入侵范围加大（表 6-4）。

表 6-4　截至 2008 年部分中国沿海城市海水入侵情况

城市	出现海水入侵时间（年份）	海水入侵面积/平方千米	入侵速度/（平方千米/年）
大连市	1964	223.5	6.6
葫芦岛市	1980	110.7	8.5
秦皇岛市	1981	24.8	1.4
莱州市	1976	260.0	10.4
龙口市	1976	105.0	4.8

城市	出现海水入侵时间（年份）	海水入侵面积/平方千米	入侵速度/（平方千米/年）
烟台市	1976	33.5	1.8
青岛市	1970	92.4	3.9
北海市	1979	4.0	0.3

资料来源：田春玲等（2013）。

海平面上升给沿海城市带来一系列灾害。①影响城市供水。海平面上升对城市供水影响主要表现在加剧盐水入侵危害和阻碍城市污水排泄而引起的供水水源污染。中国沿海地区主要供水水源以河流地表水为主，且许多重要城市位于入海河口区，如长江口的上海、钱塘江口的杭州、甬江口的宁波、瓯江口的温州、韩江口的汕头、珠江口的广州等，海平面上升引起河口盐水入侵加剧。由于海平面上升，潮流顶托作用加剧，城市排放污水下泄受阻，造成污水在河网中长期回荡，甚至倒灌，加重城市水体污染。例如，上海市排入黄浦江的污水因长江口潮流顶托，下泄困难，造成干流75%的河段水质低于国家地面水Ⅲ级标准，江水黑臭天数日趋增加。中国北方的大连、秦皇岛、烟台、青岛等沿海城市，因地表水缺乏，城市水源来自于地下水，这些地区因过量开采引起海水入侵。例如，山东莱州市因海水入侵直接影响该市经济向前发展，农业产量大幅度下降，工业产值年损失3亿—5亿元，累计损失工农业产值50亿元。海水入侵并不限于直接的经济损失，还使地方病增多，据调查，海水入侵使莱州地区居民患有甲状腺肿、氟斑牙、氟骨症、布氏菌等多种地方病，患病人数高达45万人。②阻碍城市防洪。中国沿海平原城市地面高程普遍较低，大部分仅海拔2—3米，天津市的50%地区地面高程不足3米，塘沽、汉沽和大港三区处于3米以下沿海城市地面相当部分处于当地平均高潮位之下，完全依赖城市防洪设施保护城区的安全，如遇到风暴洪水袭击，极易造成危害。③旅游业受到危害，滨海旅游业在沿海城市中占有极为重要的地位，中国沿海城市现已开发滨海公园、浴场、疗养度假区在内的旅游景点300余处，旅游海岸线长258千米，旅客人数占全国的60%以上，海平面上升给滨海旅游业带来很大危害，其中受害最严重则是沙滩资源。据推算，海平面如上升50厘米，大连、秦皇岛、青岛、北海和三亚滨海旅游区淹没和侵蚀加剧后退31—366米，沙滩损失24%，最著名的北戴河风景区沙滩损失达60%。表6-5是对2050年我国主要海岸平原相对海平面最可能上升幅度的预测。

二、城市地质灾害防治的对策

城市人口密集，第二、第三产业汇集，是地区经济、政治、文化的心脏，同时也是地质灾害频率高、分布广、损失重的地区，在同样强度下，损失明显高于

表 6-5   2050 年我国主要海岸平原相对海平面最可能上升幅度预测

地区	全球（绝对）海平面上升速率/（毫米/年）	地面年沉降速率/（毫米/年）	相对海平面上升速率/（毫米/年）	海平面上升估计值/毫米
海南滨海平原	3.0—3.5	0.4	3.4—3.9	20—25
台湾西部平原	—	—	—	—
广西滨海平原	3.0—3.5	0.4	3.4—3.9	20—25
珠江三角洲	3.0—3.5	1.1	4.1—4.6	25—30
韩江三角洲	3.0—3.5	0.1	3.1—3.6	15—20
闽江三角洲	3.0—3.5	0.4	3.4—3.9	20—25
长江三角洲	3.0—3.5	6	9.0—9.5	55—60
江苏滨海平原	3.0—3.5	3.8	6.8—7.3	40—45
黄河三角洲及邻近地区	3.0—3.5	3.4	6.4—6.9	35—40
渤海西岸平原	3.0—3.5	8	11.0—11.5	65—70
下辽河三角洲	3.0—3.5	0.3	3.3—3.8	20—25

资料来源：田春玲等（2013）。

非城市地区。另外，城市地质灾害严重，而且次生灾害、人为灾害又多叠加形成的二次、三次灾害，将会造成较大的损失。例如，地震可能引起塌方、火灾、交通事故；城市建设时开挖工程，过量抽取地下水而引起崩塌、滑坡、泥石流、地面下降、房倒路断等；随着科学技术发展，大量使用化学用品从而污染大气，并产生温室效应，引起海平面上升，造成海水入侵，农田盐碱化，河口生态环境变坏，渔业发展受阻等。因此，要采取有力措施，防治城市地质灾害，是一项迫在眉睫的工作。

（1）加强对城市地质灾害链、灾害机制、灾害区划、灾害评估及灾害预警系统的综合研究。建立城市地质灾害信息系统，为国家、地区和部门减灾提供综合灾害信息，组织多部门多学科开展灾害的系统科学研究，共同协作攻关，解决城市地质灾害的共同难点，要借鉴计算机技术、遥感技术、航天技术，以便科学地制订减灾防灾方案，最大限度地减少灾害损失。在改造利用过程中化害为利，使灾害尽可能向着有利于人类生存的良性环境转化。

（2）加强法治建设，建立健全有关减灾法规，中国目前已颁布有关减少和制止人们不当行为作用于自然环境的法律和法规，取得明显的效果。但目前仍没有一个有关减灾的法律，一部分人还没有对灾害的危害引起高度重视，应加强对城市全体公民的法治教育，特别是各级领导干部更应重视法规的学习，以提高以法制灾，以法保城的意识，主管部门要做到"有法可依、有法必依、执法必严、违法必究"，维护法律的严肃性，同时各级人大和职能部门要加快城市地质灾害防治法的制订工作，把城市地质灾害防治纳入法治轨道，保护城市人民的安全，促进国民经济的发展。

（3）中国城市地质灾害损失惨重，仅唐山地震一次损失高达 100 亿元，要确定减灾与发展并重的观点，推动各部门、地区制订与经济建设同步发展的减灾计划，进行城市地质灾害的综合评价，提出切合实际的因灾设防，因地减灾，同域和异域协同减灾的途径和措施，根据城市地质灾害评价结果，在制定和实施区域社会经济发展规划时，能有预见性避开灾害危险区，避免布局失误而造成的不必要的损失和人员伤亡，实现国民经济发展与城市地质灾害防治协调发展。

（4）加大城市地质灾害防治的投入，加强防灾工程建设，开展包括城市绿化、水土流失治理、防滑坡、防泥石流和入海口防潮工程，水库、危坝的加固工程，防洪、防震等城市防灾工程，以及小流域治理工程。同时还要采取综合措施，加强水资源管理，治理"三废"污染，推行垃圾无公害处理，加大垃圾袋装推广的力度，加快完善排水网络，建设城市污水处理厂，发展城市煤气化和集中供热、改进道路交通建设，垃圾变废为宝（如发电、炼油、加工有机肥等）处理装置，不断提高城市防灾保护能力。

（5）打破地方保护主义，只顾本单位的眼前利益，忽视社会利益的消极思想；树立全民动员，综合防灾，全局一盘棋的思想。城市单位多，部门结构复杂，条块分割管理，如果采用地方保护主义，虽能使局部灾害减轻，但却使全局损失加重，社会安定受到影响，因此要彻底打破地方保护主义，在当地政府的行政首长统一领导之下，成立跨部门和跨学科减灾机构，市区各单位将人财物集中起来统一防灾，在紧急情况下，采取必要的强制手段，树立全局观念，强化管理，落实责任，建立国家管理、部门管理、地方管理相互结合的管理系统。

（6）对于城市地质灾害，要采取多种手段宣传，采用口头讲解、版面宣传、典型引导、形象教育等形式，利用电视、电台、出版物、文艺节目、主题会等手段，普及减灾知识。在减灾过程中还要转变人们"等靠要"的观念，树立"自力更生、艰苦奋斗、奋发图强、建设家园"的精神，努力提高社会减灾的综合能力。

（7）要总结减灾经验教训、弥补工作中不足之处，发挥优点。减灾部门要与教育部门通力合作，采取有效措施，将减灾纳入教育总体规划，适应减灾事业发展之需。扩大招收大中专生规模，培养减灾专业的硕士、博士，调整现有专业结构；结合大学基础教育，开设减灾课程和专业；成人教育要跟上经济形势的需要，加快在职人员培训教育，鼓励 35 岁以下在职人员进行大专以上的学历教育，35 岁以上的在职人员进行短期专业技术培训，提高减灾队伍的整体水平；面向世界，有计划邀请国外专家来华讲学，进行学术交流，有针对性派出有关人员到国外培训，学习国外减灾的先进经验。

（8）推动减灾工作的社会化，为社会减灾作出贡献，社会化减灾起到纽带和桥梁作用，因为社会既是承灾体，也是减灾体，社会活动因 80% 的人为因素干扰而成为重要的致灾因素，因此减灾需要全社会上下共同努力，把城市减灾工作当成一项重要的社会事业。尽快建立减灾基金，除国家财政一部分投入外，还接受社会各界捐款。减灾工作要大力发展保险事业，国家建立政策性保险公司同时对商业性保险公司经营灾害保险业务的采取自愿政策，并给予补贴，根据中国的财力情况，采取联合共保办法，共同发展灾害保险，国家应从整体经济利益出发，在财政上优先照顾灾害保险的发展，灾害的防治好坏，直接关系到整个国民经济的发展，国家要优先考虑灾害保险的财政支持要求。同时，在税收、政策方面扶持灾害保险业务的发展，推动防治灾害走向社会化，将减灾纳入各行各业的行动计划，把减灾责任分解和落实到单位和个人。

（9）发展城市地质灾害学科建设。城市地质灾害学科不仅包括土地资源学、地貌学、城市环境工程学、结构学、生态学、林学、土壤学、大气学、海洋学、资源环境学、系统工程学等，而且包括社会制度、政策法令、国土开发、城市规划、历史状况、社会治安、公民素质、救灾队伍结构等社会科学。应充分发挥该学科的优势，大家共同献计献策，从而奠定有关城市地质灾害综合体系的理论基础，用于指导有关实践活动，在统一规划原则下，制定防灾的综合规划，让防灾减灾系统相辅相成，构成一个有效而科学的防灾综合体系。

（10）制定科学的、切实可行的减灾措施，研究分析城市地质灾害的种类、成因、发展规律、危害程度、成灾区位，因地制宜，采用中期、长期预报与短期预报相结合，减灾措施与环境治理相结合，兴利避害相结合，综合减灾措施与主攻大灾相结合；对症下药，充实研究力量，把一切可避的灾害消灭在萌芽状态。对于可能发生但未发生的灾害，做好预报工作，对不易预见的灾害，则要宣传防护知识，加强预期综合研究，防患于未然。

第二节　城市火灾及其防治

一、城市火灾的危害

火灾（fire disaster），是一种发生频率最高且又无法预见的城市灾害，它常常孕育于强风、地震、战争等其他重大灾害之中，对人民生命财产的危害及城市建设的破坏十分严重。当一个城市发生火灾时，根据火灾发生的部位不同，将可能会造成房屋倒塌、交通中断等，甚至可能会使城市生命线工程系统（如通信、供电、供气甚至公安指挥控制中心）受到破坏，严重的将导致一个城市的某一区域发生瘫痪，阻碍救灾工作的指挥和进行，危及人民的生命财产和正常的生产及生活。火灾所造成的损失是很惨重的。1971年5月日本大阪十层的"千日"百货大楼因人员乱扔火柴棍而引起火灾，造成死亡118人，伤69人的悲剧。同年圣诞节，韩国汉城（今首尔）商业区 21 层的大阁旅馆发生火灾，死亡 163 人。1993 年 8 月 12 日夜,北京四大商场之一的隆福商业大厦发生了中华人民共和国成立以来北京市损失最大的一次火灾,据统计,直接损失达 2100 多万元。1994 年 12 月 8 日,新疆克拉玛依市友谊馆发生特大火灾,造成在该馆参加活动的中、小学生等死亡 325 人,伤 130 人的重大惨案。2015 年 8 月 12 日 23:30 左右,位于天津市滨海新区天津港的瑞海公司危险品仓库发生火灾爆炸事故,本次事故中爆炸总能量约为 450 吨 TNT 当量,造成 165 人遇难、304 幢建筑物、12 428 辆商品汽车、7533 个集装箱受损,事故已核定的直接经济损失 68.66 亿元。2017 年 12 月 1 日,天津市河西区友谊路与平江道交口城市大厦 38 层发生火灾,10 人死亡,5 人受伤。事故起火点位于城市大厦 B 座泰禾金尊府项目 38 层电梯间,起火物质为堆放在电梯间内的杂物和废弃装修材料。由于施工企业为施工方便擅自放空消防水箱储存用水,致使消防设施未能发挥作用,火势迅速扩大。

中国城市火灾有逐年上升的趋势,大城市比中小城市发生频率要高。2019 年全国接报火灾 23.3 万起,亡 1335 人,伤 837 人,直接财产损失 36 亿元。商业场所发生火灾 6015 起,宾馆饭店发生火灾 5872 起,学校发生火灾 722 起,医院养老院发生火灾 346 起,公共娱乐场所发生火灾 384 起。高层建筑发生火灾 6974 起,建筑工地发生火灾 2926 起。城乡居民住宅火灾占总数的 44.8%,共造成 1045 人死亡,占总数的 78.3%,远超其他场所死亡人数的总和。

由于城市人口密集,有很多公共场所,如影剧院、体育场、大型集会场所、工厂等容易发生爆炸、火灾事故,且火灾容易扩大蔓延,形成大面积火场。还由于城市是物质财富、文化遗产高度集中的场所,如果发生火灾会造成巨大的甚至是无可估量的经济损失,也会造成不良的政治影响。因此,城市的消防工作至关重要。

二、对城市火灾的预防措施

（一）城市火灾的原因

城市发生火灾的原因是多方面的,除少数自然灾害（如地震的二次灾害、雷击等）以外,绝大多数是思想上的麻痹大意,在用火、用油、用气、用电的过程中不注意引起火灾,小孩玩火也是一个原因,还有石油化工等易燃易爆工厂或实验不按操作规范而引起火灾也是重要原因,有意放火是极个别的现象。

（二）城市规划与消防

城市规划与消防有十分密切的关系,合理的规划布局可以减少火灾的发生,万一发生火灾也便于扑救。例如,在城市功能分区上,要严格将工矿企业与居民区的布局分开，石油化工企业、储存易燃易爆品的仓库、装运易燃易爆物品的车站码头，应布局在远离居民区、远离市区的地段。对建筑物的层高、不同建筑物之间的防火间距、街区内的道路、消防车道、安全出口、防火墙、防火带、天桥、栈桥，以及消防站的配备、消防用水等，城市规划的有关规范都有严格的要求，在城市建设与日常经济等活动中要严格遵守。

（三）建筑与消防

建筑设计对防火的严格要求是必须遵守的。按建筑物建筑材料最低耐火极限分为 5 级，其中一级与二级耐火建筑物，主体建筑都是用的非燃烧性建筑材料，如影剧院的放映室，有气体或粉尘爆炸危险的车间等建筑要求一级耐火等级。

安全出口可以保证人员在发生火灾时尽快疏散，减少伤亡。一级、二级建筑物要求在 6 分钟之内疏散完毕。生产、工业辅助及公共建筑或房间安全出口数目不应少于 2 个，影剧院的观众厅至少应有 2 个独立的安全出口，11 层及 12 层以上的高层住宅各户应有通向 2 个楼梯间的 2 个出口。建筑设计规范还规定了其他疏散人员用的安全设施。

高层建筑由于拔风效应，一旦起火蔓延很快，一幢 30 层的高层建筑，在无阻挡的情况下，半分钟左右烟气就可以从底层扩散到顶层。且高层建筑住的人员多，疏散距离长，如果发生火灾，楼梯电源切断，疏散更为困难，地面消防车供水也有难度。因此，高层建筑的防火尤为重要。对高层建筑的消防，一是要保证安全出口的数量，设置消防专用电梯，二是要立足于自救，配齐室内消防栓、消防水池与消防泵，设置自动报警装置，并要有排烟、防烟措施，保证预备电源的供给等。

（四）消 防 用 水

虽然有泡沫、干粉、卤代烷等多种灭火剂，但大面积火灾仍然靠水来扑救。在城市给水规划中要充分考虑到城市消防用水，输水干管不少于 2 条，其中 1 条发生事故时，另 1 条通达的水量不少于 70%，管道最小直径不小于 100 毫米，管通压力在灭火时不少于 10 米水柱。室外消防栓沿街设置并靠近十字路口，间距不应超过 120 米。超过 800 个座位的影剧院，超过 1200 个座位的礼堂，超过 5000 平方米的公共建筑，超过 6 层的单元住宅以及一般厂房都应设置室内消防给水，并保证在火灾发生 5 分钟之内投入使用。

（五）灭 火 设 施

消防站的配备，要保证在接到报警 5 分钟之内到达责任区最远端，一般每个消防站的责任面积 4—7 平方千米。

消防瞭望台能及时发现火警，为灭火争取了时间。瞭望台一般设置在责任区的最高点。

消防交通要求通畅、快速，在居住区要求车行道宽度不小于 3.5 米，厂房两侧的通路不小于 6 米，以保证消防车在 5 分钟之内到达现场。

消防车是消防站主要的灭火器材，一级消防站应配备 6—7 辆消防车，二级消防站应配备 4—5 辆消防车，三级消防站应配备 3 辆消防车。

中国各城市的消防火警电话通用号码是"119"专用线。

（六）业余消防队伍

消防工作涉及千家万户，防火工作人人有责，城市的各级组织，各单位、工矿企业都要重视防火，工矿企业还要组织业余的消防队伍，在关键时刻发挥作用。

第三节　城市洪涝灾害及其防治

一、城市化对洪涝灾害的影响

随着城市化的进程，人口向城市集中，城市范围不断扩大，工业化程度相应提高，必然改变当地的自然地理环境，如砍伐和清除森林、植被，营造房屋、街道与下水管道，修筑暴雨排水等，都能对城市地区雨洪产生直接的影响，导致蒸发、截留和下渗减少，径流和汇流速度加快，峰现时间提前等，从而扩大了洪水的灾害性。

城市化对雨洪水汇流过程影响的最敏感因素如下。

（1）地面覆盖不透水铺砌。天然流域的降雨被植物截留，在地表洼蓄和入渗后形成地表和地下径流，而城市化使原有空旷的农田或森林被大量建筑物、道路和停车场等代替，不透水面积所占的百分比大为增加；坡面漫流和城市地区的降雨迅速充满洼地和有限绿地后形成地表径流，致使径流总量增加，地下回归量减少，洪峰流量增大。不透水面积比例越大，下垫面的上述反应越明显。

（2）地面排水系统的改造，城市化改变了原有天然河道的径流流态、洪水过程线和洪峰流量。城市排水系统管网化，扩大了城市的排水能力，使暴雨径流尽快就近排入受水体。同时，对城市地区原有的汇水河道进行整治或新建输水渠道，又使河道趋于正直、断面规则并有衬砌，从而减小了河谷的调蓄能力，河道糙率变小，输水能力加强，导致洪水汇流速度增加，涨洪历时和汇流时间缩短，洪量更加集中，滞时变短，整个洪水历时压缩，见图 6-1。

（3）土地利用结构的变化，城市发展使土地得到充分利用，它往往侵占一些天然河道的洪水滩地和滞洪洼地，致使城市地区河道调洪能力减弱。暴发性洪水一旦发生，洪水漫溢，城市地面形成积水，短时间内无法迅速排出，造成洪水灾害，这种现象在沿海低洼的城市尤易出现。

综上所述，城市化对洪水特征的影响，主要体现在洪峰流量统计参数和洪水过程线的变化上。据埃斯佩（Espey）、温斯洛（Winslow）和摩根（Morgan）的研究，城市化后单位过程线的洪峰流量约等于城市化前的 3 倍，涨峰历时缩短 1/3，暴雨径流的洪峰流量预期可达未开发流域的 2—4 倍。安德森（Anderson）认为排水系统的改善，滞时可减少到天然河道的 1/8，由于滞时缩短和不透水面积增加，洪峰流量为原来的 2—8 倍。可见，城市化增加了产生峰高、量大、凶猛的洪水的可能性。

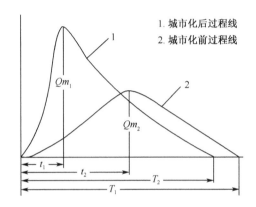

图 6-1　城市化前后洪水过程线比较图（引自周乃晟，1990）

Qm_1、Qm_2 为洪峰流量；t_1、t_2 为峰现历时（滞时）；T_1、T_2 为洪水过程线底宽（洪水历时）

二、中国城市布局特点及洪涝灾害

中国城市的地理分布不均，有 70% 的大城市、半数以上的人口、75% 以上的 GDP 分布在沿海区域，普遍遭受海洋、洪水、地震、气象等自然灾害的侵袭。76% 的城市分布在东部和中部地区，主要是沿海、沿江分布，珠江、长江、淮河、黄河、辽河、松花江等江河流域集中了中国 90% 以上的城市人口，集中了工业总产值和固定资产 90% 的资源，集中了中国政治、经济、文化的精华。

中国有 30% 的城市分布在仅占国土面积 10% 的丁字形经济发达的狭长地带，即东北平原、华北平原、长江中下游、珠江三角洲和东部沿海低洼地带，处于河流河口及海滨地区，海拔一般都在 50 米以下，极易遭受洪涝灾害。

据武汉市防汛指挥部提供的资料，在 1949 年以前的 2155 年间，中国发生特大洪涝灾害 1029 次，平均每 2 年一次。上海市在 1931 年、武汉市在 1931 年、天津市在 1939 年都曾被洪水淹没。1904—1939 年北京市被淹 6 次，天津市被淹 8 次。

1954 年的长江洪水，虽然确保了武汉、南京、九江、安庆、苏州、上海等沿江大中城市的安全，但仍淹没农田 313 万公顷，损失 100 余亿元。

1958 年黄河大水，许多堤段洪水水位与黄河大堤堤坝相平。1963 年海河洪水，8 月 2—7 日 5 天雨量 2050 毫米，降雨量在 1000 毫米以上的面积为 5560 平方千米，受灾农田 380 万公顷，冲毁铁路 75 千米，保定、石家庄、邯郸、邢台市区内水深 2—3 米，88%的工业停产，损失 70 亿元。

1975 年 8 月淮河流域发生相当于百年一遇降水量 2.4 倍的特大暴雨，产水量 150 亿立方米，致使板桥、石漫滩两座水库垮坝，造成大量财产损失与人员伤亡。

1981 年 7 月，四川特大洪水，淹及重庆、成都等 53 个市、县，全省损失 20 亿元以及人员伤亡。

1991 年 5 月中旬开始，江淮、太湖地区降大到暴雨，7 月中旬以后，雨区移至东北、华北。淮河、滁河、长江、松花江相继发生特大洪水，全国 18 个省（自治区、直辖市）遭受洪涝灾害，死亡 3074 人，受灾人口 2.2 亿人；直接经济损失约 800 亿元。

1998 年入夏后，长江发生了自 1954 年以来的又一次全流域的特大洪水，嫩江、松花江也发生了历史上的大洪水，此前珠江流域的江西、福建的闽江等江河也相继发生了百年不遇的特大洪水。由于洪水量极大、涉及范围广，洪涝灾害非常严重，遭受不同程度的洪涝受灾面积 3.18 亿亩，成灾面积 1.96 亿亩，受灾人口 2.23 亿人，死亡 3004 人（其中长江流域 1320 人），倒塌房屋 4973 间，各地估报直接经济损失 1666 亿元，间接经济损失千亿元以上。1999 年 7 月下旬韩国暴雨成灾，洪水灾害造成至少 9 人死亡，4 人失踪，经济损失惨重。

2006 年 7 月 14—18 日，中国的福建、江西、湖南、广东、广西等省（自治区）遭受特大洪涝灾害，其中湖南、广东的灾情最严重。广东受灾 741 万人，死亡 106 人，失踪 77 人；湖南全省共有 6 个市、33 个县（市、区）、729 万人受灾，洪水中紧急转移 80 多万人，全省有 12 万多人一度被洪水围困，死亡 346 人，另有 89 人失踪；其中受灾最严重的郴州资兴市死亡 197 人，失踪 69 人。

2010 年 7 月，长江多条支流发生超历史水位的最大洪水，洪涝灾害殃及吉林、广东、广西、四川、陕西等全国多个省份，洪涝灾害造成全国 2 亿人（次）受灾，1454 人死亡，669 人失踪，1347.7 万公顷农作物受灾，其中 209 万公顷绝收，因灾直接经济损失 2751.6 亿元。

2011 年 6 月上旬起在中国南方的四川、湖南、湖北、贵州、江西、浙江、安徽、福建、重庆等多个省（直辖市）因强降雨而引发严重水灾，其中尤以湖南、湖北、江西和贵州最为严重。统计共有 178 人死亡，68 人失踪，造成经济损失 128.3 亿元，将之前的水灾损失加起来，2011 年累计水灾损失已达 33 亿美元。

2012 年 7 月 21—22 日，河北省保定市西北部地区普降特大暴雨。这次降雨是历史上降雨强度最大的一次、降雨汇水最急的一次，也是水流速度最快的一次。

保定全市受灾人口超过 80 万人，直接经济损失 70 亿元以上，因灾死亡 26 人，失踪 20 人。房屋倒塌 11 520 间，其中涞源县所有 18 个乡（镇、办事处）全部受灾。全市农作物受灾总面积 57 万亩，其中绝收 5 万亩。

2016 年 7 月 18—21 日，河北省大部地区出现降雨过程，造成省内部分地区出现洪涝灾害，并引发多起滑坡和泥石流灾害，部分受灾群众被围困，出现人员死亡和失踪。全省 11 个设区市的 149 县（市、区）和定州市、辛集市受灾，受灾人口 904 万人，因灾死亡 114 人，失踪 111 人，紧急转移安置 30.89 万人，倒塌房屋 5.29 万间，损坏房屋 15.5 万间，农作物受灾面积 723.5×10^3 公顷，绝收面积 30×10^3 公顷，因灾造成直接经济损失已达 163.68 亿元。

由此可见，洪涝灾害具有随机性、突发性的特点，造成巨大的破坏与损失。同时城市发展规划对灾害风险考虑不足。我国城镇防灾标准普遍偏低。国家城镇防洪标准为 20—50 年一遇，实际大多数城市防洪标准低于 20 年一遇。在 639 座具有防洪任务的城市中，达到防洪标准的仅占 27%，埋下城市安全的隐患（田春玲等，2013），所以城市防洪是十分重要的工作。

三、城市洪水的控制和防治

由于洪水关系到城市居民的生命安全和生存空间的保护问题，因此城市洪水的控制和防治应是城市学、城市生态学等多门学科共同关心和研究的课题。城市防洪应采取工程设施和非工程设施相结合，防洪工程是基础，而非工程防洪措施又是工程措施的一个必不可少的补充。只有在使用了合理而可行的规划、预报、管理和法规等手段后，才能充分发挥工程的作用，使之达到最优调度运行的目的。在中国城市防洪建设方面，除了水库，防洪坝、堤、墙，溢洪道，挡潮闸，节制闸，河道裁弯取直，下水系统改造等工程设施以外，根据世界各国经验并结合中国的实际情况，还可以运用以下手段。

（1）增加防洪战略研究，及时修订防洪规划和具体工程项目的设计，结合城市市政布局，根据洪灾风险划分区域，分别制定房屋、道路、桥梁等建筑标准，以及土地利用法规以指导城市的经济建设和发展。同时，应实施洪水保险计划和洪灾补助办法，帮助受灾地区和居民灾后恢复。

（2）充分利用城市的先进技术和设备（有线、无线通信、遥感、卫星等），建立一套为洪水预报和警报所需的洪水水情数据收集、处理和传送的自动化系统，制作中长期预报模型和从降雨开始后的短期实时校正的洪水预报和警报的模型，及时发布长期、中期、短期洪水的预报，以及制定与之相应的防洪调度方案。

（3）结合城市的具体条件，开辟滞洪区。滞洪区可以分散在公园、大型平坦屋顶、水塘、湖泊、枯井等处，公园的高程要低于周围地面，以适应滞洪的需要。采用宜于下渗的多孔或砾石建筑材料铺砌道路、停车场和排水沟管等，以增加下渗，减少雨洪。山城可沿等高线铺设绿地，以延长洪水滞留时间，迟滞径流。

（4）制订河流管理法规，明确防洪责任制。有关管理部门承担防洪责任统一协调各部门防洪的得与失，利和弊。汛前对各类防洪设施进行检查，拆除碍洪建筑，加固和维修防洪工程，按照预先确定的防洪方案结合短期实时预报，调度和操作防洪工程，启闭滞洪区域，以至撤退必要的居民、设备和财物，发动群众巡视和保护防洪工程，随时警惕洪水进犯，并可进行防洪演习。

当前，城市洪水结合进行灾害防御科学的研究，已引起各国的普遍关注。20世纪最后10年是"国际减灾10年"，灾害研究和防御已成为全球面临的一个极为紧迫、严峻的问题。然而，对洪水灾害的研究，不是孤立的、分散的、单方面的探讨，而是涉及水文、气象、天文、地质、地貌、城市建设、环境污染及工程等多种学科领域，应进行多学科的综合分析，近年发展起来的雨水管理模型，蓄水、净化处理、溢流、径流模型等大型综合性模型已得到研究者的重视。这些模型把暴雨径流量、水质和管理程序结合起来，取得了良好的效果。可见综合治理是城市洪水防治的有效途径。

第四节 其他灾害

一、传染病灾害

传染病的全球化严重威胁着人类的安全，使传染病成为一个全球性问题。突发性传染病与水旱灾害、气象灾害、地震灾害、地质灾害、海洋灾害等一起构成了影响人类生存的最主要自然灾害之一。其种类主要包括：病毒性传染病、细菌性传染病、寄生虫性传染病、真菌性传染病以及一些不知名的传染病等类型。按照紧急灾难数据库（Emergency Events Database，EM-DAT）公布的1900—2008年突发性传染病的数据资料，共计发生突发性传染病1191起，其中因细菌感染引起的占639起，超过了总数的一半以上；其次为病毒性传染病363起，超过了总数的30%；最少的为寄生虫传染病，仅49起，刚刚超过4%。但是有140起传染病为不明原因引起的，也就是说超过总数一成以上的突发性传染病到现在还无法解释其发生的原因（表6-6）（彭现美，2010）。

在全球五大洲中，世界不同地区的突发性传染病发生次数最多的是非洲，总数达到677次，占全球总数的56.84%；其次是亚洲，发生320次，占全球总数的26.87%；美洲所占的比例为10.92%，欧洲和大洋洲最少，两者合计刚刚超过总数的5%。可见非洲和亚洲是突发性传染病的高发区（表6-7）。

表 6-6 1900—2008 年突发性传染病及导致的死亡和影响人数

因素	发生次数		死亡人数		影响人数	
	次数	百分比/%	人数	百分比/%	人数	百分比/%
不明原因	140	11.75	2 725 722	28.52	2 943 061	6.9
细菌感染	639	53.65	5 923 278	61.76	3 457 094	8.11
寄生虫病	49	4.11	10 158	0.11	28 759 252	67.46
病毒感染	363	30.48	918 568	9.61	7 470 675	17.52
合计	1191	100.00	9 557 726	100.00	42 630 082	100.00

资料来源：彭现美（2010）。

表 6-7 1900—2008 年突发性传染病及导致的死亡和影响人数各洲分布

地区	发生次数		死亡人数		影响人数	
	绝对数	相对数/%	绝对数	相对数/%	绝对数	相对数/%
非洲	677	56.84	455 593	4.77	12 237 270	28.71
美洲	130	10.92	67 484	0.71	4 361 652	10.23
亚洲	320	26.87	6 527 168	68.29	7 830 657	18.37
欧洲	49	4.11	2 500 475	26.16	1 889 834	42.67
大洋洲	15	1.26	7 006	0.07	10 669	0.03
合计	1 191	100.00	9 557 726	100.00	42 630 082	100.00

资料来源：彭现美（2010）。

《2019 世界卫生统计报告》显示，2019 年全球共有约 5800 万人死亡，在当前全球十大死因中，有 7 个是慢性非传染性疾病，而在 2000 年，慢性非传染性疾病仅占 4 个。非传染性疾病每年导致 4100 万人死亡，相当于全球总死亡人数的 71%。其中心血管疾病引起的非传染性疾病死亡人数最多，每年造成 1790 万人死亡，其次是癌症（900 万人）、呼吸系统疾病（390 万人）以及糖尿病（160 万人）。这四类疾病占所有非传染性疾病死亡人数的 80%。

导致传染病出现的因素有城市环境变化、人类活动、现代医药的并发症、微生物的适应性和变化、公共卫生措施的破坏等。

（一）城市环境变化

在全球自然与人类活动的驱动下，传染病发生和传播的模式也在发生改变。一些正在出现的疾病同城市环境变化有关，由于大量移民流入城市，支持了城市的发展和扩大，从而在人口中产生了新的感染，一旦建立了拥挤的城市区疾病就容易生根，而且很难根除。温度的变化，如由于大气中温室气体（主要是二氧化碳、甲烷和氯氟碳化物）的浓度不断增加，造成气温逐渐上升，对传染病的模式有很大的影响，特别是对传播传染病的蚊虫、苍蝇、田螺和啮齿动物产生巨大的影响。在卢旺达，1961—1990 年，温度大幅度地上升，1987 年达到最高点。20世纪80年代中期，疟疾扩展到先前很少或没有的地方。全球气候变化模式显示，气候变暖会导致疟疾患者人数的增加，从现在每年 4 亿人到 2100 年增加到大约每年 5 亿人。到 2100 年，全球平均温度升高 3℃，将会使疟疾地带的发病率显著地增加，可能另外增加 5000 万—8000 万病例。另外潮湿和持久的大雨也是疟疾突然快速蔓延的主要原因。

汉坦病毒和裂谷热病毒的传播也和环境的变化有密切的关系。例如，裂谷热病就与修建水坝带来的生态变化有关，水坝改变了河流中水的流向，而且形成水坑，是蚊虫滋生的地方。

（二）人 类 活 动

人类活动通过以下几个方面对传染病的发生与传播产生影响。城市大量人口的涌入，能造成过度的拥挤和安全用水供应不足，从而导致卫生问题——它是致使传染病扩散的媒介。登革热是当前世界上昆虫携带病毒传染的最易扩散的疾病之一。传播登革热的蚊虫在不流动的小水池中繁殖，特别是在过度拥挤区域的废轮胎或其他的生活废弃物中繁殖。1993 年登革热患者有 56 万人，死亡人数 2.3万人。

艾滋病的传播，是由一些受感染人群的流动而扩散的。性行为和工具的滥用是扩散这种疾病的主要人类活动。人类免疫缺陷病毒（HIV）感染者的人数从 1990年的 874 万人增加到 2019 年的 3800 万人，其中 1260 万人没有接受抗逆转录病毒（ART）治疗。撒哈拉以南非洲地区的妇女和女童仍是受艾滋病影响最严重的群体。2019 年，该地区新发感染人数占全球的 59%，每周有 4500 名 15—24 岁的青春期少女和年轻女性感染艾滋病。2019 年，年轻女性仅占撒哈拉以南非洲人口的 10%，但却占该地区新发感染总数的 24%。

非洲东部和南部在预防感染方面取得进展，自 2010 年以来新增感染者减少了38%。这与东欧和中亚形成鲜明对比，后两个地区自 2010 年以来的新增感染大幅上升了 72%。中东和北非的新增感染者增加了 22%，拉丁美洲增加了 21%。

（三）现代医药的并发症

医院集中了大量的抵抗传染病薄弱的患者。大约 5%的患者进入急救医院，从他们住院治疗的地方获得传染病。传染病能从医院工作人员和探病者传给患者以及患者传给其他患者。

（四）微生物的适应性和变化

同其他有机体一样，细菌和病毒经历着自身的突变。通过这一过程，病毒能迅速突变成能再次感染曾受感染过的人。例如，流行性感冒病毒有一条继续生存和产生疾病的独特途径，科学家指出，猪能同时感染人和鸟的流行性感冒病毒，这两种病毒交换基因后，产生一种新的病毒菌株，这种病毒菌株可再次感染人，引起致命疾病。

（五）公共卫生措施的破坏

接种疫苗和很好的卫生条件有助于防治传染病，保护人体健康。当发生公共卫生事件或卫生措施被破坏时，就给各种细菌、病毒提供了理想的繁殖土壤，并且为侵袭大的人群创造了机会。社会混乱，如战争、经济崩溃或自然灾害都能迅速地破坏公共卫生保护系统，从而引发疾病。例如，由饮水传染的疾病，在人口迅速膨胀超过了当地饮水供应能力的地方，饮水传染病就会迅速蔓延。1993 年美国经历了一次空前最大的饮水传染病突然蔓延，在威斯康星州的密尔沃基地区约有 403 000 人感染了一种寄生虫传染病，它能引发严重的腹泻，并发现在未过滤的水中病菌越来越多。住在城市里的 4.4 万人采用药物治疗，4000 多人必须接受住院治疗。霍乱在很多情况下是由于卫生设施差而引发的传染病。麻疹、口喉炎症等也往往因免疫措施进行不力时而导致这些传染病的再度蔓延。

二、城市交通事故

城市交通事故是城市的人为灾害。交通事故灾害包括车祸和航空灾难。

汽车诞生至今，全世界死于车祸的已有 3000 多万人，比第一次世界大战死亡的人数还多出许多倍，比第二次世界大战多出 1 倍。2008 年中国共发生道路交通事故 265 204 起，造成 73 484 人死亡，304 919 人受伤。直接财产损失 10.1 亿元。2008—2012 年我国道路交通事故的统计结果见表 6-8，机动车驾驶员各种违法行为导致道路交通事故量见表 6-9。

表 6-8　2008—2012 年我国道路交通事故 4 项指标统计

指标	年份				
	2008	2009	2010	2011	2012
事故总次数	265 204	238 351	219 521	210 650	204 196
死亡人数	73 484	67 759	65 225	62 387	59 997
受伤人数	304 919	275 125	254 075	237 421	224 327
直接财产损失/元	1 009 721 657	914 368 329	926 335 315	1 078 730 349	1 174 896 013

近些年来，火车等机动车辆世界交通事故更加频繁和严重。1988 年 2 月 2 日，在印度南部班加罗尔和特里凡得琅之间行驶的一列火车，由于前方桥梁崩塌而脱轨，致使 105 人当场死亡，700 余人受伤。而在伦敦，12 月 12 日发生了一起罕

表 6-9　2008—2012 年驾驶员违法行为导致的交通事故量统计

违法行为	年份				
	2008	2009	2010	2011	2012
超速行驶/次	26 966	23 990	21 755	20 157	16 750
酒后驾驶/次	7 518	5 969	4 378	4 912	5 251
逆向行驶/次	11 959	10 572	9 605	8 636	7 662
疲劳驾驶/次	2 568	1 966	1 890	1 755	1 183
违法超车/次	8 449	7 508	6 851	5 906	4 808
违法会车/次	11 121	9 753	8 091	6 792	5 646
违法变更车道/次	7 206	5 950	5 464	4 988	3 823
违法占道行驶/次	10 259	7 692	6 665	6 373	7 625
未按规定让行/次	48 420	41 867	37 928	33 548	30 497
无证驾驶/次	16 481	15 114	12 637	12 979	14 403
违反交通信号/次	5 847	6 140	4 862	4 768	5 110

资料来源：杨春风等（2019）。

见的 3 列火车连环相撞事故。这天早晨造成 53 人死亡，150 人受伤，场面惨不忍睹，成为英国 36 年来最大的交通事故。2011 年 7 月 23 日，北京南站开往福州站的 D 301 次动车组列车运行至甬温线上海铁路局管内永嘉站至温州南站间双屿路段时，与前行的杭州站开往福州南站的 D3115 次动车组列车发生追尾事故，后车四节车厢从高架桥上坠下，事故造成 40 人（包括 3 名外籍人士）死亡，约 200 人受伤。

1992 年 11 月 1 日，在巴基斯坦信德省白沙瓦市，一列客车与一列货车相撞，客车有 3 节车厢全毁坏，货车有一节车厢报废，当场有 150 多人死亡，200 多人受伤。

城市化使得交通需求矛盾加剧，是交通事故频繁的首要原因。机动车驾驶员超速、强行超车、抢道、酒后驾车和无证开车等严重危害交通安全的现象也极为普遍。车辆状况差，老、旧、破车多，增加了事故发生的概率。

由于车辆日益增加，交通事故已成为当今世界的一大公害，人们把交通事故称为"永不休止的交通战争"。

预防和减少城市交通事故的发生，是一项综合治理的问题，加强城市道路网建设，在繁华地区交叉路口修建地道与过街天桥，适当控制车的数量，加强交通规则的宣传教育与法治建设，实现交通管理现代化等。

第七章 城市景观生态

第一节 城市景观的概念

一、景观的定义与内涵

景观的英文原词是 landscape，这是个有多重意义的词。中文景观这个词也有很多解释。总的来说，可有三种理解。第一种是美学上的意义。作为视觉美学上的概念，与"风景"同义。景观作为审美对象，是风景诗、风景画及风景园林学科的关注对象。第二种是地理学上的理解，将景观作为地球表面气候、土壤、地貌、生物各种成分的综合体，景观的概念就很接近于生态系统或生物地理群落等术语。第三种概念是景观生态学（landscape ecology）对景观的理解。在这种情况下，景观是空间上不同生态系统的聚合。一个景观是空间上彼此相邻、功能上互相联系、发生上有一定特点的若干个生态系统的聚合。

最早的景观生态学概念是由德国地理学家 C. 特罗尔（C. Troll）于 1939 年提出的。此前，英国生态学家 A.G. 坦斯利（A.G. Tansley）于 1935 年对生态系统作出定义，标志着一个生态学新时期的到来。几年后，特罗尔在用航片判读方法研究中欧景观时，提出了"景观生态"这个词，用以表示支配一个区域中不同地域单位的自然与生物综合体的相互关系。以后特罗尔又对其作了进一步解释，即景观生态是指景观在某一地段上生物群落与环境间的主要的综合的因果关系。但特罗尔在提出景观生态概念的同时也指出，景观生态并不是一门新的学科，甚至也不是一门新的学科分支，它只是一种综合研究的特殊观点。

景观生态概念由欧洲传到美国，哈佛大学的 R.T.T. 福曼（R.T.T. Forman）与其合作者 D.M. 夏珀（D.M. Sharpe）开展了中小尺度区域的景观生态学研究，认为景观的结构、功能和发展是景观生态研究的对象，其核心问题是揭示景观元素（landscape element）的相互作用关系。所谓景观元素，是指在景观中划分出来的最小单位。后来，福曼在与 M. Godron 合著的《景观生态学》一书中将景观定义为"以类似方式重复出现的相互作用的若干生态系统的聚合所组成的异质性土地地域"。他们认为，一个景观应该具备下述四个特征：①生态系统的聚合；②各生态系统之间存在物质循环和能量流动的相互关系；③具有一定的气候和地貌特征；④与一定的干扰状况的聚合相对应。因此，从结构上说，一个景观是若干个生态系统所组成的镶嵌体；从功能上说，所含有的各种生态系统起着相互作用。以景观的形成来说，要受两个方面的影响，一是气候和地貌条件，二是干扰因素。气候和地貌会对一定地区的自然条件综合起着决定性的影响，所以一个景观必然具有一定的气候和地貌特征；干扰是引起景观或生态系统的结构、基质发生重大变化的离散性事件。这类事件可能是自然的，也可能是人为的。一定的干扰状况聚合造成一定的景观，城市景观就是人类干扰状况聚合而形成的特殊景观类型。

二、城市景观生态的概念

城市景观生态不论是自成一门学科——城市景观生态学，还是作为城市生态学的部分内容，它都是从景观生态的角度，对城市这一人类活动的中心进行研究探讨，为我们认识和解决当代城市问题，开辟了新的思路。目前，城市所面临的交通问题、住房问题、土地紧张问题、环境污染问题等一系列所谓的"城市通病"，很大程度上是由于不合理的景观生态布局，造成城市内容各要素之间不能相互协调，从而削弱了城市生态系统的功能。城市景观指城市所有空间范围，或者说是城市布局的空间结构和外观形态，包括城市区域内各种组成要素的结构组成及外观形态。在城市景观中，人与环境的相互作用关系是核心，所以，城市景观是由若干个以人与环境的相互作用关系为核心的生态系统组成。在城市生态系统中，不能把自然要素与社会要素决然分开，它们是融为一体的。需要从景观生态的角度出发，从景观要素出发，探讨在城市景观中生态系统内的人与环境的相互关系、若干个生态系统的相互关系和景观要素之间的相互关系。

三、景观要素的基础知识

景观是一个由不同生态系统组成的镶嵌体，而其组成单元（各生态系统或亚系统）则称为景观的要素（element）。有些人分别从两个侧面来分析和认识景观结构的组成单元。按自然环境或立地条件划分的单元称为景观成分，按人类活动的影响（如土地利用方式）划分的单元称为景观要素。

景观和景观单元或景观要素的关系是相对的。我们将包括村庄、农田、牧场、森林、道路和城市的异质性地域称为景观，而将它们每一类称为景观要素。但是我们亦可以称整片森林为景观，而将每一种森林型视为景观要素。例如，作为大兴安岭森林景观的要素有兴安落叶松林、樟子松林、山杨林、白桦林等，作为海南五指山的原始森林景观要素有热带低地雨林、热带山地雨林和山地矮林等。同样，可以将一大片农田视为一景观，而按作物种类（如玉米、水稻、瓜菜）或土地利用方式（如水田和旱田）等划分景观要素。一样也可把城市视为景观，各个功能区视为景观要素等。

总之，景观和景观要素的概念，既是本质区别的，也是相对的。景观这个概念强调的是异质镶嵌体，而景观要素强调的是均质同一的单元。景观和景观要素这个地位转换反映了景观问题与时间空间尺度密切相关。无论是环境变动和干扰事件，还是生态发生过程，都是发生在一定时间尺度和空间尺度上才是可分辨的。并且一般来说，一定事物或过程的时间尺度和空间尺度是密切相关的。也就是说，景观现象具有时间与空间的尺度效应，在研究问题时要引起注意。

第二节　城市景观要素的基本类型

一、景观要素的基本类型

前面已经谈到，景观要素是景观的基本单元。按照各种景观要素在景观中的地位和形状，我们将景观要素分成三种类型。①斑块（嵌块体）（patch）：在外貌上与周围地区（本底）有所不同的一块非线性地表区域。②走廊（廊道）（corridor）：与本底有所区别的一条带状土地。③本底（基质）（matrix）：范围广，连接度最高并且在景观功能上起着优势作用的景观要素类型。可见，斑块与走廊在形状和功能上有所区别，但也有一致的地方，可以说走廊即是带状斑块。斑块和走廊是与本底相对应的，也可以说，斑块和走廊都是本底所包围的。

（一）斑　　块

按照起源，可将斑块分为四类：干扰斑块（disturbance patch）、残余斑块（remnant patch）、环境资源斑块（environment resource patch）和引入斑块（introduced patch）。

1. 干扰斑块

在一个本底内发生局部干扰，就可能形成一个干扰斑块。例如，在一片森林里，发生森林火灾，形成一个或多个火烧迹地，这种火烧迹地就是干扰斑块。

森林景观受干扰以后，干扰斑块的生物种群发生了很大变化，有的种消失了，有的种侵入了，有的种个体数量发生了很大变化，这一切取决于各个种对干扰的抵抗能力以及干扰后的复生和定居能力。

干扰斑块和本底是动态关系。干扰斑块是消失最快的斑块类型。这也就是说，它们的斑块周转率（patch turnover rate）最高，或者说平均年龄（或称平均存留时间）最低。不过，这还要看是单一干扰还是慢性干扰（或称重复干扰）。大气污染就属于慢性干扰，慢性干扰形成的斑块，存留时间较长。

2. 残余斑块

残余斑块是由于它周围的土地受到干扰而形成的。它的成因与干扰斑块相同，都是天然或人为干扰引起的，不过地位不同。例如，在森林中发生火灾，当火灾较小时，出现一片火烧迹地，这时我们将周围未烧的森林称为本底，将火烧迹地称为干扰斑块；如果火灾蔓延很广，火烧迹地面积很大，但火烧迹地中间有少数团块状林分未烧到，这时我们将火烧迹地称为本底，而将这些残余的林分称为残余斑块。

长期干扰或人类强有力的干扰也会形成残余斑块，如被农田或被城市所包围的小片林地就属于这种斑块。

3. 环境资源斑块

以上两类斑块虽然地位不同，但都起源于干扰。环境资源斑块则不同，它起源于环境的异质性。例如，在很多林区，森林是本底，在本底的背景下，有不少沼泽地分布于其中，这些沼泽多分布于河谷低地，那里水分过多，不适于森林植被。这样，沼泽就是相对森林本底的环境资源斑块。

斑块与本底之间都存在着群落交错区（ecotone）。在干扰斑块与本底之间，群落交错区是比较窄的，即它们的过渡是比较突然的。在环境资源斑块与本底之间，群落交错区较宽，即两个群落的过渡比较缓慢。

环境资源斑块与本底之间因为受环境资源所制约，所以它们的边界比较固定，周转率极低。

4. 引入斑块

当人们向一块土地引入有机体，就造成引入斑块。引入的物种，不管是动物、植物或人，对周围环境都有很大的影响。

如果引入的是植物，如小麦田、松树人工林或树木园，则称为种植斑块（planted patch）。种植斑块的重要特点是其中的物种动态和斑块周转率均极大地取决于人的活动。如果停止这类活动，则有的种要由本底向种植斑块迁入，种植种要被天然种代替，并且最后的结果是种植斑块消失。如果人力长期维持则会使种植斑块长期保存。不过，这要有很大的投入。

引入斑块的另一种类型是聚居地（homes habitation）。人类今天已成为大多数景观的主要成分。如前所述，无论在种植斑块中或是在干扰斑块和残余斑块中，都可见到人的作用。但更明显地，人类的聚居地在景观中起的作用最大。大到千万人口的大城市，小到几家几户的小村庄，在地球上人的聚居地几乎无所不在。

聚居地是由于人为干扰造成的。先是部分或全部清除天然植被，然后建立许多房屋和其他设施，聚居地可作为一个斑块存在几年、几十年、几百年或是几千年。

聚居地中城市和乡村区别很大。小城镇、乡村或几家几户的居民点则是一个乡村景观中的聚居地斑块，但城市及其郊区面积很大，或足以称之为单独的景观。

（二）走　　廊

走廊亦称廊道。景观中的走廊是两边均与本底有显著区别的狭带状土地。它既可能是一条孤立的带，也可能与属于某种植被类型的斑块相连。例如，一条树篱（成行状或带状的树木丛集，也包括防护林带，既可能是天然的，也可能是人为营造的），可能四周均是空旷地，也可能某一头与林地相连。

1. 走廊的作用

走廊有着双重的性质：一方面它将景观不同部分隔离开，另一方面它又将景观另外某些不同部分连接起来。这两个方面的性质是矛盾的，但却集中于一体，不过，区别点在于起作用的对象不同而已。例如，一条铁路或公路可将相距甚远的甲、乙两地连接起来，但如果你要垂直地穿越它，它却成为一种障碍物。

走廊起着运输、保护资源和观赏的作用。

运输作用是显而易见的。公路、铁路和运河是人和货物在一个景观中移动的通路。人行小道可以便于人们从一个村走到另一个村。兽道是野生动物移动的通路。能量沿电线和输气管道运输。

走廊对于被它隔开的景观要素又是一种障碍物，并从而可起某种保护作用。中国的万里长城就是一种专门为抵御外来侵略而修建的人工走廊，今天则成为举世闻名的世界奇观。在今天的中国，各种单位和团体一般也要修一个围墙，以使本单位与周围地区隔离开来，从而保障本身的安全。带状的防护林可保护农田免受风沙之害。溪流两旁的河流植被可保护河岸，同时，也可防止侧方冲来的水流将泥沙带到河水中去。

走廊本身也是一种资源。有一些走廊地带，野生动物特别丰富，并且是食用肉的来源。树篱也可提供很多产品，如燃料、饲料、用材和果品等。

走廊在景观的美学中起着重要的作用。中国传统园林中讲究"曲径通幽"，指的是要把园林中的观赏路径设计成为弯曲的形状，以便使一些景点藏在幽静之处，并从而使人感到出乎意料的效果。公园中也有一些人工建筑的走廊，如颐和园昆明湖东侧的长廊，就有很高的艺术价值，一方面，它把颐和园北部和南部连接起来；另一方面在这个走廊中前进时，既可俯视昆明湖的宽广湖面，又可仰观万寿山的起伏山峦和佛香阁等金碧辉煌的建筑。杭州西湖的苏堤，长 28 千米，是西湖上的一条彩带，它既是著名的走廊式风景点，也是连接南北两山的重要通道。

2. 走廊的起源

按起源可将走廊分为干扰走廊、残余走廊、环境资源走廊和种植走廊。干扰走廊是由于带状干扰造成的。例如，在森林中带状地伐开森林，即为干扰走廊。如将一片森林均伐光，只剩下一带状树木，它即是残余走廊。环境资源走廊是由于异质性的环境资源在空间的线状分布而产生的。例如，河流两岸的植被带，多由杨柳组成，显著地与相邻的高地植被不同。山脊动物的小道也常具有特殊的生境和植被。种植走廊更加普通，如行道树、农田防护林等。各种走廊的持久性与其成因有密切关系。环境资源走廊一般具有相对的持久性，干扰走廊和残余走廊变化较快。种植走廊的持久性完全取决于人类的经营管理活动，一旦这种活动停止，种植走廊不可能继续存在。

3. 走廊的结构

走廊最重要的特征之一是它的弯曲度（curvilinearity）或通直度。例如，有的河流在山区比较通直，而在平地则变得蜿蜒弯曲。可以用一段走廊中两点间的实际距离与它们之间的直线距离之比来表示弯曲度。走廊越通直，景观中两点间的实际距离越短，物体在走廊中移动得越快，但显然不是越直越好。例如，对旅行者来说，爬山时，可能有好几条路可供选择：有的路距离近，但坡陡路滑，爬起来很费力气；有的路距离远，走起路来不太费劲，但要走很长的时间；还有的路介于两者之间。

走廊另一个重要的特征是它的连通性（connectivity），它以走廊单位长度中裂口（break）的多少来表示。无论从管道功能和障碍功能来说，连接度均是很重要的。对有的走廊来说，不允许出现裂口，否则就完不成管道作用或障碍作用。例如，一个河流要是开了口子，它的功能就会丧失或造成巨大灾害。对有的走廊来说，如农田防护林带，有时裂口是必然要有的（如为了拖拉机的通行），但也会妨碍该走廊的整体功能。

走廊的宽度不是固定不变的，而这一点会影响物种的移动。我们可将走廊中的狭窄处称为狭点（narrow）。两个走廊相联结处或一个走廊与一个斑块相连处，也有特殊的生物学意义，我们可将其称为结点（node）。

从走廊的横断面来看，可分为一个中央区和两个边缘区。两个边缘区可能很类似，也可能有某种差别，这取决于走廊的宽度以及周围的性质。按照走廊的宽度以及边缘区和中心区的情况，可将走廊分为线状走廊和带状走廊。前者以边缘种占优势，较狭窄，后者内部种占一定比重，较宽。

从走廊与周围景观要素的垂直高度来看，可分为低位走廊和高位走廊。凡走廊植被低于周围植被者（如林间小路），属于前者。凡走廊植被高于周围植被者（如农田防护林带），属于后者。

（三）本　底

1. 本底的标准

　　一个景观是由几种类型的景观要素构成的。其中，本底是占面积最大，连接度最强，对景观的功能起的作用也是最大的那种景观要素。尽管斑块和本底在概念上很容易弄清楚，但实际上有很多困难。为此，提出区分本底和斑块的三条标准，即相对面积、连接度和动态控制作用。

　　当一种景观要素类型在一个景观中占的面积最广时，即应该认为它是该景观的本底。一般来说，本底的面积应超过所有任何其他面积的总和，或者说，应占总面积的 50%以上，如果面积在 50%以下，就应考虑其他标准。

　　区分本底的第二个指标是连通性。关于连通性，在这里指的是，如果一个空间不被两端与该空间的周界相接的边界隔开，则认为该空间是连通的，这正如一座房子，里面虽然分了几间屋子，互相也有墙，但各个屋子间有过道相通，这时还认为它是相通的。一个连通性高的景观类型有下述几个方面的作用。①这个景观类型可以作为一个障碍物，将其他要素分隔开。例如，一个林带可将两边农田隔离开，在林中设防火林带可将两边森林隔开。这种障碍物可起物理、化学和生物的障碍作用（如妨碍昆虫和种子流动）。②当这种连通性是以相互交叉带状形式实现时，就可形成网状走廊，这既便于物种的迁移，也便于种内不同个体或种群间的基因交换。③这种网状走廊对于被包围的其他要素来说，则使它们成为被包围的生境岛。当一个景观中发生这种隔离时，有些动物（如鼠类、蝴蝶等）的种群会产生遗传分化。由于以上这些效果，当一个景观要素完全连通并将其他要素包围时，则可将它视为本底。当然，本底也不是完全连通的，也可能分成若干块。

　　对动态的控制作用是区分本底的第三条标准。例如，以树篱和农田来说，树篱中的乔木树种的果实、种子可被动物或风等媒介传到农田中去，从而使农田在失去人的管理之后不久就会变成森林群落。这样就表现出树篱对景观动态的控制作用。又如，在森林地区，和原始森林相比，采伐迹地和火烧迹地是不稳定的，它们内部乔木的更新和恢复，要靠周围森林供应种源并给予其他方面的有利影响。所以，原始森林应为本底，而采伐迹地和火烧迹地应为斑块。不过，当采伐迹地或火烧迹地面积很大时，森林常常呈岛状分布，森林的作用相对变小。一般来说，当把几种植物群落相比时，先锋群落一般不稳定，而顶极群落或称地带性群落比较稳定，如果其他条件相同，顶极群落控制动态发展的能力更强。

　　如何对上述标准做出综合考虑呢？从难易估计来说，动态控制最难估计，而连通性介于中间。在实际工作中，首先应该对一个景观计算其相对面积和连通性水平，如果某一景观要素的面积远远超过任何其他要素，我们可以称它为本底。如果有几个景观类型所占面积类似，则可将连通性最高的要素类型视为本底。如果根据上述两个标准还不能做出决定，则必须进行野外调查，如对森林景观要素来说，就要研究植物种类成分以及它们的生活史特征，估计哪个要素对景观动态的控制作用更大些。

下面以长白山金沟岭林场的研究实例加以说明。

案例一

以金沟岭林场作为东北地区长白山森林的典型代表，利用地理信息系统ArcMap和景观结构分析软件Fragstats，从景观格局总体特征对该林场森林景观格局进行分析。其中，划分了景观要素类型，并对各类型的面积等数据进行了测定（表7-1、表7-2）。

表7-1　金沟岭林场景观要素分类系统

一级景观要素类型	二级景观要素类型	三级景观要素类型	四级景观要素类型
有林地	天然林	云杉林	111
		杨树林	112
		枫桦林	113
		榆树林	114
		白桦林	115
		针叶混交林	116
		阔叶混交林	117
		针阔混交林	118
	人工林	人工云杉林	121
		人工樟子松林	122
		人工红松林	123
		人工落叶松林	124
		人工杨树林	125
		人工针叶混交林	126
		人工针阔混交林	127
灌木林			2
沼泽地			3
农地			4
苗圃地			5
居民点			6
其他用地			7

资料来源：岳刚（2013）。

由表7-1、表7-2中可以看出，金沟岭林场三级景观分类中，有林地进一步细分为15类，其中天然针阔混交林占林场总面积的41.39%，呈现集中连片分布，为研究区的基质景观类型，可以称它为大兴安岭森林景观中的本底，在整个森林景观中居于主导地位。针叶混交林和阔叶混交林面积分别占 20.97%和 16.98%，也是该区森林景观的重要组成部分，在维持森林景观多样性和稳定性中发挥重要作用。

表 7-2 景观要素类型特征指数

景观要素类型	斑块类型面积 CA/公顷	斑块数 NP	斑块平均面积 AREA-MN/公顷	面积比例 PLAND/%	最大斑块面积比例 LPI/%	形状指标 AWMSI
111	10.35	2.00	5.17	0.06	0.04	1.36
112	260.46	44.00	5.92	1.60	0.24	2.23
113	0.72	1.00	0.72	0.00	0.00	1.50
114	26.46	1.00	26.46	0.16	0.16	1.43
115	39.06	3.00	13.02	0.24	0.21	2.09
116	3 417.48	87.00	39.28	20.97	1.46	2.18
117	2 767.86	99.00	27.96	16.98	3.98	3.32
118	6 747.40	67.00	100.69	41.39	7.68	4.48
合计	13 269.79	304.00		81.41		
121	159.48	41.00	3.89	0.98	0.08	1.53
122	1 200.24	115.00	10.44	7.36	1.06	2.06
123	8.64	2.00	4.32	0.05	0.03	1.25
124	4.86	2.00	2.43	0.03	0.02	1.58
125	1.80	1.00	1.80	0.01	0.01	1.33
126	976.86	56.00	17.44	5.99	0.83	2.00
127	385.11	33.00	11.67	2.36	0.24	1.76
合计	2 736.99	250.00		16.79		
2	95.04	58.00	1.64	0.58	0.11	1.95
3	31.05	1.00	31.05	0.19	0.19	1.37
4	37.35	2.00	18.68	0.23	0.22	1.65
5	41.94	8.00	5.24	0.26	0.03	2.34
6	41.76	9.00	4.64	0.26	0.08	1.99
7	46.44	5.00	9.29	0.28	0.25	1.52

资料来源：岳刚（2013）。

2. 景观本底的孔性

孔性（porosity）和连通性均是描述本底特征的重要指标。斑块在本底中即是所谓孔。所以斑块密度和孔性有密切联系，不过，计算孔性时只计算有闭合边界的，没有闭合边界的斑块则不算数。连接性可分为连接完全和连接不完全。不管本底中有多少个"孔",但如本底能相互连通,则称连接完全,否则称为连接不完全。所以多孔性与连通性是完全无关的概念。

孔性这个指标的生态意义在于:①它在一定程度上表明本底中不同斑块的隔离程度,而隔离程度影响动植物种的基因交换,并进一步影响它们的遗传分化;②它也可说明边缘多少与动植物的分布和生存有一定关系,孔性低说明本底中的环境受斑块影响小,这对某些动物生存至关重要,可是本底中的斑块对另外一些种的觅食和其他活动,也是至关重要的。为了更好地了解孔性,下面以森林景观为例予以说明。

人对森林的采伐(如皆伐)在原始林中创造了不少孔。这种采伐活动(如伐区大小和伐区配置)对于森林采伐的成本、工艺设计以及森林更新和森林稳定性等均有重要的影响。

福兰克林(Franklin)和福曼(Forman)采用模拟的办法,研究了森林采伐所造成的孔性以及引起的生态后果。模型设计了6种采伐办法(其中三种是交错分布,但采伐块和保留块所占比例不同,另外三种是单中心往外采伐、四中心采伐、平行进展采伐)。用以描述景观格局的主要指标有斑块大小、边缘长度、分布格局、森林覆盖率。分析生物学主要集中于森林受火和风倒干扰的可能性、种的多样性、狩猎种群的变动等。

根据研究,福曼提出的建议包括三点:①过去,美国西北部花旗松林区主要采用交互块状配置伐区,现在看来,这种方式太分散,造成的边缘太长,容易造成风倒和火烧的危险,应该改变为顺序前进的采伐方式,这种方式对森林干扰轻,有利于生物学多样性的维持;②要保留大块的原始林作为保护区,其目的是维持内部种的生存和森林的美学价值;③处于残存片林之间的连接走廊,对于景观保护至为重要,应予以保护。

3. 网络

关于走廊已在前面叙述,但是走廊如果相交相连,则成为网络。网络是本底的一种特殊形式。许多景观要素,如道路、沟渠、防护林带、树篱等均可形成网络。网络在结构上的重要特点有交点和网格大小等。

(1)交点:一个网络中不同走廊之间的交点是各种各样的,可分为十字型、T型、L型等。网络并不一定是完全连通的,可能包括一些间断的裂口。交点处及附近的环境条件与网络上的其他部位有所不同。例如,以树篱为例,围绕交点的小片地区风速较低,日光少,土壤和空气湿度较大,土壤有机质含量较高,温度变化较小。这些环境条件的特殊性,导致在天然树篱的交点处,草本植物种的多样性常比网络中其他部位要明显增高;城市的道路交点处往往比较繁华。

(2)网格大小:网格内景观要素的大小、形状、环境条件以及人类活动等特征对网络本身有重要影响,相反地,网络又对被包围的景观要素给予影响。在这种相互作用中，网格大小起着重要作用。这里要强调的是所谓网格大小可以网线间的平均距离或网格内的平均面积来表示。

网格大小有重要的生态和经济意义。例如，林区建设的根本点之一是修路，没有路，就不可能进行林区的开发利用和各种经营活动。但是修建道路又很费钱，所以，合理的道路密度就成为重要问题。所谓道路密度，指的是单位土地面积上道路的总长度。它也可作为衡量网格大小的一个间接指标。在森林景观中，道路密度不仅与各种林业活动有关，并且与野生动物的生境有关。例如，在美国西北部，有些动物通常避开道路，因此，随道路网加密，适宜麋鹿的生境就大幅度减小。当道路密度达到 2 千米/平方千米时，只有 1/4 的林地适宜麋鹿的生存。同样，在城市景观中，城市的道路密度与人类的活动也极为密切。

农田林网的网格密度也是一个重要问题。网格密度越大，越不利于农田的耕作，同时，当林带宽度相同时，网格密度显然也影响林网与农田所占的比例。此外，网格大小显然与被保护的农田的环境变化进而与农田的产量也有密切的联系。

二、城市景观要素特征

城市生态系统是城市居民与其周围环境相互作用的网络结构，也是人类在改造和适应自然环境的基础上建立起来的特殊人工生态系统。

城市生态系统占有一定的环境地段，有其特有的生物和非生物组成要素，还包括人类和社会经济要素。这些要素通过物质和能量代谢、生物地球化学循环以及物质供应和废物处理系统，形成一个有内在联系的整体。它的各要素，在空间上构成特定的分布组合形式，这就是城市的景观生态模式。

城市景观在区域尺度上，往往只被当作干扰斑块来研究。但是，正像上面所说的，城市及其郊区面积很大，城市本身又可看作一个景观单元，其内部不同规模、性质的部分，构成了这一单元的景观结构要素——斑块、走廊和本底。

（一）城市景观生态单元特点

这是城市景观区别于其他景观的最重要特点。由于人类活动的强烈影响，城市中自然条件，如水文气象、地质地貌和动植物等，都发生了很大变化。不同地区的城市景观面貌，在一定程度上反映了当地的社会经济发展状况和历史文化特点。城市内部以及城市与其外部系统之间物质、能量信息的交换，主要靠人类活动来协调和维持。但是，随着社会经济的发展，以及政治、文化等因素的变动，城市景观变化极快，表现出不稳定性。深圳是一个最明显的例子，在短短十几年里，它由一个很小的沿海城镇演变为一个具有相当规模的，集多种工业、服务业于一体的现代化开放城市，这是与政治、经济因素密切相关的。受中国改革开放政策的影响，不仅新城市大批涌现，老城市也发生了巨大的变化。例如，北京、上海、广州等城市，旧城市改造与新城扩建同时并举，近十年的发展速度几乎相当于过去几十年发展的总和。

城市景观具有的不稳定性，在其边缘区表现尤为明显。在这一范围内，城市具有动态扩展的特征，相邻城市可因此而连接成为"城市带"或"城市群"，同时，城市生态系统的高度对外依赖性，也是造成城市景观不稳定的一个重要因素。

城市内四通八达的交通网，贯穿整个市区景观，将其切割成许多大小不等的引进斑块，这与大面积连续分布的农田、自然景观形成鲜明的对比。城市景观的破碎性，是与城市人口的工作、生活相适应的。许多小斑块体依其性质、功能的不同，组合成大小不一的"功能团"，也可把这些"功能团"看成规模较大的斑块。

（二）城市景观结构要素特点

城市景观主要由街道和街区构成，它们共同构成城市景观的本底。城市中的本底、斑块与廊道之间没有严格的界限，"本底"本身也是由不同大小的斑块和廊道组成的，而且可以按地域、功能和行政单位等进行划分，如居民区、商业区、工业园、重工业区等。

1. 斑块

城市景观中的斑块，主要指呈连续岛状镶嵌分布的各不同功能分区。最明显的斑块像残存下的森林植被、公园等，由于植被覆盖好，外观、结构和功能明显不同于周围建筑物密集的其他区域。学校、机关单位、医院、工厂、农贸市场等，也可视为不同规模的功能斑块体。

2. 廊道

城市廊道可以分为两大类：人工廊道和自然廊道。前者是以交通为目的的铁路、公路、街道等，后者有以交通为主的河流以及以环境效益为主的城市自然植被带等。城市内有些廊道往往具有特殊的功能，如各大城市的商业街，不仅交通繁忙，而且是许多商品的重要集散地。

3. 本底（基质）

城市景观中，占主体的组成部分是建筑群体，这是它区别于其他景观之处。人类为了工作、生活之便，建立起各种功能、性质和形状不同的建筑物。这些建筑物出现在城市的有限空间内，构成一幅城市的主体景观。廊道贯穿其间，既把它们分割开来，又把它们联系起来。因此，城市的本底是由街道和街区构成的。

第三节　景观多样性与城市景观异质性

一、景观多样性的概念和描述指标

景观多样性又常被称为生态系统多样性，实际上应该有更广阔的含义，是指生物圈内栖息地、生物群落（包括人的聚居所）和生态学过程的多样化。景观多样性的描述指标：①丰富度或相对丰富度；②Simpson 多样性指数；③Shannon-Wiener 多样性指数；④相对分块性。

丰富度（richness）指的是一个景观中生态系统类别数，以绝对值表示。相对丰富度是指一定景观内出现的生态系统类别数占一地区全部可能出现的生态系统类别数的百分比。

Simpson 多样性指数（diversity index）：

$$D = 1 - \sum_{i=1}^{S} (P_i)^2$$

式中，D 为 Simpson 多样性指数值；S 为生态系统总数；P_i 为每一生态系统所占面积的百分比，以小数表示。

Shannon-Wiener 多样性指数是根据信息论的理论而来的，它的指标 H 代表一个景观"信息"的不确定性。其组成成分变化越大，其不确定性变化也越大。

Shannon-Wiener 多样性指数：

$$H = -\sum_{i=1}^{S} (P_i)(\log_2 P_i)$$

式中，H 为指标值；S 为生态系统总数；P_i 为个别生态系统占的面积百分比，以小数位表示。

除多样性这个指标外，有时还要计算景观的均匀性（evenness）。一个景观有 S 种生态系统，计算它的均匀性，就是要将它的多样性与同样也有 S 种但完全均匀（即各种生态系统所占面积完全相等，即各占 $1/S$）的景观的多样性相比。

例如，对于 Shannon-Wiener 多样性指数，进一步计算均匀性（E）：

$$E = H / H_{\max}$$

式中，H 为现实景观的多样性；$H_{\max}$ 为完全均匀情况下的景观多样性。

$$H_{\max} = -\sum_{i=1}^{S} (P_i)(\log_2 P_i) = -S(1/S \times \log_2 P_i) = -\log_2 S$$

对于 Simpson 多样性指数，亦可进行类似的计算。

优势度（dominance）与均匀度相反，是说明在一个景观中某一单独生态系统占优势的程度，它可用均匀性来衡量。

表 7-3、表 7-4 运用 Margalef 物种丰富度指数、Simpson 多样性指数、Shannon-Wiener 多样性指数，对淮南市新建公园和老公园植物景观及物种多样性进行了比较分析。

表 7-3　各公园及样方基本概况

类别	公园名称	简称	面积/公顷	建成年份	乔木样方（20 米×20 米）数	灌木样方（20 米×20 米）数
新建公园	中央公园	ZY	74.0	2016	10	10
	淮河公园	HH	22.8	2017	8	8
	周集坝公园	ZJB	14.1	2015	6	6
老公园	龙湖公园	LH	65.4	1980	12	12
	洞山公园	DS	21.7	2003	5	5
	大通湿地公园	DT	17.0	2007	3	3
	八仙阁公园	BXG	6.67	1986	3	3

资料来源：董冬（2019）。

Simpson 多样性指数方面：淮南市 7 个公园样地的 Simpson 多样性指数在乔木层和灌木层上大多数存在显著差异（$P<0.05$）。乔木层上，龙湖公园的 Simpson 多样性指数最高，而大通湿地公园最低；灌木层上，Simpson 多样性指数最高的为洞山公园，最低的为周集坝公园。对各公园的乔木层和灌木层 Simpson 多样性指数比较可以得出，大通湿地公园和洞山公园分布规律为灌木层＞乔木层，其他均为乔木层＞灌木层（图 7-1b）。新建公园与老公园乔木层植物 Simpson 多样性指数之间无显著差异（$P>0.05$），而在灌木层上差异显著（$P<0.05$）。2 种类型公园的样地中，乔木层植物 Simpson 多样性指数大多数大于灌木层；新建公园乔木层植物 Simpson 多样性指数大于老公园，但在灌木层上却小于老公园（表 7-4）。

表 7-4　淮南市新、老公园木本植物物种多样性指数分布

多样性指数	群落层次	公园类型	
		新建公园	老公园
Margalef 物种丰富度指数	乔木层	2.691±0.150a	2.0150.772a
	灌木层	1.562±0.241a	1.9910.334a
Simpson 多样性指数	乔木层	0.836±0.011a	0.7770.106a
	灌木层	0.583±0.100a	0.7440.059b
Shannon-Wiener 多样性指数	乔木层	2.035±0.043a	1.7950.394a
	灌木层	1.288±0.229a	1.7010.162b

资料来源：董冬（2019）。

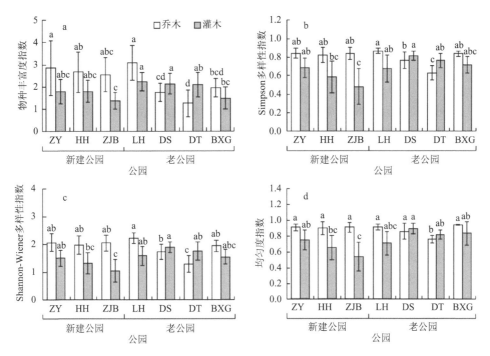

图 7-1 淮南市 7 个公园木本植物物种多样性指数分布

（引自董冬，2019）

Shannon-Wiener 多样性指数方面：7 个公园样地中，中央公园、淮河公园、周集坝公园等新建公园与龙湖公园、洞山公园、八仙阁公园的 Shannon-Wiener 多样性指数在乔木层上无显著差异（$P>0.05$），与大通湿地公园差异显著（$P<0.05$）。Shannon-Wiener 多样性指数最高的为龙湖公园，最低的为大通湿地公园；龙湖公园等老公园之间 Shannon-Wiener 多样性指数在灌木层上无显著差异，但新建公园中中央公园与周集坝公园 Shannon-Wiener 多样性指数在灌木层上差异显著（$P<0.05$）。灌木层上，Shannon-Wiener 多样性指数最高为洞山公园，最低为周集坝公园。对各公园的乔木层和灌木层 Shannon-Wiener 多样性指数比较可以得出，大通湿地公园和洞山公园分布规律为灌木层＞乔木层，其他均为乔木层＞灌木层（图 7-1c）。新建公园与老公园乔木层植物 Shannon- Wiener 多样性指数之间无显著差异（$P>0.05$），而在灌木层上差异显著（$P<0.05$）。2 种类型公园的样地中，乔木层植物 Shannon-Wiener 多样性指数均大于灌木层；新建公园乔木层植物物种丰富度指数大于老公园，但在灌木层上却小于老公园（表 7-4）。

景观的多样性是普遍存在的，它主要表现在两个方面：一方面，因为立地条件不同而形成不同的生态系统，如在山地、坡向、坡位不同，海拔不同，均会使生态系统在动植物组成成分和生境条件上互有区别；另一方面，是由于干扰作用的结果，牧场、农田、城市等景观均是不同程度干扰的结果。干扰的程度和方式越不相同，形成的牧场、农田、城市等的景观异质性越大。

二、城市景观异质性

异质性是景观的根本属性，任何景观都是异质的，城市景观也不例外。城市景观是以人为干扰为主形成的景观。从空间格局来看，城市是由异质单元所构成的镶嵌体。城市景观的异质性来源主要是人工产生的，如城市中的道路、街道、建筑物、广场、行道树、运河、护城河等都是人工兴建、栽植和开挖的。除此之外，还有自然原因形成的，如城市中的过境河流、残留下来的自然植被和国家森林公园等。

城市景观同样可分为本底（基质）、斑块和廊道等不同的景观要素，但在城市中的本底、斑块与廊道之间没有严格的界限，街道和街区共同构成城市景观的基质，也就是说，基质本身就是由不同大小的斑块和廊道组成的。

城市中的公园、城市植被、街区、广场、铁路、公路、街道、河流等景观要素以一定的组合方式相结合构成一个异质性的城市景观。但是，如果从生态系统的性质来看，城市景观主要由两类生态系统构成，一是只能维持非常简单营养结构的自然生态系统，二是以人为主体，包括人类生产、生活资料的输入、废物的排放与产品的输出的人工生态系统，这是城市生态系统的主流。

城市景观的异质性首先表现为二维平面的空间异质性，公园、绿地、水面、建筑物、街道性质各异，功能各不相同。公园绿地中多以人工栽植的观赏植物及人工挖掘的水面为主，它们是城市中的"大自然"成分，起着制造氧气、净化空气、供人娱乐、美化城市的作用，是城市景观中的"肺"。即使作为绿地的斑块，由于植物种类不同，也形成了各具相貌的绿地异质性。道路网络主要起通道作用，它们贯穿于整个城市景观，形成了许多大小不等的引进斑块。正是街道及道路网络，增加了城市景观的破碎性及异质性。柏油、水泥路面及楼群顶部由于其组成物不同于自然地表，因而使城市下垫面发生了变化，改变了下垫面的热力水文状况，因而道路、建筑物等水泥覆盖区的热力水文状况不同于绿地、水面及未被水泥砖瓦覆盖区。同时由于城市景观功能区的存在，使得城市景观分为商业区、工业区、住宅区、文化区等，而各个功能区的性质不同，对城市景观的效应亦不同，如工业区，特别是重工业区，污染严重，从而使得重工业区上空的空气透明度低，悬浮物多，二氧化硫等污染物浓度高，而住宅区、文化区较低。对于道路廊道而言，由于汽车流量大，所以道路街道附近的铅等汽车尾气污染物含量高于其他景观要素附近，同时噪声污染也是如此。就城市景观的某一要素而言，其内部亦存在着异质性，如公园内有湖泊水面、树林草坪、房屋、活动场地等，这些不同功能的地块组合在一起形成了供人们娱乐、休息、消遣的公园。再如，宽阔的道路廊道同样存在着异质性，以四块板式道路廊道为例，其主要构成要素为，道路两边是起美化与净化环境功能的行道树，向内是非机动车道，再向内是由草皮或矮灌木构成的两条分隔带，起分隔和绿化作用。分隔带之内是两条机动车道，两条机动车道之间又是一条由草皮矮灌木或花卉构成的分隔带。组成道路廊道的这些要素可归为两类，一类是绿地，一类是车行道，各自有着不同的功能，它们有机地结合在一起，构成了执行物流、能流及信息流功能的道路廊道。另外，由于城市景观中高楼林立，而在高楼的南侧温度高，而北侧的水分条件较之南侧好。这在形成城市景观中也有明显反映，如南侧植物的开花时间早于北侧，这个由于空间异质性导致的时间异质性延长了城市整个植物的花期，为城市增添了一份美丽。

城市景观的异质性同时还表现为垂直的空间异质性。由于城市是一个高度人工化的景观，高楼林立，使得城市景观粗糙度较大，在垂直方向上也表现出异质性。垂直异质性一方面表现为建筑物因高度不同，而表现出的垂直方向上的参差不齐；另一方面表现为空气的构成上，城市景观中车多人多，使得近地面空气中尘埃、二氧化碳等多，而高空少。如前所述，垂直的异质性导致了水平的异质性，如高楼两侧接受太阳辐射的多少、气温高低不同，植物开花、出叶时间的早晚。

至于时空耦合异质性，也存在于城市景观中，如前述的空间异质性导致的时间异质性属于一种时空耦合的异质性。一般而言，异质性是指景观要素的空间分布的不均匀性，而把时间异质性用动态变化来表述，异质性的表现形式为空间格局。城市景观的异质性主要表现为二维平面的异质性。

三、城市景观异质性的测度

前面分析了异质性的概念及城市景观的异质性，但是景观的异质性如何来测度，两个具有相同要素类型的景观的异质性是否相同，要弄清这些问题，我们还得从异质性的概念看起。如前所述，所谓异质性就是景观要素的空间分布的不均匀性。从此概念出发，可以得出所谓异质的景观最少要由两个不同类型的景观要素构成，景观要素类型越多，异质性越大。分布情况亦影响异质性的大小。从这点出发可引申两点，即不同景观要素类型的斑块数越多，异质性越大；不同类型的各斑块分布越均匀，异质性越大。因此尽管测度异质性的指数较多，但用多样性、均匀性就可测度异质性。

四、廊 道 效 应

景观中的廊道是两边与基质有显著区别的狭带状土地。在城市景观中，可分为自然廊道和人为营造的廊道，亦可分为产生经济效益的廊道和产生环境保护效益的廊道等。

一般来说，廊道有着双重的性质：一方面它将景观不同部分隔离开，另一方面它又将景观另外某些不同部分连接起来。这两个方面的性质是矛盾的，但却集中于一体，不过，区别点在于起作用的对象和产生的效益不同而已。有的廊道主要具有运输等经济效应，有的廊道具有保护环境效应，对城市景观来说，廊道是一个不可缺少和忽视的景观要素。

城市通风廊道的构建还是提升城市空气流通能力、缓解城市热岛、改善人体舒适度、降低建筑物能耗的有效措施，对局地气候环境的改善有着重要的作用。

为了定量评估城市通风廊道的气象效应，刘红年等（2019）采用区域边界层化学模式（RBLM-Chem），利用杭州市高分辨率地表类型、城市建筑等资料，开展了杭州市通风廊道影响的模拟研究，模式水平分辨率为250米。

针对冬季和夏季两个典型个例进行数值模拟和敏感性试验（表7-5，图7-2），刘红年等（2019）得到的主要结论如下。

表7-5　通风廊道对下游不同距离处风速、气温和相对湿度的平均影响和极值

与廊道距离/米		要素变化量（绿色宽廊道）			要素变化量（绿色窄廊道）			要素变化量（建筑廊道）		
		风速/(米/秒)	气温/℃	相对湿度/%	风速/(米/秒)	气温/℃	相对湿度/%	风速/(米/秒)	气温/℃	相对湿度/%
夏季	廊道内	1.2(1.5)	2.6(2.9)	2.6(3.1)	1.1(0.4)	1.5(1.8)	1.7(2.0)	0.6(0.8)	0.1(0.1)	0.2(0.4)
	250	0.8(1.4)	2.3(2.7)	2.2(2.5)	0.8(1.4)	1.5(1.7)	1.7(1.9)	0.6(0.8)	0.1(0.2)	0.3(0.5)
	500	0.5(0.8)	1.9(2.2)	1.7(2.1)	0.6(1.4)	1.2(1.4)	1.4(1.5)	0.4(0.7)	0.1(0.2)	0.3(0.5)
	750	0.3(0.5)	1.5(2.0)	1.2(1.6)	0.5(1.3)	0.9(1.0)	1.1(1.2)	0.3(0.5)	0.1(0.2)	0.3(0.4)
	1000	0.2(0.4)	1.1(1.6)	0.9(1.4)	0.3(0.6)	0.7(0.8)	0.9(1.0)	0.2(0.3)	0.1(0.2)	0.3(0.4)
	1250	0.2(0.3)	0.9(1.4)	0.7(1.2)	0.2(0.5)	0.5(0.6)	0.7(0.8)	0.1(0.2)	0.1(0.2)	0.3(0.4)
	1500	0.1(0.2)	0.8(1.2)	0.6(1.1)	0.1(0.2)	0.4(0.5)	0.5(0.6)	0.1(0.1)	0.1(0.1)	0.2(0.4)
冬季	廊道内	0.4(0.6)	0.4(0.6)	1.3(1.8)	0.5(0.7)	0.2(0.4)	1.0(1.4)	0.2(0.3)	0.1(0.1)	0.1(0.7)
	250	0.3(0.5)	0.4(0.5)	1.3(1.7)	0.3(0.7)	0.2(0.4)	0.9(1.3)	0.2(0.3)	0.1(0.1)	0.3(0.8)
	500	0.1(0.1)	0.3(0.5)	1.0(1.4)	0.2(0.5)	0.3(0.3)	0.8(1.1)	0.1(0.1)	0.0(0.0)	0.2(0.7)
	750	0.0(0.1)	0.3(0.3)	0.7(0.9)	0.1(0.4)	0.2(0.3)	0.5(0.8)	0.0(0.2)	0.0(0.1)	—
	1000	0.0(0.1)	0.2(0.2)	0.4(0.8)	0.1(0.3)	0.2(0.2)	0.4(0.7)	0.0(0.1)	0.0(0.1)	—
	1250	0.0(0.1)	0.1(0.2)	0.3(0.7)	0.1(0.2)	0.1(0.1)	0.4(0.7)	0.0(0.0)	0.0(0.1)	—
	1500	0.0(0.1)	0.1(0.2)	0.3(0.6)	0.1(0.1)	0.1(0.1)	0.4(0.6)	0.0(0.0)	0.0(0.1)	—

资料来源：刘红年等（2019）。

注：变化量是指相对于无廊道情况的变化，括号内为极值。

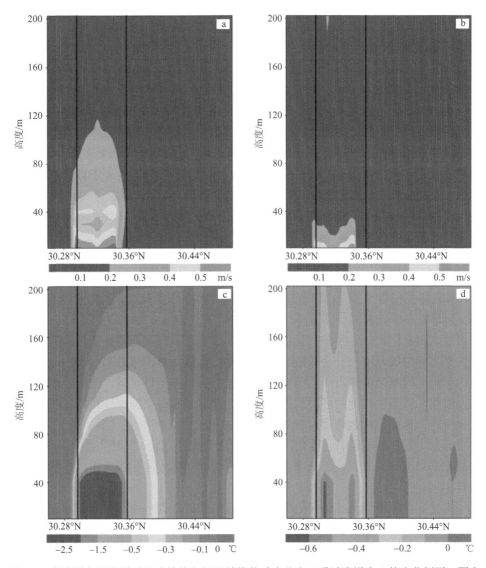

图 7-2 有廊道与无廊道时风速差值和气温差值的垂直分布（通过廊道中心的南北剖面，图中两条竖线分别是通风廊道起点和终点）（刘红年等，2019）

a. 夏季风速差值；b. 冬季风速差值；c. 夏季气温差值；d. 冬季气温差值

（1）城市绿色通风廊道有增加风速、降低气温、提高湿度的作用，与没有廊道相比，有通风廊道时，窄廊道和宽廊道区域风速增加在夏季平均可达 1.4 米/秒，在通风廊道下游风速也有 0.2 米/秒左右的增加。而冬季风垂直于廊道时，廊道区域风速增加较小，仅有 0.5 米/秒左右。廊道宽度增加时，风速增加幅度和范围大于窄通风廊道。

（2）与没有廊道相比，有通风廊道时，夏季降温幅度平均可达 2.7℃，冬季降温幅度较小，约为 0.6℃。在夏季，廊道下游有大面积降温区域，窄廊道的降温幅度和降温范围较小。

（3）与没有廊道相比，有通风廊道时，夏季湿度增加 3%，窄廊道增加约 2%，在下游较远距离也有 1%的增加，冬季增加幅度较小。

（4）由廊道导致的风速平均增加 1 米/秒的高度大约为 60 米，在 100 米高度，风速增加可达 0.3～0.5 米/秒，不同宽窄的廊道对风速的影响高度比较相似。在冬季，风垂直于廊道时，风速增加的高度仅约 40 米。廊道内降温幅度达 0.5℃的高度达 100 米，降温幅度 0.1℃的高度达 150 米。在 60 米高度以下，通风廊道使相对湿度增加 2%，相对湿度增加 1%的高度可达 120 米。

（5）总体而言，距离廊道越远，气温、风速、湿度的变化越小，对绿色宽廊道而言，250 米处风速增加、气温下降、相对湿度增加的平均值分别为 1.2 米/秒、2.6℃、2.6%，极值变化分别为 1.5 米/秒、2.9℃、3.1%。在 1000 米处，风速增加、气温下降、相对湿度增加的极值变化分别为 0.4 米/秒、1.6℃、1.4%。在 1500 米处，最大降温仍有 1.2℃。窄廊道的影响范围总体小于宽廊道，建筑廊道的影响最小。廊道在冬季的影响低于夏季。

发达国家的城市化经验教训已经表明，如果在提高廊道的经济效益的同时不注意提高廊道的环境与社会效益，那么就会严重破坏城市生态系统中人与城市环境的平衡，同时会加速市中心的衰亡，使城市进一步向外蔓延，造成土地资源的极大浪费，或造成其他的环境问题。总之，街道或廊道在城市建设和发展中是不可缺少的，但必须规划合理，理由可归纳如下。

第一，街道在景观中亦称廊道，主要职能是交通运输，是城市生态系统能流、物流、信息流、人流、金融流的必经之路，街道通畅才能保证城市功能的完善与通畅。

第二，城市街道是线形污染源，汽车排放的尾气、噪声、尘埃、垃圾等污染物沿街道分布与扩散，街道的长度、宽度、方向与污染的扩散有着密切的关系。与此同时，街道的走向影响着城市风的走向，合理的街道对空气的流通、污染物的稀释扩散起一定的作用。

第三，城市的街道直接起人流导向作用。风景旅游点、商业区、行政中心、车站码头、居民区、仓库等都要靠城市街道联系，是捷径还是绕道，是引导还是阻止，主要靠城市街道起作用。

第四，城市的社区组织或居民委员会等城市的街坊小区都靠街道分隔划界与彼此联系，有利于城市社区的管理。

五、城市景观多样性的维持与创造

要维持城市景观多样性，首先要保护城市景观中环境敏感区。这类地区有的是处于两个生态系统交界处的生态脆弱带，有的则生态系统构成单一，往往极易受人类活动的影响，结构较脆弱，易被破坏。环境敏感区包括生态敏感区（如城市的河流水系、滨水地区、山地土丘、稀有植物群落、部分野生动物栖息地等）、文化敏感区（城市中具有特殊或重要历史文化价值的地区，如烈士陵园、文物古迹等）、资源生产敏感区（如新鲜空气补充区、土壤维护及水源涵养区等）以及天然灾害敏感区（如易引发洪患的滨水区、地质不稳定区、空气严重污染区等）。

完善现有景观结构也是极为重要的。景观结构是景观功能存在的基础，只有保证景观结构的完整，才能实现景观功能的高效发挥，一定量的绿地是维持一个生态系统运转的基本前提。城市景观是一个高度人工化的景观，建筑物斑块及道路廊道占优势，而绿地斑块及廊道少，因而产生了严重的失衡现象。这样的结构影响了城市景观的生态负荷，带来空气污染、水质下降等环境问题。因此改善城市景观结构，应增加绿地廊道及绿地斑块的数量，根据城市现状确定最佳位置和最佳面积，尽量使其均匀分布于城市景观中，并保护和恢复城区和城郊河流水系的自然形态。

增加城市新的景观要素。新的人工建筑群、道路等都应结合实际，创造出具有特色，而又与整个城市相吻合的特点。这包括建筑群及其绿化系统。

在城市中除了道路的连通性要增强外，绿地斑块的连通性也要增强。绿地斑块分散在由街道、建筑、广场等构成的基质中，绿地斑块之间应相互联系成为一个整体。在城市建设中，将道路绿化廊道、滨水绿带与城市中各公园绿地、生产绿地、防护绿地、附属绿地相连接，并将城市内部的绿地斑块与城市规划区范围内的绿色空间控制区有机相连，将城市纳入自然环境的包围中，达到整体效益最佳，并成为野生动物的避难所和流动迁移的通道。

第四节　城市景观的演变

一、城市自然景观的演变

科学技术的发展以前所未有的速度与规模推动自然与社会的相互作用。城市化地区兴修、建造的人工实体越多，对城市地区的自然景观影响越大，这种影响起着改造自然环境的作用，从改变景观个别组分开始，直至引起景观整体的变化。自然景观的这种演变有时会使其失去所有价值甚至全部消失。自然景观作为地域空间，构成人类生活的重要资源。地域资源是有限的，特别是城市建设方兴未艾的今日世界，自然景观要素的价值日益增高。从开发利用的角度看，城市社会发展不仅需要适宜的自然景观（土地）作为建设用地，而且对开阔的自由空间也有一定的需求。在较高人口密度的城市化地区，城市外围的自然环境大多作为城市建设后备用地，但也有城市把外围自然环境作为改善城市生活环境质量的生态缓冲地带加以建设与保护。

城市自然景观是城市发展或居民点体系赖以维持生存与发展的重要资源综合体，只有充分地提高自然景观的环境效益，才能使城市在有限的空间内得以进一步发展。同样城市景观的可变性亦是影响城市开发与建设的限制性因子。自然景观的变异是从其组成要素的变化开始的，并且由于组成要素之间的紧密联系进而导致其他要素的变异。组成要素的变化能够引起景观性质的改变。当然这个过程的发生，主要取决于发生变异要素的数量及其对其他要素的影响程度。发生变异的要素越多，自然景观结构以及景观作为区域整体的性质变化越深刻。但是景观的所有组成要素不能被等同视之，因为景观中有那么一些要素对另外一些要素有较强的影响，也就是说后者对前者的影响有比较敏感的反应。相反，前者受到后者的作用则较少发生变化。这样，可以把那些对景观变异起决定性作用的要素称为主导要素，而受主导要素支配的要素可称为被主导要素。

对自然景观的合理开发与经营管理，有时会造成几个景观要素紧密结合形成集合体，有些景观要素同时也会在短时期内出现稳定的形态。

自然景观遭受外力干扰失去本身稳定状态的可能性，就是该景观脆弱性的含义。对景观的干扰，可导致景观结构与功能的深刻和完全的毁灭。城市的建设与发展，就是人类对该地域自然景观的深刻、强有力的干扰，而使之发生不同程度的变异。当然不同地域其自然景观的变异特点和规律是不一样的，了解一个城市自然景观的变异特点和规律，掌握人为干扰影响的尺度，有利于对城市自然景观开发利用、保护及提供定向调控的依据。

案例二 1996—2015 年深圳市城市景观格局演变及驱动因素分析（吴健生等，2020）

基于深圳市 1996—2015 年土地利用数据，利用景观指数、景观转移矩阵和景观扩张指数等方法探究了深圳市近 20 年景观格局时空变化、主要景观类型转移和建筑用地扩张模式，最后使用 Binary Logit 模型考察了市级和区级建筑用地景观扩张的主要驱动因素（表 7-6）。

研究结果表明：①1996—2015 年，深圳市建筑用地景观优势性逐步增强，面积增加 15.81%，以蔓延式（61.9%）和填充式（36.27%）扩张为主；②1996—2006年为城市化快速扩张期，建筑用地扩张呈集中开发形态，景观多样性和均匀性增加，城市扩张中心略微向北部和东部移动，2006—2015 年为城市化低速过渡期，景观破碎化加剧，城市扩张重心向北部和西部偏移；③在市级尺度上，GDP 密度和人口密度对建筑用地景观扩张有显著正影响，生态控制线、高程、坡度和至道路的距离有着显著负影响。每单位生态控制线范围、坡度的增加分别将使建筑用地景观扩张的机会比率平均减少到原来的 0.8168 倍、0.8841 倍。各驱动因素表现出区域和尺度差异性，GDP对宝安区、南山区和坪山区，人口增长对宝安区、龙华区，以及交通可达性对大鹏新区、龙岗区驱动分别最为突出。研究结果可以为中国城市快速扩张过程中的景观格局变化提供科学依据。

表7-6 深圳及其各区的景观演变驱动力

变量	深圳区	宝安区	大鹏新区	福田区	光明区	龙岗区	龙华区	罗湖区	南山区	坪山区	盐田区
GDP密度	★	★	○	○	○	○	○	○	★	★	○
人口密度	★	★	○	○	○	○	★	○	☆	○	○
生态控制线	☆	☆	○	☆	☆	☆	☆	○	☆	☆	★
高程	☆	☆	○	○	○	☆	☆	☆	☆	☆	○
坡度	☆	☆	○	○	○	☆	☆	☆	☆	☆	☆
至水库、湖泊距离	○	○	☆	○	○	○	○	○	★	○	★
至河流水系距离	○	★	☆	○	○	○	★	★	○	○	○
至铁路、轻轨距离	☆	○	☆	○	○	☆	○	○	○	★	○
至公路距离	☆	○	○	☆	○	○	○	○	○	○	○
至街道居委会距离	○	○	○	○	○	○	★	○	★	○	☆

资料来源：吴健生等（2020）。

注：★代表显著正影响（$P<0.1$）；○代表无显著影响（$P<0.1$）；☆代表显著负影响（$P<0.1$）。

二、城市人文景观

景观被人类开发利用，必不可免地要被改造。人类为了满足生存与发展的需要，还要建造新的实体。这种部分或整体被改造的自然景观与人造地物实体的空间组合，可以统称为人文景观。人文景观是地球表面的一部分，其中被改造修复的自然景观和人类建造的景观并存。在很多地区自然景观与人文景观的界线是较难确定的。按自然景观的被改造程度可以把景观划分为以下几个类型。

（1）轻微改变的景观：支配自然景观要素的规律很少受到人类破坏，自然景观保存着自动调节的能力，如保存下来的自然森林植被以及城市中较大的湖泊等。

（2）较小改变的景观：人类活动触动了一个或几个景观组成要素，但是自然要素之间的基本联系未被破坏，仍然保留着自然调节能力，景观的变化通常是可逆的，如污染的过境河流、城市大气、公园中的土壤等。

（3）强烈改变的景观：人类活动强烈影响景观的多个组成要素，使其结构与功能发生本质的变化。景观作为整体的自然调节功能受到很大的破坏，被破坏的功能的恢复，只有借助于社会资本的投入，即通过消耗大量能量和物质的生物工程或其他工程技术来实现。被恢复的功能不可能促使景观恢复到原来的初始状态。人类聚集的城市化地区或工业区，自然景观几乎被完全改变。例如，由于城市里高层建筑林立，形成局部地区的小气候环境；由于发展工业的需要，农田坡地变为布有厂房车间的工业区；由于居民居住生活的需要，湖面被改变为居住区等。

总之，人文景观的主要成分是人造地物与实体。工厂、房屋、交通等人工实体，均是以当地自然景观为基础或背景进行改造、加工和建造的。自然景观作为人文景观的立地和后备资源条件。基岩性状和地貌形态不但可以影响土壤的发育、土地利用方式和规模，而且还制约城市的可持续发展。

三、城市景观要素的联系

世界各国城市化进程的加速，城市规模的急速扩展，必然引起自然资源逐渐被蚕食和破坏，城市化地区的景观合理开发、利用与生态建设的研究显得更为迫切。我们把城市化地区（中心城市、外城、城郊）的自然景观与人文景观的综合称为城市化景观。城市化景观是以景观与城市人群或城市社会的关系为联系纽带而形成的具有时空序列的实体。这里，对景观要素与城市的关系的研究，一方面是从景观要素对城市的影响方面来研究，另一方面是从城市对景观要素的改变来研究。对上述关系的科学认识应该成为城市土地开发和各项规划等工作的基本出发点。

自然景观是城市开发建设者的主要依托，由于景观构成和属性的区域差异，城市建设的技术工程手段和措施也因地而异。能够作为城市开发和建设后备资源要素的不是所有的自然景观要素，主要是指基岩、地貌、地表水、地下水、大气、土壤、植物和动物。当然，这些要素对于城市开发建设过程的意义和作用并非是等同的：有的是作为农业生产力布局或其他社会经济功能开发的空间组织的前提条件，有的则决定着城市规划结构、人口分布体系以及确定建设施工量等必须考虑的重要因素。

基岩特性对城市开发建设的影响主要表现为区域的工程地质条件，尤其要考虑建筑物和构筑物防震工程措施、整个区域的防护措施以及投资费用和效益。矿产原料资源对有的城市来说是发展及区域开发过程中十分活跃的因素。矿产开发和布局主要取决于原料的形态、品位和储量。在设计和规划矿产开发区以及城市、城镇居民点体系时，必须了解和掌握矿产资源开发的条件、埋藏深度、岩层厚度和面积，因为这些条件决定着开发的时序、矿产地和生产地带及加工地带的合理布局关系。在处理矿产资源露天开采地与城市、城镇居民点体系间隔或距离问题时，在积极鼓励社会投资的同时，又要从维护矿区周围城市、城镇景观生态平衡的物质体系角度，对两者的间距采取限制的对策，如对百万人口以上的大城市，开采区距城区应不少于 15—20 千米。如果城市周围的矿产资源十分丰富，它的开发利用就会成为决定城市性质的重要因素。中国的抚顺、唐山、平顶山等城市，都是由于煤田的开采利用而逐步形成和发展起来的采矿和矿产加工城市。

地貌是城市建设的立地条件，它们对城市建筑、街道布局、工厂配置以及居民点布局都有一定的影响。优美奇特的地表形态，如中国桂林的喀斯特地貌、杭州的西湖及周围的山林，还可构成具有风景、游览、疗养等特殊功能的城市环境。衡量地貌是否适宜于建筑或农业开发，主要取决于地面的切割程度、坡度、个别地貌部位的形态及其延伸程度。反映地貌切割深度、密度、坡面形态的地图，有助于人们分析地貌对城市建设的影响，可以根据这一类地图计算被开发地的工程容量以及费用。

在城市建设中，通常从两个方面来考虑地表水和地下水的作用。一方面，从水文条件来考虑城市及其外围地区的水文和水文地理条件，了解水资源的构成特点、水资源对城市供水和工业用水需求的保证程度。水文条件是计算水资源的初始指标，它能表征地表水的水文地理特征和动态变化情势。另一方面，是从城市建设条件的形成角度来考查。适用于城市建设的比较重要的水文地理指标，如河网密度、河床断面、坡降、水流速度、水量分配随季节的变化、湖面和池塘的面积和深度等。城市水资源的开发利用必须与保护同步进行。所谓保护是指确定水资源利用的"门槛"，这个"门槛"，应相当于所研究地区枯水径流总量的 30%—40%。目前许多城市不仅面临地表水资源不足的问题，而且由于工业用水量过大（如每造一吨纸需水 250 立方米，生产一吨化肥需耗水 600 立方米），超量开采地下水，地下水水位在迅速下降。例如，意大利的米兰地下水位 10 年内下降了 20 米；中国北京在 1970—1980 年地下水位下降了 10—15 米。

气候不仅是资源，而且在很多方面还是形成城市、城镇居民点的基本环境条件。对城市建设有影响作用的气候要素主要有气温、无霜期、风、湿度、太阳辐射、降水量等。除了气候区划外，以不同天气条件下人体热量状况为依据的生理气候区划，可以为城市规划以及资源开发的设计提供系统资料。城市总体规划和部门规划比较重视小气候条件，但是在资料不够充实的城市或区域，也可以根据地貌图来分析小气候特征以及制定改善生活气候条件的措施。

城市土壤十分复杂，它的发育大都是在人类干预下进行的。城市近郊和远郊的农业开发首先要考虑土壤类型、质地、矿物成分、水分、腐殖层厚度等。建筑用地、旅游、休憩用地、绿地系统的规划、设计和建设都存在对土壤适宜性选择的问题。

城市的动植物是城市景观中的重要生命物质，它不但与其他非生命的景观组分有着密切的发生上的联系，而且也与城市居民的生存活动以及生活环境质量有很密切的关系。动植物作为资源时，城乡居民对它的开发与利用要有合理规划作为指导。特别对于城乡接合部地区要进行特殊的管理，使人们重视野生动植物资源保护的价值和意义，否则，城市就有可能失掉与外部自然景观的联系。为了使城市居民与自然景观有更多的联系，市区内的天然植被以及各种人工绿地的设置应尽可能具有较大的空间覆盖以及合理的结构。因此，无论从资源开发利用角度，还是从改善与调节城市人类生态环境方面考虑，城市动植物的保护与管理研究都是十分必要的。

上面主要是从城市及其外围自然景观要素对城市立地和开发建设影响的角度，概述了城市景观生态研究的一个方面。除此之外的另一个方面是从城市发展的角度来分析和评价城市自然景观所受的影响及其相互作用的关系。

城市化是城市人口增长和分布、土地利用方式、工业化过程、水平及趋势的综合表征。城市自然景观的变异大都是城市化过程的产物。

案例三　快速城市化阶段驱动力及空间扩展——以济南市为例

基于济南市 1992 年、2000 年、2010 年、2018 年 Landsat 遥感影像数据，借助 ArcGIS、ENVI 等图像分析工具，提取济南城市建成区，从扩展速度、强度、分形维数、紧凑度、重心转移等方面探究济南城市空间扩展的时空变化过程、特征，运用地理加权逻辑回归方法对济南城市空间扩展驱动力进行分析。

研究结果表明：①济南城市空间扩展经历"中强低速""高强中速""低强高速" 3 个阶段，城市形态趋于稳定，城市形状呈现东西向条带状分布格局，紧凑度较差（图 7-3）；②1992—2018 年济南城市空间向 E、NEE、NE 方向扩展最为显著，扩展方式以外延扩张与内部填充为主，城市空间分布重心东移态势明显（图 7-4）；③济南城市空间扩展受多重驱动因子影响，主驱动因子为距城市建成区距离、距主要公路距离、地区生产总值、城镇化率、人口密度等（王成新等，2020）。

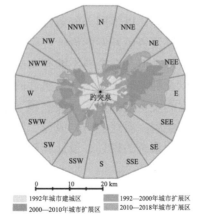

图 7-3　济南城市建成区等扇分析

（引自王成新等，2020）

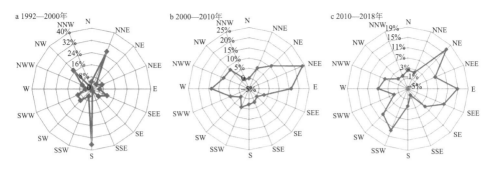

图 7-4　济南城市建成区各方向扩展强度阶段变化

(引自王成新等，2020)

　　城市自然景观为城市立地和社会经济发展提供空间环境。在城市的经济活动中，人们所建造的交通、给排水、堤闸工程、垃圾处理、供电、市场流通、煤气、电话通信、文化教育、医疗保健、警察消防、保安等措施的总体，相对于城市生产、消费、居住等活动来说，似具有"容器"的功能。对于一个固定的容器来说，如果承载的内容过大而失去平衡的话，就会发生混乱，导致城市景观生态的破坏。上面列举的各种设施都是构成人文景观的要素。如果其中任何一项设施不足，都会使城市生活陷于困境，居民不仅感到不方便，而且失去舒适感。特别是由公路和铁路网构成的交通设施以及其他设施更具有支持高密度经济活动的基础设施的意义。对基础设施进行社会投入，应视地理条件而不同。例如，对于一个临海城市来说，建造海堤就显得十分重要；对于一个坐落在三角洲水网地区的城市，防洪排涝等市政工程则是必备的；寒冷地带的城市，建筑物、公路等必须有御寒设施，而在热带多风暴地区，防风暴措施是不可少的，特别是如何构建具有海防性功能的滨海园林，在美化环境的同时，达到防风暴的作用；加强道路绿化防晒也显得相当重要。与此同时，这些条件自然也给土地利用结构带来很大影响。

　　城市景观既然是自然景观与人文景观的综合，那么其质量的变化就必然是自然因子与社会经济活动因子相互作用所产生的叠加效应。城市中自然景观作为空间实体，犹如一个自然"容器"，它对自然环境变迁以及人为影响所引起的景观质量变化都有一定的承载能力。为了维持和促进城市社会经济的健康发展，可以通过对人口、生产量、污染发生量、消费量、土地利用控制规划以及加强社会资本投放的定向化等方面来调节与控制景观质量的恶化，也就是说从城市景观的结构和成分组装的方法上来改善这一"容器"的功能，使之有利于提高景观对城市的服务水平。

案例四　城市景观的演变——以安顺市建成区为例

　　城市遗存自然山体是山地城市中珍贵而脆弱的生态资源，对于维持城市生态系统稳定发挥着不可替代的作用，然而近年来高强度的城市建设对其产生严重的干扰和胁迫。以安顺市建成区为研究区域，在空间信息技术支持下，综合运用景观格局指数法和缓冲区分析法，分别从城市景观格局动态、城市遗存自然山体景观动态及城-山交互作用3个方面，对近10年快速城市化背景下，安顺市城市遗存自然山体景观格局时空演变进行定量化研究，旨在揭示其对城市扩张的响应规律。

研究结果表明：①城市整体景观破碎度递增，斑块丰富度密度递减，景观多样性、均匀度、优势度呈波动性变化；②城市遗存自然山体斑块数量、类型面积、景观优势度递增，斑块形状趋于规则化，连通性递减，聚集度先减后增；③城-山交互作用明显，主要表现为城市遗存的自然山体因城市建设持续受损缩减，反过来影响城市建设；④城市遗存自然山体500米缓冲区内平均城市建设用地占比及其平均城市人工园林绿地占比均与山体缓冲区距离呈显著负相关，且不同等级城市遗存自然山体斑块与缓冲区内城市建设用地相关程度表现为小型斑块>中型斑块>较大型斑块>大型斑块，与缓冲区内城市人工绿化相关程度表现为中型斑块最高、较大型斑块最低，城市遗存自然山体对城市建设及其人工绿化明显具有吸引作用。解析快速城市化背景下城市遗存自然山体景观动态变化规律及其与城市建设之间的交互作用关系，为城市遗存自然山体后续科学规划管理提供决策支持与理论依据，也可为今后进一步深入开展以其为研究对象的科研活动提供前期基础。

第五节　城市景观规划

城市是以聚集的人类为主体的景观生态单元，高度人工化是城市景观区别于自然景观的最突出特征。人类对于城市系统的作用，既有开发创造，也有污染和破坏。由于人类强烈影响不同地区的城市面貌，在很大程度上反映了当地的历史、文化与社会经济发展状况，城市景观也因此具有自然生态和文化内涵双重性。自然景观是城市的基础，文化内涵则是城市的灵魂。

城市环境本质上是人地关系相互作用形成的，它并不是独立于自然界之上的，而要受到自然生态系统的发展规律的支配。自然环境是城市生存和可持续发展的根本条件。要维持城市的健康发展，就要保证城市景观生态平衡和环境良性循环，各种生态流输入输出运行通畅，城市系统高效运转。城市的开发建设要正确处理的关系很多，其中正确处理居民生活需求与资源、人类与自然、人类与其他生物的关系，使环境的投入和产出形成一个良性的循环。合理的景观规划是建设生态城市、使城市人文景观符合生态学意义、充满自然性、富有文化内涵的前提（邢龙等，2021）。

一、城市景观规划的目的和基本原则

（一）以人为主体的基本原则

城市景观规划的最终目的是应用社会、经济、艺术、科技、政治等综合手段，来满足人们在城市环境中的生存与发展需求，来满足以城市为中心带动郊区及其周边农村发展需求。它使城市环境充分容纳人们的各种活动，而更重要的是使处于该环境中的人感受到人类的崇高气质，在美好而愉快的生活中鼓励人们的博爱和进取精神。人是城市空间的主体，任何景观设计都应以人的需求为出发点，体现对人的关怀，根据婴幼儿、青少年、成年人、老年人、残疾人的活动行为特点和心理活动特点，创造出满足其各自需要的空间，如运动场地、宽阔的草地和老人俱乐部等。时代在进步、发展，人们的生活方式与行为方式也随着发生变化，因此城市景观规划也应适应这种变化的需求。

（二）尊重自然、和谐共存创建园林城市

自然环境是人类赖以生存和发展的基础，其地形地貌、河流湖泊、城市植被等要素构成城市的主要景观资源，尊重并强化城市的自然景观特征，使人工环境与自然环境和谐共处，有助于城市特色的创造。古代人们利用风水学说在城址选择、房屋建造、使人与自然达成"天人合一"的境界方面为我们提供了参考的榜样。今天在钢筋混凝土建筑林立的都市中积极组织和引入自然景观要素，不仅对实现城市生态平衡，维持城市的可持续发展具有重要意义，同时以其自然的柔性特征"软化"城市的硬体空间，为城市景观注入生气与活力。如今园林城市已经成为城市景观规划和建设的主导性思想。

（三）延续历史、开创未来

城市景观建设大多是在原有基础上所做的更新改造，今天的建设成为连接过去与未来的桥梁。对于具有历史价值、纪念价值和艺术价值的景物，要有意识地挖掘、利用和维护保存，以使历代所经营的城市空间及景观得以连贯。同时应用现代科技成果，在城市景观的多个要素方面，创造出具有地方特色与时代特色的城市空间环境，以满足时代发展的需求。

（四）协调统一、多元变化

城市健康与美要体现在整体的和谐与统一之中。漂亮的建筑的集合不一定能组成一座健康与美的城市，而一群普通的建筑却可能形成一座景观优美的城市，意大利的中世纪城市即是最好的例证。因此，一个城市只有达到各景观要素协调

统一，富有变化，才能体现出整体的健康与美。

二、城市景观规划的内容

城市景观规划设计是以城市中的自然要素与人工要素的协调配合，以满足人们的生存与活动要求，创造具有地方特色与时代特色的空间环境为目的的工作过程。其工作领域覆盖从宏观城市整体环境规划到微观的细部环境设计的全过程，一般分为城市总体景观、城市区域景观与城市局部景观三个层次。城市景观规划设计是对城市空间视觉环境的保护、控制与创造，它与城市规划等有着密切的关系，它们之间互相渗透、互为补充。

城市规划一般是对城市土地所做的平面使用计划，其道路系统的组织与用地安排对城市景观的形成有很大影响，因而在做城市规划时就应该考虑景观的内容。城市景观规划是就土地立体使用并考虑各局部与整体构成所做的规划，对各城市景观要素按上述的原则，进行合理的规划设计。其内容是在上述三个层次的基础上在不同的景观区里进行城市基质、斑块（镶嵌体）和廊道的规划设计，城市的道路网络是典型的廊道类型，具有明显的人工特性，亦是城市景观规划的重要环节，而城市植被是城市景观中的镶嵌体类型，是相对自然的组分。做好城市的道路网络与城市植被系统的景观规划，以及做好城市景观中的文化研究就能使一个畅通的、健康的和现代园林城市的人文景观得到充分体现。

三、城市道路网络系统景观规划

道路的规划与建设是城市建设中的一大难点。在区域范围内要减少过境公路对城市区的干扰，在城市区范围内要寻求最合理的道路配置。从经济效益、生态效益和社会效益三个方面统一协调考虑，合理构造道路的形态结构。加强道路两侧绿化建设、进行综合规划建设极为重要。

1. 重视道路的形态结构和总体格局规划

道路的宽度、平竖曲线度、纵坡、道路交叉点、道路连通性和道路密度等反映道路的形态结构和总体格局。道路形态应综合考虑道路的功能、经济条件、地形地势和生态特征等多方面因素。在达到整体运输目标下，应寻求最优的道路配置，降低道路密度。网络连接度和环通度要根据具体的城市定位性质和发展特点来进行设计。总之，对道路的形态结构和总体格局的规划设计既要保证城市中各种景观之间的物质流动和传输的畅通，又要最大限度降低对自然环境的破坏。

2. 加强道路绿化体系建设，完善道路网络的生态功能

行道树和防护林的景观规划建设是缓解道路对城市环境质量和生态平衡不利影响的有效途径。道路绿化带是城市景观中重要的绿色走廊，完善城市生态功能就必须加强道路绿化体系建设。道路与道路绿化带相伴而行并视为统一整体是道路网络系统规划中永远适用和应该遵循的原则。

四、城市植被系统景观规划

（一）景观生态应用于城市植被系统的规划思想

长期以来，人们的绿化意识较低，谈不上科学的规划。实际用地时又往往以经济驱动而占绿、毁绿。而一个生态稳定的城市植被景观首先其结构和功能要高度统一和谐，不仅外形符合美学规律，内部和整体结构更应符合生态学原理和生物学特性。要从空间异质性程度、生境连通程度、人为活动强度、物种多样性等方面考虑，在宏观规划指导下进行合理建设的同时，更为生物提供有利于生存发展的生境条件。这两者实际上也是相辅相成的。因此，提倡城市植被系统的景观规划思想，注意融合生态学及相应交叉学科的研究成果，营造改善城市环境和满足景观欣赏效应双重目的的城市植被系统，提高城市植被景观规划建设的质和量，完善其功能，建造城市植被这一特殊的，兼有自然和人工特色的优美景观，是城市植被建设和管理的方向。

（二）城市植被景观的建设

保证相当规模的绿色空间和植被覆盖地总量是建造好城市植被景观的关键。在城市建设过程中，要珍惜原有的自然绿色，对一些具有特定意义的自然和文化景观要尽可能保留。同时针对不同的功能区和实际情况尽可能利用空地重新建造人工植被系统。

京津冀地区植被覆盖度及其景观格局的动态变化，揭示了城市化进程对植被景观的干扰过程及生态质量的影响。2000—2010 年，京津冀地区平均植被覆盖度年际变化相对稳定（幅度范围 44.9%—48.8%），存在小幅度增减变化：2001 年、2006 年和 2009 年有明显下降，2000 年、2004 年、2008 年和 2010 年相对较高。11 年间平均植被覆盖度整体呈上升趋势，但并不显著（$P=0.46$）（图 7-5）。

从时空变化来看，2000—2010 年，61.84% 的研究区域植被覆盖度呈增加趋势，14.52% 的地区有显著增加（$P<0.05$）。显著增加的区域主要是人类活动较少的林地自然生长区，集中分布于京津冀的沧州、衡水以及燕山—太行山山脉。该区域植被覆盖度的增加也与京津风沙源治理工程、退耕还林和封山育林政策的实施有

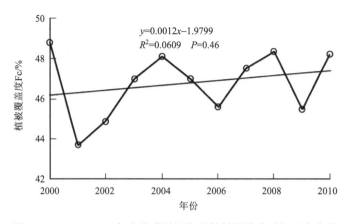

图 7-5　2000—2010 年京津冀地区年均植被覆盖度时间动态变化

（引自王静，2017）

关。而植被覆盖度显著下降的区域占 5.96%，主要分布在北京、天津、石家庄、唐山和保定等城市的周边区域，这些区域在快速城镇化过程中，大量耕地和草地被挤占，转变为建设用地；此外，张家口坝上地区，由于过度放牧和过度开垦等人为因素影响，草原生态系统破坏严重，导致其植被覆盖度显著下降，荒漠化日益严重。

城市植被的合理布局一样重要。虽然"人均绿地面积""人均绿地覆盖率"和"人均城市植被覆盖率"等指标常被人们用来评价整个城市的绿色景观建设成绩。但是，同样的绿化指标或城市植被指标，不同的空间布局所起到的景观生态效应有很大的差别。因此，城市植被的合理布局在城市植被的景观规划中显得较为重要。

随着城市的发展，城市居民对工作和居住环境周围的近距离绿地的需要更为迫切。因此在建成区内提倡因地制宜，设计不同功能的园林绿地类型，如生产型、观赏型、保健型、抗逆型、文化艺术型等，以"小散匀"的原则呈均衡和各有重点的分布格局，以满足城市居民生活游憩和观赏需求，同时也对市区环境的调节以及对生物多样性的保护起一定的作用。市区分散的小面积的植被相当于被大面积的城市基质包围着的斑块，或称镶嵌在城市基质中的生物岛有残余斑块，有重新形成的干扰斑块等。如果这些斑块能通过绿色廊道与城市的自然环境发生联结，合理有效地利用广大郊野扩展整个城市的植被面积，这对维持城市绿色景观的稳定和促进其发展，提高其综合生态效益较为重要。

同时处理好城市中人的活动强度与植被覆盖率的关系，亦是城市植被景观规划要注意的问题。在城市中，一般来说，土地使用的强度是工厂区>居民区>文化教育>党政机关用地。而目前，在工业人口集中分布的地区，或者说工业用地比例大的地区，环境质量较差，城市植被覆盖率指标较小。

因此，工厂区的人们，不论实际上，还是心理上所能享受到的绿化效益都是较小的。这往往是容易忽视的重要问题。希望在城市绿色景观规划时要注意改善这种不合理的状况。

在第五章的城市植被一节里谈论城市植被的功能时，特别强调了城市植被反映地方特色、城市特色的景观作用。因此，在城市绿色景观规划建设时，要把建造自身特色摆在重要的位置。城市特色是评价城市规划和建设最基本的准绳之一。特色是城市自然、社会、经济、文化和居民素质的综合反映，保持和塑造城市的规划和建设应以当地的自然生态条件、地理位置特点为基础，融合传统文化、民俗风情和现代生活需求、折射城市居民的发展眼光和艺术品位，给绿色景观赋予人类的思想文化，只有这样，城市的绿色建设才具有灵魂、生气和活力。

五、城市景观的文化研究

景观生态是生物生态与人类生态之间的桥梁，尤其是城市景观生态，实际上已进入了人类科学领域。

城市景观不仅是城市内部和外部形态的有形表现，它还包括了更深层次的文化内涵，是物质与精神的总和。

城市是人类文化的结晶，城市的发展是一种渐进、演变的过程，城市的历史和文化孕育了城市的特色和风貌。城市的文化特色是城市发展积累、积淀、更新的表现。人们对于城市的社会价值观念随着城市的生存和发展而变迁，由于城市的更新与发展，那些陈旧而无价值的东西将不断被抛弃和淘汰，而城市中一些物质和精神文化则被保留，如古建筑、古迹和有使用价值的建筑等，这些建筑和遗迹就成为城市发展的历史见证和人类活动的印证。其中某些著名的建筑成了城市的永恒标志，如希腊的雅典卫城、北京的故宫、法国的巴黎圣母院、意大利的圣彼得大教堂等。同时从城市的骨架（framework）和结构（texture）中同样也可以寻找到城市人文景观建设发展和城市文化发展的轨迹。例如，法国巴黎，沿着塞纳河这条城市轴线，卢浮宫、万神庙、德方斯，一直到新城等一组建筑群不断展示开来，各个时期、不同时代的建筑风格沿着成网的干道向城市四周摊开。如今这种文化积淀的轨迹，将成为人类共同文化知识的特征，也构成城市的文化特色，成为城市景观规划的重要内容。

然而在城市的开发建设中，传统的景观规划思想往往使高度密集的高层建筑和四通八达的道路网成为城市景观的典型模式。多数城市景观大同小异，没有思想、没有中心，缺少自然美感和文化特色。正如前英国皇家建筑师学会会长帕金森（Parkinson）所说："全世界有一个很大的危害，我们的城镇正在趋向同一个模样，这是很遗憾的，因为我们生活中许多情趣来自多样化和地方特色。"因此，研究城市的文化特色，把文化特色融入城市景观规划当中，通过城市景观反映一定地区、一定时期下的城市特色及居民的经济价值、精神价值、伦理价值、美学价值等各种价值观，表达居民对环境的认识、感知和信念等文化内涵。同时，文化规划使得城市人文景观形成富含文化意义，给城市居民提供与城市自然、社会环境相互交流感情，抒发人的各种情怀的空间。城市形成了一个具有特色的文化氛围，能够满足人们的精神文化需求，城市也因此有了灵魂，居民的生活才会丰富而有意义。

城市景观文化规划是一个新兴领域，对其包含的范围、内容、实现的途径和方法以及规划的结果等都有待深入研究和实践。在实际规划工作中，努力挖掘当地文化的精华，继承文化遗产，反映社会的进步和发展，寻求城市文化的延续和发展，使其古为今用，寻求景观的地方特色，营造浓郁的乡土气息；同时，合理利用资源，加强对文化设施的规划和建设，提高公众艺术及艺术教育的数量和质量，是当今世界前沿的城市景观规划的思想，也是城市景观规划建设者们应当努力的方向。

第八章　城市环境质量评价与可持续发展

第一节　城市环境质量评价

城市环境质量的好坏，直接影响城市居民生活环境与工作环境的质量。20 世纪 70 年代以来，世界各国都注意环境质量评价工作。美国、加拿大、日本、英国、苏联等国家制订了一系列有关环境质量评价的法律、标准与方法。中国在 70 年代也开始了城市环境评价与区域环境评价的研究与工作。

城市环境质量评价是对城市的一切可能引起环境发生变化的人类社会行为，包括政策、法令在内的一切活动，从保护环境的角度进行定性和量的评定。从广义上来说是对城市环境的结构、状态、质量、功能的现状进行分析，对可能发生的变化进行预测，对其与社会经济发展活动的协调性进行定性或定量的评估。

一、城市环境质量评价的作用

城市环境质量评价是认识和研究城市环境的一个重要课题。当前，社会生产力高速发展，城市化速度突飞猛进，城市人口激增，城市规模不断扩大，城市环境质量的发展变化与越来越多的城市居民的生产和生活甚至生命安全密切相关。客观地认识和了解城市生态环境质量的变化，对调控、建设城市生态环境具有无比重要的意义。从城市生态的角度看，城市环境质量评价是为了促进城市生态系统的良性循环，保证城市居民有优美、清洁、舒适、安全的生活环境与工作环境。从社会经济角度来看，是为了用尽可能小的代价获取尽可能好的社会经济环境，取得最大的经济效益、社会效益与生态环境效益。

好的城市环境质量最起码应达到以下几点要求。

（1）使城市大气、水体、土壤的受害情况以及噪声污染减少到不影响居民健康的程度，使居民患病率及死亡率下降。

（2）使城市生物（包括栽培植物、驯养动物、野生动物及其他生物）有良好的生长环境。

（3）为各类工业生产（如精密仪表机械等对环境有特殊要求的生产）、交通运输、教学科研、风景旅游（包括名胜古迹）等各项社会经济活动的正常开展创造良好的环境条件。

（4）各类能源、资源、原材料的投入少，效益高。

（5）"三废"得到及时的治理与处理。

（6）城市生态系统与其他生态系统能够进行正常的物质、能量和信息交换。

城市环境质量问题是在城市发展过程中产生和发展的。自 20 世纪 70 年代初，中国就已经将城市作为环境保护工作的重点，在处理城市发展与环境保护的关系上，已形成了基本的措施，制定了建设项目环境影响评价制度。2014 年 4 月 24 日，第十二届全国人民代表大会常务委员会第八次会议表决通过了《中华人民共和国环境保护法》修订案，为保护和改善环境，防治污染和其他公害，保障公众健康，推进生态文明建设，促进经济社会可持续发展制定该法。党的十九届五中全会提出"生态文明建设实现新进步，国土空间开发保护格局得到优化，生产生活方式绿色转型成效显著，能源资源配置更加合理、利用效率大幅提高，主要污染物排放总量持续减少，生态环境持续改善，生态安全屏障更加牢固，城乡人居环境明显改善"。建设项目环境影响评价制度的实施是避免由于开发项目和重大经济上的失误给生态环境带来不良后果的有效途径，也是我国正确处理城市发展与环境保护的一项积极措施，在城市环境保护中无疑起到积极作用。

二、城市环境质量评价的内容

环境质量评价包括回顾评价、现状评价和影响评价 3 类。回顾评价是通过各种手段获取某环境区域的历史环境资料，对该区域的环境质量发展演变进行评价，是环境质量评价的组成部分，是环境现状评价和环境影响评价的基础。回顾评价时一方面收集过去积累的环境资料，同时进行环境模拟，或者采集样品分析，推算出过去的环境状况。它包括对污染浓度变化规律、污染成因、污染影响环境的程度的评估，对环境治理效果的评估等。如可通过污染物在树木年轮中含量的分析推知该地区污染物浓度变化状况。回顾评价还可作为事后评价，对环境质量预测的结果进行检验。

环境现状评价是依据一定的标准和方法，着眼当前情况对区域内人类活动所造成的环境质量变化进行评价，为区域环境污染综合防治提供科学依据。环境现状评价包括下面几个内容。

（1）环境污染评价：环境污染评价指进行污染源调查，了解进入环境的污染物种类和数量及其在环境中的迁移、扩散和变化，研究各种污染物浓度在时空上的变化规律，建立数学模式，说明人类活动所排放的污染物对生态系统，特别是对人类健康已经造成或即将造成的危害。

（2）自然环境评价：自然环境评价指为维护生态平衡，合理利用和开发自然资源而进行区域范围的自然环境质量评价。

（3）美学评价：美学评价指评价当前环境的美学价值。

（4）社会环境质量评价：社会环境质量评价指评价当前城市的社会环境状态

与城市健康发展之间的相互关系。一般来说属于城市社会学的范畴。

这里所指的环境现状评价一般指前三项内容,所评价的范围可以按环境功能、自然条件、行政区等划分,评价过程中一般以国家颁布的环境质量标准或环境背景值为评价依据,它为环境管理和环境影响评价提供了基础材料。

环境影响评价,又称环境影响分析,是指对建设项目、区域开发计划及国家政策实施后可能对环境造成的影响进行预测和估计。

1969 年,美国首先提出环境影响评价概念,并在《国家环境政策法》中定为制度,随后西方各国陆续推广。1998 年 11 月,国务院通过《建设项目环境保护管理条例》,全面规范了环境影响评价的内容、程序和法律责任。2002 年 10 月,全国人大常委会通过《中华人民共和国环境影响评价法》,进一步强化了环境影响评价的法律地位。2009 年 8 月,国务院通过《规划环境影响评价条例》,环境影响评价制度形成"一法两条例"。2016 年 7 月和 2018 年 12 月,全国人大常委会两次修正《中华人民共和国环境影响评价法》,环境影响评价"放管服"改革不断推进(引自中华人民共和国生态环境部《建立环境影响评价制度》)。

根据开发建设活动的不同,可分为单个开发建设项目的环境影响评价、区域开发建设的环境影响评价、发展规划和政策的环境影响评价(又称战略影响评价)三种类型,它们构成完整的环境影响评价体系;按评价要素不同,可分为大气环境影响评价、水环境影响评价、土壤环境影响评价、生态环境影响评价等。影响评价的对象包括大中型工厂;大中型水利工程;矿业、港口及交通运输建设工程;大面积开垦荒地、围湖围海的建设项目;对珍稀物种的生存和发展产生严重影响,或对各种自然保护区和有重要科学价值的地质地貌地区产生重大影响的建设项目;区域的开发计划;国家的长远政策等。

环境影响评价报告书由持有环境影响评价资格证书的单位编写,由建设或开发单位提交给环境保护主管部门进行审查,并作为批准或否决建设项目的重要依据。其内容主要包括:建设项目概况,建设项目周围地区的环境现状、建设方案实施后对周围地区环境可能产生的影响、建设项目拟采取的环境保护措施及其可行性技术经济论证意见等。环境影响评价报告书的内容,要求资料充实,立论明确,对环境保护措施有实际指导作用。

三、城市环境质量评价的步骤与方法

(一)评价步骤

城市环境质量评价包括环境调查、环境污染监测、模拟实验、系统分析、综合评价、环境预测、治理规划等步骤。

(1)环境调查:包括自然环境调查、人工环境调查和污染源调查。自然环境调查主要内容有水文（地面水和地下水）、气象、地形地貌、地质、土壤、植被等；人工环境调查主要内容有人口、建筑物、绿地、交通、市政设施、服务设施和文化设施的数量及其空间分布等；污染源调查主要内容有污染源的位置、类型、排放污染物的种类和数量、污染物的排放方式和规律等。

（2）环境污染监测：包括环境质量、环境背景和污染物排放的监测，为环境质量评价提供数据。

（3）模拟实验：包括大气扩散风洞实验、河流污染自净实验、污染物渗透实验、动物毒理学实验等，从而获得进行环境现状评价和预测评价所需的各种数据。

（4）系统分析：根据上述各种调查研究工作所得的资料，从整体环境出发，运用系统工程方法分析环境系统中的各种问题，提出合理的调整、控制方案。

（5）综合评价：在完成环境调查、环境污染监测和必要的模拟实验的基础上，对各种资料、数据进行综合分析研究，通过计算，以评价图的形式，近似地描述城市现状环境质量的总体状况，并指出城市环境存在的主要问题。

（6）环境预测：对城市未来环境质量变化趋势和影响程度的预测评价，是在模拟实验、建立数学模型或进行预测研究的基础上作出的。

（7）治理规划：通过现状评价，在环境预测和系统分析的基础上，根据确认的环境目标，针对已经确定的影响城市环境质量的主要污染源和主要污染物，提出保护城市环境的长远规划方案和近期治理计划。通过环境影响分析工作，从环境质量的角度出发对城市规划工作提出建议，预测兴建某项工程对环境带来的影响，并制定预防环境污染（或免受破坏）的措施，或向有关部门提出修改或否定建设该项工程的建议。

（二）评 价 方 法

城市环境质量评价所采用的方法很多，一般是根据评价的类型、评价时所建立的评价的指数体系以及评价的目的不同而采用相应的评价方法。所谓的评价指数是指在环境质量研究中，依据某种环境标准，用某种计算方法求出的简明而又概括地描述和评价环境质量的数值。

现介绍如下一些较常见的环境质量评价方法。

1. 均权评价法

采用此法进行计算时，首先要确定单一污染指数 P_i

$$P_i = C_i / C_{io} \tag{8-1}$$

式中，C_i 为某种污染物的实测浓度值；C_{io} 为该种污染物的评价标准。这种评价标准一般采用国家规定的环境卫生标准，或者是其他有关标准。污染指数 P_i 的意义在于它表示了该种污染物质对于人体和环境的污染程度。显然，P_i 值越大，说明该污染物对人体和环境的污染越严重。

在获得 P_i 值以后，可按下式将单一污染指数相加，以求得某种环境要素，如大气、水体或者土壤的质量指数 P_j：

$$P_j = \sum_{i=1}^{n} P_i \, (n=1, 2, 3, \cdots) \tag{8-2}$$

在各环境要素质量评价的基础上，可求出环境质量综合评价 P：

$$P = \sum_{j=1}^{k} P_j \, (k=1, 2, 3, \cdots) \tag{8-3}$$

即综合评价指数为各环境要素的环境质量指数的和。

在上述单一综合指数计算中，由于以环境卫生标准作为评价标准，则表明已经根据该种污染物对人体和环境的污染程度进行了简单的权重考虑。但在计算环境综合质量指数和综合评价指数时，是将不同污染物和不同的环境要素给予同等对待，并未将危害大、影响严重的污染物或要素突出。此外，由于评价标准并未按照严格的评价目的选择，同一评价目的选用了两种或多种标准系列，即使同类系列的评价标准，其制定的依据也是参差不一，所以这种方法还存在着一定的局限性。当只需粗略了解某一区域环境质量总情况时可考虑选用此法。

例如，某一地区或城市环境质量评价中选择的污染要素、污染因子和采用的评价标准（表 8-1），表 8-1 中同时列出了实测的各污染物浓度值，采用均权叠加法可计算该地区的环境污染综合指数 P。

表 8-1　地区环境质量评价参数表

污染要素	污染因子	评价标准	实测浓度
空气	细颗粒物（PM2.5）	35 微克/立方米	42 微克/立方米
	二氧化硫（SO_2）	60 微克/立方米	4 微克/立方米
	二氧化氮（NO_2）	40 微克/立方米	37 微克/立方米
	可吸入颗粒物（PM10）	70 微克/立方米	68 微克/立方米
噪声	区域环境噪声	50 分贝	53.7 分贝
地表水	高锰酸盐	2 毫克/升	4.62 毫克/升

资料来源：2019 年北京市生态环境状况公报。

（1）计算单一污染指数，按表 8-1 中的污染要素和污染因子的编号作为下标，如 P_{12} 代表空气污染要素中的二氧化硫（SO_2）污染指数，P_{11} 代表细颗粒物的污染指数，依此类推，各计算值为

$$P_{11} = 42/35 = 1.2$$
$$P_{12} = 4/60 = 0.067$$
$$P_{13} = 37/40 = 0.93$$

$$P_{14} = 68/70 = 0.97$$

$$P_{21} = 53.7/50 = 1.07$$

$$P_{31} = 4.62/2 = 2.31$$

（2）计算各环境要素污染指数值。

$$P_1 = \sum_1^4 P_{1i} = 1.2 + 0.067 + 0.93 + 0.97 = 3.167$$

$$P_2 = P_{21} = 1.07$$

$$P_3 = P_{31} = 2.31$$

（3）计算环境污染综合指数。

$$P = \sum_1^3 P_j = 3.167 + 1.07 + 2.31 = 6.547$$

2. 加权评价法

在综合评价中，所选取的环境要素和污染物对人体、生物和环境的影响程度或强度一般是不同的。例如，空气污染和水污染都是城市的主要污染问题。但是，就城市居民来说，只要自来水不受污染，可以不饮用被污染的河水，但是呼吸受污染的空气却是难以避免的。因此，评价指数系统中必须考虑权值，使评价结果接近或符合环境质量的实际状况。

环境污染指数用下式计算：

$$P_j = \sum_{i=1}^n W_i P_i \, (n = 1, 2, 3, \cdots) \qquad (8\text{-}4)$$

式中，P_j 为污染要素质量评价指标或某地区的环境质量综合指数；P_i 为单一污染指数；W_i 为环境要素权值；n 为污染物或污染要素的数量。

（1）根据居民来信及主观判断分析确定。在选取了评价因子以后，可根据居民来信进行统计分析，并结合当地环境污染特点提出相对加权值。

（2）根据环境可纳污量确定。这里所说的环境可纳污量是指环境对某种污染物可容纳的程度，即污染物开始引起环境恶化的权限。可用下式求得

$$V_i = (C_{io} - B_i) / B_i \qquad (8\text{-}5)$$

式中，V_i 为环境纳污量的倒数；B_i 为环境本底值。权值 W_i 可用下式计算：

$$W_i = V_i / \sum V_i \qquad (8\text{-}6)$$

此外，还可根据污染物的均值和标准值及其标准离差求权值，或者以污染面积确定相对数值等。

根据居民来信和综合分析，各污染要素的权值分别为空气 60%，噪声 20%，地面水 10%，地下水 10%，可计算环境污染综合指数。

解：将上例计算出的 P_1、P_2、P_3 和确定的权重值代入式（8-4），即

$$P = \sum_{i=1}^{3} W_i P_i = 3.167 \times 0.60 + 1.07 \times 0.20 + 2.31 \times 0.10 = 2.35$$

3. 质量指标法

质量指标法亦称综合指标法，是环境质量评价中常用的综合指数法的拓展形式，本方法适用于建设项目影响评价。其基本原理是，通过对环境因子性质及变化规律研究与分析，建立其评价函数曲线，通过评价函数曲线将这些环境因子的现状值（项目建设前）与预测值（项目建设后）转换为统一的无量纲的环境质量指标，由好至差，用 1，0 表示，由此，可计算出项目建设前、后各因子环境质量指标的变化值。最后，根据各因子的重要性赋予权重，再将各因子的变化值综合起来，便得出项目对生态环境的综合影响。环境质量指标法的基本公式是

$$\Delta E = \sum_{i=1}^{n} (E_{hi} - E_{qi}) \times W_i \, (i=1, 2, 3, \cdots n) \tag{8-7}$$

式中，ΔE 为项目建成前、后环境质量指标的变化值，即项目对环境的综合影响；E_{hi} 为项目建设后的环境质量指标；E_{qi} 为项目建设前的环境质量指标；W_i 为权值。

该方法的核心问题是建立环境因子的评价函数曲线，通常是先确定环境因子的质量标准，再根据不同标准规定的数值确定曲线之上限、下限；对于一些无明确标准的环境因子，需要对其进行大量工作，选择其相对的质量标准，再用以确定曲线的上限、下限。权值的确定大多采用专家咨询法。

4. 其他的评价指数

（1）格林大气污染综合指数为

$$I = 1/2(I_1 + I_2) = 1/2(84.0S^{0.431} + 26.6C^{0.576}) \tag{8-8}$$

式中，S 为 SO_2 实测平均浓度；C 为 COH，即烟雾系数。

（2）烟雾系数（COH）表示在长度约 300 米的空气中尘和烟的测定值，当 COH<1 时，空气是清洁的，当 COH>3 时，空气是混浊的。

（3）大气污染综合指数（PINDEX），为美国 Babcock 于 1970 年、1971 年提出的以 5 项污染物为参物，计算式为

$$\text{PINDEX} = I_{P_M} + I_{SO_x} + I_{NO_x} + I_{CO} + I_{O_3} \tag{8-9}$$

式中，P_M 为颗粒物质；SO_x 为硫氧化物；NO_x 为氮氧化物；CO 为一氧化碳；O_3 为臭氧。

（4）污染物标准指数（PSI），为美国环境质量委员会和环保局 1976 年公布（表 8-2）。已知各污染物的实际浓度后，可用内插法计算出分指数。

表8-2 污染物标准指数（PSI）与各污染物浓度的关系及PSI的分级

PSI 大气污染浓度水平		污染物浓度/（微克/立方米）						大气质量分级	对健康的一般影响	要求采取的措施
		颗粒物质（24小时）	SO₂（8小时）	CO₂（8小时）	O₃（1小时）	NO₂（1小时）	SOₓ 颗粒物质			
500	显著危害水平	1 000	2 620	57.5	1 200	3 750	490 000	危害性	患者和老年人提前死亡，健康人群出现不良症状，影响正常活动	全体人群应停留在室内，关闭门窗。所有的人均应尽量减少体力消耗，避免交通拥挤
400	紧急水平	875	2 100	46.0	1 000	3 000	393 000		健康人除明显加剧症状，降低运动耐受力外，提前出现某些疾病	老年人和患者应停留在室内，避免体力消耗，一般人群应避免户外活动
300	警报水平	625	1 600	34.0	800	2 600	261 000	很不健康	心脏病和肺病患者症状显著加剧，运动耐受力降低，健康人群中普遍出现症状	老年人和心脏病、肺病患者应停留在室内，并减少体力活动
200	警戒水平	375	800	17.0	400	1 130	65 000	不健康	易感的人症状有轻度加剧，健康人群出现刺激症状	心脏病和呼吸系统疾病患者，减少体力消耗和户外活动
100	大气质量标准	260	365	10.0	160	(1)	(1)	中等		
50	大气质量标准 50%	75 (2)	80 (2)	5.0	80					
0		0	0	0	0					

资料来源:（据于志熙，1992）。

注:（1）浓度低于警戒水平时，不报告此分项指数;（2）一级标准年平均浓度。

（三）城市环境质量的综合评价

城市环境质量的综合评价是按照一定的目的，依据一定的方法和标准，在各种要素评价的基础上对一个区域的环境质量进行总体的定性和定量的评定。环境质量综合评价的目的多种多样，评价范围可大可小，它以环境单元中某些环境要素评价为基础，评价过程中选取能表征各种环境要素质量的评价参数（评价环境污染的参数、表征生活环境质量的参数、反映自然环境和自然资源演变及保护状况的参数等）。

案例一 厦门市城市生态环境质量评价（陈雅君等，2016）

生态环境评价是环境质量评价的重要组成部分，做好生态环境评价越来越重要，对研究区域进行客观的评价可以让人们正确认识该区域的生态环境质量情况，从而制定出相应的解决措施。2006 年，国家环保总局颁发的《生态环境状况评价技术规范（试行）》规范了生态环境评价指标，即生物丰度指数、植被覆盖指数、水网密度指数、土地退化指数、环境质量指数等指标。在这些指标基础上结合其影响权重进行计算得到厦门市生态环境质量指数并进行评价。生态环境质量评价模型为：生态环境质量（EI）=0.25×生物丰度指数+0.2×植被覆盖指数+0.2×水网密度指数+0.2×（100−土地退化指数）+0.15×环境质量指数。

1）生物丰度指数及植被覆盖指数

生物丰度指数是指单位面积上不同生态系统类型在生物物种数量上的差异，间接地反映被评价区域内生物丰度的丰贫程度。植被覆盖指数是指被评价区域内林地、草地、耕地、建筑用地和未利用地 5 种类型的面积占被评价区域面积的比例，用于反映被评价区域植被覆盖的程度（表 8-3）。根据评价规范里规定的各土地利用类型权重及计算方法和归一化系数的求算方法，计算得出厦门市各区生物丰度指数及植被覆盖指数结果见表 8-4。

表 8-3 生态环境质量指标权重简表

一级指标	二级指标	权重	三级指标	权重
生态环境质量	生物丰度指数	0.25	林地	0.35
			草地	0.21
			水域	0.28
			耕地	0.11
			建筑用地	0.04
			未利用地	0.01
	植被覆盖指数	0.2	林地	0.38
			草地	0.34

一级指标	二级指标	权重	三级指标	权重
生态环境质量	植被覆盖指数	0.2	耕地	0.19
			建筑用地	0.07
			未利用地	0.02
	水网密度指数	0.2	水域面积	1/3
			河流长度	1/3
			水资源总量	1/3
	土地退化指数	0.2	轻度侵蚀	0.05
			中度侵蚀	0.25
			重度侵蚀	0.70
	环境质量指数	0.15	二氧化硫（SO_2）	0.4
			化学需氧量（COD）	0.4
			固体废物	0.2

表8-4 生物丰度指数、植被覆盖指数

地区	翔安区	同安区	思明区	集美区	湖里区	海沧区	厦门区
生物丰度指数	78.79	100.00	79.15	88.21	49.51	83.39	88.28
植被覆盖指数	76.90	100.00	76.80	79.98	50.66	78.09	85.88

2）水网密度指数

根据《厦门市 2013 年水资源公报》中水资源数据，计算后水网密度指数结果如表 8-5 所示。

表8-5 水网密度指数表

地区	翔安区	同安区	思明区	集美区	湖里区	海沧区	厦门区
水网密度指数	68.06	75.69	34.53	78.40	38.09	67.39	69.86

3）土地退化指数

根据现有的厦门市 2013 年水土流失数据，查阅相关资料将水土流失数据进行分级，将水土流失数据分成 5 级，即微度、轻度、中度、重度、极重度，各级面积如表 8-6 所示。根据土地退化指数的计算公式求出厦门市的土地退化指数有关数值见表 8-7。

表 8-6　水土流失面积数据　　　　　　　　　　（单位：平方千米）

地区	轻度侵蚀	中度侵蚀	重度侵蚀	区域面积
翔安区	16.2990	9.2466	4.7016	351.51
同安区	30.6936	17.2249	8.7120	647.60
思明区	1.2087	0.4293	1.7163	75.77
集美区	3.0186	3.0996	5.4981	254.42
湖里区	0.1161	0.099	1.1286	69.62
海沧区	2.3643	2.0079	6.9444	172.93
厦门区	53.7003	32.1273	28.7010	1571.85

表 8-7　土地退化指数表

地区	翔安区	同安区	思明区	集美区	湖里区	海沧区	厦门区
土地退化指数	57.60	58.19	57.01	59.21	37.19	100.00	61.84

4）环境质量指数

环境质量指数指标中的 SO_2、COD、固体废弃物排放量来自环保局环境统计数据。区域年均降水量由《厦门市 2013 年水资源公报》中获取，采用当时国家环保部推荐的归一化系数的经验数据，其中 SO_2 的归一化系数为 0.06，COD 的归一化系数为 0.33，固体废弃物的归一化系数为 0.07，环境质量指数基础数据见表 8-8。根据相应的归一化系数和环境质量指数计算公式求得各区环境质量指数如表 8-9 所示。

表 8-8　环境质量指数基础数据表

地区	m（SO_2）/吨	m（COD）/吨	m（固体废弃物）/吨	年均降水量/毫米
翔安区	2 096.968	9 235.05	125 713.5	1 387.8
同安区	3 259.000	11 396.90	85 654.8	1 791.8
思明区	0.002	3 561.00	342 130.0	1 589.6
集美区	5 804.585	8 197.67	152 528.1	1 565.3
湖里区	194.000	4 973.00	27 7687.8	1 589.6
海沧区	7 906.701	3 599.19	160 985.8	1 604.6
总计	19 261.256	40 962.80	1 144 700.0	1 625.2

表 8-9　环境质量指数表

地区	翔安区	同安区	思明区	集美区	湖里区	海沧区	厦门区
环境质量指数	93.97	97.19	36.49	90.37	43.68	85.57	86.18

5）生态环境质量综合评价

根据生态环境质量分级，按照指标提取的生态环境质量影响指数和生态环境质量综合指数结果如表 8-10 所示。将已得出的各指标指数按相同网格用下式综合：

生态环境质量（EI）=0.25×生物丰度指数+0.2×植被覆盖指数+0.2×水网密度指数+0.2×（100−土地退化指数）+0.15×环境质量指数。并可进一步对区域生态环境状况和等级进行评价。

表 8-10　生态环境质量影响指标及 EI 值

地区	翔安区	同安区	思明区	集美区	湖里区	海沧区	厦门区
生物丰度指数	78.79	100.00	79.15	88.21	49.51	83.39	88.28
植被覆盖指数	76.90	100.00	76.80	79.98	50.66	78.09	85.88
水网密度指数	68.06	75.69	34.53	78.40	38.09	67.39	69.86
土地退化指数	57.60	58.19	57.01	59.21	37.19	100.00	61.84
环境质量指数	93.97	97.19	36.49	90.37	43.68	85.57	86.18
EI	71.26	83.08	56.12	75.44	49.24	62.78	73.78

案例二　西安市环境质量综合评价（陈建莉，2014）

对城市环境质量作出综合的评价，是控制城市环境污染的基本依据，也是城市环境综合整治定量考核的重要内容之一。城市环境质量的评价，需要综合考虑各个环境要素的质量进行评价。

1）评价指标体系的确定

城市环境系统是一个复杂的动态过程，影响因素较多，从影响城市环境的主要因素中，选取如下指标为城市环境系统评价指标体系：I_1 大气。大气总悬浮微粒平均值、二氧化硫年日平均值、氮氧化物年日平均值。I_2 水。饮用水源水质达标率、城市污水处理率。I_3 废弃物。生活垃圾处理率、污染废物处置率。I_4 噪声。区域环境噪声平均值、交通干线噪声平均值。I_5 环境建设。城区绿化覆盖率、城市环境保护建设投资指数。

2）城市环境质量评价模型

计算该城市的多指标综合测度 $\mu_{jk}=\mu\,(x_j \in c_k)$，进行综合评价。由于每个指标的重要性通常是不相同的，因此要考虑表征指标重要性程度的权重 w_j

$$w = (w_1, w_2, \cdots, w_5), w_j \geqslant 0, \sum_{j=1}^{5} w_j = 1 \tag{8-10}$$

采取主客观相结合的方法获取权重。令

$$\mu_k = \sum_{j=1}^{5} w_j \mu_{jk}, \quad 1 \leqslant k \leqslant 5, \tag{8-11}$$

因此得到该被评城市的综合评价结果测度向量（μ_1, μ_2, ···, μ_5）=$W \cdot \mu$,

有了未确知测度 μ_k，就可以进行识别和比较，引入下述置信度识别准则对置信度 λ（$0.5 < \lambda \leqslant 1$），计算

$$k = \min \left\{ k: \sum_{i=1}^{5} \mu_i (C_i) \lambda, \quad 1 \leqslant k \leqslant 5 \right\} \qquad (8-12)$$

3）城市环境质量综合评价

西安市 2010 年环境实测空气良好以上 303 天，其中很好 77 天，较好 226 天，一般 36 天，较差 22 天，很差 4 天。饮用水合格率为 100%。地表水污染率为 0.18。弃固处理率为 92%，昼噪声平均值为 59，生态绿化率为 33%。对西安市环境质量进行综合评价，表 8-11 为城市环境质量评价标准。

表 8-11 城市环境质量评价标准

评价因素及等级	城市环境质量评价标准				
	很好（C_1）	好（C_2）	一般（C_3）	差（C_4）	很差（C_5）
I_1 空气污染	50	50—90	90—120	120—150	>150
I_2 水污染率/%	0—0.2	0.2—0.5	0.5—1.0	1—5	>5
I_3 弃固处理率/%	93—100	88—92	83—87	76—82	<75
I_4 昼噪声/分贝	<50	50—55	55—60	60—65	>65
I_5 生态绿化率/%	45	35	30	25	<20

通过客观和主观结合，对 5 个评价指标（I_1, I_2, I_3, I_4, I_5）输入权重得到权重向量 w=（0.21，0.20，0.19，0.21，0.19）。

以上结论表明，西安市环境质量综合评价结果等级优良，离等级很好还有距离，因此环境质量还有待于提高。

第二节 城市环境规划

一、城市环境规划的指导思想与原则

城市环境规划的基本指导思想是，坚持经济建设、城市建设、环境建设同步规划、同步实施、同步发展，实现经济效益、社会效益、环境效益的统一。

城市环境规划应遵循以下基本原则。

（1）保护城市特色，满足城市功能需求：完善功能区划，明确目标，注重提高生活功能区环境质量，保护好自然与人文景观。

（2）全面规划，突出重点：抓住主要环境问题，突出重点环节和重点污染源，实行全过程分析与控制。

（3）扬长避短，合理优化：发挥地区优势，充分利用综合与系统分析技术。合理安排有限资金，使之产生最佳的环境效益。

（4）实事求是，量力而行：特别注意分析规划目标的可达性，规划措施的可实施性。在资金与技术水约束下坚持循序渐进、持续发展方针。

（5）强化管理：运用法律的、行政的、经济的手段，使规划成为促进和落实环境保护的"八项制度"的基础和先导。

二、城市环境规划的基本结构

城市环境综合整治规划应与城市总体规划、城市国民经济和社会发展规划相协调。为了保证建立一个有效的协调机制，在综合整治规划的总体结构上分为宏观规划和详细规划两个层次。其中宏观规划的主要任务是保障城市环境系统与经济和社会发展相协调，指导各专项详细规划的编制。城市环境功能区划是城市综合整治详细规划的前期工作，并作为确定环境目标的依据。而详细规划则主要是在宏观协调的基础上，为达到相应的环境保护要求，寻求优先的具体实施方案。基本结构示意图见图8-1。

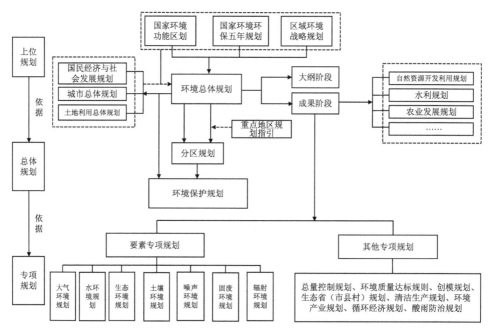

图 8-1 城市环境规划体系结构框图

（引自环境保护部环境规划院，2013）

宏观环境规划应以经济和社会发展的需求为基础，针对现状分析和趋势预测中的主要环境问题，通过对相关资源的输入、转换、分配和使用的全过程分析弄清主要污染物的宏观总量及其发展趋势以及与经济、社会发展的关系。从经济、社会发展的结构、规模与发展速度的角度协调与城市环境的关系。研究宏观环境总体战略，提出解决问题的途径。

城市环境综合整治详细规划依据宏观规划中提出的主要控制指标和基本途径，采用专项规划与综合分析相结合的方法，按照各专项自身的特点和基本规律进行详细规划，并按照时间、空间、行业和部门进行分解。要将各项规划提出的主要措施、对策、投资与政策导向等进行专项之间的综合分析与协调，以城市环境综合整治定量考核总体效益分析为依据进行综合评价并将反映出的主要问题反馈给宏观环境规划系统，经过各层次间的反复协调，找到最终满意的可实施的规划方案。

三、城市环境规划的层次

（一）城市环境宏观规划的内容与步骤

具体说，城市环境宏观规划的内容与步骤如图 8-2 所示。

（1）城市总体发展趋势分析：根据城市的总体规划、经济社会发展规划及城市的建设与发展规划，综合分析城市的未来发展趋势，包括国内生产总值、各部门的产值、产业结构、发展规模与速度、人口规模等。

（2）城市发展对资源的需求分析：根据城市发展的需要，分析经济发展、社会发展以及城市建设对资源的需求，包括所需资源的数量、质量、结构及资源消耗方式和计划，并在资源可供能力分析的基础上，分析资源的供需状况。

（3）自然资源承载力分析：根据资源需求，分析资源的供需矛盾及资源开发与利用中的主要问题，包括能源承载力问题、水资源及其他主要资源的承载力问题。

（4）主要污染物排放量及环境纳污能力分析：根据资源消耗状况，预测主要大气污染物、水污染物、固体废物的排放量以及生态环境的破坏程度，并提出城市生态环境的主要问题和主要污染物总量宏观控制要求。

（5）污染物宏观总量控制综合分析：主要是分析各部门、各行业的各类污染物总量控制所需投资及各自所占的比例，并分析占规划期国内生产总值的比例；分析居民生活和社会消费产生的污染物控制总量和总投资；综合分析总量控制所需的生产技术、治理技术及管理水平。

（6）确定总体环境目标：根据有关环境标准、环境现状与变化趋势、居民生活对环境的要求以及规划期的经济承受能力确定总体环境目标。

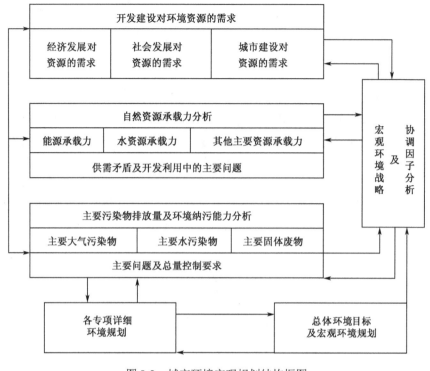

图 8-2　城市环境宏观规划结构框图

（引自沈清基，1998）

（7）确定城市的宏观环境与发展战略：从城市发展与环境的关系出发，提出协调发展的控制因子，反馈给城市发展系统；并根据协调发展的要求，提出城市环境与发展的宏观战略，并将这些战略贯彻到专项详细的环境规划之中。

（二）城市环境专项规划的内容与步骤

城市环境专项规划包括：大气环境综合整治规划、水环境综合整治规划、固体废物综合整治规划，以及生态环境保护规划。这些专项规划是在宏观规划初步确定环境目标和策略指导下，具体制定的环境综合整治措施。将宏观规划的目标、要求和环境保护战略措施落实到各专项环境规划之中，如有矛盾将信息反馈给宏观环境规划，进行调整（图 8-3）。制定各专项详细环境综合整治规划，必须符合下列要求。

（1）规划方案要体现综合整治的思想。①全面改善城市环境质量，各部门必须统一协同工作，进行综合整治。②从环境功能分区及功能区域的环境目标出发，综合整治环境污染，保护生态环境，重点抓改善区域环境的措施。③生态工程与环境工程相结合；环境管理与环境建设相结合；技术措施与管理措施相结合；集中控制与分散处理相结合。

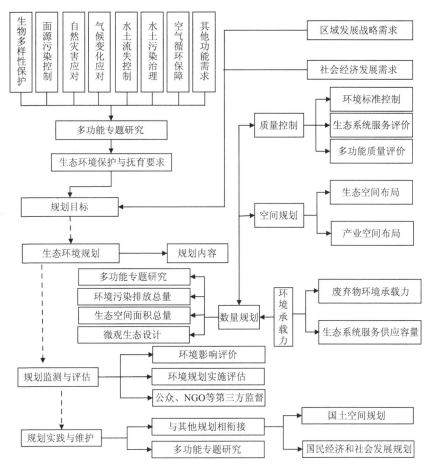

图 8-3　城市生态环境专项规划框图

（引自刘贵利等，2019）

（2）确定的综合整治方案实施后必须能满足污染物削减量的要求，必须能满足环境目标值的要求。

（3）各种可能的方案或方案的组合，要经综合分析达到整体优化。

（4）各方案的实施要考虑水、气、渣等各单项污染的相互影响，防止污染的转移和二次污染的产生。

（5）规划方案要具有可达性和可操作性，并按一定程序制订年度计划认真实施。

第三节　城市的可持续发展

一、城市可持续发展的意义及道路

1987 年联合国世界环境与发展委员会（WECD）在《我们共同的未来》报告

中，第一次对可持续发展作了全面、详细的阐述，并给出了人们普遍接受的定义。1992 年联合国环境与发展会议通过的《关于环境与发展的里约热内卢宣言》《21 世纪议程》等纲领性文件，体现了当代人类社会可持续发展相协调的新观点，使可持续发展成为全球的共同行动战略。

随后的几十年里，很多国际组织围绕不同主题开展了大量推进城市可持续发展的相关研究和实践工作。例如，联合国人居署提出 Resilient People、Resilient Planet 建议；经济合作与发展组织（OECD）提出"绿色增长"概念；欧盟在其大型研究计划中加入了大量的关于城市废物处理和提高能源、资源效率利用的项目；2006 年，在伦敦市长利文斯通（Livingstone）和美国前总统克林顿的推动下，全球为应对温室气体减排和环境危机成立了 40 个巨型城市联盟（C40）；2008 年，瑞士成立了可持续城市发展委员会，在 2009—2011 年通过该委员会资助了 55 个城市可持续发展研究和建设项目；2013 年中国也发布了以生态文明建设为主题的《中国人类发展报告》（杨振山，2016）。

依据可持续发展的定义和内容，城市可持续发展是指在一定的时空尺度上，以长期持续的城市增长及其结构进化，实现高度发展的城市化和现代化，从而既满足当代城市发展的现实需要，又满足未来城市的发展需求。就宏观而言，城市可持续发展是指一个地区的城市在数量上的持续增长，最终实现城乡一体化；就微观而言，城市可持续发展是指城市在规模（人口、用地、生产）、结构、等级、功能等方面的持续变化和扩大，以实现城市结构的持续性转变。总而言之，城市可持续发展是城市的数量、规模和结构由小到大、由低级到高级、由不协调到协调、由非可持续到可持续的变化过程。这种可持续发展，即所谓的持续性，表现在三个方面：①生态持续性；②经济持续性；③社会持续性。这三者是紧密联系、不可分割的整体。以往孤立地追求经济、社会或生态持续性都是不成功的。认真探索这一新的发展战略的深刻内涵，可以发现其对城市可持续发展具有重要的借鉴意义。

城市是人类聚居的主要载体之一，是人类经济、政治和精神活动的中心。城市既是人类生存的重要场所，又是人类发展的重要基地。因此，城市的可持续发展不仅对城市本身具有重要意义，而且对全人类的生存和发展产生重要的影响。城市从生态学角度而言具有特殊性，它是城市居民与其周围环境组成的一种特殊的人工生态系统，是人类创造的自然-经济-社会高级复合系统。在城市内，人口高度密集，生产力高度发达，汇集着大量的物质和财富，交换着大量的商品和信息。城市里物质和能量的流动强度极大，又有大量的废弃物排入环境，因而城市是人与自然界矛盾最突出的地方。因此城市要可持续发展就必须考虑这些特点，并将解决城市中人类和自然界矛盾与实施城市的可持续发展战略紧密结合起来，贯穿始终。这是问题的一方面；另一方面，城市可持续发展还必须坚持经济、社会、生态三个方面的协调，这样才能使城市可持续发展的过程充分呈现全面、完整、合理、协调的特征。

世界城市化道路自 20 世纪以来几经起伏,特别是发展中国家与发达国家相比速度较慢,但却势不可挡。城市化现已成为影响世界大多公民的全球趋势。目前,全世界有 50% 的人口居住在城市。根据现有数据预测,到 2050 年,将有另外 30 亿人涌入城市中心区域。这意味着将有 70% 的世界人口居住在城市。城市化过程促进了社会经济的繁荣和人民生活水平的提高,但同时也给城乡环境区域生态系统带来了一系列严重的生态破坏,经济的高速增长付出了高昂的代价。第三届联合国人类住区大会(Habitat III)呼吁,实现 2030 年可持续发展议程目标"建设包容、安全、有抵御灾害能力和可持续的城市和人类住区"。城市走可持续发展之路是历史的必然选择,给危机四起的城市带来了机遇与希望,同时也面临挑战。

城市走可持续发展之路意味着在生产方式、生活方式、价值观念、社会制度等方面都将发生根本性的转变,这将使发展中国家的城市面临更大的压力。就生产方式而言,实施清洁生产,就要调整产业结构,采用清洁生产的新工艺、新设备,改变能源结构等,这需要投入大量的物力、财力、智力,人口多、底子薄的国情使发展中国家在城市可持续发展方面面临更多的困难。但不管困难多大,我们别无选择,只有从国情出发,结合城市自身条件,探索一条符合发展中国家国情的城市可持续发展之路。

中国城市可持续发展的思考:中国城市众多,千差万别,给出公式化的可持续发展模式是不可能的,但在对城市传统发展模式进行反思和总结的基础上,达成一些共识,指导城市规划、建设和管理决策是当务之急。在如何开辟城市可持续发展道路的问题上,以下共识是重要的。

1. 设立和调整适应城市可持续发展的职能机构

城市机构中应设立综合、跨部门的可持续发展管理决策机构。这些机构直接承担城市可持续发展的责任和义务。结合《中国 21 世纪议程》和省级 21 世纪议程,制定城市可持续发展战略、目标;建立可持续发展法律综合体系,使可持续发展得到法律保证;宣传可持续发展思想,提高公众意识;监督可持续发展战略的实施,保证实施的计划、政策不但促进经济可持续发展,而且也能促进社会和环境可持续发展。

2. 制定并实施一系列城市可持续发展策略

要把城市可持续发展思想贯穿到城市发展的各个领域,不同领域采取不同的可持续发展步骤,并确定优先发展的领域,使城市逐步走上可持续发展之路。例如,在工业发展方面,就要采取调整产业结构,大力发展质量效益型、科技先导型和资源节约型的企业,发展绿色产业,实施清洁生产的策略,使现在的工业从污染控制型逐步转向可持续发展型。

3. 普及和提高市民特别是城市决策层的可持续发展意识

人类的行为受其观念、意识支配，在城市决策管理部门及市民中普及和提高可持续发展意识（资源意识、环境意识等），倡导适应可持续发展的新的道德观，树立人与自然相和谐的环境价值观念，从而克服决策、经营及管理行为的短期性、片面性，自觉地用可持续发展思想指导城市发展。人们自觉的可持续发展的价值取向显得特别重要，人们必须改变原有的价值观，这样他们的态度和行动才会改变！只有这样才能让社会广泛参与，将可持续发展置于公众监督之下。

4. 城市可持续发展必须依靠科技

凡是会带来生态平衡破坏和导致环境污染的技术，都是与可持续发展相违背的。其解决的根本出路在于依靠科技，改造传统产业；建立可持续发展产业需要技术支持，无废、节能的新工艺、新设备同样也需要技术作后盾。科学技术使城市可持续发展成为可能。可以说，科学技术是城市可持续发展的推动力。

5. 城市可持续发展需要广泛的合作

可持续发展是全球全人类的共同任务。任何一个城市乃至国家都不能单独实现全球可持续发展的目标。城市间、区域间、国家间必须加强合作、共同努力来实现人类住区的可持续发展。

二、城市可持续发展的评价指标体系和方法

城市可持续发展的评价与城市环境质量评价不同，内容远比后者复杂。由于城市可持续发展的评价还刚刚起步，正处于探索阶段，因此，还没有形成一套成熟的评价方法。从上述可持续发展的内涵出发，城市可持续发展的评价，按照系统全面性原则、动态性原则、科学性原则和可操作性原则，设计能够反映城市社会、经济与环境协调发展现状和趋势的指标体系，重点测度城市的"发展满意度""发展持续度""发展协调度"和"发展水平"。满意度是指城市发展满足其社会经济活动和居民生活需要的程度。持续度是指城市系统或子系统本身在某一时段内的动态变化过程，是用于度量城市系统或子系统在一定时间尺度上发展的快慢或强弱程度的定量指标。协调度是指城市系统或子系统之间的关系配合得当的和谐程度，是判断社会经济与环境是否协同发展的准则，用于度量城市系统或子系统之间发展协调状况的好坏程度。发展水平是指城市系统或者子系统的发展程度。

（一）指标体系设计的原则

1. 系统全面性原则

评价指标体系必须能够全面地反映城市可持续发展的各个方面，符合可持续发展目标内涵，但要避免指标之间的重叠性，使评价目标和评价指标有机地联系起来组成一个层次分明的整体。

2. 动态性原则

因为可持续发展对城市来说，既是一个目标，又是一个过程，这就决定了指标体系应具有动态性，综合反映城市系统的发展趋势和现状特点。

3. 科学性原则

指标体系一定要建立在科学的基础上，指标的物理意义必须明确，测定方法标准，统计计算方法规范，具体指标能够反映城市可持续发展的含义和目标的实现程度，这样才能保证评价结果的真实性和客观性。

4. 可操作性原则

指标体系并不是越多越好，要考虑指标的量化及数据取得的难易程度和可靠性，尽量利用现有统计资料及有关城市建设的规范标准，注意选择那些能够反映城市化、现代化和国际性城市发展水平的综合指标和主要指标。

（二）指标体系的构成

城市可持续发展的评价指标体系是一个由目标层、准则层、指标层及分指标层构成的层次体系（图 8-4）。其中目标层由准则层加以反映；准则层由具体评价指标层加以反映。实际上目标层是准则层及具体指标的概括。

1. 目标层

满意度作为目标层的综合指标，用来衡量城市发展的持续度、协调度和水平。评价发展满意度，需要选择描述性指标和评估性指标，使其在时间尺度上反映城市系统的发展速度和变化趋势，在空间尺度上反映整体布局和结构特征，在数量上反映其总体发展规模和现代化水平。

2. 准则层（B）

（1）发展持续度（B_1）：它分别由人口增长（C_1）、经济增长（C_2）、城市建设（C_3）三个方面的指标来反映。

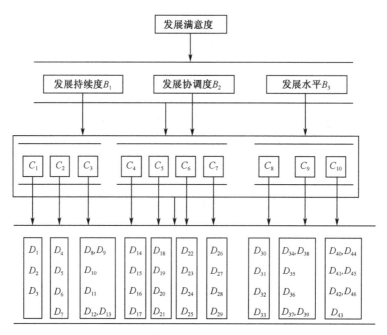

图 8-4 城市可持续发展评价指标体系结构模型

（引自海热提·涂尔逊等，1997）

（2）发展协调度（B_2）：它分别由环境状况（C_4）、社会经济环境协调状况（C_5）、产业结构（C_6）和人口结构（C_7）四个方面的指标来反映。为了详细反映城市发展中人口、工业、投资和交通等社会经济因素与水、大气、噪声等环境之间的因果关系，我们分别设计了大气协调系数、水环境协调系数和社会协调系数等8个系数。协调系数计算公式为

　　　　a=污染物排放量年平均增长率/经济或产业产值或人口年平均增长率

根据其物理意义，可能出现的情况是①$a>1$，极不协调型；②$a=1$，不协调型；③$0<a<1$，基本协调型；④$a=0$，中等协调型；⑤$a<0$，协调型。

（3）发展水平（B_3）：发展水平由城市发展水平（C_8），人均社会、经济和基础设施指标（C_9），城市基础设施（C_{10}）三个方面的指标来反映。

3. 指标层（C）及分指标层（D）

指标层由 $C=\{C_1,\cdots,C_{10}\}$ 要素构成，其中 C_1—C_5 表示动态指标；C_6—C_{10} 则表示静态指标，具体含义如下：

$C_1=\{D_1,\cdots,D_3\}$＝{人口增长率，人口自然增长率，非农业人口自然增长率}；

$C_2=\{D_4,\cdots,D_7\}$＝{国内生产总值年平均递增率，工业产值年平均递增率，财政收入年平均递增率，能源消费年平均递增率}；

$C_3=\{D_8,\cdots,D_{13}\}$＝{建成面积年平均递增率，绿地面积年平均递增率，道路面

积年平均递增率，供水量年平均递增率，环保治理投资年平均递增率，车辆数年平均递增率}；

C_4={D_{14},…,D_{17}}={水环境协调系数，大气环境协调系数，固废环境协调系数，噪声环境协调系数}；

C_5={D_{18},…,D_{21}}={社会环境协调系数，经济环境协调系数，工业环境协调系数，环保投资环境协调系数}；

C_6={D_{22},…,D_{25}}={第二产业比重，第三产业比重，重工业比重，煤炭消费量比重}；

C_7={D_{26},…,D_{29}}={劳动人口比重，第二产业劳动力比重，少年人口比重，人口密度}；

C_8={D_{30},…,D_{33}}={城市化水平，社会负担系数，不识字率，工业程度}；

C_9={D_{34},…,D_{39}}={人均国内生产总值，人均绿地面积，人均住房面积，人均道路面积，人均水资源量，人均用水量}；

C_{10}={D_{40},…,D_{46}}={用水普及率，下水道普及率，污水处理率，用气普及率，电话普及率，工业万元产值耗能量，环保治理投资占国内生产总值的比例}。

（三）城市可持续发展的评价方法

1. 城市可持续发展的单一性计分方法

单一性计分方法是依据模糊隶属度最大原则，判定城市可持续发展水平等级，单项指标得分按标准上限进行计分（表8-12）。

表8-12　单项指标得分标准

级别	很弱	弱	中等	强	很强
得分	≤02	02—04	04—06	06—08	08—10

资料来源：海热提·涂尔逊等（1997）。

2. 城市可持续发展的评判与评价

以模糊综合评价方法和层次分析结果为综合评判依据，然后，对城市可持续发展进行综合评价。综合评判值用 I 表示，并按下列公式计算，即

$$I=\sum_{i=1}^{n}A_iY_i(n=1, 2, 3,\cdots) \tag{8-13}$$

式中，I 为综合评判值；A_i 为 i 项指标的权重值；Y_i 为 i 指标的得分。

案例三 哈尔滨市城市可持续发展综合评价（郑晓云等，2018）

哈尔滨市是我国最北边的省会级城市，典型的老工业基地，以机械工业为主，兼有冶金、化工、轻工、纺织、电子、建材等的工业城市。因此，大量的废气、废水、废渣排入环境，使该区环境受到严重污染，严重影响着人们的身心健康和城市可持续发展进程。

1）城市可持续发展评价的主要内容

基于城市可持续发展的经济发展、资源分配、环境保护和社会发展四个方面对哈尔滨市进行城市可持续发展评价。

2）评价指标体系的确定

参照社会、环境、经济、地理与气候四个方面，综合哈尔滨地方特色以及指标数据的可获得性，建立出最终包含 4 个二级指标、22 个三级指标的哈尔滨市可持续发展评价研究指标体系，如表 8-13 所示。

表 8-13 哈尔滨市可持续发展评价指标体系

一级指标	二级指标	三级指标	类型	单位
可持续发展水平	资源分配	森林覆盖率	正指标	%
		城市人口密度	逆指标	人/平方千米
		人均公共园林绿地面积	正指标	平方米/人
		城市人均住宅使用面积	正指标	平方米/人
	环境保护	全年 API 优良率	正指标	%
		城市工业废水排放达标率	正指标	%
		城市生活垃圾无害化处理	正指标	%
		年人均温室气体排放量	逆指标	吨/人
		工业固体废物排放量	逆指标	吨
		单位 GDP 能耗	逆指标	吨标煤/万元
	经济发展	第三产业占 GDP 比重	正指标	%
		工业总产值	正指标	万元
		农林渔牧业总产值	正指标	万元
		建筑业总产值	正指标	万元
		地区生产总值增长率	正指标	亿元
		第一产业占 GDP 比重	正指标	%
	社会发展	城市居民的恩格尔系数	逆指标	%
		人口流失量	正指标	‰
		城镇居民人均可支配收入	正指标	元
		消防员人数	正指标	人/万人
		获得高等教育学历人数	正指标	万人
		人均 GDP	正指标	元

其中正指标含义为：对于哈尔滨市可持续发展评价结果具有促进作用，即指标数值越大，可持续发展水平评价结果的值越大，具有正向作用；逆指标的含义为：对于哈尔滨市可持续发展评价结果具有阻碍作用，即该指标的数值越大，可持续发展水平评价结果的数值越小，具有反向作用。

3）评价结果分析

（1）哈尔滨市可持续发展水平评价体系一级指标测算结果分析。

根据线性加权法得出各三级指标的可持续发展系数，进而得出二级指标的综合系数，最后得出哈尔滨市可持续发展水平指数。经计算得到哈尔滨12年间的可持续发展指数，如表8-14所示。

表8-14　哈尔滨市可持续发展评价指数

年份	2005	2006	2007	2008	2009	2010	2011	2012	2013	2014	2015	2016
指数	−0.501	−0.512	−0.289	−0.012	0.157	0.195	0.128	0.245	0.399	0.505	0.568	0.634

从图8-5中可以看出，从总体发展趋势上看，哈尔滨市可持续发展水平呈现上升趋势。2012年以后，哈尔滨市可持续发展水平相对于以前年份已经明显提升，到2016年以后仍有继续上升的趋势，可持续发展状况将继续好转。

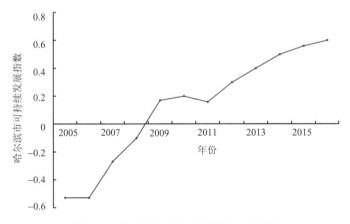

图8-5　哈尔滨市可持续发展趋势折线图

（2）哈尔滨市可持续发展水平评价体系二级指标测算结果分析。

经过测算得出哈尔滨市可持续发展水平二级指标综合指数（表8-15），从表8-15可以直观看出12年的变化趋势，可持续水平基本处于逐年增加的趋势。

图8-6反映的是：①2011—2016年哈尔滨市经济发展可持续发展评价体系二级指标指数，即社会发展、资源分配、经济发展以及环境保护这四个方面的可持续发展水平逐渐上升，反映到雷达图中是2011—2016年的四边形的大小逐渐增

表 8-15　哈尔滨市可持续发展水平二级指标综合指数

年份	资源分配	经济发展	环境保护	社会发展
2005	−0.3798	−0.1023	0.0054	−0.1589
2006	−0.2313	−0.1969	−0.0143	−0.1403
2007	−0.1180	−0.1597	−0.0132	−0.0286
2008	−0.1100	−0.1116	0.0069	−0.0115
2009	0.1505	−0.0063	0.1067	−0.0038
2010	0.1613	0.0371	0.0138	0.0035
2011	0.1675	−0.0031	0.0375	0.0500
2012	0.1409	0.1006	0.0293	0.0279
2013	0.1752	0.2235	0.0036	0.1212
2014	0.2397	0.3033	−0.0188	0.1405
2015	0.2538	0.3908	0.0977	0.2063
2016	0.2983	0.4313	0.1675	0.4091

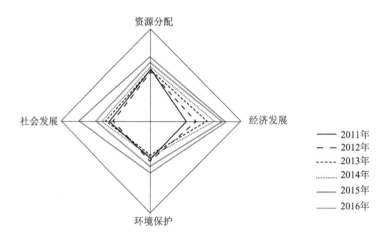

图 8-6　哈尔滨市可持续发展雷达分布图

大，最外侧最大的四边形为 2016 年的经济发展、社会发展、资源分配以及环境保护这四个方面的可持续发展水平。②就某一具体可持续发展二级指标来看，2011—2016 年各阶段增幅不同，反映到雷达图上是每一年的四个二级指标所围成四边形的形状不同，反映出经济发展、社会发展、资源分配以及环境保护这四个方面发展的均衡状态不同。③综合哈尔滨市可持续发展各年均衡状态的情况分析可知，2016 年哈尔滨市可持续发展是比较均衡的。

（3）哈尔滨市可持续发展水平评价体系三级指标测算结果分析。

通过测算得出哈尔滨市可持续发展水平评价体系三级指标测算结果，为了能够更加直观反映各指标的变化趋势以及便于进行对比分析，绘制出哈尔滨市可持续发展水平评价体系三级指标2005—2016年的趋势折线图，利用图、表分析哈尔滨市可持续发展过程中的主要影响因素以及原因，如图8-7—图8-10所示。

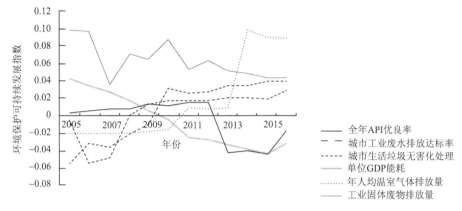

图8-7　哈尔滨市环境保护可持续发展指标折线图

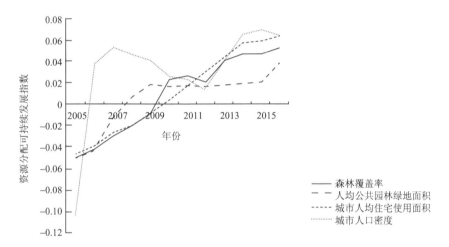

图8-8　哈尔滨市资源分配可持续发展趋势折线图

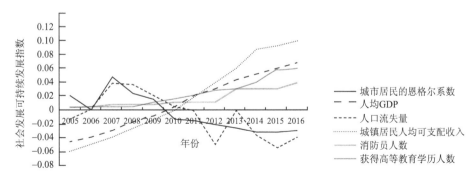

图8-9　哈尔滨市社会发展可持续指标折线图

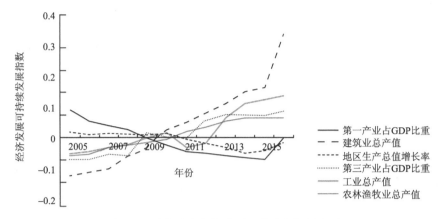

图 8-10　哈尔滨市经济发展可持续指标折线图

由以上可以分析得出以下结论。

①图 8-7 反映出哈尔滨市环境发展中各个三级指标的总体态势,三级指标 API 优良率 2013—2015 年呈现下降趋势,2016 年稍有回升;年人均温室气体排放量逐年上升,单位 GDP 能耗增加,导致生态环境被破坏,进而致使哈尔滨市可持续发展的二级指标环境发展处于劣势地位,也是导致哈尔滨市经济发展、社会发展、资源分配以及环境保护这四个方面的发展不均衡的一个重要因素。

②图 8-9 反映出哈尔滨市社会发展情况总体呈可持续的发展状态,其中三级指标人口流失量指数的可持续发展综合指数 2012—2016 年呈现负值,反映出哈尔滨市社会发展过程中人口大量外流的问题,是导致上述四个方面发展不均衡的另一原因。

③图 8-8 反映出哈尔滨市发挥了它的资源优势,其中森林覆盖率居于较高水平,但是人均公共园林绿地面积 2009—2015 年发展比较平稳,进而使得二级指标资源分配成为哈尔滨市能够可持续发展的有利因素。

④图 8-10 反映出哈尔滨市经济发展状况:2005—2016 年第二产业占 GDP 比重几乎每年都高于全国水平,而第三产业占 GDP 比重低于全国水平,由于哈尔滨的第二产业属于重工业,其比重高不利于经济健康可持续发展;其次生产总值增长率也在不断下降,经济由高速增长转为中低速发展,在一定程度上经济的中低速发展将有利于其他二级指标,如环境、社会、资源的健康发展,但从长远角度看,将不利于哈尔滨市一级指标的可持续发展。

案例四　乌鲁木齐市可持续发展评价

乌鲁木齐市作为新疆经济发展的中心城市,有着悠久的历史文化并取得了"全国文明城市"称号。评价指标数据来源于 2008—2017 年的《乌鲁木齐市统计年鉴》《新疆统计年鉴》《中国统计年鉴》。经过筛选选取了 31 个三级评价指标,并追踪乌鲁木齐市 2008—2017 年连续 10 年的数据，对指标数据进行离差标准化处理，依据熵权法公式依次计算出各个指标所占比重、熵值、熵权以及最后的可持续发展的综合指数（表 8-16、表 8-17）。

表 8-16　乌鲁木齐市可持续发展评价综合指标及权重

一级指标（目标层）	二级指标（准则层）	权重	三级指标（指标层）	权重
城市可持续发展评价指标	城市资源产消量	0.1293	发电量	0.0417
			全年用电量	0.0321
			全年供水总量	0.0219
			煤炭消耗量	0.0336
	城市产业生态环境	0.1981	污水年排放量	0.0268
			污水年处理量	0.0367
			工业废气排放量	0.0401
			废气治理处理能力	0.0403
			二氧化硫排放量	0.0140
			烟粉尘排放量	0.0402
	城市生态建设财政支出	0.1532	医疗卫生占比	0.0222
			节能环保占比	0.0350
			教育占比	00284
			人均生产总值环比指数	0.0186
			住宿餐饮业占比	0.0178
			第三产业占比	0.0312
	城市旅游生态环境	0.3654	城市人口现接受教育人数	0.0240
			人均城市道路面积	0.0480
			人口密度	0.0313
			城建区绿化覆盖率	0.0336
			道路清扫保洁面积	0.0381
			人均公园绿地面积	0.0317
			燃气普及率	0.0196
			城建公交运营车辆	0.0325
			居民旅游消费价格指数	0.0207
			A 级景区营业收入	0.0501
	城市旅游国际化	0.1540	A 级景区接待人数	0.0357
			进口额	0.0320
			出口额	0.0318
			国际旅游人数	0.0401
			国际旅游收入	0.0501

表 8-17 乌鲁木齐市可持续发展评价指标数据

指标项	2011 年	2012 年	2013 年	2014 年	2015 年	2016 年	2017 年
C_1	130.31	133	181	241	255	259	284
C_2	975 594	981 327	1 141 579	1 257 910	1 592 401	1 888 089	1 498 697
C_3	29 771	29 771	29 771	31 034	30 363	30 826	29 855
C_4	125 080	1 197.08	1 863.53	2 358.14	2 167.39	220 064	2 158.48
C_5	18 067	18 333	18 388	21 839	21 317	21 581	20 890
C_6	10 743	11 152	11 153	16 900	17 457	17 692	17 133
C_7	1 845.48	1 505.44	2 224.85	3 267.68	3 629.4	352 667	4 068.36
C_8	404 392	3 802.48	5 522.35	12 504.35	6 496.11	917 395	9 319.58
C_9	124 724.75	107 971.08	94 146.4	129 445.15	10 980 170	74 215.89	7 125 059
C_{10}	42 015.39	4 187 325	41 583.31	6 236 494	51 108.76	52 440.77	7 707 558
C_{11}	3.85	386	33.3	3.54	3	2.77	3.06
C_{12}	2.34	2.45	2.98	3.89	4.72	4.46	4.61
C_{13}	14.01	13.9	1275	13.62	1368	13.12	12.74
C_{14}	1.1	1.05	1.07	112	1.12	1.1	108
C_{15}	12.2	11.8	10.8	11.9	12	10.5	10.3
C_{16}	0.47	0.47	0.62	0.7	0.59	0.56	0.63
C_{17}	585 889	579 649	578 387	587 957	593 320	596 296	613 416
C_{18}	7.87	7.97	7.18	7.42	7.45	9.57	10.08
C_{19}	164	170	176	179	187	191	194
C_{20}	24.22	34.25	34.8	36.16	37	37.93	38.5
C_{21}	1 673	1 721	1 846	2 155	2 225	2 440	2 682
C_{22}	6	6.91	7.39	9.07	9.2	10.05	10.66
C_{23}	99.6	86.04	99.6	99.51	99.83	99.83	99.85
C_{24}	3 988	3 862	3 634	3 732	41 707	4 149	4 567
C_{25}	111.1	92.8	108.5	104.3	103.4	104.1	98.5
C_{26}	6 345	5 651	7 873	7 393	11 327	9 414	1 432
C_{27}	9 975 167	12 622 880	14 276 956	14 362 612	15 719 178	16 573 922	17 027 632
C_{28}	42 445	71 415	154 839	233 395	233 395	233 395	233 395
C_{29}	480 449	296 884	443 695	889 589	669 589	669 589	669 589
C_{30}	200 396	211 478	264 170	396 000	396 000	396 000	396 000
C_{31}	46 756	49 359	61 662	110 507	110 507	110 507	110 507

（1）城市旅游生态环境的指标权重相对较大，但从生态文明建设的综合数值来看，其在 2011—2017 年呈持续增长的趋势，说明政府对城市环境相当重视，从三级指标人均城市道路面积、城建区绿化覆盖率以及 A 级景区营业收入和接待人数可以看出，政府大力投资改善城市环境，减少城市拥挤所带来的负面影响，提

高基础设施的建设。

（2）从城市生态建设财政支出的指标上来看，生态文明建设水平在 2011—2017 年呈现出下滑的趋势，2012 年后，政府加强对医疗卫生事业的投资力度，提高市民对城市卫生的重视度，从而提高了对城市生态环境的保护效益。市民重视对于城市生态环境的保护，可持续发展之路才能够得到实现。因此，应强化政府的支持力度，完善规章制度，加强学校的基础设施建设，培养生态环境持续性意识，提升市民综合素质，推动当地经济指标的可持续发展。

（3）从城市资源产消量上来看，在人口逐渐增长的前提下，资源产消量由刚开始的上升阶段到后面的下降阶段，说明城市资源的消耗量逐渐降低，从可持续发展的角度来说表明资源的利用率得到了有效提高，可见人们加强了节能意识，这对生态文明建设起到了积极的作用。

（4）从城市产业生态环境和城市旅游国际化两个二级指标可以看出，需要进行产业结构优化升级，降低能源消耗，提高废气的净化处理力度。在国际化方面，应加大对外宣传，提高新疆旅游的知名度，加强境内外的出口贸易，打造新型丝绸之路经济带。因此，加大基础设施的投资力度，重视生态环境的各项指标，遵循生态环境的发展规律，利用乌鲁木齐市周边的旅游资源，坚持走可持续发展道路。

第九章　城市与社区的发展

城市在区域尺度上，用景观生态学的术语来描述，往往只被当成镶嵌体：人类对自然的干扰而形成的特殊干扰斑块，且与周边基质保留着极为密切的物质循环、流动、能量流动、人口交换、资金交换等关系。特别是城市与郊区间的相互关系和城市群间各城市的相互关系是相当密切的。尽管现代城市化速度快，城市发展规模大，但都离不开城市外界系统的支持。城市与区域协调发展已成为当今城市问题的核心内容之一。

第一节　城市与区域的人流、物流与能流

功能是有秩序的系统过程，也就是由外部环境向系统内输入，在系统结构间流通，再从系统里向外输出的动态过程，这种表现形式，就是系统的功能。如果事物混乱无序，则既不能形成结构秩序，也无一定的有序过程。所以，系统功能的正常运作必须以有序的系统结构为前提条件。

城乡是开放的生命系统。一般生命系统，都具有新陈代谢和适应的功能，即有机体与其环境之间，存在着物质、能量、信息的流动交换。生命系统的结构联系，实质上也是物质、能量、信息的联系。由流通而产生联系，有联系方形成结构，一定的结构形式，决定了特定功能、属性，这就是生命系统的结构与功能的统一。

人类栖居地——城市或乡村，由性质不同、结构各异的社会亚系统、经济亚系统和环境亚系统所构成，各自有其特定功能和过程。

以人类发展过程为主体的社会亚系统，进行着人类本身的再生产，创造着社会文化，即物质文明和精神文明，从事着城市和乡村的建设和管理。

以各个经济部门生产过程为主体的经济亚系统，通过不断扩大社会（商品）再生产，组织社会商品分配和消费，满足社会物质生活日益增长的需求。

由自然的经济资源构成的环境（资源）亚系统，一方面为居民提供舒适安全的栖居条件，维护生态平衡；另一方面，还要为人的再生产和经济再生产的需要持续提供资源。

马世骏1984年曾强调，对城乡这样的社会-经济-自然复合生态系统，不应将各亚系统分别对待，必须重视整体综合。要着重了解几个亚系统的各项功能过程的相互关系和动态趋势；要探索系统内外各种确定性因素及不确定性因素对系统过程关系的影响。

为了有效地识辨城乡系统的整体功能，首先要把握城乡系统功能的两个基本特征。

一方面，人口在城乡中的集聚，不单纯是生物对其环境的生物学适应，而主要是社会生产力的发展和社会劳动分工。后者构成了人与栖居地的自然物质交换的生态经济过程，并使城乡人口过程与自然生态系统中种群过程有质的不同。另一方面，城乡系统的物流或能流都是在人类社会知识信息流的支配下运行的。一代接着一代人之间传递积累的丰富文化信息，给人类提供了大量城乡事物关系或过程的定性知识，这些知识对城乡系统的各种流通关系起着导向作用。

根据以上两个基本特征，我们从下面几个方面来对城乡系统的功能进行整体综合分析。

一、城市与区域间的人流

任何一个城市地区，都包含着以下几个人口动态过程，即区域内部人口的生死过程，区域内外的人口迁出和迁入过程；由于在各次产业中劳动力分配关系改变，而出现的劳动力转移；由于贸易、旅游活动而形成的短期居住人口流动。

区域内人口从乡村向中心城市集聚的过程是城市化的过程之一。世界各国城市的起点规模是不一致的。日本把具有 5000 人以上的稠密居住区都称为城市；美国则规定为 5 万人以上；加拿大是 10 万人以上才称为城市。中国把城区常住人口 50 万人以下的城市称为小城市，城区常住人口 50 万人以上 100 万人以下的城市称为中等城市；城区常住人口 100 万人以上 500 万人以下的城市称为大城市，城区常住人口 500 万人以上 1000 万人以下的城市称为特大城市；城区常住人口 1000 万人以上的城市为超大城市。这种差异，事实上很可能在给各国之间进行城市化水平的横向比较时，造成偏差和错觉。对城乡之间的横向比较研究也造成困难。

为什么说很可能会造成错觉呢?因为：第一，发达国家的"城市"人口规模起点低，而一些发展中的国家，如中国的"城市"起点高，按不同起点计算的城市化水平，根本不能进行类比。第二，城市化水平高低与城市经济效率的水平高低，虽然在一定程度上反映了人口集中的经济效应，但并不能把一切都归到城市化水平；国民经济生产力的最重要因素，是有一定生产经验和劳动技能的人，而不只是一般的人。所以，中国城市化与经济发展的关系，必须从自己的国情出发，进行独立的分析和思考。如果简单地把外国的结论搬来就用，很可能导致重大失误。

2020 年国家统计局发布的报告显示，近些年，我国人口总量低速平稳增长，人口生育继续稳定在低水平，人口文化素质不断改善，城市化水平进一步提高，人口婚姻、家庭状况保持稳定。报告显示，2019 年城镇化率达 60.59%，比 2012 年上升了 8.03%。城镇人口为 84 843 万人，比 2012 年增加了 13 661 万人；乡村人口 55 162 万人，减少了 9060 万人。随着社会的进步，特别是交通条件的改善，如高铁的快速发展，必将加快城市与区域间的人口流动，促进城市化的进程。

二、城乡人口的产业转移

一般来说，人口从第一产业向第二、第三产业的转移，是导致城市化的一个主要原因。但是，在中国严格控制农业户口转到非农户口和乡村户口转入城镇户口，使这一过程在表面上不表现为大量农民涌入城市的现象。中国乡村农业劳动力离土不离乡的转向乡村工业的过程，却产生了潜在城镇化现象，主要有四种表现形式。

（1）乡镇的常住人口，在户籍上虽未增加，但现实的常住人口实际在大幅度增加。

（2）白天在集镇工作生活人口数量极大地超过夜间人口数量。例如，农村集镇一般白天有 75 000 人，夜间只有 1500—2000 人。

（3）郊县内部，农村人口向城镇转移虽然提高了农村城镇化水平，但不表现为市区人口的增加。例如，盐城市 2019 年常住人口 720.89 万人，其中城镇常住人口 467.86 万人，常住人口城镇化率达 64.9%。其中，市区常住人口 239 万人，市区常住城镇人口 179.93 万人，市区常住人口城镇化率为 75.28%。

（4）还要加上近郊乡村农民有很多在市区内兼做临时工或固定工人的，他们实际上也是生活在市区里。

所有以上的过程，随着乡村工业的进一步发展也都将会更加强化。

三、城市与区域间的物流

随着生产力的不断发展，物质流动的吸引力越来越强大。社会经济的物质小循环的形式和效应也越来越多样，越复杂。

对一个城市物质流动的过程和城市物质代谢的动态及效应的辨识，可以先从以下几个方面分别进行。

（1）自然物质流动及其利用循环：主要指水、大气、土壤矿质元素的地质社会生物学循环。

（2）农副产品流及其生物社会学循环：主要是食物与营养循环。

（3）工业原料产品流及工业生产的物料投入产出平衡过程：主要指投入生产资料经生产加工到制成品的输出过程。

（4）生活及生产废弃物质的再利用循环：主要指工业废水、废气、废渣及生活有机废弃物、垃圾、粪便的再利用情况。

显然，自然物质与生活生产废弃物质流动及其循环，虽是围绕着城市居民生活的食物流动和城市工业生产的物质流动这两个核心进行的，但却是把社会、经济、自然三个子系统的物质流动联结起来构成系统整体功能的桥梁。

健康的城市与区域物流的发展确保区域经济的可持续发展。现代物流是一种先进的管理理念，是将产品的制造、流通、交换和消费过程中涉及的商品运输、仓储、包装等过程进行协调与整合，最大限度地减少不必要的流通过程，用快捷、经济的方式将产品准时送达消费者手中。相对低廉的产品价格和优质的服务，使得中心城市的产品在边缘城市或其他市场上更加具有竞争力，完善的城市群物流系统可以提高城市与区域间的资源的利用效率。一是，现代物流的发展，能有效地改善制造过程，降低企业的库存和积压产品，减少残次品率，从而减少自然资源的浪费；二是，在流通过程中，规模化、集约化的现代物流，提高了单位物流的能力，提高自然资源利用效率，成为挖掘第三利润源的重要手段；三是，物流的发展有效解决区内资源的实际调配问题，方便资源进入中心城市，也有利于中心城市的知识技术和先进的设备进入区域间其他城市，实现区内资源的优化配置，有利于平衡城市间各个组成部分的协调发展。

四、城市与区域的能流

城市居民的日常生活和经济生产活动，都要持续地从城市外部输入能量。输入能量主要有以下几种形态。

一类是以生物的形态输入的各种主、副食品。另一类是以化石能源或次生能源形态输入的能量。

波登于 1981 年在进行香港城市及其居民生态学研究时，将这两种形态的能量，分别称为体内能（somatic energy）和体外能（extrasomatic energy），这也许是由于化石能源（煤、石油、天然气）也是生物来源之故。不过，按中国惯例，前者称为生物能，后者称为经济能（把第二次能源电、液化气等也包括在内）。

如果考虑中国市管县的国情，在城市中心区（建成区）的外缘还有广大的乡村农业生产，实际在支持着市区人民的生活食品和农产加工原料的需求，理应把太阳能也列为中国城市的能源输入的一个组成部分。

我们在这一节里，将以一些实例，对城乡的能量流做一概括介绍。

1. 城乡能量流向图解

H.T. Odum 于 1983 年曾提出了一个城乡能量流向图解（图 9-1）。

在图 9-1a 中，表示了城市及其联系集镇与它们各自周围的乡村的能流网络的空间格局。同时，还用双线箭头表示了以化石燃料、物资和服务形态输入城市的大量经济能流。

在图 9-1b 中，进一步表示了从农村到集镇，从集镇到城市的能量汇集的道路及其各种反馈路线。

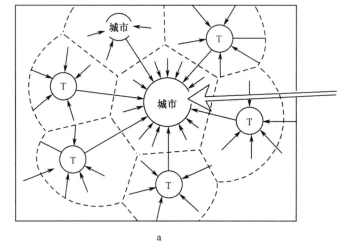

a

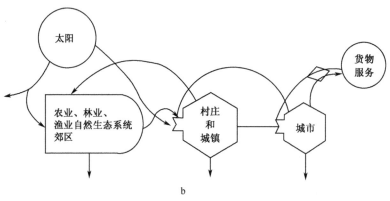

b

图 9-1　城乡能量流向图解（引自周纪纶，1989）

a. ←示太阳能流通过生物变换向城市集中，⇨示经济能投入城市，都未表示反馈；b. 城乡的能流途径及其反馈

　　城乡系统的能量流通过程的经济效益，是我们研究能量流的一个重要目标，所以必定要考虑建立能量流与价值流的模型。为此，提出了下面的一般模型（图 9-2）。

　　这个城市的能量流经济模型表明，以下两个特征的过程及城市系统与外部环境的相互关系：城市内储存的不可再生资源、资产以及城市环境亚系统，在与从外部输入的化石能和可再生资源相互作用下产生了商品。一部分商品输出，换回货币（经济收入）；另一部分商品构成城市的资产，供扩大再生产。

　　城市商品输出换回的资金，一方面支付输入的大量化石燃料、生产物资、服务劳动的费用；一方面构成资金积累，作为扩大再生产的投资。

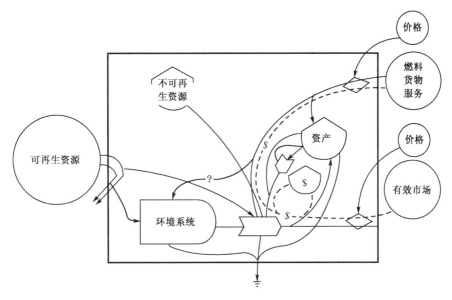

图 9-2　城乡与外部环境交换的能量流经济模型（引自周纪纶，1989）

这个模型中主要表示了能量与经济的交互作用与联系，它充分说明了城市能量流动的经济学含义，还说明了能量经济过程对系统内外可再生资源及不可再生资源的依赖关系，但它没有表明社会系统在能量经济过程中所起的作用。

2. 城乡的经济能流

城市现代工业的生产发展，使城市成为大量消耗能量的无底洞。现代城市的能量利用有以下一些重要特征：主要利用能源是化石燃料；利用能量的数量急剧增长；投入的总能量中经济能占的比例日益比生物能更大；居民生活对经济能的需求不断增加。

任何一个城市的发展都可以从上述 4 个能量利用特征来进行客观评价。

易经纬等（2010）根据 2007 年广东省能源平衡表，绘制出 2007 年广东省能流图，并对能源生产及消费做了分析等，为中国在能流研究方面提供了很好的案例。当然，能源是现代社会发展的重要基础，其在社会经济发展中占有不可替代的地位，桓汉青等（2013）开展了较为详细的四川省能源-社会经济-环境复合系统能流分析。该研究以四川省统计年鉴及相关数据资料为基础，结果表明，全省近年来能源消费总量增长迅速，年均增长率达 10.8%，能源对外依存度较高，尤其是石油。研究报告明确指出，四川省能源消耗结构有待进一步优化，传统化石能源所占比例偏高，2010 年达 77.18%。赵颜创等（2016）提出了一种基于能量流动的城市能源代谢综合分析方法，研究其代谢规律，可以揭示城市能源利用过程中存在的问题及其代谢污染物的生态环境效应，从而为城市能源规划与管理提供科学依据。黄和平和王丽影（2017）基于能源代谢分析理念，构建了基于相对变量的城市能源消费碳排放综合生态效率度量模型，对 2000—2013 年南昌市能源消费结构、碳排放量及其生态效率进行了测算与分析。穆献中和朱雪婷（2019）运用生态网络分析方法研究城市能源代谢，更加深入地了解城市内部能源的代谢过程和代谢路径。

案例一　厦门市能流分析（赵颜创等，2016）

分析数据来源于部门调研、统计年鉴以及文献资料三个方面。参考的年鉴有《厦门经济特区年鉴 2010》《厦门市能源平衡表 2009》《厦门市环境统计》等。各部门各类能源的消费量通过部门调研完成，调研的部门包括厦门市电业局、经济发展局、发展和改革委员会、建设与管理局、统计局、交通局、规划局、公安交通管理局指挥中心以及市政园林局等。

1）能量流分析

能量流分析法（EFA）是一种由物质流分析法（MFA）发展而来的城市代谢的分析方法。它以能量守恒为理论基础，通过跟踪能量在社会经济系统中的流动途径及过程，揭示能量的流动特征、转化效率和吞吐量。以厦门市行政区作为研究边界，使用的能源平衡方程为：外界输入量+本地加工转化量=本地终端部门消费量+损失量，核算单位使用万吨标煤，电力和热力使用当量值。

2）城市能源代谢过程分析

根据能源代谢的分析框架，结合厦门市实际情况，构建城市能源代谢概念模型。将能源代谢的过程细化为以下四个环节：①能源输入；②能源加工转化；③终端部门能源消费；④能源代谢污染物排放。

3）能源代谢评价指标

采用以下 7 个代谢指标从资源、环境和生态三个方面深入分析厦门市能源代谢的经济、人均和空间水平，各指标的说明如表 9-1 所示。

表 9-1　能源代谢评价指标

评价指标		说明
资源评价指标	能源代谢强度	单位 GDP 能耗，衡量能源代谢的经济效率
	能源代谢幅度	人均能耗。衡量城市人均能源消费水平
	能源代谢密度	单位土地面积能耗，衡量城市能源代谢的空间密集程度
环境评价指标	代谢污染强度	单位 GDP 代谢污染物排放量。衡量经济发展利用能源导致的环境压力
	代谢污染幅度	人均代谢污染物排放量。衡量城市能源代谢污染物的人均排放水平
	代谢污染密度	单位土地面积的代谢污染物排放量。衡量城市能源代谢污染物排放的空间密集程度
生态评价指标	能源代谢效率	排放单位代谢污染物的能源消耗量。综合衡量城市能源代谢的资源环境效应

4）评价结果与分析

根据厦门市能源统计数据，2009 年厦门市能源代谢输入量为 629 万吨标煤，全部从外地调入。其中大约 48%用于二次能源电力、热力的转化，其余直接用于生产和生活消费，没有对外输出；图 9-3 为 2009 年厦门市能源代谢输入端的能源结构，最重要的部分是原煤，占 61%，其他比例较大的包括柴油、汽油和电力，分别占 11%、9%和 9%。汽油、柴油和燃料油可统称燃油，共占能源输入总量的 23%。可见厦门市能源动力主要依靠原煤和燃油。

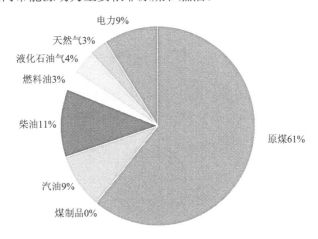

图 9-3 厦门市能源代谢输入端的能源结构

表 9-2 为 2009 年厦门市能源加工转化情况，主要是燃煤发电与供热。电力、热力部门分别投入 284.01 万吨标煤和 33.28 万吨标煤的化石能源，产生了 109.66 万吨标煤的电力和 32.78 万吨标煤的热力，转化效率分别为 38.6%和 98.5%，均高于当年按中国能源平衡表计算得到的全国平均转化效率 37.4%和 74.4%。

表 9-2 厦门市能源加工转化情况 （单位：万吨标煤）

	原煤	柴油	燃料油	天然气	电力	热力
投入/产出（电力）量	-267.02	-0.10		-16.89	109.66	
投入/产出（热力）量	-33.24	-0.03	-0.01			32.78

注：数据来源《厦门市能源平衡表 2009》，"-"表示能源投入量，电力、热力使用当量值。

图 9-4 为 2009 年厦门市各终端部门的能源消费情况，工业最多，为 253 万吨标煤；其次是交通运输业，为 107 万吨标煤；服务业和居民生活消耗相当，均在 46 万吨标煤左右；农林牧副渔业和建筑业消耗最少，均在 5 万吨标煤左右。图 9-5 为 2009 年厦门市各部门能源代谢污染物排放情况，CO_2 为能源加工转化排放最多，SO_2 是工业最高，NO_2 是为能源加工化排放最多，PM2.5 是工业最高，发热是能源加工转化是多。

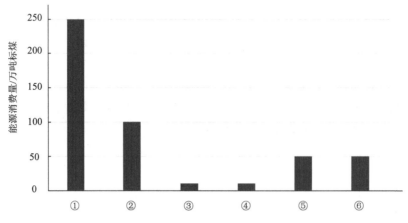

图 9-4 厦门市各终端部门的能源消费情况

其中，①工业；②交通运输业；③农林牧副渔业；④建筑业；⑤服务业及其他；⑥居民生活

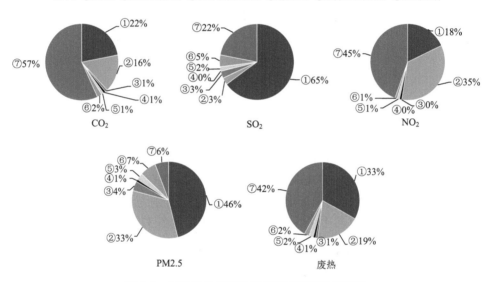

图 9-5 厦门市各部门能源代谢污染物排放情况

其中，①工业；②交通运输业；③农林牧副渔业；④建筑业；⑤服务业及其他；⑥居民生活；⑦能源加工转化

　　能源代谢的各个环节中加工转化和终端部门利用都会产生污染物排放，而能源加工转化广义上也属于一种工业门类，为便于对比分析这里将能源加工转化视为与能源终端利用各行业并列的一个部门进行比较。

　　综合以上分析可知：厦门市 2009 年能源代谢污染物主要来自能源加工转化和工业，其中能源加工转化是 CO_2、NO_2 和废热的首要来源，工业是 SO_2 和 $PM2.5$ 的首要来源。主要原因是厦门市当年能源加工转化投入量和工业消费量分别为 316 万吨标煤和 253 万吨标煤，远高于其他行业，其煤炭比例分别占其能源总投入的 94%和 30%，煤炭的各类污染排放系数一般均高于其他类型的能源，故两者成为代谢污染物的主要来源。另外，能源加工转化的去硫和除尘效率可达到 95%以上，均高于工业，使其 SO_2 和 PM2.5 的排放量少于工业。

第二节 城市与城郊农村的协调发展

一、城市与城郊农村地区协调发展观

社会的发展应当理解为社会客观经济系统内部，逐步克服整体与个别的矛盾，实现宏观、中观、微观各个不同层次的高度协调和可持续发展。城市与城郊地区协调发展，既要重视经济的城乡一体化概念，又要强调生态的城乡一体化概念，从而确立城市与乡村生态经济一体化的新观念，开拓城市与城郊农村协调发展的新途径。

（一）城市与郊区农村复合生态系统观

城市与其郊区、农村，是一个以人类生活及其经济活动为核心的复合生态系统。市区和郊区农村存在着密切的生态和经济的相互关系，存在着频繁和密集的能量、物质和货币等的流通转换。因此，市区和郊区不仅在行政上，而且在生态环境和社会经济上也都是一个整体。市区经济体制改革、生产技术发展、综合环境改善，都应当与郊县农村的产业结构调整、生态环境建设紧密配合，彼此协调、相互促进。同时，为了实现城市与郊区的协调高效有序发展，就要尊重自然规律，推动环境经济整体的良性循环和整个社会的可持续发展。

（二）城市与郊区生态系统的概念模型

区域生态系统结构功能的特征，是区域自然环境与地方行政管理、技术经济等人为因素交换的产物。因此，城郊区域生态系统同样是自然、经济与社会构成的复合生态系统，但在结构与功能上与城市复合生态系统或与农村复合生态系统亦有一定的差别。为了便于进行系统整体识别，运用了反映城市、城郊及城市与整个区域的生态系统整体特征的概念模型，如图 9-6 所示。图 9-6a—c 中可以看到从农村到城市的演进过程中，自然生态系统越来越小，最后无法支撑整个城市经济、社会生态系统。城市复合生态系统要能够运转，必须靠整个区域，甚至区域外的自然生态系统来提供自然资源和接纳生产和生活产生的污染。模型图9-6d 强调区域的经济生产与社会生活、自然环境为一个整体，经济社会的再生产必须与自然生物环境循环过程相协调，才能实现生态的良性循环。因而城市、城郊及农村之间的物流、能流、人流及货币流的转换关系的研究是探讨实现城市与区域协调发展的基础。

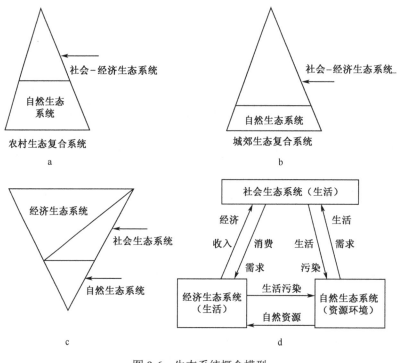

图 9-6 生态系统概念模型

a. 农村；b. 城郊；c. 城市；d. 区域

二、城市与城郊、农村协调发展

大中城市及其郊区与它们所在区域的农村如何实现城乡一体化，充分发挥城市的经济社会力量和充分发挥郊区乃至农村自然资源与生态环境的地域优势，促使城市与城郊、农村协调发展是当今的重大课题。

（一）城乡合作促进经济全面发展

实现城乡融合发展是一个国家或地区经济社会发展的必然趋势。城乡合作作为进一步深化改革的关键，对促进城乡经济和国民经济的协调、稳定、可持续发展也具有重要的历史性意义。高波和孔令池（2019）分析了中国城乡融合发展的经济增长效应。

城乡合作将产生大量的基础设施需求，如道路、医院、学校、住房、文化和娱乐等公共需求，扩大和优化了投资需求，进而拉动经济增长。城乡融合发展内涵丰富，涉及城乡空间、经济结构、基础设施、公共服务和生态环境等诸多方面。

其中，城乡空间结构融合是载体，经济结构融合是基础，基础设施融合是依托，公共服务融合是条件，生态环境融合是保障。这五个方面相辅相成，共同组成城乡融合发展的主要内容和目标，也对经济增长发挥重要作用。

第一，城乡空间结构融合是经济增长的重要驱动力。城市和农村是两种典型的社会经济活动的空间组织形式，以空间形态为载体大力推进城乡融合发展，有利于城乡人口自由流动、城乡交通通信便捷、城乡生产要素配置和商品流通顺畅，促使城乡之间由点到点的现状结构转变为面到面的网状结构，使得城乡往来更加频繁，有助于实现城乡市场的对接，不断提高空间资源的利用效率，为经济增长提供新的发展空间，进而提升整体经济发展水平。

第二，城乡经济结构融合是经济增长的核心和关键。城乡经济结构融合有利于城市和农村通过发挥各自的比较优势，推进城乡经济循环融合，促进产业在城乡间科学布局、合理分工、优势互补、联动发展，进而实现城乡互补、工农互促，带动现代农业、农村工业和服务业的发展，形成区域整体的市场竞争优势，不断提高农民收入水平，对经济增长发挥积极的促进作用。

第三，城乡基础设施融合是经济增长的"助推器"。基础设施投入是一种重要的投资要素，加大基础设施投资、形成资本积累，通过"乘数效应"带来社会总需求和国民经济的几何增长。推动城市供水、供电、供气、交通、通信等基础设施向农村延伸，有利于发挥其网络外部性，这种外部性促进城乡互联互通，降低搜索和生产成本，加强企业技术扩散和创新，有助于提高经济效益，促进经济增长（郑世林等，2014）。

第四，城乡公共服务融合是经济增长的有力支撑。城乡公共服务融合的重点是促使农村公共服务供给收益提升和支出成本下降，确保城乡居民在居住、就业、教育、医疗和文化卫生等方面享受同等待遇，最大限度地缩小城乡差别，实现农村地区经济赶超（缪小林等，2016）。促进城乡公共服务融合，可以减少预防性储蓄和被动储蓄行为，从而扩大内需、促进消费，推动经济增长。城乡公共服务融合还通过实现教育、医疗等均衡投入以保障高质量人力资本供给从而促进经济增长。此外，促进城乡公共服务融合在一定程度上兼顾了城乡经济效率和社会公平，有利于营造稳定的社会环境，进而推动长期经济增长。

第五，城乡生态环境融合是经济增长的基础和条件。城乡融合发展离不开生态环境融合，生态环境融合对于推进城乡经济与社会可持续发展至关重要。强化绿色、循环、低碳发展，减少单位产出的物质消耗，提高资源的利用效率，不仅能有效改善环境质量，而且能提高长期经济增长率。此外，促进城乡生态环境融合，大力发展节能环保产业，为节约能源资源、发展循环经济、保护生态环境提供物质基础和技术保障，对经济增长具有明显的拉动作用。

（二）城市与区域发展一体化协调发展

2014 年 3 月，中共中央 国务院印发了《国家新型城镇化规划（2014—2020 年）》。第一，强调城镇化发展之路是国家现代化的必由之路，是实现经济健康发展、产业结构转型的强大动力，同时也是推动区域协调发展、提升农业现代化水平、推进农业转移人口市民化的必然选择。未来，城市群是今后城市发展的主体形态，应统筹规划、分工协作，通过以大带小、以强带弱、优势互补的方式，形成集聚效率高、辐射作用大、国际竞争力强的城镇体系，最终实现大经济区域的协调发展。2017 年 12 月，国家发展改革委、国土资源部、环境保护部、住房和城乡建设部发布了《关于规范推进特色小镇和特色小城镇建设的若干意见》。第二，提出要遵循城镇化发展规律，依据不同区域自然环境禀赋和优势，因地制宜地挖掘最具增长潜力的特色产业，不断创新探索，实现产业建镇。2018 年 11 月，中共中央 国务院又发布了《关于建立更加有效的区域协调发展新机制的意见》。第三，提出要强化中心城市的引领作用，推行城市群带动区域发展的新模式，促进区域板块融合互动。2020 年 4 月，国家发展改革委再次推出了《关于印发〈2020 年新型城镇化建设和城乡融合发展重点任务〉的通知》。第四，提出要构建不同规模、不同类型城市协调发展的空间格局，增强不同经济发展区域承载能力，全面实施城市群发展规划，加快建设若干重点城市群，将城市发展规划与交通、民生工程、生态保护和产业发展相融合，发挥中心城市带动作用，培育形成新的经济增长极和新动力源。

1. 不同景观尺度的城乡一体化

城市发展要依靠整个区域的自然资源环境来支撑，城市与区域发展一体化是必然的发展趋势，而且不同的景观尺度有不同的含义。例如，珠江三角洲各城市与城郊一体化发展、香港与珠江三角洲一体化发展等。香港是在同等规模的城市中人工环境最多的城市之一，它与珠江三角洲地区的一体化既有助于缓解其环境压力，同时，也能促进其进一步健康发展。一般来说，香港向人口相对稀疏的内陆地区发展将有可能缓解其环境中的人口压力。这也是高度城市化地区向低城市地区扩展的主要动力因素。例如，新加坡，它向柔佛（马来西亚）和廖内（印度尼西亚）内陆地区的发展，与它们组成了"经济发展三角区"，从而保持了其城邦的高质量环境。

从全球发展来看,香港与珠江三角洲地区的一体化创造了一个最具活力的"集聚中心"。目前，香港/珠江三角洲地区正在与世界上其他一些集聚中心竞争，如东京—横滨城市群，新加坡—柔佛—廖内经济发展三角区、首尔都市地区、上海—南京—杭州—无锡发展区、福建—台湾沿海地区以及北京—天津—唐山开发走廊等。从国际角度来看，对于香港/珠江三角洲地区所处的地位，我们可以得到的结论是，该地区处在与亚洲及世界其他经济飞速发展地区的直接竞争中。这种竞争存在于香港历来处于优势地位的领域中：金融、制造业、贸易及旅游。香港与珠江三角洲地区的一体化将有助于巩固其作为一个全球发展中心的竞争优势和促进珠江三角洲的发展。

2. 城市郊区的健康发展

城市郊区的健康发展是实现城市与区域一体化的途径。中国城郊经济研究会的统计资料显示，1979 年以来，中国城郊经济社会总产值平均每年以 30% 左右的速度递增，既高于城市，又高于农村，中国大城市郊区的迅速发展有力地促进着城市与区域的协调发展。这是因为这些处在城乡接合部的过渡地区，它们环抱城市，呈环形山式的状态分布，很像日全食形成后的金环蚀现象，对周围有巨大的经济辐射，如天津的大邱庄，北京的窦店，上海的马陆乡，江阴的华西村，合肥的五大郢村和威海的长岛等。

大城市郊区由于同时具备城市和广大农村双方多种生产和资源要素中的优势，并且左右逢源地将双重优势叠加、重组和互补，因此呈现单纯的城市和单纯的农村所不可比拟的双重优势。这些优势概括起来有以下几个方面。

（1）环抱大中城市，引进科技十分便捷。大中城市大多是国家和省级科技中心，各类人才荟萃，科技力量雄厚。在科技政策尚未完全放开之际，市内就有大量的"星期六工程师"活跃于城郊。科技政策放开之后，郊区的经济实体与市区的科研院所广泛建立了各种形式的合作关系，使科技迅速转化为生产力，科技发展迅速转化为商品发展，为经济、社会发展和环境保护提供了源源不断的动力。

（2）城郊濒临城市，大多具有立体交通网和现代通信网。大中城市与外界联系的进出口必经郊区，几乎所有城市的航空港都设在郊区，有的还有水陆码头和高等级公路。随着我国交通事业的发展，绝大多数城郊乡村间通了公路，乡镇覆盖了现代通信网。这样既优化了投资环境，又促进了物流、人流、货币流、信息流的传递。

（3）接受市区经济辐射，极易获取集聚效应。郊区不同于一般的行政县，尤其是近郊，具有城乡交融、犬牙交错、融为一体的特点。因此极易获取城市经济集聚所释放的效能。受市区经济的辐射，具有得天独厚的优势。郊区可通过与市区联营，办分厂、分公司或配套经济实体，使市区的生产能及时扩散到郊区。近年来，各大中城市所建立的经济技术开发区、高新技术园区、新兴工业园区、保税区等大多设在郊区，带动了这些区域大范围的经济振兴和社会进步。

（4）以城市为市场，促进了郊区农副业发展。郊区的农副业以服务市区为主旨。近年来，在国务院和各级政府的关怀下，郊区大兴"篮子"工程，加大投入，兴建现代化的农副产品生产基地，大力发展生态农业、创汇农业和农林牧副渔"五位一体"的大农业。这样不仅为农业向集约化、机械化方向发展开辟了广阔的道路，而且使农业社会化服务体系日益完善。

（5）郊区劳力充足价廉，素质相对较高。随着物价上涨和持续性的通货膨胀，城市劳务成本在产品总成本中所占份额越来越大，投入产出率相对降低。而郊区的劳力成本与市区相比仍然较低，随着郊区农业走向集约化和机械化，脱离农业的劳力比较充足，这样有利于郊区企业持续提高投入产出率。

（6）郊区腹地较大，经济社会发展具有广阔天地。随着第三产业的高速发展，市区土地租金越来越高，加大了生产和流通的成本。而郊区与市区相比，地价相对便宜，并且至今尚有一些未被利用的"处女地"。伴随农村住宅区合理规划，还会节约大量的土地，这为降低成本、扩大规模提供了优于市区的广阔的天地。另外，在大力发展城市交通的前提下，许多郊区都大力兴建住宅和卫星城镇，越来越多的市民在市内上班，在郊外居住，极大振兴了房地产业。

（7）依托城市人文资源，发展旅游业等第三产业。大中城市文化荟萃，具有较为集中的人文资源和人文景观，尤其是文化历史名城更是如此。郊区一般来说自然景观比较优美，这样再依托城市人文景观，更有利于发展旅游业。近年来，由于空气污染，噪声严重，"城市病"日益加剧，使得广大市民和外地游客把目光集中于城郊，随着"回归大自然"的时尚和"大礼拜"的出现，进一步促进了郊区旅游业的发展。以旅游业为龙头，又带动了餐饮业、影视业、广告业、信息业等第三产业的发展。

（8）城郊经济一般具有灵活的市场经济机制。城郊经济的主体是乡镇企业，这些乡镇企业从诞生之日起就是以市场取向发展起来的。因此在它们身上，受计划经济控制较弱，改革阻力较小，容易抵御市场波动及适应市场变化的需求。这为进一步深化企业改革，建立现代企业制度提供了良好的前提条件。

（9）具有自然资源优势，发展空间宽阔。郊区相对城市来说，具有明显的自然资源优势和宽阔的发展空间。这主要表现在两个方面：其一是其本身有较多的土地资源，人口密度相对小，可在第一、第二、第三产业里选择合适的产业来发展，向内围城市及外围农村出销各类产品；其二是郊区可方便地依靠自然资源更加丰富的农村来发展生产，从而带动农村发展，这一过程也就是通过郊区把城市与农村紧密地联系起来，促进城市与区域协调发展的过程之一。

综上所述，城郊在其社会发展过程中具备多种优势，所以在较短时间内优先发展起来的实例很多，它将是实现乡村城市化的主要途径，也将是防止城市向农村污染的主要屏障。但正是因为这样，郊区的区位亦给郊区带来一定的劣势，首先是由于郊区濒临市区，遭受城市污染首当其冲。市区每年有大量"三废"向外排放，城市垃圾几乎未经处理直接向郊区倾倒。城市的工业污水和生活污水流向郊区，污染了河流湖泊和耕地，给郊区的发展带来一定的影响；其次，城乡接合部有大量流动人口，给管理带来困难。郊区是城市流动人口聚居的地区，他们流动性大，经常藏匿一些制造假冒伪劣商品的不法商贩，外来的刑事犯罪团伙，流窜作案街匪路霸和盗窃销赃团伙经常在郊区神出鬼没,给治安工作带来很大困难,造成了社会环境的不安定。同时,暂住人口较多,他们给计划生育、子女普及教育带来许多新的问题,需要投入更多的人力、物力、财力加以解决,流动人口给卫生防疫工作带来困难,尤其是疫情严重及传染病流行时期,给那里的人们健康带来较大的威胁等。因此郊区在发展过程中要扬优限劣,确保郊区成为城市与农村或整个区域可持续发展的要地。

为了发挥城市区域的影响作用,特别是发挥区域中国际大都市对整个区域的影响作用,近年来在世界各地区,涌现出大量的经济发展三角区、边境贸易区,甚至还出现了经济发展多边形地区,这些地区均是以多个城市组成的城市群,如亚洲地区的东京、横滨城市群;新加坡、柔佛、廖内城市群;首尔城市群;上海、南京、杭州、无锡城市群;福建、台湾沿海地区城市群;北京、天津、唐山城市群和香港、广州等珠江三角洲一些城市构成的城市群。近年一些学者亦开展城市群的相关研究,提出城市群生态系统的概念。城市群生态系统是指在一个生态系统功能完善区域内,特别是经济发达地区内由许多经济上、文化上等相互依赖的城市所组成的系统。它是一个开放的系统,具体体现在各城市间及与区内外的物流、能流、人流、信息流和金融流等不断的有序互相活动。目前有的学者依据这些相互联系的城市群所处的地理位置是呈带状分布,把城市群生态系统称为城市带生态系统。城市群或城市带的成熟发展是城市发展的高级形式,是当今有关城市发展的多种学科的研究热点内容。不过目前多从经济发展的角度开展研究,尚未有从城市群环境与社会经济协调发展的角度研究城市群的相互关系的报道,这方面的研究有待城市学、城市生态学工作者去探索。

中国沿海城市群点、线、面的发展已取得较大的成就,发展潜力大。

案例二 长三角城市群协同发展（邹军等,2015）

新型城镇化和经济新常态的"双新"主题在给长三角城市群带来协同发展的推动力和解决现状问题的契机的同时,也引领着城市群空间协同发展转型和重构。

1）引导城市群合理布局功能空间

明确长三角城市群各城市的职能定位,因势利导地推动功能空间在城市群内跨越行政边界进行合理再布局。在"双新"背景下,经济产业发展等竞争性领域应积极以市场需求为主导,以宏观调控为指引,强化上海国际商贸、金融、经济中心地位,基于沿江经济带、沿海城镇轴等空间载体,合理将部分航运功能、传统制造业、海洋产业等疏解至南通、苏州、宁波—舟山以及外围圈层地区,促进机场、港口等大型基础设施的共建共享以及经济资源要素在城市群内自由流动,引导长三角城市群形成平衡稳定、活力开放的有机整体。

2）协助建立城市群经济产业协同发展空间

载体为城市群经济产业发展创造良好的外部条件。协助建立跨市、跨省产业园区等空间载体以及相关的准入机制、高污染产业退出机制等，协助建立城市群跨界市场合作平台、招商引资平台、投融资平台以及组织开展合作洽谈会等，加强对科技研发的投入、科学创新的支持以及产学研体系的建立，构建服务于城市群的科研空间载体，引导产业进一步高端化发展。

3）主导建立新时期城市群交通格局

建立包括高速公路、高速铁路、普通铁路、航运、航空等在内的多种方式的综合交通体系，重点强化长三角城市群内外圈层的交通联系，加快沿海、沪杭徽（华东第二通道）、安徽沿江走廊等多条通道打通完善，推动核心地区与外围圈层间的交通条件逐步改善，为内外圈层空间协同奠定设施基础，促进长三角城市群形成"内畅外通"的交通新格局。

4）严格保障城市群生态安全和环境优美

注重生态保育与经济发展并重，建立联防联控、共保共治的城市群生态环境空间协同保障机制，构建区域整体生态安全格局，重点提升苏北水乡湿地地区、苏浙皖丘陵山地地区、浙东南山地丘陵地区的环境质量，从而建成环境优美、生物多样、资源利用合理的生态型城市群。

5）积极推进跨界地区空间对接

推动城市群内部跨界地区断头路的衔接，跨江、跨湾大桥等交通通道的建设，跨界公共交通或公交联运形式的建立，收费站等交通门槛的合理削减，公共水域生态环境共保共治，跨界接合部的社会空间治理等。打破行政边界的空间束缚，减少城市间跨界地区的矛盾和问题。

6）加快开展城市群各项规划编制

基于城市群整体的区域价值，划定增长边界，加快开展长三角城市群全域规划以及其他各专项规划的编制工作，将空间格局的更新和空间协同发展以规划形式明确，促进长三角城市群全空间、全要素的协同发展。

7）科学建立城市群空间协同的保障制度

加快成立城市群官方机构和推动国家成立长三角地区区域一体化领导小组，针对空间跨界地区协同的矛盾问题，探索城市群多边合作机构的建立；完善重点领域协调机制，推动长三角地区关键专项问题的解决，主要包括港口联合发展、机场协调、公共服务一体化、海关一体化等。

主要参考文献

白清林, 王忠艳, 罗理杨. 2019. 哈尔滨市不同生境类型春季麻雀种群密度差异分析. 野生动物学报, 40(2): 357-362

彼尔琴科 E H. 1992. 世界城市化的新趋势. 纪晓岚, 译. 国外城市规划, (3): 35-38

蔡音亭, 唐仕敏, 袁晓, 等. 2011. 上海市鸟类记录及变化. 复旦学报(自然科学版), 50(3): 334-343

陈秉钊. 1998. 21 世纪的城市与中国的城市规划. 城市规划, 22(1): 13-15

陈昌笃. 1990. 中国的城市生态研究. 生态学报, 10(1): 92-95

陈昌笃, 鲍世行. 1994. 中国的城市化及其发展趋势. 生态学报, 14(1): 84-89

陈成鲜, 郭剑光, 王浣尘. 2002. 我国城市人口合理规模的系统预测研究. 中国管理科学, 10(4): 59-63

陈丹. 2003. 减缓城市"热岛效应"调节城市生态系统. 广西气象, 24(2): 18-19

陈光华. 1998. 城市声环境综合整治规划方法探讨. 城市环境与城市生态, 11(4): 43-45

陈家其. 1995. 长江三角洲城市建设发展与城市水害. 长江流域资源与环境, 4(3): 202-208

陈建莉. 2014. 基于改进未确知测度模型的城市环境质量综合评价. 西北大学学报(自然科学版), 44(4): 657-660

陈灵芝. 1993. 中国的生物多样性: 现状及其保护对策. 北京: 科学出版社

陈雯, 吴楚材. 1995. 中国城市化在城乡关系中的作用及其发展. 经济地理, 15(3): 25-29

陈雅君, 陈文惠, 陈辉煌, 等. 2016. 厦门市 2013 年生态环境质量评价: 基于第一次地理国情普查数据. 福建师范大学学报(自然科学版), 32(3): 144-151

陈一新. 2017. 深圳福田中心区规划实施 30 年回顾. 城市规划, 41(7): 72-78, 117

陈易. 1997. 生态城市的理论与探索. 建筑学报, (4): 12-15

陈勇. 1998. 城市的可持续发展. 重庆建筑大学学报, 20(2): 11-15

陈自新, 苏雪痕, 刘少宗, 等. 1998. 北京城市园林绿化生态效益的研究. 中国园林, 14(1): 51-54

程承旗, 吴宁, 郭仕德, 等. 2004. 城市热岛强度与植被覆盖关系研究的理论技术路线和北京案例分析. 水土保持研究, 11(3): 172-174

程春明, 吴忠勇, 燕娥. 1994. 我国的城市发展与大气污染. 环境科学研究, 7(2): 13-17

崔凤军, 茹江, 徐云麟. 1993. 城市生态学基本原理的探讨. 城市环境与城市生态, 6(4): 21-25

崔志兴, 刘漫萍, 司强, 等. 2010. 城市森林建设与鸟类群落构建关系的探讨. 上海科技馆, 2(2): 1-6

戴天兴, 戴靓华. 2013. 城市环境生态学. 北京: 中国水利水电出版社

德内拉·梅多斯, 乔根·兰德斯, 丹尼斯·梅多斯. 2013. 增长的极限. 李涛, 王智勇, 译. 北京: 机械工业出版社

邓建绵, 刘铁军. 2004. 关于我国水资源优化配置的研究. 中国工程咨询, 47(7): 34-36

邓燕青, 刘建新, 张迪, 等. 2021. 2018 年江西省大气降水离子特征分析. 水文, 41(1): 79-84

东北林学院. 1981. 森林生态学. 北京: 中国林业出版社

董冬, 秦志强, 李长爱, 等. 2019. 淮南市新老公园木本植物景观及物种多样性对比分析. 西北林学院学报, 34(5): 247-254

董黎. 1996. 中国城市化现象的若干问题探讨. 城市规划汇刊, 3: 29-32

董雅文. 1985. 苏联景观学的现状. 地理译报, (3): 1-3

董雅文. 1993. 城市景观生态. 北京: 商务印书馆

董雅文, 赵荫薇. 1996. 城市现代化发展的生态防护研究. 城市环境与城市生态, 9(1): 20-23

杜春兰. 1998. 地区特色与城市形态研究. 重庆建筑大学学报, 20(3): 26-29

杜政清, 郭岚. 1995. 中国城市现代化国际化背景、主要问题及其发展趋势. 长江流域资源与环境, 4(3): 216-222

方红霞, 罗振华, 李春旺, 等. 2010. 中国动物园动物种类与种群大小. 动物学杂志, 45(3): 54-66

符气浩, 杨小波, 吴庆书. 1995. 城市绿化的生态效益. 北京: 中国林业出版社

符气浩, 杨小波, 吴庆书. 1996. 城市绿化植物分析. 林业科学, 32(1): 35-43

付士磊. 2015. 城市森林生态效应对全球变化的响应与反馈. 天津: 天津科学技术出版社

高波, 孔令池. 2017. 中国城乡发展一体化区域差异分析. 河北学刊, 37(1): 101-108

高波, 孔令池. 2019. 中国城乡融合发展的经济增长效应分析. 农业技术经济, (8): 4-16

高林. 1996. 中国城市生态环境基本特征及城市生态系统质量研究. 经济研究参考, (A9): 22-32

高奇, 师学义, 王子凌, 等. 2013. 深圳市碳收支与土地利用变化的协整分析. 水土保持研究, 20(6): 277-283

鼓珂珊. 1995. 困扰我国 21 世纪的环境退化问题研究. 热带地理, 15(1): 1-9

管东生, 何坤志, 陈玉娟. 1998. 广州城市绿地土壤特征及其对树木生长的影响. 环境科学研究, 11(4): 51-54

郭方. 1994. 我国沿海生态环境问题与对策探讨. 环境科学进展, 2(6): 72-76

郭静男, 郭秀兰. 1994. 我国城市区域环境噪声污染分析. 中国环境科学, 14(5): 366-369

国家环保局. 1994. 环境规划指南. 北京: 清华大学出版社

海热提·涂尔逊, 王华东, 王立红, 等. 1997. 城市可持续发展的综合评价. 中国人口·资源与环境, (2): 46-50

韩红霞, 高峻, 刘广亮. 2003. 遥感和 GIS 支持下的城市植被生态效益评价. 应用生态学报, 14(12): 2301-2304

何强, 井文涌, 王翊亭. 1994. 环境学导论(第二版). 北京: 清华大学出版社

胡聃, 王如松. 1996. 城乡交错带的生态控制论分析: 天津实例研究. 生态学报, 6(1): 50-57

胡怀国. 2018. 英国共用土地的利用方式及其时代变迁. 学术研究, (11): 98-107

桓汉青, 刘伟, 陈超凡, 等. 2013. 四川省能源消耗二氧化碳排放与减排目标分析. 生态经济(学术版), (1): 59-63

黄海洪, 董蕙青, 陈竑, 等. 2004. 南宁市酸雨特征及来源分析. 南京气象学院学报, (6): 785-790

黄和平, 王丽影. 2017. 基于能源代谢分析的南昌市能源消费碳排放综合生态效率研究. 生态学报, 37(12): 4191-4197

黄建毅, 苏飞. 2017. 城市灾害社会脆弱性研究热点问题评述与展望. 地理科学, 37(8):

1211-1217

黄银晓. 1989. 城市生态学的研究动态和发展趋势. 生态学进展, 6(1): 26-29

黄仲杰. 1998. 我国城市供水现状、问题与对策. 给水排水, 24(2): 18-20

江苏省植物研究所. 1978. 防污绿化植物. 北京: 科学出版社

蒋高明. 1993. 城市植被: 特点、类型与功能. 植物学通报, 10(3): 21-27

蒋海燕, 刘敏, 黄沈发, 等. 2004. 城市土壤污染研究现状与趋势. 安全与环境学报, 4(5): 73-77

焦红, 刘维彬. 2005. 关于城市可持续发展的问题与对策. 低温建筑技术, 27(1): 24-25

金冬梅. 1996. 城市生活垃圾的处理和防治污染对策. 城市环境与城市生态, 9(3): 62-64

金磊. 1991. 我国城市综合防灾规划体系的理论及方法探讨. 武汉城市建设学院学报, 8(1): 43-49

孔国辉. 1985. 大气污染与植物. 北京: 中国林业出版社

拉普罗狄西奥, 拉奎恩 A. 1996. 世界展望中的珠江三角洲地区开发. 安虹, 译. 国外城市规划, 1: 33-45

雷年生. 2003. "九五"期间我国城市供水状况及其发展趋势. 给水排水, 29(6): 39-41

冷东梅. 2001. 城市生态学在城市环境规划中的运用. 福建环境, 18 (4): 26-28

冷平生. 1995. 城市植物生态学. 北京: 中国建筑工业出版社

李玲. 2020. 城市旅游生态文明建设和可持续发展研究: 以新疆乌鲁木齐为例. 生态经济, 36(3): 218-223

李团胜, 石铁矛. 1998. 试论城市景观生态规划. 生态学杂志, 17(5): 63-67

李秀珍, 肖笃宁. 1995. 城市的景观生态学探讨. 城市环境与城市生态, 8(2): 26-30

李延明, 郭佳, 冯久莹. 2004. 城市绿色空间及对城市热岛效应的影响. 城市环境与城市生态, 17(1): 1-4

郦桂芬. 1989. 环境质量评价. 北京: 中国环境科学出版社

梁玲, 孙静, 岳脉健, 等. 2020. 全球能源消费结构近十年数据对比分析. 世界石油工业, 27(3): 41-47

梁艳平, 钟耳顺, 朱建军. 2003. 城市人口分布的空间相关性分析. 工程勘察, (4): 48-50

辽宁省熊岳农业专科学校. 1994. 植物及植物生理学. 北京: 农业出版社

廖金凤. 2001. 城市化对土壤环境的影响. 生态科学, 20(1, 2): 91-95

林向洋, 文鑫涛, 李华玥, 等. 2020. 2019 年中国大陆地震灾害损失述评. 震灾防御技术, 15(3): 473-483

刘城宏. 2003. 如何建设可持续发展的现代化生态城市. 山西建筑, 29(11): 89-90

刘广润. 2001. 论城市环境地质研究. 火山地质与矿产, 22(2): 79-83

刘贵利, 郭健, 江河. 2019. 国土空间规划体系中的生态环境保护规划研究. 环境保护, 47(10): 33-38

刘红年, 贺晓东, 苗世光, 等. 2019. 基于高分辨率数值模拟的杭州市通风廊道气象效应研究. 气候与环境研究, 24(1): 23-35

刘焕金, 卢欣, 郭东龙, 等. 1987. 太原市城区及近郊冬季麻雀种群动态. 动物学杂志, 22(2): 21-25

刘丽梅, 吕君. 2004. 呼和浩特市城市可持续发展综合评价研究. 干旱区资源与环境, 18(3):

17-20

刘青昊. 1995. 关于沪宁城市带的思考. 城市规划汇刊, (3): 17-21

刘天齐, 孔繁德, 刘常海, 等. 1994. 城市环境规划规范及方法指南. 北京: 中国环境科学出版社

刘廷良, 高松武次郎, 佐瀬裕之. 1996. 日本城市土壤的重金属污染研究. 环境科学研究, 9(2): 47-51

刘维城. 1999. 我国城市水污染控制技术经济政策. 给水排水, 25(10): 1-5

刘新春, 何清, 艾力·买买提明, 等. 2007. 乌鲁木齐市酸雨特征及变化趋势. 沙漠与绿洲气象, 1(5): 10-14

鲁敏, 张月华, 胡彦成, 等. 2002. 城市生态学与城市生态环境研究进展. 沈阳农业大学学报, 33(1): 76-81

马传栋. 1989. 城市生态经济学. 北京: 经济日报出版社

马西娅 D·洛. 1993. 未来城市的有序发展. 廖显赤, 译. 国外城市规划, (2): 24-31

马新辉, 任志远, 孙根年. 2004. 城市植被净化大气价值计量与评价: 以西安市为例. 中国生态农业学报, 12(2): 180-182

马翼. 1998. 人类生存环境蓝皮书. 北京: 蓝天出版社

孟可, 张学林, 秦建业, 等. 1995. 我国大城市环境铅污染影响因素分析. 环境科学学报, 15(2): 135-140

缪小林, 高跃光. 2016. 城乡公共服务: 从均等化到一体化——兼论落后地区如何破除经济赶超下的城乡"二元"困局. 财经研究, 42(07): 75-86

莫宝民. 1996. 辽东半岛城市经济带发展展望. 沿海经济, 10: 8-9

穆献中, 朱雪婷. 2019. 城市能源代谢生态网络分析研究进展. 生态学报, 39(12): 4223-4232

倪深海. 2001. 城市生态化与可持续城市发展的生态原则. 山东农业大学学报(自然科学版), 32(4): 525-528

牛海鹏, 齐永安, 袁占良. 2005. 城市生态可持续发展评价指标体系及方法. 辽宁工程技术大学学报, 24(2): 292-294

欧寿铭, 潘荔卿, 庄马展, 等. 1996. 厦门地区酸沉降现状研究. 环境科学研究, 9(5): 51-56

彭珂珊. 1998. 中国城市化与地质灾害之分析. 城市规划汇刊, (2): 35-40

彭现美. 2010. 全球突发性传染病状况及变化趋势分析. 中国卫生事业管理, 27(3): 209-213

戚根贤, 姚伟兰, 王骏, 等. 1998. 城镇灭鼠后鼠类种群数量的恢复及其控制对策的探讨. 兽类学报, 18(3): 226-230

仇劲卫, 陈浩, 刘树坤. 1998. 深圳市的城市化及城市洪涝灾害. 自然灾害学报, 7(2): 67-73

曲格平. 1989. 2000 年中国的环境. 北京: 经济日报出版社

曲格平. 1994. 环境科学词典. 上海: 上海辞书出版社

全国煤化工信息总站. 2020. 2002 年—2018 年中国能源生产、消费结构. 煤化工, 48(3): 85

任阵海, 吕黄生, 吕位秀, 等. 1998. 我国主要城市的大气质量的反演、重建与分析. 环境科学研究, 11(2): 1-7

阮仪三. 1992. 城市建设与规划基础理论. 天津: 天津科学技术出版社

沈清基. 1994. 城市人口容量问题的探讨. 同济大学学报(社会科学版), (S1): 17-22

沈清基. 1997. 城市生态系统基本特征探讨. 华中建筑, 15(1): 88-90

沈清基. 1998. 城市生态与城市环境. 上海: 同济大学出版社

沈清基, 李迅. 1984. 对城市环境容量的探讨. 城市规划研究, (4): 2

石永林, 李健纯. 2005. 建设可持续发展生态城市的对策与政策. 低温建筑技术, (2): 116-118

世界资源研究所. 1996. 世界资源报告(1996—1997). 程伟雪, 等译. 北京: 中国环境科学出版社

宋永昌. 2000. 城市生态学. 上海: 华东师范大学出版社

孙丰硕, 刘垚, 齐磊, 等. 2016. 北京城市绿地冬季鸟类群落特征. 林业科学, 52(5): 134-141

汤伶俐. 2005. 中国城市供水经营机制研究. 武汉大学硕士学位论文

汤茂林. 1999. 城市可持续发展的生态原则. 城市环境与城市生态, 12(2): 38-41

唐波, 刘希林. 2016. 国外城市灾害易损性研究进展. 世界地理研究, 25(1): 75-82+94

田春玲, 徐长乐, 于川江. 2013. 我国城市灾害防范及对策研究. 科学, 65(3): 42-46+4

田玉军, 巨天珍, 任正武. 2003. 国内城市环境噪声污染研究进展. 重庆环境科学, 25(3): 37-41

万良君, 曾再平, 王改利. 2003. 城市洪涝灾害的损失评估研究与防灾减损对策. 气象水文海洋
　　仪器, 4: 34-43

王伯荪. 1998. 城市植被与城市植被学. 中山大学学报(自然科学版), 37(4): 9-12

王成新, 窦旺胜, 程钰, 等. 2020. 快速城市化阶段济南城市空间扩展及驱动力研究. 地理科学,
　　40(9): 1514-1521

王春光. 2007. 城乡结构: 中国社会转型中的迟滞者. 中国农业大学学报(社会科学版), 24(1):
　　46-57

王德宣, 富德义, 张学林, 等. 1991. 我国大城市铅污染研究. 城市环境与城市生态, 4(2): 16-20

王发曾. 1991. 城市生态系统的综合评价与调控. 城市环境与城市生态, 4(2): 26-30

王红瑞, 王华东, 陈隽. 1994. 城市环境功能区环境功能评估方法. 城市环境与城市生态, 7(3):
　　22-26

王家骥, 舒俭民, 高吉喜, 等. 1998. 三亚城市景观生态设计初探. 环境科学研究, 11(4): 46-50

王静, 周伟奇, 许开鹏, 等. 2017. 京津冀地区城市化对植被覆盖度及景观格局的影响. 生态学
　　报, 37(21): 7020-7029

王玲. 2015. 12 种常用乔木对大气污染物的吸收净化效益及抗性生理研究. 重庆: 西南大学硕士
　　学位论文

王木林. 1995. 城市林业的研究与发展. 林业科学, 31(5): 460-466

王绍文, 李新一. 1998. 城市治水对策. 城市环境与城市生态, 11(4): 55-58

王素萍, 王凯. 2002. 城市大气环境质量主要影响因素分析. 重庆环境科学, 24(3): 17-18

王文杰. 2019. 哈尔滨城市森林特征与生态服务功能. 北京: 科学出版社

王新建. 2004. 自杀恐怖袭击研究. 福建公安高等专科学校学报, (4): 21-24

王新岭. 1990. 生态·人口·环境. 北京: 人民出版社

王雁, 缪昆. 2003. 城市森林植物修复污染土壤的功能. 东北林业大学学报, 31(5): 65-67

温国胜. 2019. 城市生态学. 北京: 中国林业出版社

吴栋栋, 邵毅, 景谦平, 等. 2013. 北京交通拥堵引起的生态经济价值损失评估. 生态经济, 4:
　　75-79

吴健生, 罗可雨, 赵宇豪. 2020. 深圳市近 20 年城市景观格局演变及其驱动因素. 地理研究,

39(8): 1726-1738

吴奇兵, 陈峰, 黄垚, 等. 2011. 北京市机动车拥堵成本测算与分析. 交通运输系统工程与信息, 11(1): 168-172

吴人韦. 1998. 国外城市绿地的发展历程. 城市规划, 22(6): 39-43

吴晓旭, 田怀玉, 周森, 等. 2013. 全球变化对人类传染病发生与传播的影响. 中国科学: 地球科学, 43(11): 1743-1759

吴泽宁, 索丽生. 2004. 水资源优化配置研究进展. 灌溉排水学报, 23(2): 1-5

肖笃宁. 1991. 景观生态学理论、方法及其应用. 北京: 中国林业出版社

肖笃宁, 李秀珍. 1997. 当代景观生态学的进展和展望. 地理科学, 17(4): 356-364

谢杰. 1996. 大城市农业区域农业生产及空间结构演化发展趋势. 地域研究与开发, 15(1): 28-30

谢世林, 曹垒, 逯非, 等. 2016. 鸟类对城市化的适应. 生态学报, 36(21): 6696-6707

谢天, 侯鹰, 陈卫平, 等. 2019. 城市化对土壤生态环境的影响研究进展. 生态学报, 39(4): 1154-1164

谢旭轩, 张世秋, 易如, 等. 2009. 北京市交通拥挤的社会成本. 中国环境科学学会会议 2009 年学术年会论文集(第四卷). 北京大学环境与经济研究所: 161-166

邢龙, 王志秦, 涂燕茹. 2021. 黔中喀斯特城市遗存自然山体景观格局时空演变: 以安顺市为例. 生态学报, 41(4): 2-12

徐海贤. 1999. 城市与区域研究及其相互关系. 内江师范高等专科学校学报, 14 (2): 47-50

徐化成. 1996. 景观生态学. 北京: 中国林业出版社

徐争启, 张成江, 倪师军. 2004. 城市地质资源调查的现状与展望. 资源调查与评价, 21: 1-4

许娇. 2005. 城市化与第三产业的协调发展. 浙江万里学院学报, 18(5): 245-247

薛海丽, 唐海萍, 李延明, 等. 2018. 北京常见绿化植物生态调节服务研究. 北京师范大学学报(自然科学版), 54(4): 517-524

阎水玉. 2001. 城市生态学学科定义、研究内容、研究方法的分析与探索. 生态科学, 20(1, 2): 96-105

杨春风, 庄灿, 孙吉书, 闫晓晨. 2018. 道路交通事故多因素分析. 重庆交通大学学报(自然科学版), 37(4): 87-95

杨冬青, 高峻. 2002. 城市生态系统中土壤动物研究及应用进展. 生态学杂志, 21(5): 54-57

杨建军. 1996. 面向 21 世纪的我国乡村城镇化走向. 地域研究与开发, 15(1): 31-34

杨娟. 2007. 植物对 SO_2 伤害的反应及生理抗性研究. 杭州: 浙江林学院硕士学位论文

杨柳. 1998. 山水城市与中国城市的可持续发展. 重庆建筑大学学报, 20(3): 16-20

杨士弘. 1990. 广州城市对太阳辐射的影响. 城市环境与城市生态, 3(3): 10-15

杨士弘. 1996. 城市绿化树木碳氧平衡效应研究. 城市环境与城市生态, 9(1): 37-39

杨小波. 1991. 海南岛主要的自然因素与社会因素的关系分析. 海南大学学报(自然科学版), 9(3): 48-55

杨小波. 2009. 城市植物多样性. 北京: 中国农业出版社

杨小波, 陈宗铸, 李东海. 2021. 海南植被分类体系与植被分布图. 中国科学: 生命科学, 51(3): 321-333

杨阳腾, 温济聪. 2020. 深圳特区 40 周年发展 补齐短板营造城乡美好生态环境. 经济日报,

2020-09-10

杨振山, 丁悦, 李娟. 2016. 城市可持续发展研究的国际动态评述. 经济地理, 36(7): 9-18

杨震. 2009. 南京市 15 种绿化树木对大气重金属污染净化能力的研究. 滁州学院学报, 11(4): 61-63

易经纬, 赵黛青, 蔡国田. 2010. 广东省能流图与能源平衡分析. 中外能源, 15(4): 95-101

于志熙. 1992. 城市生态学. 北京: 中国林业出版社

岳刚, 杨华, 亢新刚, 等. 2013. 基于 GIS 的长白山森林景观格局分析. 中南林业科技大学学报, 33(7): 36-39

岳隽, 陈小祥, 刘挺. 2016. 城市更新中利益调控及其保障机制探析: 以深圳市为例. 现代城市研究, (12): 111-116

岳秀萍. 2004. 城市噪声污染与控制. 科技情报开发与经济, 14(5): 55-56

云南大学生物系. 1980. 植物生态学. 北京: 人民教育出版社

曾辉, 夏洁, 张磊. 2003. 城市景观生态研究的现状与发展趋势. 地理科学, 23(4): 484-492

翟有龙, 李传永. 2004. 人文地理学新论. 成都: 西南交通大学出版社

张彪, 高吉喜, 谢高地, 等. 2012. 北京城市绿地的蒸腾降温功能及其经济价值评估. 生态学报, 32(24): 7698-7705

张笃勤. 1993. 近代武汉城市功能转换对华中地区城镇的影响. 武汉城市建设学院学报, 10(3, 4): 108-114

张鸿雁. 1996. 创建"中国大沿海城市带"的构想与分析: 沿海城市经济发展研究之七. 沿海经济, 8: 18-19

张抗, 张艳秋. 2009. 欧洲能源消费构成变化的启示. 中外能源, 14(4): 7-11

张丽萍. 2020. 城市园林绿化项目经济效益的结果分析. 农村经济与科技, 31(8): 161-162

张林源, 张志明, 胡平. 2003. 北京城市野生动物栖息环境的现状与对策. 绿化与生活, 6: 8-9

张涛, 贾明秋, 孔令煜, 等. 2010. 全国死亡 9 人以上重大交通安全事故流行病学分析. 职业与健康, 26(2): 189-190

张一平. 1998. 城市化与城市水环境. 城市环境与城市生态, 11(2): 20-22

张翼. 2010. 人口结构调整与人口均衡型社会的建设. 人口研究, 34(5): 22-26

张育盛. 1996. 城市生态意识的新觉醒与城市生态环境的新战略. 城市经济研究, 3: 9-17

张秩通, 张恩迪. 2015. 城市野生动物栖息地保护模式探讨: 以上海市为例. 野生动物学报, 36(4): 447-452

张忠祥. 1996. 我国城市畜禽养殖业的水污染防治. 城市环境与城市生态, 9(1): 48-54

赵广信, 常耀广. 2004. 单频 GPS 接收机用于城市地质灾害监测的试验分析. 测绘通报, 4: 9-11

赵俊华. 1994. 城市热岛的遥感研究. 城市环境与城市生态, 7(4): 40-43

赵民, 朱志军. 1998. 论城市化与流动人口. 城市规划汇刊, 1: 8-12

赵欣如, 房继明, 宋杰, 等. 1996. 北京的公园鸟类群落结构研究. 动物学杂志, 31(3): 17-20

赵颜创, 赵小锋, 林剑艺, 等. 2016. 厦门市城市能源代谢综合分析方法及应用. 生态科学, 35(5): 110-116

赵志成, 柳群义. 2019. 中国能源战略规划研究: 基于能源消费、能源生产和能源结构的预测. 资源与产业, 21(6): 1-8

郑世林, 周黎安, 何维达. 2014. 电信基础设施与中国经济增长. 经济研究, 49(5): 77-90

郑树声. 1992. 广东省酸雨现状和时空分布研究. 中国环境科学, 12(4): 316-318

郑晓云, 杜娟, 苏义坤. 2018. 基于改进熵权法的城市可持续发展评价: 以哈尔滨市为例. 土木工程与管理学报, 35(4): 65-71

郑新奇. 1995. 城市垃圾能量估算方法探讨. 城市环境与城市生态, 8(3): 41-43

中华人民共和国国家统计局. 2020. 中国统计年鉴. 北京: 中国统计出版社

钟晓青, 张宏达. 1998. 城市及城市化的生态学过程及问题探讨. 城市环境与城市生态, 11(3): 16-18

周长发, 屈彦福, 李宏, 等. 2017. 生态学精要. 北京: 科学出版社

周春山. 1996a. 城市人口迁居理论研究. 城市规划汇刊, (3): 34-40+66.

周春山. 1996b. 中国城市人口迁居特征、迁居原因和影响因素分析. 城市规划汇刊, 4: 17-21

周海瑛, 周嘉, 梁博. 2004. 生态城市可持续发展的战略环境评价. 东北林业大学学报, 32(2): 99-102

周纪纶. 1989. 城乡生态经济系统. 北京: 中国环境科学出版社

周乃晟. 1990. 城市洪水及其防治. 自然杂志, 13(9): 575-579

周启星, 王如松. 1998. 城镇化过程生态风险评价案例研究. 生态学报, 18(4): 337-342

朱宏兰, 高伟生. 1998. 我国乡村城市化中的环境问题及其对策. 环境科学进展, 6(2): 80-83

朱家瑾. 1998. 城乡一体化系统规划探讨. 重庆建筑大学学报, 20(3): 73-78

朱明. 2009. 昆明市城市需水量预测研究. 长春: 吉林大学硕士学位论文

朱翔. 1998. 我国城市边缘区可持续发展研究. 城市规划汇刊, 6: 16-20

宗跃光. 1993. 城市景观规划的理论和方法. 北京: 中国科学技术出版社

宗跃光. 1996. 廊道效应与城市景观结构. 城市环境与城市生态, 9(3): 21-24

邹冬生, 余铁桥. 1995. 农业生态学. 北京: 中国农业科技出版社

邹军, 姚秀利, 侯冰婕. 2015. "双新"背景下我国城市群空间协同发展研究: 以长三角城市群为例. 城市规划, 39(4): 9-14+26

邹君, 刘海洋, 彭际作, 等. 2000. 我国主要城市大气环境质量对比分析. 邵阳师范高等专科学校学报, 22 (2): 59-63

中野尊正, 等. 1986. 城市生态学. 北京: 科学出版社

Bartone C, et al. 1994. Toward environmental strategies for cities: Policy considerations for urban environmental management in developing countries, Urban Management Programme Policy Paper No. 18. Washington DC: The World Bank: 9-10

Bernstein J D. 1994. Land use considerations in urban environmental management. Urban Management Programme Discussion Paper No. 12. Washington D C : The World Bank: 17

Davis A P, Shokouhian M, Ni S B. 2001. Loading estimates of lead, copper, cadmium, and zinc in urban runoff from species sources. Chemosphere, 44(5): 997-1009

Detwyler T R. 1972. Urbanization and Environment. California: Duxbury Press: 229-258

Dietrich Schwela D. 1995. Public health implications of urban air pollution in developing countries. Paper presented at the tenth world clean air congress, Erjos, Finland, May 28—Junez. Geneva: World Health organization, Geneva

Forman R T T. 1995. Land mosaics: The Ecology of Landscapes and Regions. Cambridge: Cambridge University Press

Forman R T T, Gorden M. 1990. 景观生态学. 肖笃宁, 等译. 北京: 科学出版社

Geddes P. 1915. Cities in Evolution. New York: Howard Forting

Gordon McGranahan G. 1993. Household Environmental Problems and Income Cities: An overview of problems and prospects for improvement. Habitat International, 17 (2): 105

Hanink D M. 1995. The economic geography in environmental issues: a spatial-analytic approach. Progress in Human Geography, 19 (3): 372-387

Holden E. 2004. Ecological footprints and sustainable urban form. Journal of Housing and the Built Environment, 19: 91-109

Li H L. 1969. Urban botany: need for a new science. BioScience, 19(10): 882-883

Miller M G. 2007. Environmental Metabolomics: A SWOT Analysis (Strengths, Weaknesses, Opportunities, and Threats). Journal of Proteome Research, 6(2): 540-545

NHTSA. 2010. 2009 美国事故死亡人数再创新低. 汽车世界, (5): 24

Ohsawa M, Da L J. 1988. Integrated Studies in Urban Ecosystems as the Basis of Urban Planning (III). Chiba: Chiba University: 137-143

Pickett S T A, Cadenasso M L, Grove J M. 2005. Biocomplexity in coupled natural-human systems: A multidimensional framework. Ecosystems, 8: 225-232

Prusty B A K, Mishra P C, Azeez P A. 2005. Dust accumulation and leaf pigment content in vegetation near the national highway at Sambalpur, Orissa, India. Ecotoxicology and Environmental Safety, 60 (2): 228-235

Rees W E. 1997. Urban ecosystems: the human dimension. Urban Ecosystems, 1(1): 63-75

Satterthwaite D. 1993. The preventable disease burden in cities. Environment and Urbanization, 5 (2): 5

Sir Willian Francis S W. 1995. Urban development & environment. 高速进, 译. 世界环境, 3: 24-26

Turner M G. 1989. Landscape ecology: the effect of pattern on process. Annual Review of Ecology and Systematics, 20: 171-197

UNDP. 1995. Human Development Report 1995. Oxford: Oxford University Press

Whitehand J W R. 1983. The urban landscape: historical development and management. Geographical Journal, 149(2): 218.

World Health Organization (WHO). 1992. Commission on health and environmental, report of the panel on urbanization. Geneva: WHO: 51-54

Yadav C S. 1987. Contemporary City Ecology. New Dehli: Concept Pub. Co.